POTONIÉ,

ELEMENTE DER BOTANIK.

ELEMENTE

DER

BOTANIK

VON

DR. H. POTONIÉ,

DOCENTEN DER PALÄOPHYTOLOGIE AN DER KGL. BERGAKADEMIE
ZU BERLIN.

MIT 507 IN DEN TEXT GEDRUCKTEN ABBILDUNGEN.

DRITTE, WESENTLICH VERBESSERTE UND VERMEHRTE AUFLAGE.

BERLIN.
VERLAG VON JULIUS SPRINGER.
1894.

ISBN-13: 978-3-642-90262-8 e-ISBN-13: 978-3-642-92119-3
DOI: 10.1007/ 978-3-642-92119-3

Reprint of the original edition

Vorwort zur dritten Auflage.

Die vorliegenden „Elemente der Botanik" sind ein Lehrbuch; die Disposition des Stoffes ist daher — namentlich mit Rücksicht auf denjenigen, der sich ohne Hilfe eines Lehrers in das Gebiet einzuarbeiten wünscht — von pädagogischen Gesichtspunkten aus ausgeführt. Nur soweit es pädagogische Rücksichten zuliefsen, ist der Stoff systematisch-wissenschaftlich gegliedert worden, um nach Möglichkeit die verschiedenen Disciplinen hervortreten zu lassen. Es ist daher für den ersten Anfänger unbedingt notwendig, dafs er das Buch in der gebotenen Reihenfolge, vor allem die dem systematischen Teil vorausgehenden Abschnitte studiert, da er in die Systematik nur erspriefslich einzudringen vermag, wenn ihm das Wesentliche des Vorausgehenden geläufig geworden ist. Wenn ein Terminus Anwendung findet, der vorher noch keine Erklärung gefunden hat, ist das Register zu benutzen, um die Stelle aufzusuchen, wo die Definition desselben zu finden ist.

Es war mein Bestreben, in möglichst allgemein-verständlicher Fassung die Grundlehren der Botanik vorzutragen.

Das Studium der Natur ohne eigene Anschauung ist nicht möglich; durch Abbildungen, die in den „Elementen" in grofser Zahl gebracht werden, wird dasselbe ganz wesentlich gefördert. Dabei habe ich freilich aus Platzrücksichten, und um das Buch nicht unnötig zu verteuern, verhältnismäfsig wenige der in meiner „Illustrierten Flora" gebotenen Figuren hier reproduziert. Wenn daher im systematischen Teile einfach ein Gattungs- oder Art-Name aufgeführt wird, bei dem sich der Anfänger aus Mangel an Kenntnis der heimischen Flora nichts zu denken vermag, so sei er hiermit auf meine „Illustrierte Flora von Nord- und Mittel-Deutschland" (4. Aufl. Julius Springer, Berlin 1889) verwiesen, die in dieser Beziehung eine Ergänzung zu den „Elementen“ bildet, abgesehen davon, dafs der in Deutschland Botanik Studierende so wie so eine floristische Beschäftigung mit den heimischen Pflanzen nicht umgehen kann.

Dafs ich an dem Buche viel umgearbeitet und mich bemüht habe, den neuesten Errungenschaften gerecht zu werden, lehrt der oberflächlichste Vergleich der vorliegenden mit der vorhergehenden Auflage. Herrn Geh. Rath Prof. S. Schwendener kann ich nicht genug danken für das Interesse, das er dem Buche entgegengebracht hat; er hat das umgearbeitete Manuskript bis zur Physiologie einschl. durchgesehen und mir mancherlei Ratschläge gegeben.

Wo nicht ausdrücklich anders bemerkt, geben die Abbildungen im allgemeinen mehr oder minder verkleinerte Darstellungen der Objekte. Eine sehr grofse Anzahl derselben sind Originale, entweder eigens für die Elemente angefertigt oder meinen anderen Schriften entnommen; ich habe es für gut befunden, eine Anzahl derselben in der vorliegenden Auflage durch den Zusatz „Original“ als solche bemerklich zu machen.

Die erste Auflage der Elemente erschien Anfang 1888, eine wenig verbesserte Ausgabe Anfang 1889.

Mein Kollege, der Kgl. Bezirksgeologe Herr Dr. E. Zimmermann, hat mich freundlichst beim Korrekturlesen unterstützt, desgleichen Herr Dr. Fr. Kaunhowen, der mir aufserdem bei der Anfertigung des Registers wesentliche Dienste geleistet hat. Beiden Herren sage ich meinen allerbesten Dank.

Berlin, im Februar 1894.

H. Potonié.

Inhaltsübersicht.

Einführung.

Die Pflanzen gehören zu den organischen Wesen oder Organismen, auch Lebewesen genannt, welche man gemeinhin als Tiere und Pflanzen unterscheidet und denen man die unorganischen oder leblosen Naturkörper gegenüberstellt.

Das gemeinsame Merkmal der Lebewesen besteht in einer eigentümlichen Art chemischer Vorgänge, welche sich an und in ihnen vollziehen und die man als Stoffwechsel bezeichnet: Das Lebewesen nimmt von aufsen Stoffe in sich auf, welche in ihm eine chemische Umwandlung erfahren und zum Teil in veränderter Zusammensetzung im wesentlichen als Baustoffe für den Körper dienen, zum anderen Teil aber ausgestofsen werden. Ferner geht im Innern des Lebewesens eine mehr oder minder tiefgehende Zersetzung seiner Körpermasse vor sich, als Folge der erwähnten und für andere Vorgänge erforderlichen Arbeit.

Als Ersatz für diesen Stoffverbrauch sowie zur Herstellung des Wachstums der Lebewesen ist die vorhin erwähnte Stoffaufnahme vonnöten.

Hiernach ist ein Lebewesen dadurch im grofsen gekennzeichnet, dafs sich Vorgänge an ihm abspielen, die eine bestimmte Richtung und Folge besitzen und in derartiger Wechselwirkung zu einander stehen, dafs das Lebewesen sich dadurch — wenigstens eine gewisse Zeit hindurch — als solches erhält. Dafs ferner allgemein noch ein Aufsteigen, ein Höhepunkt und ein Abnehmen in dem Entwickelungsgange der Lebewesen beobachtet werden kann, sei aufserdem bemerkt.

Die so mehr angedeuteten als begrifflich scharf festgestellten Vorgänge am Lebewesen nennt man das Leben desselben; und für alle Lebewesen, welche als Einzelwesen, Individuum, ein Dasein besitzen, zeigt sich ein Anfang und ein Ende des Lebens — letzteres wird als Tod bezeichnet.

Gerade durch den Gegensatz zum Tode tritt das Leben in seiner Eigenart scharf und deutlich hervor; denn wenn ein Stein durch allmähliche Verwitterung schliefslich zerfällt, so geschieht dies auf Grund eines gleichmäfsig fortlaufenden chemischen Eingriffes in seine Zusammensetzung, während beim Lebewesen der Tod als der gesetzmäfsige Abschlufs eines Daseins erscheint, das man in seinem Auftreten und Verschwinden mit einer Welle vergleichen könnte — das Dasein eines verwitternden Steines ist wie der gleichmäfsige Abflufs eines Gewässers.

Die Unterscheidung der Lebewesen in Tiere und Pflanzen ist dem alltäglichen Leben entnommen; denn dieses lehrt im allgemeinen nur sehr verwickelt gebaute Organismen kennen, die auch von dem oberflächlichsten Beobachter wegen ihrer auffälligen Unterschiede sofort in die genannten beiden Kategorieen gebracht werden. Der auffallendste Gegensatz der uns alltäglich entgegentretenden Tiere und Pflanzen ist der, dafs die Tiere unserer Umgebung eine selbständige Bewegungsfähigkeit besitzen, die Pflanzen jedoch an einen Ort gebannt sind. Aber dieser Unterschied, sowie alle anderen vorgebrachten Unterschiede haben sich bei genauerer Kenntnis des ganzen Reiches der lebenden Wesen als hinfällig erwiesen und der Trennungsschnitt zwischen Pflanzen- und Tierreich ist daher konventionell oder dem Takte eines jeden überlassen.

Je nach den verschiedenen Gesichtspunkten, von denen aus die Lebewesen sich betrachten lassen, kann man folgende Unterwissenschaften, Disciplinen, unterscheiden, die aber keine scharfe Abgrenzung zulassen, sondern sich gegenseitig durchdringen und in engster Verbindung miteinander stehen. Es sind teils methodische, teils praktische Rücksichten, welche die Bildung der Disciplinen verursacht haben.

Die Lehre, welche sich mit der Erforschung der Gestalt und dem Bau der Lebewesen und ihrer Teile zu jeder Zeit im Verlauf ihrer Entwickelung (**Entwickelungsgeschichte**) abgiebt, nennt man **Morphologie** (im weiteren Sinne), die speziell als **Anatomie** bezeichnet wird, wenn es sich um die inneren Organe, Apparate, handelt, zu denen wir nur mit Zuhilfenahme des Messers oder anderer solcher Instrumente gelangen können. Die vergleichende Betrachtung der Organe bei den verschiedenen Arten hat, wie wir noch sehen werden, zu der **Homologieenlehre (theoretischen Morphologie,** Morphologie im engeren Sinne) geführt, welche in engster Beziehung zur **Descendenzlehre** steht. Diese erforscht die Entstehung der Organismen im Verlaufe aufeinanderfolgender Geschlechter. Die hierher gehörigen Untersuchungen führen zur Aufstellung eines Stammbaumes der Tiere und Pflanzen, der im **System** sein Abbild findet. Im engen Zusammenhange hiermit stehen die Nachforschungen über die Verbreitung der Pflanzen und Tiere und über die Eigentümlichkeiten derselben in den verschiedenen Zeiten der Entwickelung unserer Erde: **Palaeontologie** und über ihre Verbreitung auf der Erde in ihrem jetzigen Zustande: **Pflanzen-** resp. Tier-**Geographie.** — Endlich ist noch die **Physiologie,** die Lehre von den Lebens-(das sind Bewegungs-)Erscheinungen zu nennen, die ohne vorausgegangene Kenntnis des Baues der organischen Apparate, an denen sich die Lebenserscheinungen vollziehen, natürlich nicht behandelt werden kann. Wir werden nun zwar aus Zweckmäfsigkeitsgründen im folgenden die Morphologie und Physiologie gesondert behandeln, jedoch nicht umhin können, schon in der Morphologie auf die Verrichtungen der ihrem Baue nach zu betrachtenden Organe hinzuweisen und überhaupt vielfach in den einzelnen Kapiteln zu den anderen Disciplinen hinüberzugreifen.

Morphologie.

1. Grundbegriffe.

Der wesentlichste Grundstoff der organischen Wesen, aus dem dieselben bei ihrer Geburt ihre Entwickelung beginnen und aus dem alle später auftretenden organischen Gebilde hervorgehen, wird Protoplasma oder Plasma genannt. Er hat eine schleimig-flüssige Konsistenz, eine eigenartige und verwickelte Zusammensetzung und kann als ein noch nicht völlig bekanntes Gemisch von Eiweifskörpern bezeichnet werden. Kohlenstoff, Wasserstoff, Sauerstoff, Stickstoff sind die wesentlichsten chemischen Elemente, aus denen er besteht. Aus seiner besonderen Beschaffenheit mufs das, verglichen mit den leblosen Körpern, eigenartige Verhalten der Lebewesen erklärt werden. Das Wie ist hierbei bislang noch unaufgeklärt.

Die einfachsten („niedersten") Lebewesen bestehen aus nichts weiter als einem Protoplasma-Klümpchen, in dem sich keinerlei Organe unterscheiden lassen. Dasselbe ist zwar ohne Zweifel kompliziert gebaut, wir sind aber nur imstande, mit den uns zu Gebote stehenden Hilfsmitteln weniges über seine Struktur zu erkennen.

Das eine Protoplasma-Klümpchen ist hier ebenso wie die vielen Protoplasma-Klümpchen, aus denen sich der Leib der verwickelter gebauten („höheren") Lebewesen zusammensetzt, meist von einer festen Wandung, der Zellwand, -haut oder -membran, umgrenzt, wodurch eine Kammer dargestellt wird, die man als Zelle bezeichnet. Und wenn einmal der protoplasmatische Inhalt einer solchen Zelle allein für sich, frei, ohne von einer schützenden festeren Hülle umgeben zu sein, vorkommt, so wird er in übertragenem Sinne ebenfalls als Zelle bezeichnet. Der Inhalt einer Zelle kann aufser dem in Strömung befindlichen, schleimigen Protoplasma noch aus einer von letzterem ausgeschiedenen wässerigen Flüssigkeit, dem Zellsaft, bestehen. In dem Protoplasma, dessen äufserste Schicht (Mohl's Primordialschlauch) wasserärmer ist als die übrigen Partieen und daher ein Häutchen bildet, finden sich meist ein oder mehrere bestimmt geformte Teile desselben, welche eine etwas festere Beschaffenheit besitzen und als Zellkerne (Nucleï) bezeichnet werden. Von ihnen werden gewöhnlich ein oder mehrere Kernkörperchen (Nucleoli) umschlossen. Aufser den Zellkernen sind häufig in dem Plasma noch andere geformte Gebilde zu beobachten, die oft — wie z. B. die Chlorophyllkörper (vergleiche weiter hinten) — eine auffallende Färbung zeigen und daher als Chromatophoren bezeichnet werden. In dem vom Primordialschlauch umschlossenen Protoplasma kommen ferner äufserst kleine Körner, Mikrosomen, vor. Die protoplasmatische Grundmasse, also exklusive Inhaltsbestandteile wie Zellkern, Chromatophoren und Mikrosomen, nennt man Hyaloplasma. Als Cytoplasma bezeichnet man ein Hyaloplasma inklusive Mikrosomen. Der Primordialschlauch besteht aus Hyaloplasma allein.

Die Zellen kann man Elementar-Organismen nennen, weil sie — wie die Mitglieder eines Staates diesen — so den Organismus als Elemente zusammensetzen und dabei eine gewisse Selbständigkeit in ihren Lebensverrichtungen aufweisen. Sie sind meist nur bei starker Vergröfserung, also mit dem Mikroskop, sichtbar. — Wie schon angedeutet, sind also in einer Zelle nicht immer alle jene Teile vorhanden, die wir soeben anführten.

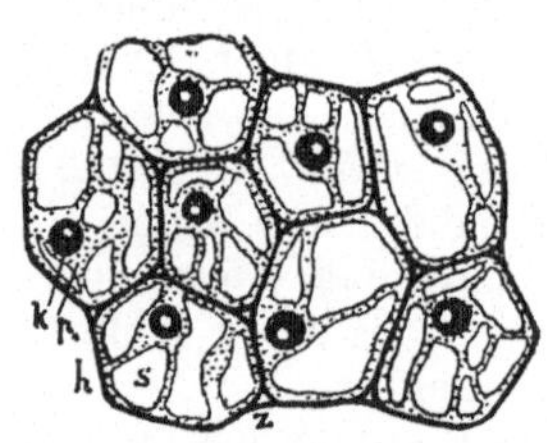

Fig. 1. Stark vergröfserter Querschnitt durch 8 Zellen eines jugendlichen Gewebes. *h* = Zellhaut, *p* = Plasma, *k* = Kern mit Kernkörperchen, *s* = Zellsaft, *z* = Zwischenzellraum.

Die Gröfse, Gestalt und überhaupt die Ausbildung der Zellen richtet sich nach der Arbeit, Funktion, welche sie im Gesamtorganismus zu verrichten haben. Zellen, denen eine gleiche Verrichtung zufällt, sind auch gleichartig beschaffen; wenn derartige Zellen sich in engerem Verbande miteinander befinden, so bilden sie ein Gewebe, Fig. 1. — Als Prosenchym bezeichnet man jedoch ohne Rücksichtnahme auf seine Funktion ein Gewebe, dessen Zellen langgestreckt sind und spitze Endigungen besitzen, während die übrigen Gewebe-Arten Parenchyme genannt werden; die Zellen eines typischen Parenchyms zeigen nach allen Richtungen hin etwa den gleichen Durchmesser.

Sehr bemerkenswert ist die Thatsache, dafs der protoplasmatische Inhalt lebender Zellen eines Gewebes mittelst aufserordentlich dünner Fäden mit demjenigen der Nachbarzellen verbunden ist; es steht also das Gesamtprotoplasma einer Pflanze während ihres Lebens in direktem Zusammenhange. Die Zellwandungen sind demgemäfs an geeigneten Stellen zum Durchtritt jener protoplasmatischen Fäden mit äufserst feinen Löchern versehen.

Ein Gewebe, wenn es eine weitgehende Ausbreitung im Organismus gewinnt, oder mehrere in physiologischer Hinsicht enger zusammengehörige und daher allerorts meist in engem Zusammenhange verbleibende Gewebe bilden Gewebesysteme. Endlich können von mehreren Gewebesystemen oder von Teilen solcher, oder selbst von

Teilen eines Gewebes eigene Werkzeuge für besondere Zwecke dargestellt werden, die man spezieller als Organe bezeichnet, ein Name, der übrigens auch für alle jene Gebilde (Zellen, Gewebe, Gewebesysteme) gebraucht werden kann. Man kann dann Organe niederer und höherer Ordnung unterscheiden.

Jedoch nur die höheren Gewächse besitzen gesondert funktionierende Gewebe und Gewebesysteme, die niederen und niedrigsten sind weit einfacher gebaut, wie schon von vornherein die Betrachtung der äufseren Form der einfach gestaltet erscheinenden niederen Gewächse, vergl. z. B. Fig. 2, im Vergleich mit den äufserlich gegliederten höheren Pflanzen kundgiebt.

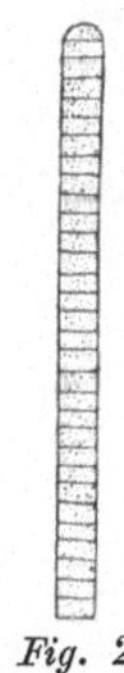

Fig. 2. Oscillaria, einen einfachen Zellfaden darstellend. — Stark vergr.

Durch Spaltungen der Membranen benachbarter Zellen parallel den Flächen der Membranen entstehen die Zwischenzell- oder Intercellularräume, die an Rauminhalt die Zellen bedeutend übertreffen können, gewöhnlich jedoch nur als feine, auf ihren Querschnitten (*z* in Fig. 1) dreieckig erscheinende Kanäle an den Zellkanten sich entlang ziehen.

Die einfachsten Pflanzen, die es giebt, lassen äufserlich betrachtet also keine besondere Gliederung in unterschiedene Teile erkennen. Sie bilden oft nur einzellige, kugelige oder sonst in ganz einfachen Formen auftretende Gebilde ohne Anhänge. Die Pflanze in Fig. 2 (Oscillaria) stellt z. B. nur einen aus einer Anzahl gleichartiger Zellen gebildeten Zellfaden dar. Zeigen die Gewächse unterschiedene äufsere Teile, so sind es zunächst bei Einzelligkeit der Pflanze haarförmige Ausstülpungen wie bei Fig. 3, bei Mehrzelligkeit dagegen — wie z. B. auch bei dem Gebilde Fig. 4 — Haare, Trichome, d. h. einfache, meist gestreckte Zellen oder Zellfäden, aus der äufsersten Zellschicht der Pflanzen entspringend, welche Wurzelhaare genannt werden, wenn sie befähigt sind, die vom Erdboden oder vom Wasser gebotene gelöste Nahrung aufzunehmen und in vielen Fällen die Pflanzen an dem Boden zu befestigen. Der Hauptkörper solcher Gewächse ist im Gegensatz zu den Wurzelhaaren imstande, gasförmige Nahrung — nämlich das Kohlendioxyd (die Kohlensäure) der Luft — für den Aufbau der Pflanze zu verwerten, und erzeugt vor allen Dingen die Fortpflanzungsorgane. Seiner Form nach bezeichnet man den Leib derjenigen Pflanzen, die in Bezug auf ihre äufsere Gliederung den bisher besprochenen Gebilden gleichen, als Lager, Thallus. Bei äufserlich weiter gegliederten Pflanzen sondert sich der Hauptkörper in unterschiedene Anhangsgebilde: die Blätter, Phyllome, und den Träger derselben den Stengel, Caulom, der in besonderen Fällen als Stamm, Halm u. s. w. bezeichnet wird. (Vergl. Moose.) In einzelnen

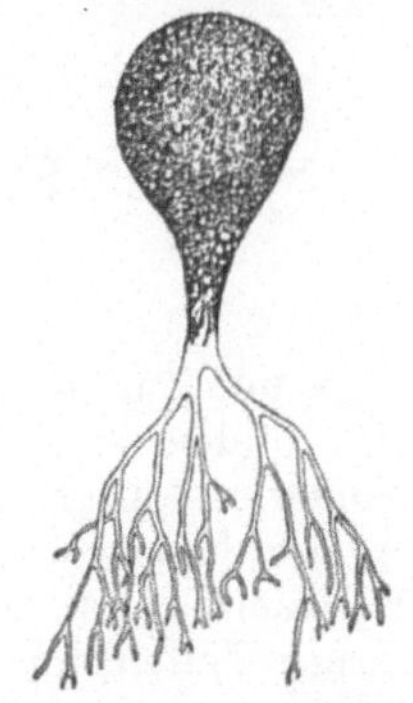

Fig. 3. Botrydium granulatum, eine einzellige Pflanze. Die haarförmigen Ausstülpungen dienen als Wurzelwerk. — Etwa 15 mal vergr. (Nach Woronin.)

Fällen ist übrigens die Bezeichnung Lagerpflanze rein konventionell, da manche niedere Pflanze bereits besonders geartete, mit den Blättern durchaus vergleichbare Anhangsgebilde aufweist, resp. eine Neigung zur Bildung solcher Anhangsorgane zeigt. Eine scharfe Grenze zwischen Lagerpflanzen und beblätterten Pflanzen läſst sich daher nicht ziehen. Sitzen bei beblätterten Pflanzen die Wurzelhaare an einem besonderen Gewebekörper, der sich schon durch seine Blattlosigkeit deutlich vom beblätterten Stengel unterscheidet, so erhalten wir Wurzeln. Die höheren Pflanzen besitzen sämtlich Wurzeln, Stengel und Blätter; auch die beiden letzteren können Haare tragen.

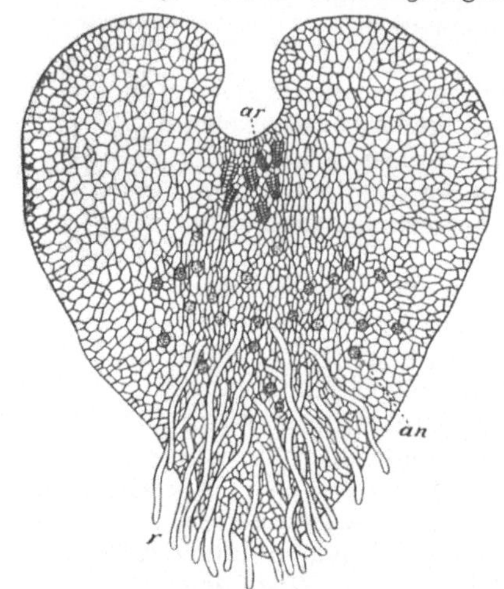

Fig. 4. Zustand eines Farnkrautes im Verlaufe seiner Entwickelung. *r* = Wurzelhaare; *an* und *ar* = Fortpflanzungsorgane. Schwach vergr.

Lager, Wurzeln, Stengel können seitlich Wiederholungen ihrer selbst, Zweige, erzeugen, welche in Beziehung zu ihren Mutterorganen, die sie hervorbrachten, Tochterorgane heiſsen. Da man oft in die Lage kommt, den Stengel mit seinen Blättern begrifflich zusammenzufassen, so werden beide zusammengenommen als Sproſs bezeichnet. Die Begriffe Sproſs und Stengel sind also auseinanderzuhalten.

---

2. Entwickelungsgeschichte.

A. Entstehung neuer Zellen.

Neue Zellen entstehen immer nur aus bereits vorhandenen. Meist bilden sich aus der ursprünglichen Zelle mehrere Zellen; in besonderen Fällen, nämlich bei der Copulation resp. Conjugation (vergl. Spirogyra und Myxomyceten), entsteht durch Verschmelzung der Plasma-Teile zweier oder mehrerer Zellen nur eine neue. Gehen mehrere Zellen aus der Mutterzelle hervor, so teilt sich zunächst der Kern, wenn nicht die Zelle von vornherein bereits mehrere Kerne besaſs, die übrigens ursprünglich ebenfalls einem gemeinsamen Mutterkerne ihre Entstehung verdanken.

Die Neubildung von Zellen geschieht durch Teilung, indem sich der protoplasmatische Körper der Mutterzelle in 2, aber auch mehrere Teile individualisiert, welche zwischen sich Membranen erzeugen, die an allen Punkten der Trennungsflächen gleichzeitig (simultan), selten von aufsen in das Innere der Mutterzelle allmählich hineinwachsend (succedan) gebildet werden.

Bei dem Teilungsvorgang spielt der Zellkern oft eine besondere Rolle. Dieser schnürt sich entweder einfach ein und zerfällt schliefslich in zwei, seltener mehrere Tochterkerne, die die Kerne der Tochterzellen werden, oder es findet — und zwar in den meisten Fällen — ein komplizierter, als Karyokinese bezeichneter Vorgang statt, welchen Fig. 5 veranschaulicht, die eine Zelle mit ihrem Kern in acht verschiedenen Stadien der Bildung darstellt.

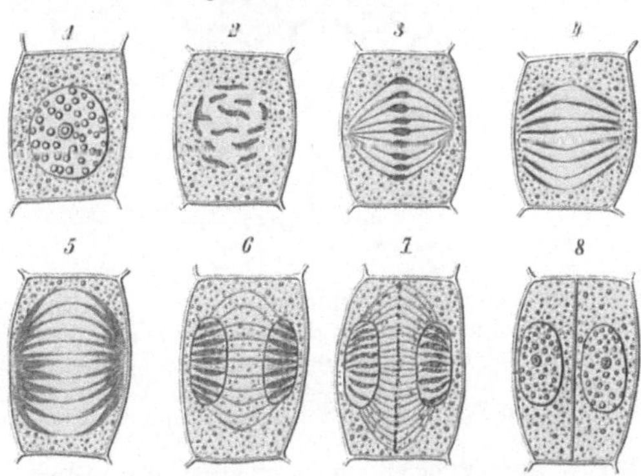

Fig. 5. Erklärung im Text. (Nach Strasburger.)

Der Kern (Stadium 1) verliert hier zunächst nach Strasburger seine scharfe Umgrenzung gegen das Cytoplasma und nimmt eine Fadenstruktur an (2). Der Faden (Kernfaden) zerfällt in Stücke, Chromosomen, die sich in einer den Mittelpunkt des Kernes schneidenden Ebene zu einer Platte, der Kernplatte, sammeln (3). Von der Kernplatte aus verlaufen nach den Polen des Kernes feine Verbindungsfäden. Die Chromosomen teilen sich sodann der Länge nach, und von jedem Chromosom wandern die Teilstücke längs der Verbindungsfäden zu verschiedenen Polen, wo sich besonders geformte Teile des Cytoplasmas bemerkbar machen, welche sehr kleine, kugelige Gebilde darstellen, in deren Mitte sich ein punktförmiges „Centrosom“ befindet. Die Centrosomen sollen nach Karsten aus den Nucleï hervorgehen; sie sind gewöhnlich in Zweizahl neben dem Zellkern vertreten, wandern an dessen künftige Pole, wenn er in Teilung eintritt, und verdoppeln sich während der Ausbildung der Tochterkerne. An den Polen lagern sich die Kernfäden in Richtung der Meridiane, und es findet eine deutliche Abgrenzung je eines Tochterkernes gegen das Cytoplasma statt (4—6). Die Verbindungsfäden verschwinden, falls nur eine mehrkernige Zelle erzeugt wurde, während bei einer Zellteilung jeder Verbindungsfaden in seiner Mitte kugelförmig anschwillt (7), sodafs im Äquator der Kerntonne (wie man das ganze Gebilde, die beiden Tochterkerne als Pole incl. Verbindungsfäden nennt) eine Platte aus Kügelchen entsteht: die Zellplatte, die dann durch Verschmelzung der Kügelchen die neue Zellwand bildet (8). — Die Sprossung oder Abschnürung bildet einen Spezialfall der Teilung. (Vgl. Saccharomyces.)

Während in dem geschilderten Fall die ursprüngliche Membran der Mutterzelle einen Bestandteil auch ihrer Tochterzellen ausmacht, erhalten die durch sogenannte freie Zellbildung entstandenen Tochterzellen ihre besondere Abgrenzung. Bei der freien Zellbildung wird nicht immer das ganze Plasma der Mutterzelle verbraucht; es zerfällt in mehr oder minder zahlreiche, gesonderte Stücke, die sich zu Zellen individualisieren, welche entweder ausgestoſsen werden (vgl. Ascomyceten) oder zu einem Gewebe zusammentreten wie bei Pediastrum, Fig. 6. Hier teilen sich die Mutterzellen (rechts in *1* Fig. 6) jede in viele freie Tochterzellen, die sich erst später (*3* Fig. 6) zu einem Gewebe verbinden.

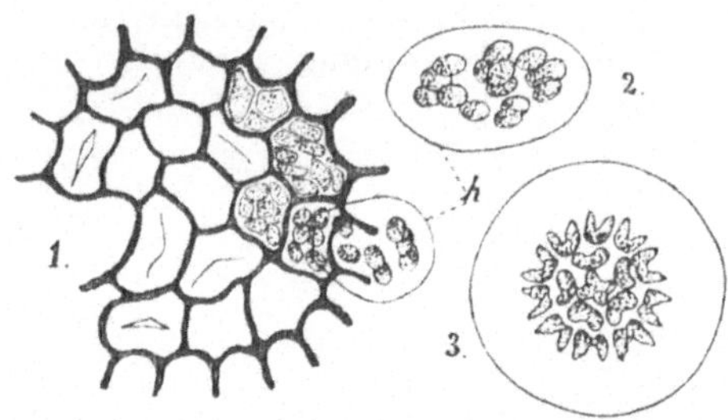

Fig. 6. Pediastrum granulatum. — *1* = ein Individuum von sechzehn Zellen, von denen einige (rechts in der Figur) in Teilung begriffen sind; aus einer Zelle treten die von einer gemeinsamen Haut *h* umgebenen Tochterzellen aus; *2* = die aus einer Mutterzelle ausgetretenen Tochterzellen; *3* = Tochterzellen, sich zu einer neuen Pediastrum-Scheibe gruppierend. — Stark vergr. (Nach A. Braun.)

Bei der Verjüngung wird das Plasma einer Mutterzelle nach vorausgegangener innerer Umbildung ausgestoſsen, sodaſs also gewissermaſsen eine Häutung stattfindet. (Vgl. Oedogonium.)

Die Gewebebildung der Pilze (einschlieſslich der Flechten) findet durch Verwachsung und Verfilzung ursprünglich getrennter Zellfäden statt.

Das Wachstum der Zellmembranen geschieht im Wesentlichen durch Intussusception, d. h. durch Einlagerung neuer Substanz zwischen die kleinsten organischen Teilchen, die Micellen. Die bemerkenswerte Fähigkeit der Membranen zu quellen, d. h. Wasser resp. wässerige Lösungen zwischen die Micellen aufnehmen zu können, zu imbibieren, ist — wie man also sieht — eine Hauptbedingung des Wachstums. Das Dickwerden von Membranen geschieht aber oft durch tapetenartiges Anlegen neuer Lamellen: Apposition.

B. Gewebe-Sonderung.

Das fertige, nicht mehr teilungsfähige Gewebe: Dauergewebe, geht aus stets dünnwandigem, teilungsfähigem Gewebe hervor, das man Meristem, Bildungsgewebe, nennt und dessen ausschlieſsliche Funktion in der Erzeugung von Dauergewebe besteht. Es kommt übrigens auch vor, daſs bereits ausgebildete Gewebe die Teilungsfähigkeit beibehalten. (Vgl. das Collenchym.) Ein Meristem geht entweder schlieſslich vollständig in Dauergewebe über oder nur ein Teil desselben, indem das übrige Gewebe zeitlebens meristematisch bleibt. Ein Längsschnitt durch eine am Gipfel wachsende Stengelspitze, Fig. 7, zeigt an demselben ein parenchymatisches Meristem, spezieller Urmeristem, so genannt, weil es den ersten Zustand aller Dauergewebe vorstellt. Das Urmeristem sondert sich in zwei parenchymatische und in ein prosenchymatisches Meristem. Letzteres ist das Procambium *pc*, erstere sind zunächst das Protoderm *pd*, welches die das Organ zu äufserst bekleidende Zellschicht ausmacht, und ferner das den übrig bleibenden Raum ausfüllende Grundmeristem *g*. Zuweilen werden Dauergewebe von neuem zu Bildungsgeweben, die dann Folgemeristeme, bei prosenchymatischer Ausbildung speziell Folgecambium heifsen. Man versteht also im besonderen unter einem cambialen Bildungsgewebe ein solches aus prosenchymatischen Zellen.

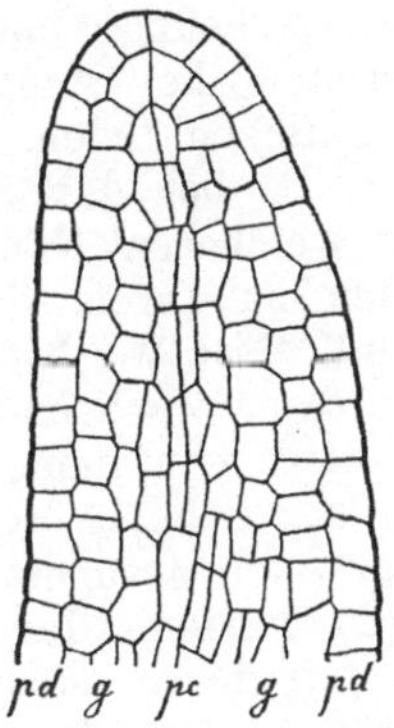

Fig. 7. Längsschnitt durch die Stengelspitze von Lysimachia Ephemerum. — Bei *pc* Beginn procambialer Teilung; *pd* = Protoderm; *g* = Grundmeristem. — Vergr. (Nach Hanstein.)

Wenn die Teilungen nicht in beliebiger, sondern vorwiegend in bestimmter Richtung erfolgen, äufsert sich dies an dem Verlauf der Zellwandungen. So ist leicht an Fig. 11 ersichtlich, dafs die in einer Reihe vor einander liegenden Dauerzellen *h* (unterhalb *c*) aus den in derselben Reihe liegenden Cambiumzellen *c* durch gleichsinnige Teilungen hervorgegangen sind.

Abgesehen von manchen niederen Gewächsen findet die Zellbildung nicht gleichmäfsig an allen Punkten des Pflanzenleibes statt; Neubildungen sind vielmehr, wie schon nach dem eben Gesagten ersichtlich ist, an bestimmte Örtlichkeiten geknüpft.

Beobachten wir die Entwickelung eines ganz jungen Pflänzchens höherer Organisation, so bemerken wir, dafs neue Blätter am Gipfel des Stengels als seitliche Auswüchse entstehen, wo sich das teilungsfähige Gewebe befindet, sodafs die Blätter um so älter sind, je weiter sie von dem „Vegetationspunkt“ ihres Stengels entfernt sind. Die Blattanlagen berühren sich gegenseitig und rücken erst durch späteres Wachstum des Stengels auseinander.

Unmittelbar über der Ursprungsstelle der Blätter, in ihren „Winkeln“ resp. „Achseln“, entspringen meist die neuen Sprosse. Sowohl die Bildung der Sprosse wie der Blätter wird durch Hervorwölbung der äufseren Gewebepartieen an ihren Entstehungs-Orten eingeleitet. Sprossanlagen mit noch unentfalteten Blättern nennt man Knospen. Im Gegensatz zu dieser äufserlichen „exogenen“ Entwickelungsweise steht diejenige der meisten Nebenwurzeln, d. h. aller derjenigen Wurzeln, die nicht die unmittelbare Fortsetzung des ersten oder Hauptsprosses bilden, sowie der zuweilen an älteren Stengelteilen unregelmäfsig auftretenden „Adventiv“-Sprosse, welche „endogen“, d. h. im Inneren der Mutter-Organe ihren Ursprung nehmen und daher die überdeckenden Schichten durchbrechen müssen.

C. Längenwachstum.

Die Organe wachsen in verschiedener Weise in die Länge; entweder geschieht dies wie bei den meisten Stengeln an ihren freien

Endigungen: „acropetal“, indem die Zellen durch Vermehrung ihrer selbst die Verlängerung bewirken, sodafs die Pflanze in gleicher Weise aufgeführt wird wie etwa ein Turm von unten nach oben, oder es befindet sich das die Verlängerung des Organes bewirkende Meristem bei Stengeln an allen über den Ansatzstellen der Blätter befindlichen Orten, also zwischen Dauergewebe eingeschoben. So ist es z. B. bei den Stengeln der Gräser und Schachtelhalme. Wegen der weicheren Konsistenz sind diese meristematischen Wachstumszonen zu ihrem Schutze von besonderen Scheiden umgeben. Man nennt diese Wachstumsart die intercalare. Wenn man auf einen intercalar wachsenden Stengel einen Zug bis zum Zerreifsen ausübt, so wird man immer finden, dafs der Rifs in der wachstumsfähigen, von der Scheide umgebenen Partie erfolgt. — Die Wurzeln wachsen zwar auch acropetal, jedoch nicht unmittelbar an der Spitze; diese wird vielmehr durch eine Gewebekappe, die Wurzelhaube, geschützt, deren äufserste Zellen fortwährend absterben und abgestofsen werden. Das Urmeristem der Wurzelspitze erzeugt immer neues Haubengewebe und nach der entgegengesetzten Richtung die Gewebe des Wurzelkörpers, Fig. 8.

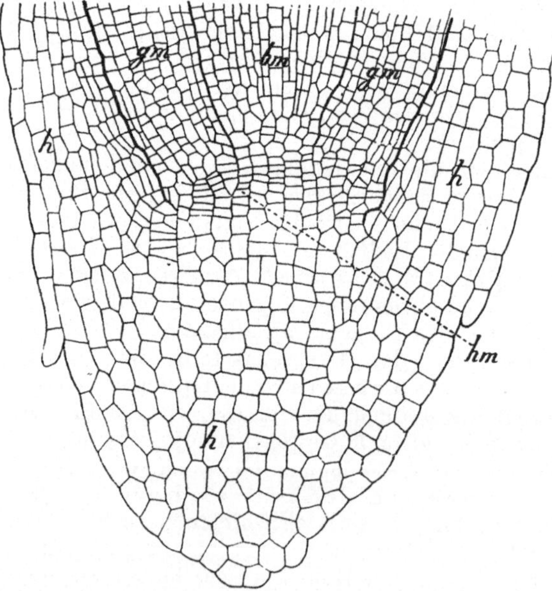

Fig. 8. Längsschnitt durch die Wurzelspitze von Pisum sativum. — *h* = Wurzelhaube; *hm* = Hauben-Meristem; *bm* (Leitbündel-Meristem mit *gm* (Meristem des Grundparenchyms) = Meristeme des Wurzelkörpers. — 140 mal vergr. (Nach Janczewski.)

Die Blätter wachsen in der Jugend wie Stengel an ihrer Spitze, später aber gewöhnlich an ihrem Grunde, sodafs ihre Spitze (freie Endigung) zuerst in den Dauerzustand eintritt; seltener wachsen die

Blätter bis zu ihrer fertigen Ausbildung, wie bei den Farnkräutern, an ihrer Spitze.

D. Dickenwachstum.

Das Dickenwachstum geschieht ebenfalls in mehrerlei Weise. Entweder findet eine gleichmäfsige Vermehrung der Zellen in allen Teilen des in die Dicke wachsenden Organes statt, wie bei den Stämmen der Palmen, oder wir erblicken ein besonderes Teilungsgewebe, wie z. B. bei den Drachenblutbäumen (Dracaena) und bei unseren Nadel- und Laubbäumen.

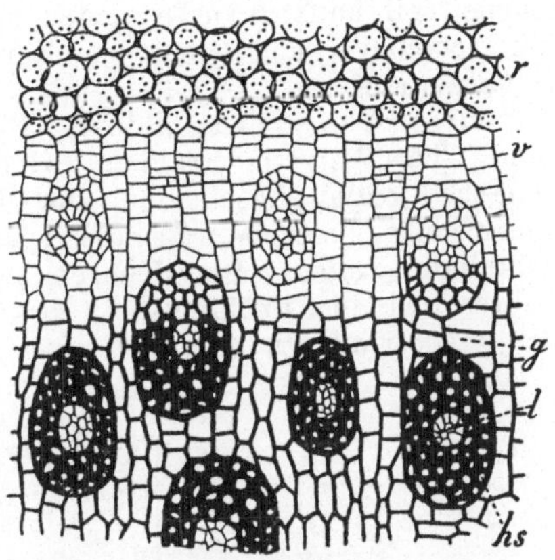

Fig. 9. Stückchen des Querschnittes durch einen Dracaena-Stamm. *hs* + *l* = Leitbündel; *g* = Grundparenchym; *r* = Rindenparenchym; *v* = Verdickungsring. — Vergr. (Nach Haberlandt.)

1. Betrachten wir den Querschnitt eines Dracaena-Stammes, wovon Fig. 9 ein Stückchen veranschaulicht, so fallen uns zuerst die Querschnitte vieler Gewebestränge *l* + *hs* ins Auge, welche das Grundparenchym *g* durchziehen und deren Hauptaufgabe in der Leitung der Nährstoffe und des Wassers besteht; sie werden L e i t b ü n d e l genannt. Das nach der Oberfläche zu gelegene Parenchym jedoch, die R i n d e *r*, entbehrt solcher Leitbündel und wird von der inneren Partie des Stammes durch einen Cylinder von parenchymatischem Teilungsgewebe *v* geschieden, welches auf dem vollständigen Querschnitt des Stammes ringförmig erscheint und daher V e r d i c k u n g s r i n g genannt wird. Dieser nun scheidet durch Zellteilung nach innen Leitbündel- und Grundparenchym-Elemente, nach aufsen Rindenelemente, in beiden Fällen also Dauergewebezellen ab, wodurch das Dickenwachstum bewerkstelligt wird.

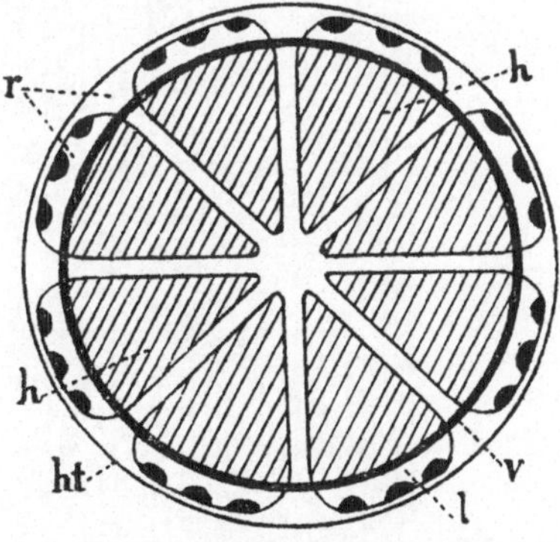

Fig. 10. Schematischer Querschnitt durch den Zweig eines Laub- oder Nadelholzes. Es sind 8 Leitbündel angenommen, die durch den Verdickungsring (Cambiumring) *v* in eine innere und eine äufsere Partie geteilt sind. — *r* = Rinde; *h* = Holz, d. h. Bündelelemente innerhalb des Cambiumringes; *l* = Bündelelemente aufserhalb des Cambiumringes; *ht* = Hautgewebe.

2. Auch bei unseren Laub- und Nadelhölzern findet sich ein Verdickungsring, der jedoch aus prosenchymatischen Zellen besteht und daher als C a m b i u m r i n g zu bezeichnen ist. Dieser liegt aber nicht aufserhalb der hier (auf dem Stengelquerschnitt) in

einem einzigen Kreise angeordneten Leitbündel, sondern teilt — in der Weise, wie das Fig. 10 darstellt — jedes Bündel in eine äuſsere und eine innere Partie.

Die zwischen den Bündeln befindlichen Grundparenchymbänder nennt man Markverbindungen. Sie werden von Cambiumgewebe überbrückt, sodaſs ein kontinuierlicher Cambiumcylinder, der Verdickungsring *v*, entsteht. Der auſserhalb des Cambiumringes gelegene Teil heiſst Rinde *r*, der innere Holz *h*; nach beiden Seiten hin scheidet auch hier der Verdickungsring durch Zellteilungen Dauergewebe ab.

Die Jahresringbildung (Fig. 11) beruht darauf, daſs der seine Thätigkeit im Frühjahr wieder beginnende Verdickungsring *c* zunächst Zellen abscheidet, die dünnere Wandungen und gröſsere Innenräume besitzen, als die später — namentlich im Herbste — gebildeten Zellen. Die Grenzen zwischen dem Herbstholz des einen Jahres und dem Frühlingsholz des folgenden Jahres geben sich durch die Jahresringe zu erkennen.

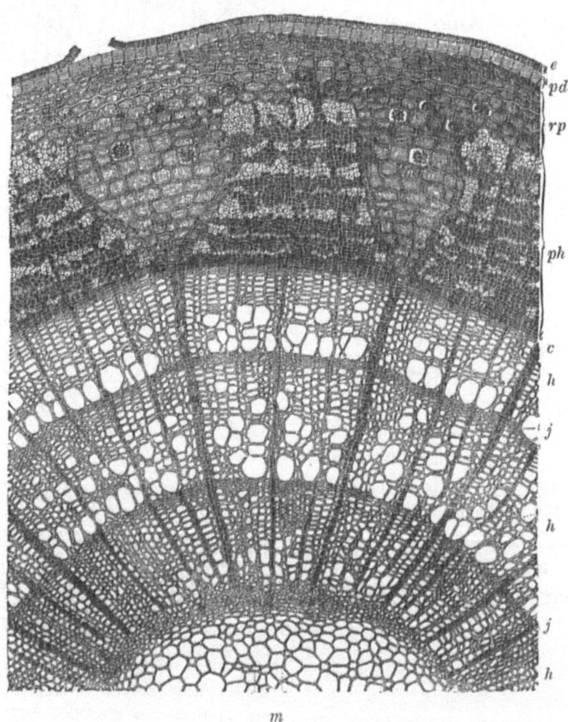

Fig. 11. Stück des Querschnittes eines 3jährigen, also mit 3 Jahresringen versehenen Zweiges von Tilia platyphyllos. *c* = Cambiumring, auſserhalb desselben die Rinde, innerhalb desselben das Holz *h*, die weiten Zellen desselben markieren das Frühlings, die engen Zellen das Herbstholz; *j* = Grenze der Jahresringe. Die übrigen Buchstaben werden später erklärt. — Vergr. (Nach Kny.)

3. Bei den Cycadaceen-Gattungen Cycas und Encephalartos stellt der Cambiumring, der in derselben Weise wie bei den Laub- und Nadelhölzern gebildet wird, nach einer gewissen Zeit seine Thätigkeit ein, und es entsteht im Parenchym der Rinde, aufserhalb der Bündelelemente, ein neuer Cambiumring, der nunmehr ebenfalls nach innen zu wieder Holz und nach aufsen hin andere Bündelelemente abscheidet. Durch eine öftere Wiederholung dieses Vorganges kommt der in Fig. 12 abgebildete Bau zu stande.

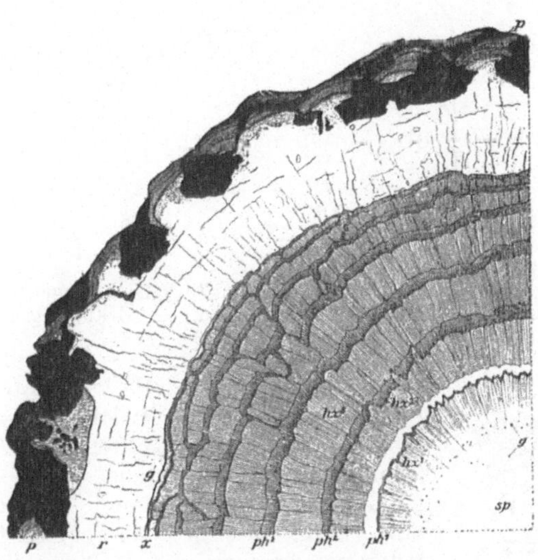

Fig. 12. Ein Viertel des Querschnittes durch den Stamm von Cycas revoluta. Die Holzlagen hz^1, hz^2 u. s. w. werden durch die Gewebelagen ph^1 und ph^2 u. s. w. geschieden. Zwischen hz^1 und ph^1 liegt der erste, zwischen hz^2 und ph^2 der zweite u. s. w. Cambiumring, deren Thätigkeit erloschen ist. Der neueste und thätige Cambiumring liegt bei *x*. Die übrigen Buchstaben werden später erklärt. — Etwa um $^2/_3$ verkleinert. (Original.)

E. Verzweigungssysteme.

Die Sprofsverzweigungen und überhaupt sich verzweigende Systeme aller Art erreichen oft ein gleichartiges Aussehen im fertigen Zustande trotz verschiedenartiger Entwickelung.

1. Enthält eine Hauptaxe, *I* in *M* Fig. 13, seitliche Zweige *II*, so bekommen wir ein Monopodium, welches sich also dadurch auszeichnet, dafs die Seitenzweige sämtlich dasselbe gemeinsame „Fufsstück" *I* besitzen.

2. Im Gegensatz hierzu in entwickelungsgeschichtlicher Hinsicht steht das Sympodium, bei welchem die erstentstandene Axe, *I* in *S* Fig. 13, einen Tochterzweig *II* erhält, der über den Mutterzweig hinauswächst, denselben „übergipfelt" und die Spitze desselben oft bei Seite drängt, somit die Fortsetzung des unteren Stückes des Mutterzweiges bildend. Ein Zweig von *II* kann diese Entwickelungsweise fortsetzen, sodafs wir zwar — wie *S* Fig. 13 veranschaulicht — ein Zweigsystem erhalten können, welches einem

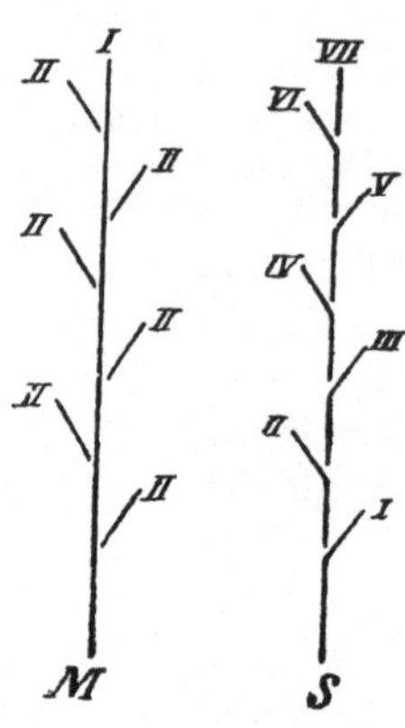

Fig. 13. *M* = monopodiale Verzweigung; *S* = sympodiale Verzweigung.

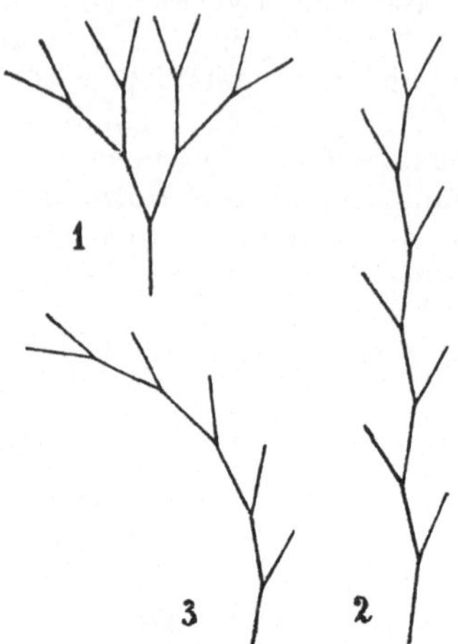

Fig. 15. Dichotome Verzweigungen. — Erklärung im Text.

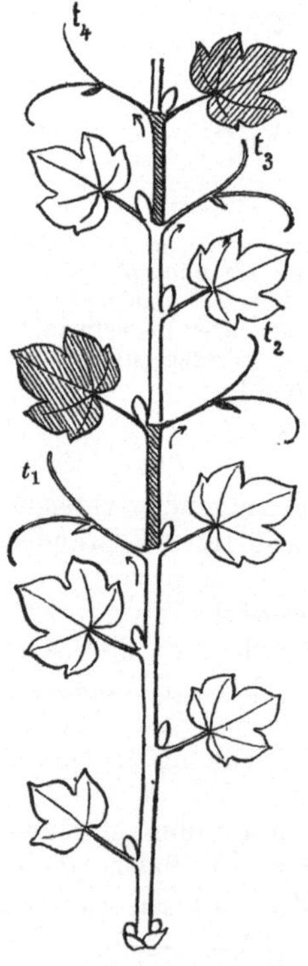

Fig. 14. Vergl. Text. (Nach Eichler.)

monopodialen, äuſserlich betrachtet, durchaus gleicht, sich aber entwickelungsgeschichtlich dadurch von diesem unterscheidet, daſs die scheinbare Hauptaxe aus vielen Fuſsstücken von Zweigen verschiedener Ordnung gebildet wird. Fig. 14 stellt das Schema für den sympodialen Aufbau eines Langtriebes (einer „Lotte" der Winzer) des Weinstockes dar. Alle Sprosse endigen mit einer Ranke, der erste bei t_1, der zweite (schraffiert) bei t_2, der dritte bei t_3, der vierte (wieder schraffiert) bei t_4 u. s. w.

3. Dasselbe Resultat kann auch die dichotome Entwickelungsweise geben. Eine Dichotomie kommt zu stande, wenn sich ein Vegetationspunkt in zwei neue Vegetationspunkte sondert, welche beide zu je einem Zweige auswachsen. Erreichen diese beiden gleiche Länge und verzweigen sie sich in derselben Weise weiter, so entsteht eine deutlich gabelige Verzweigung, *1* Fig. 15; dichotomiert sich jedoch immer nur der eine der beiden Zweige im Verlauf der Entwickelung eines ganzen Systemes, und zwar abwechselnd, immer einmal der rechte und dann der linke — wie dies *2* in Fig. 15 veranschaulicht — oder immer nur der auf derselben Seite gelegene Zweig, *3* in Fig. 15, so wird wiederum, namentlich bei Geradestreckung des ganzen Systemes,

eine einheitliche Hauptaxe vorgetäuscht, während doch sympodiale Verzweigungen vorliegen, im ersten Fall (2 Fig. 15) denen von Fig. 13 äufserlich oft durchaus ähnlich.

4. Ein und dasselbe Verzweigungssystem kann sich in seinen verschiedenen Teilen entwickelungsgeschichtlich in verschiedener Weise aufbauen. So sind Systeme, die in ihren ersten Verzweigungen monopodial sind, oftmals in ihren letzten Endigungen sympodial u. s. w.

---

3. Die äufsere Gliederung der Pflanzen.

Wir haben schon auf Seite 5 und 6 gesehen, dafs die niedersten Pflanzen, äufserlich betrachtet, keine und erst die höheren eine Gliederung in unterschiedene Teile wahrnehmen lassen, und haben dort bereits die Grundbegriffe Lager, Wurzel, Stengel, Blatt kennen gelernt.

A. Lager.

Die Lagerpflanzen sind einzellig, wobei die Zelle die verschiedensten Formen haben kann, oder mehrzellig und ebenfalls von sehr mannigfaltigem Aussehen; sehr häufig ist die Faden-Form wie Fig. 2.

B. Wurzel.

Die Wurzel tritt in den mannigfaltigsten Gestalten auf. Man unterscheidet eine Hauptwurzel, welche die direkte Fortsetzung des Stengels bildet, und dem Erdmittelpunkte zuwächst (positiv geotropisch ist), und Seiten- oder Nebenwurzeln (vergl. Seite 9), die sich sowohl seitlich an den Hauptwurzeln als auch an Stengelteilen entwickeln können. An den Wurzeln unterscheidet man den Wurzelkörper, der nur in der Nähe seiner Spitze mit Wurzelhaaren besetzt ist, welche die verflüssigte Nahrung des Bodens aufnehmen, während der Wurzelkörper im wesentlichen die Leitung der Nährstoffe übernimmt und gleichzeitig gewöhnlich die Pflanze an ihren Untergrund festigt. Oftmals entwickeln sich die Wurzeln zu Speicherapparaten, Speisekammern; sie verdicken sich dann und werden fleischig. Wurzelknollen nennt man dicke, fleischige, oft kugelige oder anders gestaltete Nebenwurzeln, welche den Sommer über Nahrung — meist in Form von Stärke — in ihren Zellen für die im nächsten Frühjahr erwachsende Pflanze in sich aufhäufen. Kugelige, speichernde Hauptwurzeln werden, abweichend vom gewöhnlichen Sprachgebrauch, rübenförmige genannt, wie die Wurzel des Radieschens, während die Möhre oder Mohrrübe eine möhren- oder spindelförmige Hauptwurzel besitzt u. s. w. Bekanntlich macht sich der Mensch diese pflanzlichen Reservestoffbehälter oft zu nutze.

C. Stengel.

Auch der Stengel, an welchem Knoten, die Ansatzstellen der Blätter, und Zwischenknotenstücke, Stengelglieder (Internodien) unterschieden werden, kann Speicherapparate für

Nährstoffe entwickeln, und er ist dann entsprechend dieser Funktion — wie die betreffenden Wurzelteile — in den Partieen, welche die Speicherung übernehmen, ebenfalls fleischig verdickt. Man nennt sie daher auch Stengelknollen, zu welchen z. B. die Kartoffeln gehören. Dafs diese keine Wurzelknollen sind, erkennt man mit Leichtigkeit an den sogenannten Augen derselben: kleinen Rändern, welche Blattgebilde sind, in deren Achseln sich die Anlagen von Sprossen finden. Zwiebeln, Fig. 16, deren Erwähnung am besten hier angeschlossen wird, sind Speicherorgane, gebildet aus Stengelteilen mit verdickten, fleischigen Blättern, welche die Speicherung übernehmen. — Sind die Stengel, die gewöhnlich im Gegensatz zur Hauptwurzel vom Erdmittelpunkt hinweg wachsen (negativ geotropisch sind), keine typischen Nährstoffreservoire, so sind sie gewöhnlich langgestreckt. Sie können dann sein:

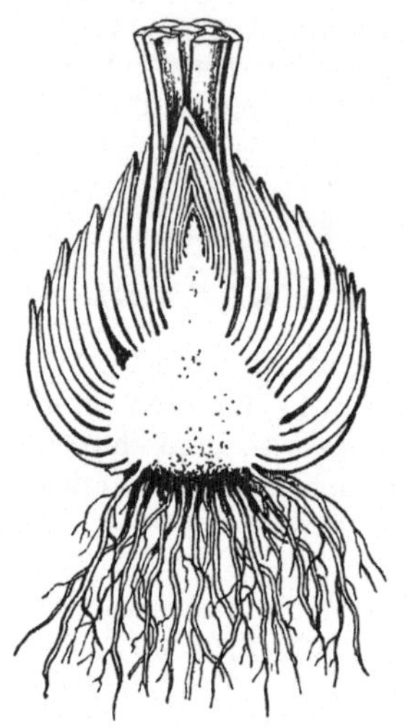

Fig. 16. Längsschnitt durch eine Lilien-Zwiebel.

aufrecht, wenn sie sich von der Wurzel ab senkrecht in die Luft erheben,

windend, wenn sie, um Halt zu gewinnen, spiralig um eine Stütze wachsen,

rankend, resp. kletternd, wenn sie vermittelst besonderer Haftorgane (z. B. Ranken, Haken) an anderen Pflanzen oder Gegenständen emporklimmen,

aufsteigend, wenn ein verhältnismäfsig kleiner Teil ihres Grundes auf dem Boden liegt und der andere Teil senkrecht emporsteigt,

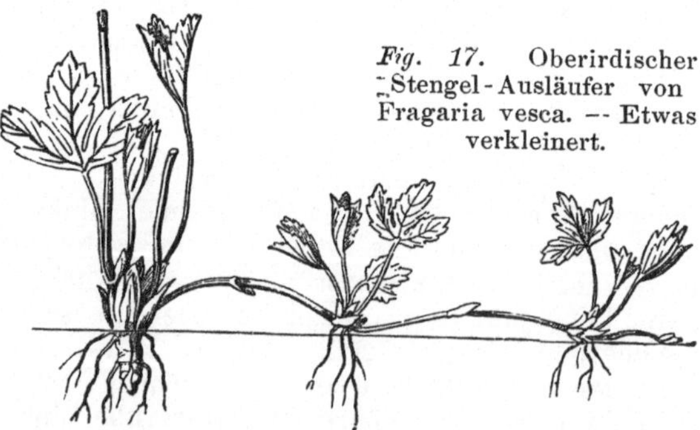

Fig. 17. Oberirdischer Stengel-Ausläufer von Fragaria vesca. — Etwas verkleinert.

kriechend, wenn ein gröfserer Teil am Boden liegt und womöglich an den Knoten Wurzeln bildet,

rasenbildend, rasig, wenn viele Stengel von einer gemeinsamen organischen Grundlage ausgehend dicht zusammenstehen,

auslaufend, wenn sie von einem Mutterstengel ausgehend kriechen und sich von diesem lösen können, um neue Pflanzen zu erzeugen. Solche Ausläufer können oberirdisch, Fig. 17, oder unterirdisch sein. — Unterirdische Sprosse überhaupt werden (obgleich sie mit einer Wurzel nichts zu thun haben) als Wurzelstöcke (Rhizome) bezeichnet: Fig. 18.

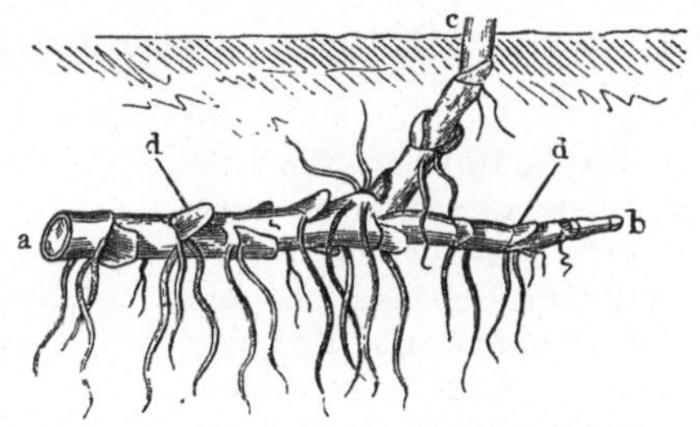

Fig. 18. Rhizom von Gratiola officinalis: *a b*, aus der Erde tretender Sprofs: *c*, Niederblätter: *d*. — Etwa natürl. Gr.

Lassen sich an einer Pflanzenart bezüglich der Länge der Sprosse zwei Arten der letzteren unterscheiden: die eine Sorte lockerblättrig und langgestreckt, die andere dichtblättrig und auffallend kurz, so unterscheidet man die ersteren als Lang-, die letzteren als Kurz-Triebe oder -Sprosse. Bei der gemeinen Kiefer, Pinus silvestris, sind die Kurztriebe zweinadelig, bei der Weymuthskiefer, Pinus Strobus, fünfnadelig, bei der Lärche, Larix europaea, vielnadelig.

D. Blätter.

1. Die Blattarten (Blattformationen).

Die Blätter werden, von der Wurzel nach der Spitze des Stengels fortschreitend, nach ihrer Stellung und ihrer Ausbildung unterschieden als

a) Keimblätter, Samenblätter (Cotyledonen), welche die ersten beim Keimen erscheinenden Blätter sind,

b) Niederblätter, welche kleine schuppige, meist nicht grüne Gebilde darstellen, und

c) Laubblätter oder schlechtweg Blätter (im engeren Sinne), welche die gröfsesten, grünen, meist besonders gegliederten Blätter sind. Die obersten Blätter, die sich oftmals in ihrer Gestaltung von den darunter stehenden unterscheiden, werden, wenn dies der Fall ist, als

d) Hochblätter besonders klassifiziert, welche überhaupt alle oft schuppigen Blattorgane zwischen den typischen Laubblättern und den

e) Blütenblättern umfassen. Die letzteren setzen die Blüten der höheren Pflanzen, das sind Fortpflanzungsorgane, zusammen.

Bei einer einzelnen Art kann diese oder jene oder es können auch mehrere der erwähnten Blattregionen fehlen. Hat eine Pflanze an Stelle der Laubblätter nur schuppenförmige Blätter, wie z. B. der Fichtenspargel, Monotropa Hypopitys, so bezeichnet man diese ebenfalls als Niederblätter; auch in den Fällen spricht man von Niederblättern, wenn an einem Sprofs Regionen, Zonen, von typischen, wohlentwickelten Laubblättern mit Zonen schuppenförmiger Blätter abwechseln (Wechselzonen), wie bei den Stämmen der meisten Cycadales.

Ein Blatt kann sich gliedern in eine Scheide (Vagina) mit oder ohne Nebenblättern (Stipeln) *n* Fig. 20, in einen Blattstiel (Petiolus) und in eine Blattspreite (Lamina).

Ein Blatt, in dessen Achsel ein Sprofs steht, wird das Deckblatt oder Tragblatt desselben genannt, während Vorblätter die ersten, oft schuppenförmigen — dann auch als Niederblätter bezeichneten — Blätter an einem Zweige sind: Fig. 19.

2. Die Blattformen.

Da man bei der Beschreibung der Pflanzen-Arten mit den Ausdrücken des gewöhnlichen Lebens nicht auskommt, und überdies die Systematiker bestimmte Ausdrücke in besonderer Weise gebrau-

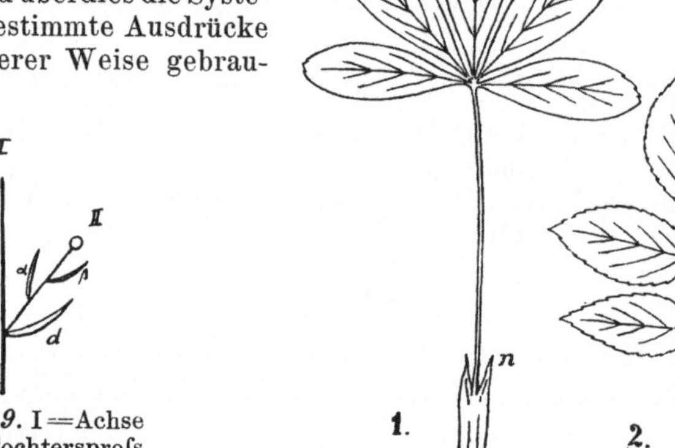

Fig. 19. I = Achse mit Tochtersprofs II, dieser mit endständiger Blüte. *d* = Deckblatt, *α* und *β* = Vorblätter.

Fig. 20. *1* = gefingertes Laubblatt von Potentilla alba, *2* = unpaarig-gefiedertes Laubblatt von Rosa canina. *n* = Nebenblätter. — Verkl. (Original.)

chen, so müssen wir uns hier mit den gebräuchlichsten derselben beschäftigen.

I. Die Blätter können zusammengesetzt sein oder einfach. Im ersteren Falle nennt man sie

a) gefiedert, wenn das ganze Blatt in mehrere getrennte Teile, Blättchen, derartig zerschnitten erscheint, dafs dieselben an zwei Seiten der Mittelrippe — oder des gemeinsamen Blattstieles, wenn man lieber will — verteilt erscheinen. Unpaarig-gefiedert, *2* in Fig. 20, sind die Blätter, wenn ein einzelnes Endblättchen an ihrer Spitze vorhanden ist, paarig-gefiedert, wenn das Endblättchen fehlt. Unter einem leierförmigen Blatt versteht man ein unpaarig-gefiedertes Blatt mit sehr grofsem Endblättchen, und unterbrochen-gefiedert heifst es, wenn grofse Blättchenpaare mit einem oder mehreren kleinen Paaren abwechseln. Von doppelt-gefiederten Blättern spricht man, wenn die Blättchen ebenfalls gefiedert sind, von dreifach-gefiederten Blättern, wenn die Blättchenabschnitte nochmals gefiedert erscheinen u. s. w.

b) Gefingerte oder handförmige Blätter sind solche, deren Abschnitte oder Blättchen strahlig von einem Punkte ausgehen, *1* Fig. 20.

Die Blattspreiten resp. Blättchen — vgl. hierzu Fig. 21 — können sein:

a) lineal, wenn sie etwa vier- oder mehrmal länger als breit sind und mehr oder minder parallele Ränder besitzen,

b) lanzettlich, wenn dieselben drei- bis mehrmal länger als breit sind, indem sich von der Mitte aus die beiden Enden verschmälern,

c) keilförmig, wenn sie in der Nähe der Spitze am breitesten sind und sich nach dem Grunde zu verschmälern,

d) spatelig, wenn dieselben oben verbreitert und abgerundet sind und sich nach dem Grunde hin sehr allmählich keilförmig verschmälern,

e) eirund oder eiförmig, wenn sie — wie der Längsdurchschnitt eines Hühnereies — etwa zweimal so lang als breit und dabei unterhalb der Mitte am breitesten sind,

f) verkehrt-eirund oder verkehrt-eiförmig, wenn dieselben eiförmige Gestalt besitzen, die breiteste Stelle jedoch oberhalb der Mitte liegt,

g) nierenförmig, wenn sie kreisförmig bis quer-oval sind und am Grunde einen tiefen Einschnitt zeigen, zu dessen beiden Seiten sich zwei gerundete Abschnitte befinden.

Ausdrücke wie

h) kreisrund, i) elliptisch u. s. w. verstehen sich von selbst.

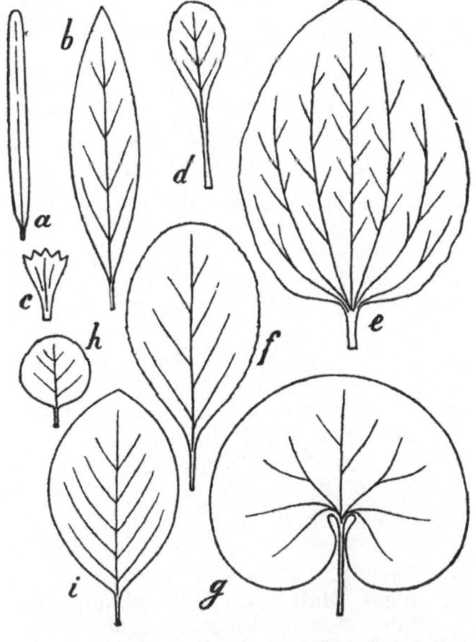

Fig. 21. *a* = lineales Laubblatt von Ledum palustre, *b* = lanzettliches Lbl. von Ligustrum vulgare, *c* = keilförmiges Lbl. von Primula minima, *d* = spateliges Lbl. von Bellis perennis, *e* = eiförmiges Lbl. von Plantago major (Blattscheide weggelassen), *f* = verkehrt-eiförmiges Lbl. von Berberis vulgaris, *g* = nierenförmiges Lbl. von Asarum europaeum (Blattstiel unvollständig), *h* = kreisrundes Lbl. von Linnaea borealis, *i* = elliptisches Lbl. von Lonicera Xylosteum. — Verkl. (O.)

Es lassen sich natürlich alle Benennungen, welche sich ausschliefslich auf Formen beziehen, auf die verschiedensten Organe übertragen, so könnte man etwa auch von einer fingerartigen Stengelverzweigung reden.

II. In Bezug auf die Anheftung der ungestielten, d. h. sitzenden Blätter an ihrem Stengel unterscheidet man:

a) herablaufende Blätter, wenn sich die Blättfläche auf den Stengel mehr oder minder weit fortsetzt,

b) stengelumfassende Blätter, wenn der Blattgrund den Stengel umfafst,

c) durchwachsene Blätter, wenn die den Stengel umfassenden

Blattlappen auf der der Blattfläche entgegengesetzten Seite des Stengels miteinander verschmelzen.

III. Auf die Ausbildung des Blattgrundes beziehen sich ferner die Ausdrücke:

d) herzförmig, wenn die Blätter am Grunde einen spitzen, einspringenden Winkel besitzen, dessen Halbierungslinie vom Blattstiel eingenommen wird, wenigstens wenn es sich nicht um schiefherzförmige Blätter, *1* Fig. 22, handelt, bei denen die rechts und links von der Hauptrippe liegenden Blattspreiten-Teile ver-

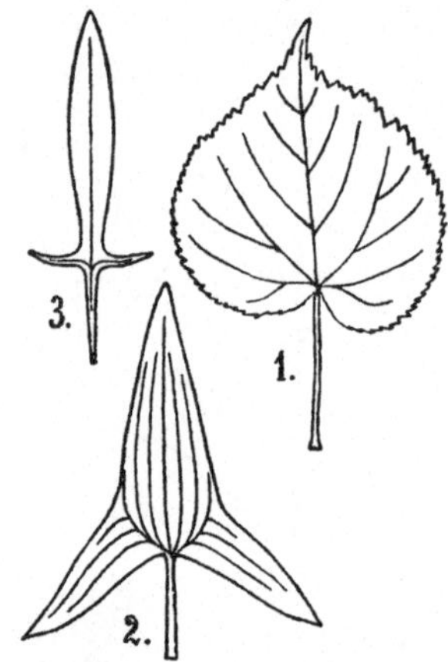

Fig. 22. *1* = schiefherzförmiges Blatt von Tilia ulmifolia, *2* = pfeilförmige Blattspreite von Sagittaria sagittaefolia, *3* = spiefsförmiges Blatt von Rumex Acetosella. — Verkl. (Original.)

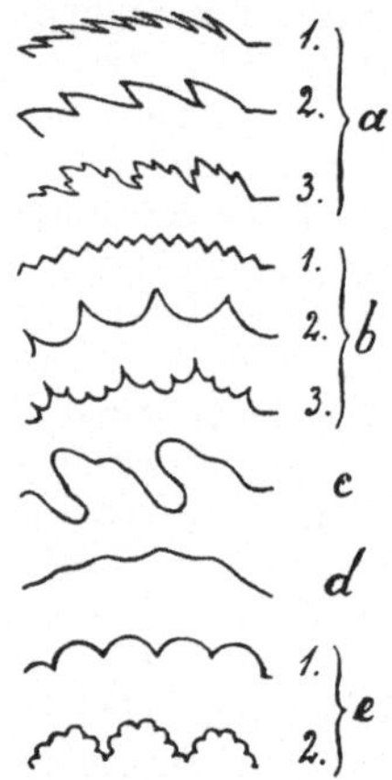

Fig. 23. Blattränder: *a* = gesägt, *1* = fein-, *2* = grob-, *3* = dopp.-gesägt; *b* = gezähnt, *1* = fein-, *2* = grob-, *3* = doppelt-gezähnt; *c* = buchtig; *d* = ausgeschweift; *e* = gekerbt, *1* = grob-, *2* = dopp.-gekerbt.

schieden grofs entwickelt sind; die beiden rechts und links vom Blattstiel befindlichen Blattlappen sind abgerundet. Blätter mit herzförmigem Grunde sind meist von breit-eirunder Gestalt. Sind die beiden Blattlappen des Grundes spitz, so erhält das Blatt einen

e) pfeilförmigen Grund, *2* Fig. 22, der zum

f) spiefsförmigen wird, *3* in Fig. 22, wenn die beiden Zipfel wagerecht abstehen. In diesem Falle ist der einspringende Winkel gewöhnlich stumpf oder der Grund ist flachbuchtig.

IV. Ist der Rand der Blätter resp. Blättchen nicht ganzrandig, so kann er sein:

a) gesägt, wenn er derartige Einschnitte zeigt, dafs sowohl die Buchten als auch die Spitzen der Abschnitte spitz und die Seiten der letzteren ungleich lang sind, *a* Fig. 23,

b) gezähnt, wenn die Buchten spitz oder abgerundet, die Spitzen spitz und die Seiten der Abschnitte gleich lang sind, *b*,

c) buchtig, wenn sowohl die Spitzen als auch die Buchten abgerundet sind, *c*,

d) ausgeschweift oder geschweift, wenn er, eine leichte Schlangenlinie bildend, mit sehr seichten bogigen Einschnitten und Vorsprüngen versehen ist, *d*, während er

e) gekerbt heifst, wenn die Buchten spitz, die Spitzen der Abschnitte jedoch abgerundet erscheinen, *e*.

Doppelt-gezähnte, -gekerbte u. s. w. Ränder kommen zustande, wenn die Zähne, Kerben u. s. w. ihrerseits wiederum Zähne u. dergl. tragen, a^3, b^3, e^2.

Sind die Abschnitte so grofs, dafs die Einschnitte oder Buchten höchstens bis zur Mitte der Blattspreitenhälften hineingehen, so spricht man von spaltigen, gespaltenen oder gelappten Blättern; gehen die Einschnitte bis über die Mitte der Blatthälften, so erhält man teilige, geteilte oder zerteilte Blätter, und reicht der Schnitt bis zur Mittelrippe, so werden sie oft zerschnitten genannt.

Gewimpert heifst der Blattrand, wenn er mit stärkeren, oft borstigen Haaren besetzt ist.

Stachelspitzig erscheint ein Blatt oder irgend ein anderes Organ, wenn demselben ein besonderes, deutlich abgesetztes Spitzchen angefügt ist. Ein Blättchen u. s. w. kann am freien Ende stumpf, dabei aber stachelspitzig sein.

3. Die Stellung der Blätter und Sprosse.

Die gegenseitige Stellung der Blätter und Sprosse, welche letzteren gewöhnlich in den Achseln der Blätter entstehen (Fig. 19), kann an ihrer gemeinsamen Mutterachse im allgemeinen sein:

a) wechselständig, wenn die seitlichen Organe, eine Spirale bildend, in ungleicher Höhe einzeln an ihrer Achse verteilt sind, oder

b) gegenständig, wenn 2 dieser Organe sich an ihrem gemeinsamen Mutterorgan in gleicher Höhe gegenüberstehen, oder endlich

c) quirl- oder wirtelständig, wenn mehrere der seitlichen Organe in gleicher Höhe in einem Quirl (Wirtel) rings um ihren Mutterstengel stehen.

Gegenständige Blätter nennt man gekreuzt, wenn jedes Paar mit dem vorhergehenden und folgenden einen rechten Winkel bildet. In der Regel treffen auch die Blätter eines Quirls auf die Lücken zwischen den Blättern des vorhergehenden und nachfolgenden Quirls: die Blätter alternieren. Im anderen Falle nennt man sie superponiert.

Bei dichterer Blattstellung, namentlich an dickeren Stengeln resp. Stämmen, fallen oft die Zeilen der senkrecht übereinanderstehenden Blätter auf, man bezeichnet diese Zeilen als Geradzeilen, Orthostichen, im Gegensatz zu den schräg verlaufenden Schrägzeilen, Parastichen.

E. Blüten.

Blüten nennen wir Sprosse, deren Blätter im Dienste der geschlechtlichen Fortpflanzung stehen; sie kommen erst von den Pteridophyten ab vor, die aber nicht alle Blüten besitzen, während die Phanerogamen stets solche aufweisen. Die Blüten der letzteren sind aus folgenden wesentlichsten Organen zusammengesetzt (vergl. hierzu die Figuren 24—26):

1. den **Kelchblättern,** den Kelch, Calix, bildend,
2. den **Blumen-** oder **Kronenblättern,** die Krone, Blumenkrone, Corolla, bildend, } Blütendecke, Perianth.
3. den **Honigbehältern,** Nektarien,
4. den **Staubblättern** oder **-gefässen,** die männlichen Geschlechtsorgane, das Andröceum, darstellend,
5. den **Fruchtblättern,** Carpellen, die weiblichen Geschlechtsorgane, das Gynaeceum, auch Stempel, Pistill, genannt, darstellend.

Jede Blüte enthält nicht in jedem einzelnen Falle alle die genannten Teile, sondern es können einzelne oder mehrere dieser Organe fehlen. — Beispiele: Die Fig. 24 abgebildeten Blüten der

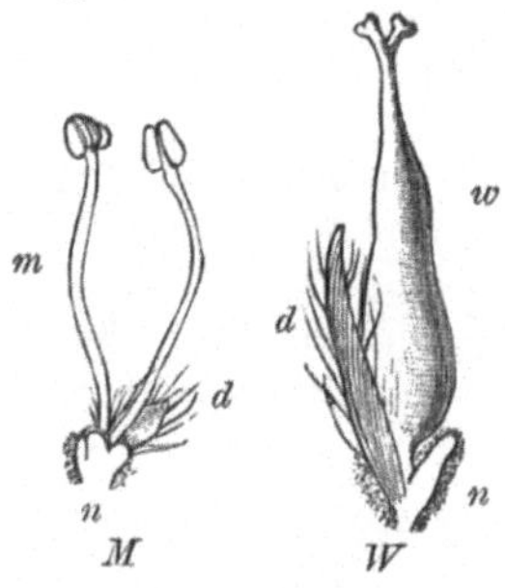

Fig. 24. *M* = Einigemal vergr. männl. Blüte, *W* = einigemal vergr. weibl. Blüte der Trauerweide (Salix babylonica L.), *m* = Staubblätter, *w* = Stempel, *n* = Nektarien, *d* = Deckblätter. (Nach W. Potonié.)

Weiden werden nur gebildet aus Staubblättern resp. Fruchtblättern und je einem Nektarium. Die Fig. 25 zur Darstellung gebrachte Blume der Nieswurz besteht aus einer Blütendecke aus gleichartigen Blättern *Bd*, einem Kranz tütenförmiger Nektarien *Ne*, vielen Staubblättern *St* und einer Anzahl Fruchtblätter *Fr*. Die Nektarien müssen als metamorphosierte (über diesen Begriff weiter hinten) Blumenblätter angesehen werden, daraus folgt, dafs die Blütendecke *Bd* dem Kelch entspricht.

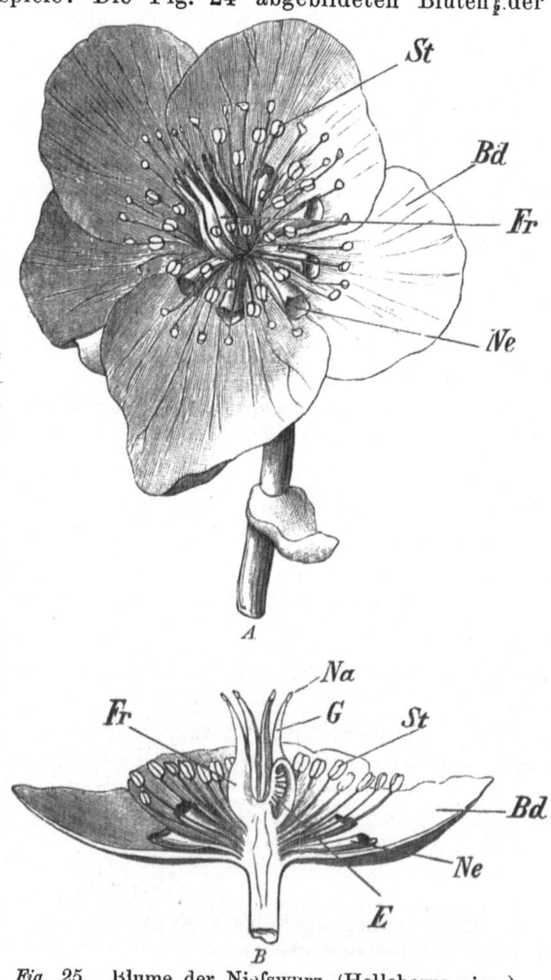

Fig. 25. Blume der Niefswurz (Helleborus niger) in nat. Gr. *A* von innen gesehen, *B* dieselbe im Längsschnitt. *Na* = Narben, *E* = Eichen, im übrigen vergl. den Text. (Nach Le Maout u. Decaisne.)

1. und 2. Die Blütendecke.

Fehlt einer Blüte der Kelch oder die Krone, so bezeichnet man die alleinige aus mehr oder minder gleichartigen Blättern oder Teilen zusammengesetzte, oft kronenartig erscheinende Blütendecke als Perigon. Die Blütendecke fehlt zuweilen ganz. Wie die Blätter überhaupt, können natürlich auch die Blütenblätter die verschiedensten Gestalten zeigen; insbesondere sind hier die als Nagel bezeichneten verschmälerten, stielartigen Teile zwischen der Kronenspreite, der Platte, und dem Blütenboden zu erwähnen. — Die gefüllten Blumen unserer Zierpflanzen kommen entweder durch Vermehrung der Kronenblätter zu stande (z. B. bei Fuchsia) oder die neu hinzukommenden Blumenblätter finden sich an Stelle fehlender Staubblätter. Bei den Compositen (z. B. der Sonnenblume, der Georgine) jedoch nennen die Gärtner die Blumen gefüllt, wenn sämtliche Kronen zungenförmig resp. den Randblumen gleich werden, und bei der Hortensie, wenn alle Blumen eines Blütenstandes unfruchtbar sind und einen grofsen Kelch erhalten.

3. Die Honigbehälter.

Die Honigbehälter, Nektarien, fehlen den Blüten häufig; sie nehmen entweder, wie z. B. bei den Cruciferen, (*n* Fig. 26), bei Parnassia und vielen Ranunculaceen u. s. w., gleichwie auch die anderen Blütenteile einen bestimmten Platz des Stengelteiles der Blüte, des Blütenbodens, ein und stehen dann zwischen der Blütendecke und den Staubblättern oder zwischen diesen und den Fruchtblättern, oder aber sie befinden sich an bestimmten Stellen der anderen Blütenorgane. Beim Veilchen z. B. bilden die Honigbehälter spornartige Verlängerungen am Grunde zweier Staubblätter und bei anderen Gattungen, z. B. Fritillaria, finden sich dieselben an Teilen der Blütendecke.

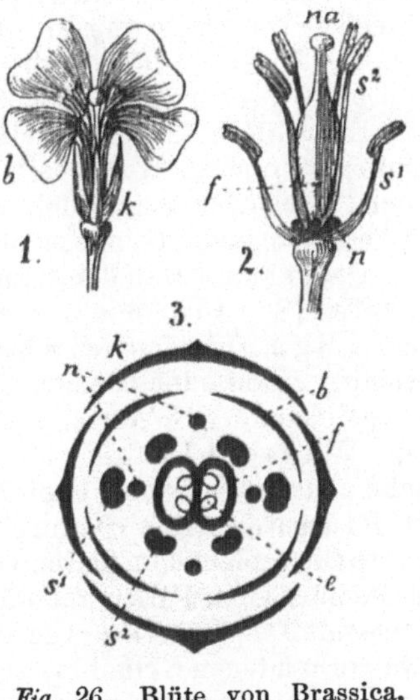

Fig. 26. Blüte von Brassica, *1* von aufsen gesehen, *2* nach Wegnahme des Perianths, *3* im Grundrifs. *k* = Kelchblätter, *b* = Kronenblätter, s^1 u. s^2 = Staubblätter, *f* = Fruchtknoten, *na* = Narbe, zwischen *f* und *na* Griffel, *e* = Eichen, *n* = Nektarien. — Etwas vergr. (O.)

4. Die Staubblätter.

Die Staubblätter, Fig. 27, oder die männlichen Geschlechtsorgane besitzen Kammern, die am Ende eines gewöhnlich vorhandenen Staubfadens (Filaments) *f* sitzen und zusammen den ein- bis mehr-, aber meist vierfächrigen Staubbeutel (die Anthere) *a* zusammensetzen; in diesen Antheren-Kammern, Pollensäcken, *l*, werden Zellen erzeugt, die man Blütenstaub oder Pollen nennt. Nachdem er die nötige Reife erlangt hat, wird der Pollen durch Löcher oder Spalten entlassen, die sich

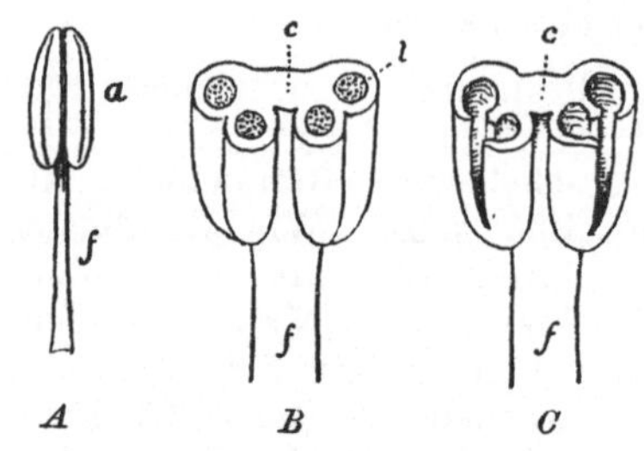

Fig. 27. *A* ein ganzes Staubblatt von aufsen gesehen. *B* u. *C* Staubblätt. etwa in 1/2 Höhe des Beutels quer durchschnitten. Säcke in *B* noch geschlossen, in *C* geöffnet. *c* = Verbindungsstück (Mittelband, Connectiv) der beiden Beutel-Hälften. *a*, *f*, *l* vergl. Text.

im allgemeinen nach der Seite hin öffnen, wo die Nektarien stehen, jedenfalls aber immer so, dafs die Öffnungen den die Nektarien besuchenden Insekten zugekehrt sind, wie dies für die leichte Bestäubung der Tierchen mit Pollen am zweckmäfsigsten ist. Der Zweck dieser Einrichtung wird gleich ersichtlich werden.

Wie die Nektarien sich an anderen Blütenteilen entwickeln können, ebenso finden auch die Staubblätter Platz an anderen Blütenorganen; häufig sitzen sie z. B. der Krone an.

5. Die Fruchtblätter.

Das wesentlichste der Fruchtblätter oder weiblichen Geschlechtsorgane sind die Samenanlagen (früher und bei manchen Autoren schlecht Samenknospen oder Eichen, Ovula, genannt), *E* und *e* in *3* Fig. 25 u. 26, welche an besonderen Stellen der ersteren, den Samenleisten (Placenten) erzeugt werden.

Eine Blüte kann ein oder mehrere freie oder mit einander verbundene Fruchtblätter besitzen. Man unterscheidet meist an den freien Fruchtblättern oder an dem aus mehreren Fruchtblättern hervorgegangenen Gynaeceum am Grunde (1.) den Fruchtknoten (das Ovarium) mit den Samenanlagen, welcher (2.) oft durch einen Griffel (Stylus) mit der an seiner Spitze befindlichen (3.) Narbe (dem Stigma) verbunden wird: Fig. 25 u. 26. Die Narbe ist durch ihre klebrige, rauhe oder behaarte Beschaffenheit vorzüglich geeignet, durch Vermittelung des Windes, seltener des Wassers (bei Windblütlern resp. Wasserblütlern, die sich durch eine unscheinbare Blütendecke charakterisieren) oder der Insekten (bei Insektenblütlern, mit Blumen, die sich durch eine für die Tiere weithin sichtbar gefärbte Blütendecke und meist auch durch den Besitz von Nektarien auszeichnen) den Pollen aufzunehmen. Dieser erzeugt, auf die in solcher Weise mit Fangvorrichtungen versehene Narbe gebracht, einen durch den etwa vorhandenen Griffel bis zu den Samenanlagen wachsenden Schlauch, der denselben etwas von seinem Inhalte abgeben, d. h. die Samenanlagen befruchten mufs, wenn sie zu keimfähigen Samen werden, d. h. imstande sein sollen, neuen Pflanzenindividuen das Dasein zu geben.

Die Fruchtblätter einer Blüte mit den reifen Samen und etwaigen anderen Teilen der Blüte und ihrer Umgebung, die sich gelegentlich nach dem Verblühen während der Samenreife besonders ausbilden, nennt man eine Frucht. Bestehen die Früchte aus mehreren, äufserlich gegliederten Teilen, sei es, dafs die einzelnen Fruchtblätter nicht miteinander verwachsen, sondern frei bleiben, sei es, dafs die Frucht sich in anderer Weise in mehrere Teile spaltet, so nennen wir diese Teile Früchtchen.

Die **Hauptfruchtformen** lassen sich in zwei gröfsere Abteilungen bringen:

1. Die **Trockenfrüchte.** Zu diesen gehören:
   a) Die Schliefsfrüchte (in besonderen Fällen als Nüsse, bei den Gramineen als Caryopsen, bei den Compositen als Achänen bezeichnet), welche einsamig sind und in Zusammenhang damit nicht aufspringen. Die Fruchtwandung liegt dem Samen meist lückenlos, dicht an (Haselnufs, Gerstenkorn).
   b) Die Kapseln, welche gewöhnlich mehrsamig sind und daher fast immer aufspringen. Die Samen ragen frei in die Höhlung der Frucht hinein (Mohnkapsel).
2. Die **saftigen, fleischigen Früchte,** die wir einteilen in
   a) Steinfrüchte (Drupen), welche Schliefsfrüchte mit fleischiger äufserer und holziger oder doch harter Innenschicht vorstellen (Pflaume, Kirsche; die Brombeerfrucht, wird aus Steinfrüchten zusammengesetzt) und
   b) Beeren, die (meist) mehrsamig sind (Apfel, Stachelbeere).

Die Samen, welche der Regel nach an den zusammenschliefsenden Rändern der Fruchtblätter sich entwickeln und das Wesentlichste in den Früchten sind, weisen den verschiedensten Bau auf. Bevor wir jedoch auf denselben etwas näher eingehen, müssen wir einiges über den Bau und die Anheftungsweise der Samenanlagen sagen. Vergl. hierzu die Fig. 28. Eine Samenanlage wird durch ein Stielchen, den Nabelstrang (Funiculus), mit der Placenta verbunden, sie wird von Hüllen (Integumenten) umgeben, welche eine Öffnung, die Mikropyle, zum Durchtritt für den Pollenschlauch frei lassen und die übrige Gewebemasse der Samenanlage den sog. Knospenkern (Nucellus) umschliefsen. In dem letzteren zeichnet sich eine Zelle, der Embryosack *e* Fig. 28 durch beson-

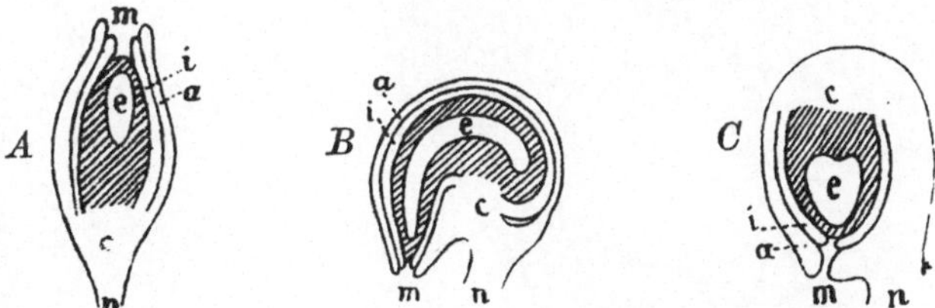

Fig. 28. *A* = Längsschnitt durch eine geradläufige, *B* durch eine krummläufige, *C* durch eine gegenläufige Samenanlage. — *e* = Embryosack; *m* = Mikropyle; *i* = inneres, *a* = äufseres Integument; *c* = Chalaza; *n* = Nabelstrang. — Vergr. (O.)

dere Gröfse aus; zu ihr mufs der Pollenschlauch vordringen. Liegt nun die Anheftungsstelle der Samenanlage an der Placenta der Mikropyle gegenüber, so nennt man die Samenanlage geradläufig (orthotrop, atrop): *A* in Fig. 28. Meist zeigt sie eine andere Gestalt und Anheftungsweise, sie ist dann entweder derartig gebogen, dafs ihr Körper gekrümmt ist, und er erscheint dann als krummläufig (campylotrop): *B*; oder die Samenanlage selbst ist wie im ersten

Falle gerade, aber ihre Basis (Chalaza) liegt ihrer Anheftungsstelle an der Placenta gegenüber, sodafs Mikropyle und Anheftungsstelle nebeneinander liegen. Im letzten Falle wird die Samenanlage umgewendet, gegenläufig oder rückläufig (anatrop) genannt: *C* in Fig. 29.

Der wesentlichste Teil des **Samens**, Fig. 29 II u. III, ist der im Embryosack entstehende Keimling (der Embryo). In Fig. 29 I ist derselbe bei *Embr.* in der Anlage vorhanden; in II u. III ist er voll entwickelt. Durch Weiterentwickelung des Embryo erwächst eine neue Pflanze. In seltenen Fällen stellt der Embryo ein ganz einfaches Gebilde ohne jede äufsere Gliederung dar (so bei Monotropa, Orobanche); meist ist er gegliedert und zeigt bereits die Anlage zur Wurzel, Fig. 29 II *w*, das Würzelchen, die Anlage des Hauptsprosses — in der Figur das Höckerchen zwischen *w* u. *c* —

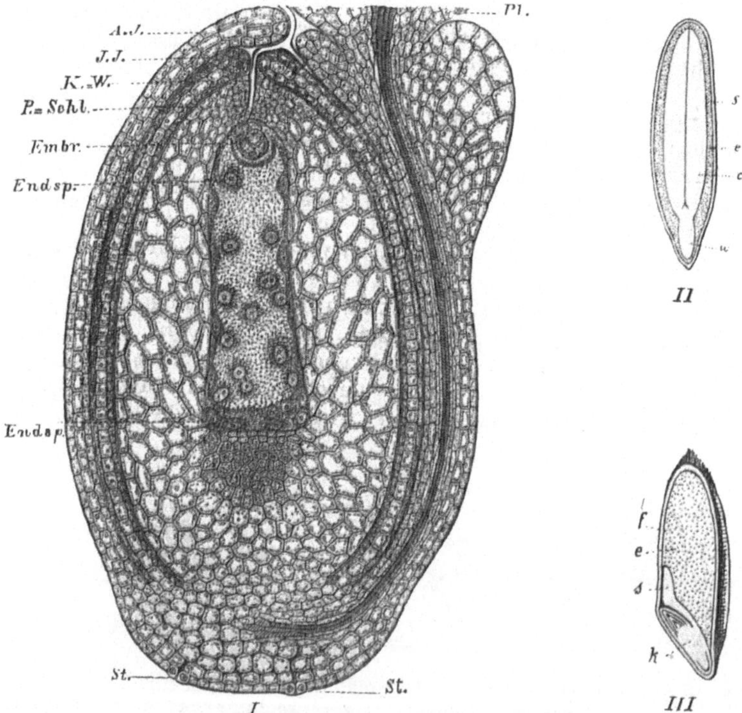

Fig. 29. *I* = Längsschnitt durch die gegenläufige Samenanlage von Viola tricolor. *A.J.* = äufseres Integument; *J.J.* = inneres Integument; *K.-W.* = Scheitel des Knospenkernes (Kern-Warze); *Pl* = Placenta; *Embr.* = Embryoanlage; *Endsp.* = Embryosack in Zellbildung begriffen (Endosperm); *P.-Schl.* = Pollenschlauch; *St.* = (zwei intercellulare Öffnungen, Stomata, in der Epidermis der Chalaza. Stark vergr. (Nach Kny.) — *II.* Längsschnitt des Leinsamens. *e* = Endosperm; *w*, *c* u. *s* vergl. im Text. cc. $^{10}/_{1}$. — *III.* Längsschnitt durch die Weizenfrucht. *f* = Fruchtwand; *e* = Endosperm; *s* = Cotyledon, bei den Gräsern Scutellum, Schildchen genannt, mit der Funktion eines Absorptionsorgans zur Überführung des Nährgewebes *e* in den Embryo *k*. Schwach vergr.

und in besonderer Ausbildung die Anlage zu dem ersten Blatt *s* in III (bei den Monocotyledonen) oder den beiden ersten Blättern *c* (bei den Dicotyledonen), welche Blätter, wie wir schon sagten, Cotyledonen, Keimblätter, heifsen. Bei den Gymnospermen sind oft mehr Keimblätter vorhanden. —

Zu seinem Schutze wird der Same von einer aus den Integumenten hervorgehenden Samenhaut, *s* in II, umkleidet.

6. Stellung der Blütenteile zu einander.

Der Stengelteil der Blütenregion, an welchem die Blütenorgane sitzen, der Blüten- resp. Blumenboden (Torus), zeigt die mannigfachsten Formen. Ist er becherartig entwickelt, oder überhaupt verbreitert, sodafs im Grunde des Bechers resp. in der Mitte des Torus die Fruchtblätter und, wie Fig. 30 zeigt, am Rande die anderen Blütenorgane stehen, so nennt man die Blüte umständig, umweibig (perigyn). Der becherartige Stengelteil kann vollständig mit dem Fruchtknoten verschmelzen, sodafs man nicht mehr imstande ist, zu unterscheiden, wie weit der Stengel und wie weit die Fruchtblattteile zur Bildung des Organes beigetragen haben. Es gewinnt in vielen solchen Fällen das Aussehen, als ob die Blütendecke und die Staubblätter auf der Spitze des Fruchtknotens ständen: solche Blüten — Fig. 31 — haben einen unterständigen, unterweibigen Fruchtknoten, die anderen Organe sind dann oberständig (epigyn). Die theoretischen Morphologen nehmen im allgemeinen an, dafs die Vorfahren solcher Pflanzen einen nicht verwachsenen Stengelbecher und noch früher überhaupt keine becherförmige Achse besafsen. Sind die Blütendecke und die Staubblätter an der Achse unterhalb der Fruchtblätter eingefügt, so nennt man die letzteren oberständig, oberweibig, die ersteren unterständig (hypogyn) — Fig. 32 —. Oft unterscheidet man für Zwischenbildungen noch halb-oberständige, mittelständige Organe, Ausdrücke, die sich nach dem Vorausgehenden von selbst verstehen.

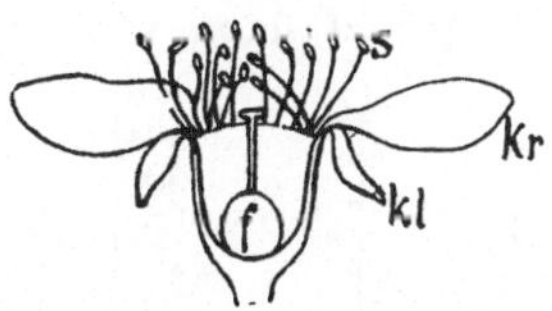

Fig. 30. Längsschnitt durch eine perigyne Blüte (von Prunus). — *kl* = Kelch, *kr* = Krone, *s* = Staubblätter, *f* = Fruchtblatt. — Etwas vergr.

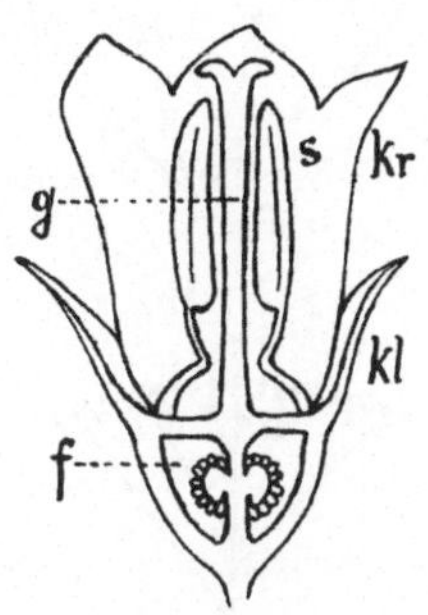

Fig. 31. Längsschnitt durch eine Blüte mit unterständigem Fruchtknoten (von Campanula). — *kl* = Kelch, *kr* = Krone, *s* = Staubblätter, *g* = Griffel, *f* = Fruchtknotenfächer.

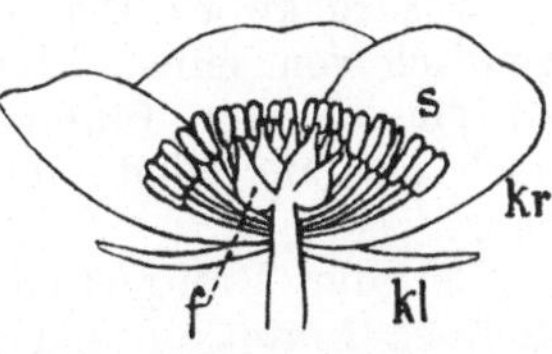

Fig. 32. Längsschnitt durch eine Blüte mit oberständigem Gynaeceum (von Ranunculus). — *kl* = Kelch, *kr* = Krone, *s* = Staubblätter, *f* = Fruchtblätter.

7. Form der Blüten.

Die Blüten können äufserlich betrachtet strahlig (actinomorph) oder zweiseitig-symmetrisch (zygomorph) gebaut erscheinen. Im ersten Falle besitzen die sämtlichen gleichnamigen Teile, namentlich diejenigen der Blütendecke, dieselbe Gestalt, während im anderen Falle die gleichnamigen Teile untereinander verschiedene Ausbildung zeigen, doch so, dafs eine durch die Längsachse der Blüte gelegte Ebene dieselbe in nur zwei Spiegelbilder teilt.

8. Blütenstände.

Die Blüten sind oft zu einem Ganzen zusammengeordnet, und man spricht dann von einem Blütenstand. Ein Blütenstand wird bezeichnet als (vergl. hierzu Fig. 33):

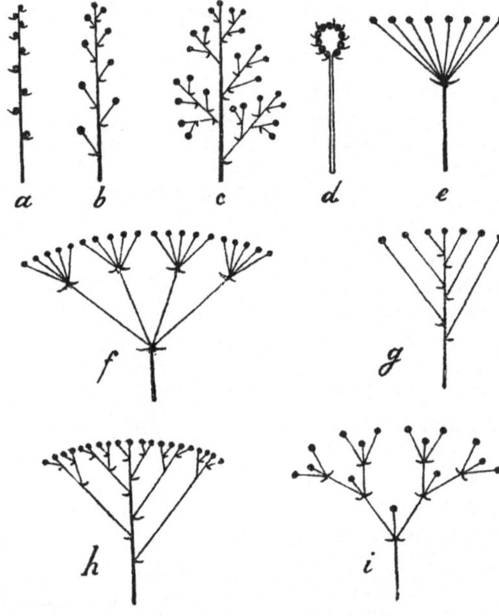

Fig. 33. Blütenstände: *a* = Ähre, *b* = Traube, *c* = Rispe, *d* = Kopf, *e* = Dolde, *f* = Doppeldolde, *g* = Doldentraube, *h* = Doldenrispe, *i* = Trugdolde. (Original.)

a) eine Ähre, wenn an einer Hauptachse seitlich ungestielte Blüten sitzen,

b) eine Traube, welche gestielte Blüten besitzt, sonst der Ähre gleicht,

c) eine Rispe, wenn die Zweige einer Traube wiederum Trauben sind, jedoch so, dafs meistens die unteren Verzweigungen reichlicher und länger als die oberen sind,

d) ein Kopf, wenn mehrere, meist ungestielte Blüten dicht zusammenstehen,

e) eine Dolde, wenn mehrere Blütenstiele von demselben Punkt ausgehen; die Blüten liegen meist in einer Ebene.

Ausdrücke wie Doldentraube, Doldenrispe verstehen sich eigentlich von selbst. Im ersten Fall ist ein traubiger, im zweiten Fall ein rispiger Blütenstand gemeint, dessen untere Blütenstiele jedoch so lang sind, dafs die Blüten sämtlich fast in einer Ebene stehen.

Bei der Trugdolde schliefst die Hauptachse mit einer endständigen Blüte ab und trägt unter derselben mehrere Blütenstiele, die ihrerseits wiederum mit einer Blüte abschliefsen und sich wie die Hauptachse verzweigen. Dies kann sich an den jüngeren Verzweigungen öfters wiederholen. Auch in diesem Falle kommt ein Blütenstand heraus, dessen meiste Blüten mehr oder minder in einer Ebene liegen.

Die erläuterten einfachen Blütenstände können in der verschiedensten Art vereinigt, zusammengesetzt, vorkommen. So können — wie dies bei den Gräsern im engeren Sinne oft der Fall ist — die letzten Endigungen der Rispen Ähren, besser Ährchen sein.

Unter Doppelähre, Doppeltraube (Rispe), Doppeldolde versteht man Blütenstände, deren von der Hauptachse abgehende Zweige sich genau so verhalten wie die Hauptachse zu ihren Zweigen, sodafs also letztere bei der Doppeldolde z. B. wiederum Dolden, dann Döldchen genannt, darstellen.

Scheinblütenstände, also z. B. Scheinähren, Scheintrauben sind solche, welche — oberflächlich betrachtet — einen der oben beschriebenen Blütenstände dem äufseren Ansehen nach vortäuschen, sich jedoch bei näherer Untersuchung als zusammengesetzt herausstellen.

---

4. Anatomie.*)

Die Grundbegriffe Zelle, Gewebe, Gewebesystem wurden bereits auf Seite 3 und 4 erläutert.

Während man früher die Klassifikation der pflanzlichen Gewebe-Arten — wegen der nur sehr mangelhaften Kenntnis ihrer Funktionen — nach rein morphologischen Prinzipien vornehmen mufste, sind wir jetzt in der Lage, als Hauptrichtschnur die Verrichtung der Gewebe im Leben der Pflanzen ins Auge zu fassen.

Die Gewebesysteme teilen wir danach ein in

A. **Systeme des Schutzes:**
   1. Hautsystem.
   2. Skelettsystem.

B. **Systeme der Ernährung:**
   1. Absorptionssystem.
   2. Assimilationssystem.
   3. Leitungssystem.
   4. Speichersystem.
   5. Durchlüftungssystem.
   6. Sekretions- und Exkretionsorgane.

C. **Systeme der Fortpflanzung.**

A. Systeme des Schutzes.

Die Systeme des Schutzes dienen — wie ihr Name sagt — dazu, die Pflanzen vor den schädlichen Einflüssen der Aufsenwelt zu schützen. Gerade ebenso wie sich bereits eine einzellige Pflanze durch Bildung einer Zellhaut gegen ihre Umgebung schützt, ebenso und in noch höherem Mafse bedürfen die vielzelligen, sehr kompliziert

*) Für ein eingehenderes Studium ist zu empfehlen: G. Haberlandt, Physiologische Pflanzenanatomie. (Leipzig 1884.)

gebauten Gewächse eines Hautsystems zum Schutze ihrer zarteren Gewebe und Organe.

Während jedoch die einzelligen und die aus gleichartigen Zellen bestehenden mehrzelligen Pflanzen in ihren Zellhäuten eine genügende Festigungsvorrichtung besitzen, ist es für das Gedeihen der höheren Pflanzen eine der wichtigsten Voraussetzungen, einen Apparat von Einrichtungen zu besitzen, welcher die Festigung aller Organe und ihres wechselseitigen Zusammenhanges zur Aufgabe hat. Je höher differenziert eine Pflanze ist, je vielgestaltiger und zahlreicher ihre einzelnen Organe sind, um so leichter werden natürlich mechanische Eingriffe jeder Art den Aufbau und die Gestaltung der Pflanze schädigen. Die mechanischen Eingriffe äufsern sich in verschiedener Weise; sie bewirken bei ungenügender Festigkeit ein Zerbrechen, Zerreifsen, sowie ein Zerdrückt- oder Zerquetschtwerden der Pflanzenteile, und gegen solche Beschädigungen schützen sich die Pflanzen, indem sie ihre Organe je nach Bedürfnis, d. h. je nach ihrer vorwiegenden mechanischen Inanspruchnahme bald gegen Zerbrechen biegungsfest, bald gegen Zerreifsen zugfest u. s. w. ausbilden. Die Pflanzen erreichen dies dadurch, dafs sie an passenden Stellen in ihrem Körper festes Skelettgewebe entwickeln.

I. Das Hautsystem.

Im wesentlichen hat das Hautsystem die Pflanzen zu schützen 1. gegen die Gefahren übermäfsiger Wasserverdunstung, 2. vor der Gefährdung zarterer Gewebe durch direkte mechanische Eingriffe. Diejenigen Organteile, welche eines besonderen Schutzes nach den genannten Richtungen hin nicht bedürfen, besitzen daher auch kein besonderes Hautgewebe.

Die verschiedenen Arten der Hautgewebe sind 1. die Epidermis, 2. das Periderm und 3. die Borke.

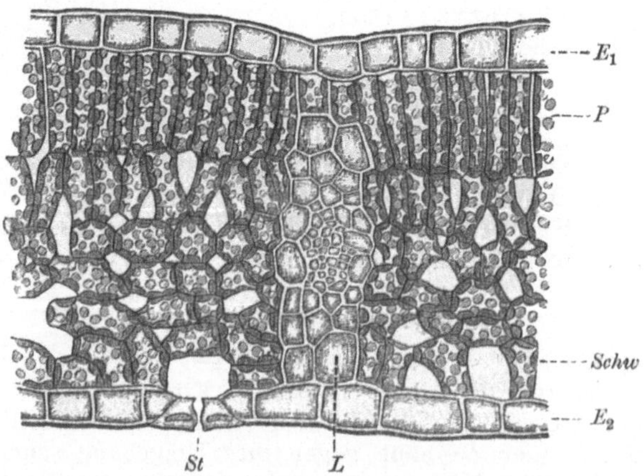

Fig. 34. Stückchen des Querschnittes durch die Blattspreite von Fagus silvatica. E_1 = obere, E_2 = untere Epidermis; *P*, *Schw*, *L* das übrige Blattgewebe; *St* = intercellulare Öffnung (Spaltöffnung) in der unteren Epidermis. — 315mal vergr. (Nach Kny.)

1. Die Epidermis, Oberhaut, ist in der Mehrzahl der Fälle einzellschichtig, Fig. 34, bei gesteigerten physiologischen Ansprüchen mehrzellschichtig und bekleidet einjährige, seltener mehrjährige Organe. Die Zellen derselben stehen in lückenlosem Verbande und zeigen meist eine — senkrecht zu dem von ihnen bedeckten Organ — flach gedrückte Gestalt. Die Aufsenwandung ist gewöhnlich zur Erhöhung der Festigkeit stärker verdickt als die übrigen Wandungen und überdies stofflich anders zusammengesetzt. Während die letzteren nämlich im wesentlichen nur aus Cellulose bestehen, die eine Verbindung von Kohlenstoff, Sauerstoff und Wasserstoff ist, wird die Cellulose der Aufsenwandung von einer Substanz, dem Cutin, durchsetzt, welche der Fäulnis länger widersteht, für Wasser fast undurchdringbar ist und somit die Verdunstung herabmindert. Gewöhnlich läfst die Aufsenwandung drei Schichten unterscheiden: 1. die Cuticula, welche nur aus Cutinsubstanz bestehend die Epidermis nach aufsen abschliefst, 2. die Celluloseschichten, die das Innere der Zelle abgrenzen, und 3. die Cuticularschichten, welche zwischen der Cuticula und den Celluloseschichten befindlich, mehr oder minder cutinhaltig sind. Nicht selten erfährt die Epidermis eine Unterstützung in ihrer Funktion der Herabminderung der Verdunstung durch Wachsüberzüge, welche als „reifartiger Anflug" auf Blättern und Früchten, z. B. auf den Pflaumen, wohlbekannt sind.

Die die Epidermis mancher Pflanzenarten bekleidenden Haare sind oftmals, namentlich wenn sie dicht stehen, ebenfalls als Schutzmittel gegen übermäfsige Wasserverdunstung aufzufassen; wir finden denn auch in Übereinstimmung mit dieser Annahme besonders häufig die Wüsten- und Steppenpflanzen dicht behaart, die überdies durch diesen ihren Pelz auch vor zu starker nächtlicher Wärmeausstrahlung geschützt werden.

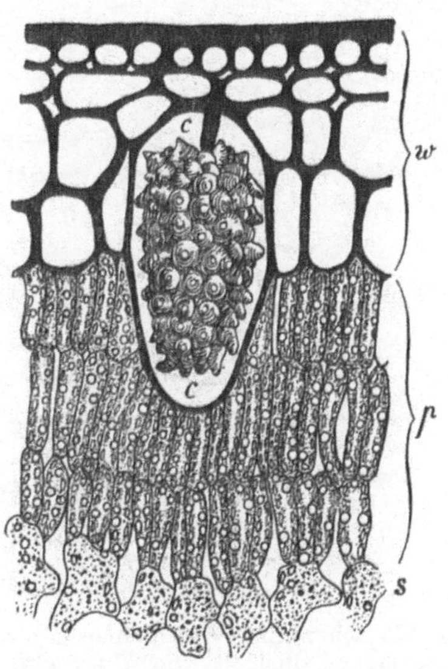

Fig. 35. Querschnitt durch ein Stückchen der Blattspreite von Ficus elastica. w = Wassergewebe. Die anderen Buchstaben werden später erklärt. — Stark vergr. (Nach Sachs, verändert.)

Der Inhalt der Epidermiszellen besteht vorwiegend in Wasser, sodafs sie die Pflanze als Wassergewebemantel bedecken; sie bilden ein Wasserversorgungssystem und geben in trockenen Zeiten den unter ihr befindlichen Geweben Wasser ab. Die Epidermiszellen schrumpfen hierbei durch Verbiegung der dünnen Seitenwandungen zusammen, um in günstigeren Zeiten wieder Wasser in sich aufzuspeichern, wodurch die frühere Gestalt der Zellen wieder gewonnen wird. Bei Pflanzen, die ganz unter dem Wasserspiegel leben, spielt die

Epidermis als Wassermantel begreiflicherweise keine Rolle, bei anderen Wasserpflanzen, sowie bei Gewächsen an nassen und schattigen Örtlichkeiten nur eine untergeordnete; häufig ist in solchen Fällen zwar die Cuticula entwickelt, aber die Epidermiszellen haben im übrigen eine andere Funktion zu erfüllen. Umgekehrt verhält es sich naturgemäfs bei Pflanzenarten, die an trockenen, sonnigen Standorten gedeihen; bei diesen kann sogar der Wassermantel mehrzellschichtig sein wie in Fig. 35. Jedoch wird die Mehrzellschichtigkeit der Epidermis nicht immer durch Vermehrung von Wasserzellen verursacht, häufig sind es, wie z. B. bei den mehrjährigen Nadeln der gemeinen Kiefer und anderen Arten, Fig. 36, Skelettzellen, welche als mechanische Verstärkung zu den Epidermiszellen hinzutreten.

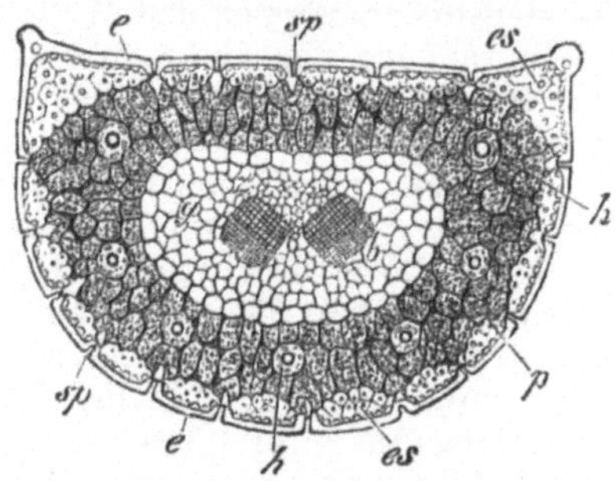

Fig. 36. Querschnitt durch eine Nadel von Pinus Pinaster. — *e* = Epidermis; *es* = Skelettzellen. Die übrigen Buchstaben finden später ihre Erklärung. Etwa 50 mal vergr. (Aus Sachs' Lehrbuch.)

2. Das P e r i d e r m, K o r k g e w e b e, tritt an mehrjährigen, in die Dicke wachsenden Organen auf, Fig. 37. Auch das Abfallen der Laubblätter geschieht durch Bildung eines solchen Gewebes an der Trennungsfläche, der B l a t t n a r b e. Es besteht aus einem toten, also plasmaleeren, mehrzellschichtigen, luftführenden Dauergewebe aus lückenlos verbundenen Zellen, deren Wandungen einen eigentümlichen Stoff, das S u b e r i n, eingelagert enthalten: v e r k o r k t sind. Das Suberin stimmt in Bezug auf sein Verhalten gegen Wasser mit dem Cutin überein, sodafs das Korkgewebe ein vorzügliches Mittel gegen Wasserverdunstung darbietet und, wenn es stärker entwickelt ist, auch einen guten mechanischen Schutz gewährt. Auch das geringe Wärmeleitungsvermögen dieses Gewebes kommt den Pflanzen, namentlich den oberirdischen Organen, sehr zu statten, da ein schneller Temperaturwechsel den Geweben

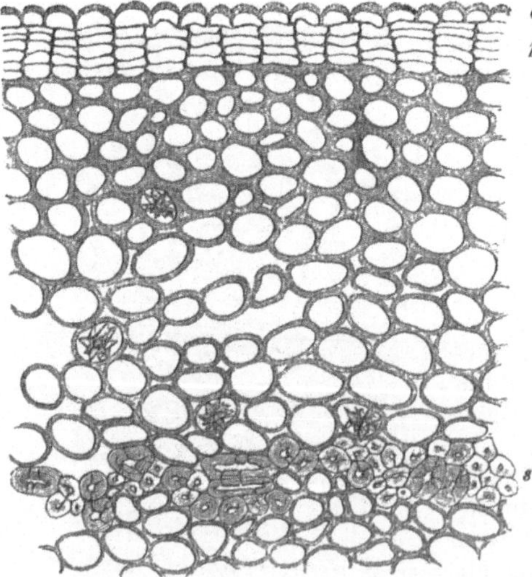

Fig. 37. Querschnitt durch einen Teil der Rinde eines jungen Stengels von Alnus glutinosa. — *e* = Epidermis; *p* = Periderm; *s* = Sklerenchymzellen. — 300 mal vergr. (Nach Möller.)

leicht schädlich wird. Durch die verkorkten Wandungen vermag also Wasser resp. Nährflüssigkeit nicht zu dringen; das Korkgewebe wird daher auch nicht ernährt und stirbt ab, ohne natürlich in seiner Funktion beeinträchtigt zu sein. Da es, wie schon gesagt, vornehmlich bei Stengeln, die in die Dicke wachsen, vorkommt, deren Aufsenfläche es bekleidet, so ist erklärlich, dafs es, da der Kork dem Dickenwachstum der Stengel nicht zu folgen vermag, wie ein zu enges Kleid einreifsen mufs. Durch ein Korkmeristem: das Phellogen, werden jedoch die so entstehenden Lücken durch Korkbildung ersetzt, und es wird durch dasselbe die Verstärkung des Korkgewebes überhaupt bewirkt.

3. Borke entsteht aus einem einfachen Periderm, wenn das Phellogen nach einiger Zeit sich zu teilen aufhört und ein neues Phellogen als Folgemeristem in weiter nach dem Innern des Organes gelegenen Parenchymschichten sich bildet. Dieses erzeugt nun nach aufsen hin neues Korkgewebe, welches natürlich ein Absterben der hierdurch von einer Wasserzufuhr abgeschnittenen Gewebepartieen bewirkt. Derselbe Vorgang wiederholt sich öfter, sodafs vertrocknete Gewebelagen und Korkzonen miteinander abwechseln. Die Borke besteht also aus Kork und dem durch diesen von der Ernährung abgeschnittenen und daher vertrockneten anderen Rindengewebe. Findet die Bildung des neuen Phellogens an allen Punkten des Organes in gleichem Abstande von der Peripherie statt, so erhalten wir wie beim Weinstock Ringelborke, andernfalls Schuppenborke, wenn nur ein Abschneiden von Gewebestücken, die sich später als Schuppen lösen, stattfindet. Steinborken entstehen durch starke Verdickung der bei der Peridermbildung abzuschneidenden Parenchymzellwandungen, behufs Erhöhung der Festigkeit der Borke.

2. Das Skelettsystem.

Fast sämtliche komplizierter gebaute Pflanzen, von den Moosen an aufwärts, besitzen ein eigentliches, die Festigkeit des Pflanzenkörpers bedingendes Skelett; es ist dies eine Thatsache, die erst seit 1878 durch Schwendener's epochemachende Untersuchungen genügende Begründung fand und viele pflanzenanatomische Thatsachen erklärte. Nur den niedersten Pflanzen fehlt ein Skelett vollständig; aber auch unter den höchsten Gewächsen giebt es solche, die eines spezifischen Skelettes gänzlich entbehren.

Man nennt das Skelettgewebe oder, wie man sich auch ausdrückt, das „mechanische Gewebe" der Pflanzen Stereom und seine Zellen, die Skelettzellen oder mechanischen Zellen, Stereïden. Diese zeichnen sich — ganz ebenso wie die Zellen der tierischen Knochen — durch besondere Dickwandigkeit und Festigkeit aus und sind entweder verholzt (durch eine besondere chemische Umbildung der Membranen verhärtet) und dann nicht mehr wachstumsfähig, in welchem Falle sie sich ausschliefslich in ausgewachsenen Organteilen finden, oder sie sind eine Zeit lang oder bleiben zeitlebens wachstumsfähig.

Elementargebilde des Skeletts.

A. Die nicht mehr wachsenden Stereïden werden unterschieden in Bast-, Libriform- und Sklerenchymzellen; im Anschlufs daran sind die Tracheïden zu erwähnen.

1. Bast- und Libriform-Zellen oder -Fasern, Fig. 38, sind dickwandige, prosenchymatische, meist abgestorbene, daher Luft führende Zellen, deren Wandungen bei typischer Ausbildung längs- oder linksschief*) gerichtete Spalten-Tüpfel, d. h. unverdickt gebliebene Stellen in der Membran, aufweisen und zuweilen aus ziemlich unveränderter Cellulose bestehen, häufiger jedoch verholzt sind. — Die Ausdrücke Bast und Libriform sind rein örtliche: Man nennt im speziellen die bisher beschriebenen Stereïden bei den nachträglich in die Dicke wachsenden Dicotyledonen, wenn sie im Holz liegen, Libriformzellen, in anderen Fällen, also auch für die Stereïden in der Rinde, braucht man den Ausdruck Bast.

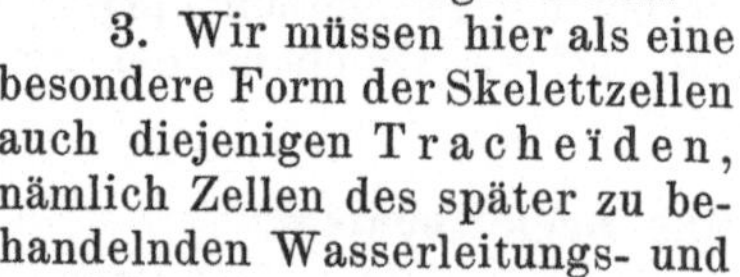

Fig. 38. Längsschnitt durch ein Bastgewebe mit schiefen, spaltenförmigen Tüpfeln. Stark vergr.

2. Sklerenchymzellen, Steinzellen, Fig. 39, sind nicht prosenchymatische, meist deutlich parenchymatische, sehr dickwandige Zellen mit — von der Aufsenseite gesehen — einfachen punkt- bis kreisförmigen Tüpfeln; sie sind meist stark verholzt und oft abgestorben.

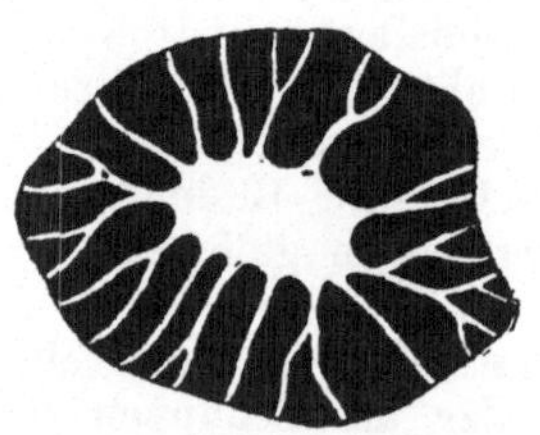

Fig. 39. Sklerenchymzelle mit stark verdickter Membran, in welcher sich kanalförmige Tüpfel befinden. — Stark vergr.

3. Wir müssen hier als eine besondere Form der Skelettzellen auch diejenigen Tracheïden, nämlich Zellen des später zu behandelnden Wasserleitungs- und -speicherungssystemes (des Tracheoms, Hydroms) erwähnen, die sich durch gröfsere Dickwandigkeit auszeichnen. Sie sind also keine typischen Stereïden, da sie neben der Funktion der letzteren auch der Wasserzirkulation und -Speicherung dienen, und man kann sie, um das angedeutete Verhältnis im Namen auszudrücken, am besten als Hydro-Stereïden oder, wenn man lieber will, als Stereo-Tracheïden bezeichnen. Sie sind besonders bei den Nadelhölzern, Cycadaceen und Drachenblutbäumen verbreitet, und ihre Wandungen besitzen sogen. gehöfte Tüpfel. Diese gehöften Tüpfel entstehen, indem eine kreisförmige oder elliptische Membranstelle unverdickt bleibt, während die Verdickung der Umgebung die betreffende Stelle wie ein Uhrglas das Zifferblatt überwölbt, sich aber

---

*) Die Ausdrücke rechts und links werden von den Botanikern, auf Spiralwindungen angewendet, im umgekehrten Sinne gebraucht als von den Mechanikern: Bewegt man sich in der Richtung z. B. eines windenden Stengels wie auf einer Wendeltreppe die Höhe hinauf, und bleibt hierbei die Stütze des Stengels resp. die Mittelaxe der Treppe zur Rechten, so nennt man die Pflanze rechtswindend, umgekehrt linkswindend.

nicht völlig schliefst, sondern etwa in der Mitte eine kleine kreis- oder spaltenförmige Öffnung in der Wölbung frei läfst, die — von oben auf die Membranfläche gesehen — wie ein kleiner Kreis oder eine Ellipse erscheint und von dem äufseren Rande der Wölbung wie von einem Hof umgeben wird. Vergl. hierzu die Figuren 40—42 nebst ihrer Erklärung. — Die Tüpfel benachbarter Membranen treffen, wie *a* in Fig. 42 zeigt, genau aufeinander.

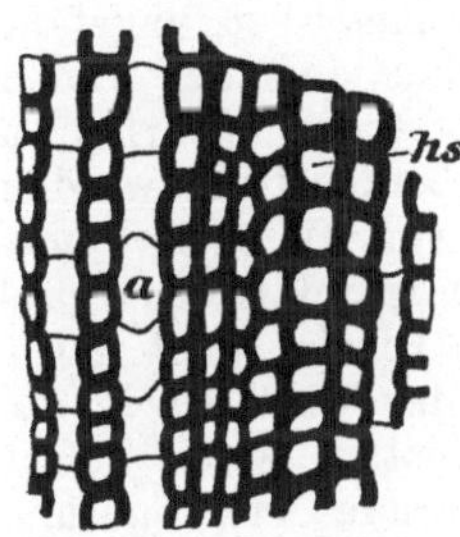

Fig. 40. Querschnitt durch ein Holzsplitterchen von Cycas revoluta. *hs* = Hydro-Stereïden, *a* = Parenchym. — Stark vergr. (O.)

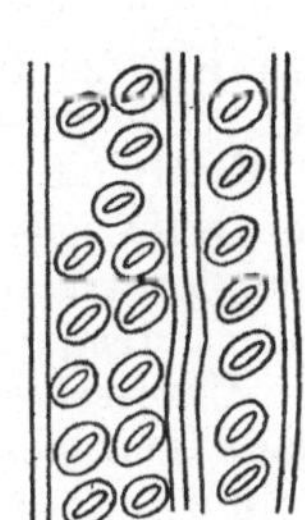

Fig. 41. Zwei Mittelstücke gehöft-getüpfelter Hydro-Stereïden im Längsschnitt durch das Holz von Cycas revoluta. Stark vergr. (O.)

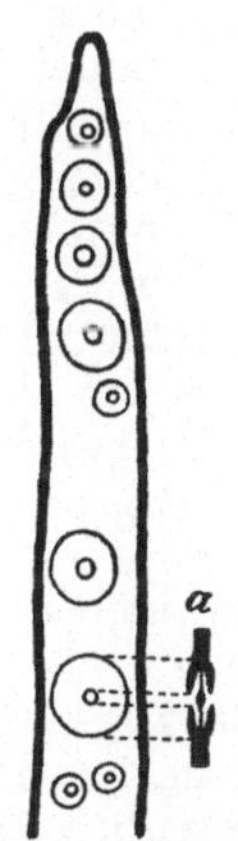

Fig. 42. Ende einer Tracheïde von Pinus silvestris in der Längsansicht mit 9 gehöften Tüpfeln; bei *a* schematischer Querschnitt durch 2 aufeinander treffende Tüpfel, der so geführt ist, dafs der Schnitt durch die zentralen Öffnungen in den Wölbungen geht. — Stark vergr.

Wie bei den Stereo-Tracheïden kommen überhaupt noch mehrfach Fälle vor, dafs Zellen, deren Hauptfunktion in einer mechanischen Leistung besteht, noch anderen Funktionen dienen, ebenso wie andererseits gewisse Zellen, die nicht zum Skelett-System gerechnet werden können, nebenher mechanische Bedeutung besitzen. So speichern die mechanisch wirksamen Zellen im Holze der Berberitze nebenbei Stärke in sich auf und funktionieren also auch wie Speichergewebe.

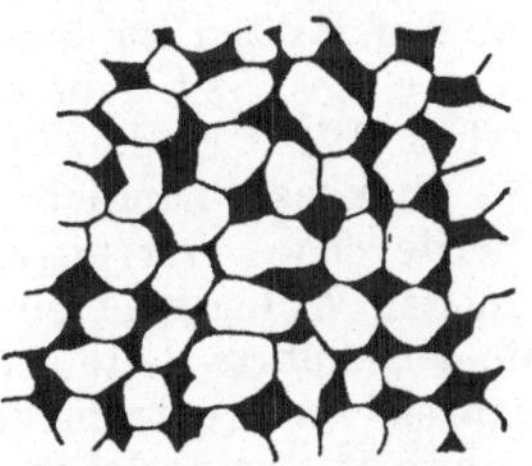

Fig. 43. Collenchym-Gewebe im Querschnitt. Stark vergr.

B. Noch wachstumsfähige Stereïden sind die Collenchymzellen, Fig. 43, die natürlich so lange leben, wie die Pflanze überhaupt lebt, vorausgesetzt, dafs sie nicht Jugendstadien von Bastzellen sind. Die Wandverdickungen der Collenchymzellen beschränken sich auf die Zellkanten behufs Erleichterung der Nahrungs- und Wasserzufuhr durch die dünn verbliebenen Membranstellen, welche auf dem Wege der Diffusion (vergl. Erklärung derselben weiter hinten) stattfindet. Der Hauptinhalt der Collenchymzellen besteht in Wasser; der hydrostatische Druck (Turgor) in ihnen ist sehr bedeutend, er beträgt 9—12 Atmosphären und bedingt die Festigkeit des Gewebes.

Häufig genug halten übrigens die Skelettzellen in Form und Beschaffenheit die Mitte zwischen den mit weicheren und biegsameren Wandungen versehenen typischen Collenchymzellen und den Bastzellen.

Festigkeit der mechanischen Zellen und einiges aus der Festigkeitslehre.

1. Die typischen Stereomzellen besitzen eine bedeutende Festigkeit. Ein Faden frischer Bastzellen von 1 qmm Querschnitt z. B. vermag je nach der Pflanzenart, welcher derselbe entnommen ist, ungefähr 15—20, in seltenen Fällen 25 Kilo zu tragen, ohne daſs der Faden nach Entfernung der Gewichte eine dauernde Verlängerung erfahren hätte, d. h. ohne daſs seine Elastizitätsgrenze überschritten worden wäre. Ein Eisen- oder Stahl-Draht oder -Stab von gleichem Querschnitt trägt 13,13—24,6 Kilo, woraus ersichtlich ist, daſs das Tragvermögen des stärksten Stereoms demjenigen des Eisens nicht nachsteht. Es besteht jedoch der Unterschied, daſs der Bast, sowie die Elastizitätsgrenze um ein ganz geringes überschritten wird, sofort reiſst, während die Eisendrähte nur eine dauernde Verlängerung erfahren und erst bei einer weit höheren Belastung, Schmiedeeisen in Stäben z. B. bei 40 Kilo auf den Quadratmillimeter, zerreiſsen.

Die Zugfestigkeit des Collenchyms steht derjenigen des echten Bastes nach; allein es besitzt eine gröſsere Geschmeidigkeit als Bast, wie dies für die Leistungen, welche dem Collenchym obliegen, vorteilhaft ist. Die Elastizitätsgrenze des Collenchyms wird nämlich bereits bei einer Belastung von 1,5—2 Kilo für den Quadratmillimeter überschritten, und es tritt eine bleibende Verlängerung ein.

2. Bevor wir nun an die Betrachtung der Anordnung des Skeletts bei den verschiedenen Pflanzen selbst gehen, ist es geboten, vorerst einige elementare Punkte aus der Ingenieur-Wissenschaft zu berühren, deren Kenntnis zum Verständnis des Folgenden notwendig ist.

Denken wir uns einen aufrechten, in der Erde starr befestigten vierkantigen Balken, an dessen Spitze ein Tau angebracht ist, welches am anderen Ende als Handhabe dient, um den Balken einem seitlichen Zug auszusetzen, so ist es klar, daſs die Zugkraft bestrebt ist, den Balken zu biegen, daſs also dieser, wie man sich ausdrückt, biegungsfest gebaut sein muſs, wenn er der Einwirkung widerstehen soll. Es leuchtet nun ohne weiteres ein, daſs zwei Flächen des Balkens, nämlich die der Zugstelle zugewandte und die gegenüberliegende, vorzugsweise dem Angriff ausgesetzt sind, also den gröſsten Widerstand zu leisten haben, und zwar ist der Zug bestrebt, die abgekehrte Seite zu verlängern und die zugekehrte zu verkürzen, während im Centrum des Balkens, in der sogenannten neutralen Schicht, keinerlei Spannung stattfindet. Von der zu- und abgekehrten Fläche bis zur neutralen Faser nimmt die Spannung allmählich ab. Soll daher der Balken aus einerlei Material konstruiert werden, so daſs möglichst wenig davon verbraucht wird, so ist es angezeigt, die Hauptmasse des Materials nach den Orten gröſster Spannung zu verlegen. Die Verbindung dieser Teile kann alsdann, da sie weit weniger in Anspruch genommen wird, durch ein Maschensystem oder Gitterwerk geschehen. Stehen zwei Arten von Material zu Gebote, so mufs das festere für die zu- und abgekehrte Seite, das weniger gute als Verbindungsmittel benutzt werden. Den gezogenen Teil einer solchen Konstruktion nennt man die Zuggurtung, den gedrückten die Druckgurtung, und das Verbindungsmaterial wird als Füllung bezeichnet. Den ganzen Apparat nennt man einen T-Träger, weil man dem Querschnitt die Form eines Doppel-T (I) zu geben pflegt, bei welchem die beiden Querstriche die Gurtungen bezeichnen, während die Verbindungslinie die Füllung darstellt. Ist die Querschnittsform mehr I-förmig, so spricht man von einem I-Träger. Es läfst sich berechnen, dafs das Widerstandsvermögen des biegungsfesten Balkens mit der Gröfse des Abstandes der beiden Gurtungen voneinander wächst; dafs auch die Festigkeit des Ganzen mit der Stärke der Gurtungen wächst, ist selbstverständlich. Für die Druckgurtung ist jedoch aufser der Gröfse des Querschnitts auch noch die Form von Bedeutung, während letztere für die Zuggurtung gleichgültig ist: für diese kann eine Kette oder ein Tau Verwendung finden. Die Druckgurtung jedoch ist geneigt, bei übermäfsiger Inan-

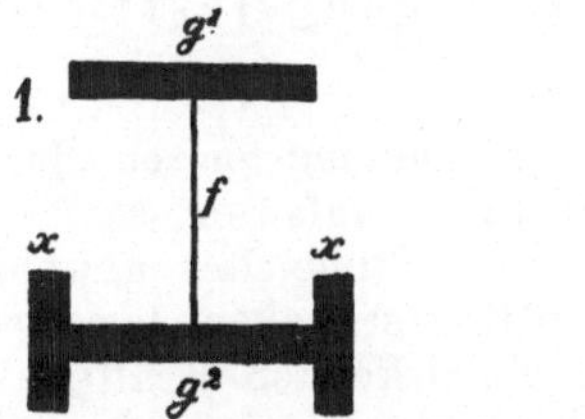

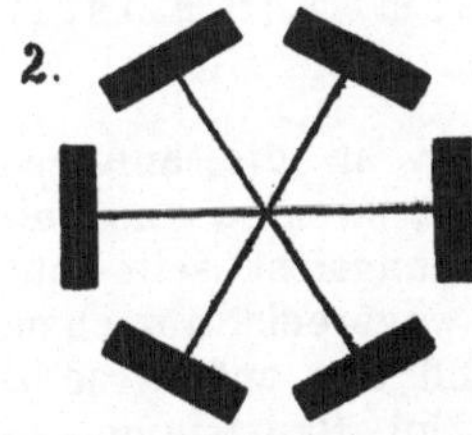

Fig. 44. *1* = Querschnitt durch eine einseitig biegungsfeste Konstruktion; *2* = mehrseitig biegungsfeste Konstruktion. *f* = Füllung zwischen der Zuggurtung g^1 und der Druckgurtung $x\ g^2\ x$, letztere in Form eines T-Trägers. Die Gurtungen dieses Trägers sind $x\ x$, seine Füllung g^2.

spruchnahme seitlich auszubiegen oder einzuknicken, und man giebt derselben aus diesem Grunde die Form eines liegenden T-Trägers (|—|). Es hat daher schematisch ein solcher komplizierter Träger auf dem Querschnitt die Form *1* in Fig. 44.

Diese T-Träger-Konstruktion ist natürlich nur ein einseitig biegungsfester Apparat und nur da zu verwenden, wo die Kräfte nur in einer Richtung wirken. Denken wir uns aber mehrere solcher Träger derart kombiniert, dafs sie die neutrale Axe in der Mitte jeder Füllung gemeinsam haben und daher im Querschnitt einen mehrstrahligen Stern wie *2* in Fig. 44 darstellen, so entsteht eine in verschiedenen Richtungen biegungsfeste Konstruktion. Durch seitliche Verbindung der Gurtungen untereinander erhalten wir einen Cylinder, und wählen wir die Verbindungsstücke von gleicher Festigkeit wie die Gurtungen selbst, so entsteht ein allseitig biegungsfester Apparat, in welchem die gegenüberliegenden Verbindungsglieder als zusammengehörige Gurtungen betrachtet werden können. Nunmehr kann man sich auch die Füllungen der einzelnen Gurtungen hinwegdenken, ohne dafs die Leistungsfähigkeit dieses dadurch entstehenden, bei Bauten häufig angewendeten hohlen Cylinders herabgemindert würde, da hier die gegenüberliegenden Gurtungen, die je nach der Richtung der gerade einwirkenden Kraft einmal Zug-, ein andermal Druck-Gurtungen sein können, untereinander — und zwar seitlich — verbunden bleiben.

Die besprochenen Apparate, der T-Träger und der hohle Cylinder, sind, wie wir sahen, Konstruktionen, die dort Verwendung finden, wo einer biegenden Kraft Widerstand zu leisten ist. Anders ordnet der Ingenieur sein Material, wenn es sich um zugfeste Einrichtungen handelt. Wie bereits bemerkt, kommt es für die allein auf Zug in Anspruch genommene Gurtung nicht auf die Querschnittsform (also ob Träger resp. Cylinder) an, sondern die Widerstandsfähigkeit ist einzig von der Gröfse der Querschnittsfläche des verwendeten Materials abhängig; jedoch ist darauf zu achten, dafs der ausgeübte Zug gleichmäfsig auf jedes Teilchen des Querschnittes einwirkt. Für zugfeste Konstruktionen ist daher, wie die Erfahrung lehrt, die Anwendung des Materials in solider Form am zweckmäfsigsten, wie das Tau zeigt, das ein solcher Apparat ist.

Skelettformen in allseitig biegungsfesten Organen.

I.

Wenn wir an die äufseren Erscheinungsformen der Pflanzenorgane denken, so wird uns sofort klar, dafs ein sehr grofser Teil derselben biegungsfest sein mufs. Die Stiele der gewöhnlich mehr oder minder wagerecht abstehenden Blätter haben dem Gewichte der Blattfläche und den auf dieselben einwirkenden Kräften Widerstand zu leisten. Ein Baumstamm und überhaupt aufrechte Stengelteile müssen das Gewicht der Krone resp. der oberen Organe tragen und seitlich den nach allen Richtungen wirkenden Winden Widerstand leisten. Eine Untersuchung solcher Organe ergiebt nun auch, dafs in denselben die mechanisch wirksamen Elemente nach den erwähnten mechanischen Prinzipien angeordnet sind, da es natürlich für die Pflanze von Vorteil ist, mit möglichst wenig Materialaufwand die erforderliche Biegungsfestigkeit herzustellen. Nach dem Gesagten können wir schon ohne weiteres vermuten, dafs in solchen Fällen das Skelett die Form eines hohlen Cylinders annehmen oder sich doch auf diesen zurückführen lassen wird, und in der That bestätigt sich diese Annahme, so gut man nur wünschen kann. Bei den Moosen, Pteridophyten, der Abteilung der Monocotylen mit wenigen Ausnahmen und bei den einjährigen Dicotylen findet sich in den biegungsfesten Organen überall die geforderte Konstruktion. Betrachten wir einige typische Fälle.

1. Untersucht man unter dem Mikroskop den Querschnitt des cylindrischen Blütenschaftes oder eines Blattstieles von Arum maculatum — die im wesentlichen übereinstimmen —, so findet man unter der einzellschichtigen Epidermis, in ziemlich gleichen Abständen voneinander 15—35 Gewebekomplexe aus Skelettzellen, Fig. 45, die unter der Haut längsverlaufende Stereomstränge darstellen. Je zwei gegenüberliegende Rippen können als I-Träger aufgefafst werden und bilden zusammengenommen durch ihre ringförmige Anordnung einen allseitig biegungsfesten, allerdings unterbrochenen Cylinder.

Das übrige Gewebe, welches einer anderen Funktion dient, hat nebenbei für das mechanische System die Bedeutung einer Füllung. Seine Hauptfunktion besteht, wie wir bei Betrachtung des Assimilationssystems noch ausführlicher sehen werden, in der für das Leben so wichtigen Thätigkeit der Aufnahme der gasförmigen Nahrung (Kohlendioxyd) und der Verarbeitung derselben, Assimilation, sowie in der Atmung. Es ist nun für das Verständnis der Anordnung der Skelett-Elemente im höchsten Grade bemerkenswert, daſs dieses grüne Assimilationsgewebe, wenn es funktionieren soll, des Lichtes bedarf. Es folgt hieraus, daſs für dasselbe ebenso wie für die mechanischen Elemente eine periphere Anordnung von Vorteil ist. Beide Systeme, sowohl das mechanische als auch das Assimilations-Gewebe streben also aus verschiedenen Gründen nach der Peripherie: das erste aus den früher erörterten mechanischen Gründen, das zweite, weil es des Lichtes bedarf. Wenn man also findet, daſs zwischen den Bastrippen und der Epidermis etwas Assimilationsgewebe noch eingeschoben ist, wie dies in der That bei dem erwähnten Falle vorkommt, so ist dies aus dem erhöhten Lichtbedürfnis des Assimilations-Gewebes zu erklären. Die Pflanze ist eben nicht allein ein mechanisches Gerüst, sie hat nicht allein für die nötige Festigkeit ihrer Organe, sondern ebensowohl für die Erfüllung anderer Lebensbedingungen zu sorgen, wenn sie bestehen will. Es wiederholt sich daher in den zunächst zu besprechenden Fällen von Konstruktionen

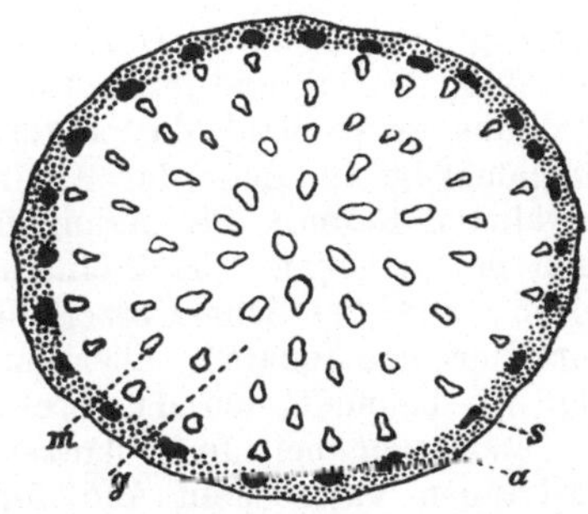

Fig. 45. Querschnitt durch den Blütenschaft von Arum maculatum mit 24 peripherischen Stereomsträngen *s*. Die übrigen über den ganzen Querschnitt zerstreuten kleinen Partieen *m* sind Querschnitte der die Nahrung leitenden Stränge. *g* = Grundparenchym; *a* = Assimilationsgewebe. — Etwa 10mal vergr. (Original.)

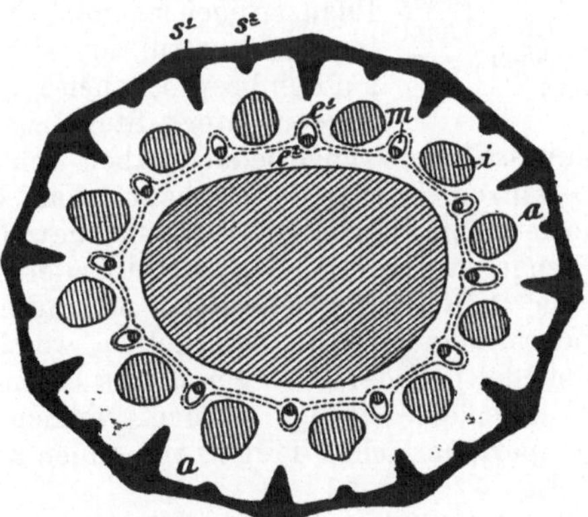

Fig. 46. Querschnitt durch den hohlen Stengel von Equisetum hiemale. — s^1 und s^2 = Stereom; *m* = Leitbündel; *i* = Intercellularräume; *a* = Assimilations-Parenchym; e^1 und e^2 = Scheiden verkorkter Zellen, welche die Leitbündel einschlieſsen. — Etwa 20mal vergr. (Original.)

allseitig biegungsfester Organe die Konkurrenz zwischen diesen beiden Gewebesystemen, und je nach den verschiedenen Pflanzenarten gewinnt bald das eine, bald das andere die Oberhand, oder sie teilen sich gleichmäfsig in den der Oberfläche zunächst befindlichen, ihnen gewährten Raum. Bei Arum und vielen anderen Pflanzen wie z. B. auch bei manchen Schachtelhalmarten ist das letztere der Fall. Nur selten, wie bei Schmarotzer-Pflanzen oder Fäulnisbewohnern (z. B. Coralliorrhiza innata), aber zuweilen auch bei anderen Gewächsen, Fig. 46, befindet sich das Stereom ganz aussen.

2. Auch bei den Pflanzen, bei denen gröfsere mit kleineren Bastrippen abwechseln und ferner bei den Arten, bei welchen an Stelle eines einzigen Stereomstranges zwei vorkommen, die, radial gestellt, zusammengenommen peripherisch angeordnete I-förmige Träger, Fig. 47, darstellen, teilen sich Skelett- und Assimilationselemente in den der Oberfläche zunächst befindlichen Raum. Hingegen besteht die Füllung (*m*) der peripherischen Träger ausschliefslich aus Gewebe, welches in der Pflanze die Nährmaterialien und das Wasser leitet und im Gegensatz zum Stereom das M e s t o m genannt wird. Die Mestomgewebe verlaufen durch die Pflanze als Stränge, welche M e s t o m b ü n d e l heissen, während als L e i t b ü n d e l nicht allein reine Mestombündel, sondern auch Stränge bezeichnet werden, die neben den Nahrung und Wasser leitenden Elementen auch noch Stereïden oder Hydro-Stereïden besitzen.

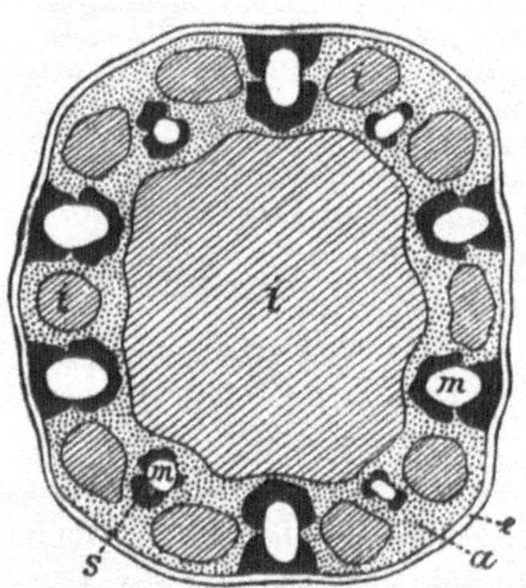

Fig. 47. Stengelquerschnitt von Scirpus caespitosus. Zu äufserst die Epidermis *e*. Die Mestombündel *m* werden von den Skeletteilen *s* eingeschlossen. Zwischen je 2 Bündeln befinden sich im Gewebe grofse Luftlücken *i*. Der Stengel ist hohl *i*. *a* = Assimilationsparenchym. — Etwa 60mal vergr. (Nach Schwendener, vervollständigt.)

Es kommen bei verschiedenen Pflanzen noch mannigfache Abweichungen in der Konstruktion vor, die sich indes auf den besprochenen Typus peripherisch angeordneter Stereomstränge zurückführen lassen. Gewisse Baststränge jedoch haben weniger Einflufs auf die Festigkeit des ganzen Organs als vielmehr lokale Bedeutung. So sind, um ihnen noch einen speziellen Schutz zu gewähren, häufig die im Innern der Stengel verlaufenden Mestombündel, Fig. 51, mit besonderen — wenn auch relativ schwachen — Stereombelegen ausgestattet, und zwar vorzugsweise an den Stellen, wo sich die zarteren Teile der Mestombündel befinden. Wegen dieses besonderen Schutzes, den die Nahrung leitenden Stränge suchen, lehnen sie sich sehr häufig auch an die peripherischen Träger von innen an und begleiten dieselben, wie in Fig. 47 und 51.

3. Auch in den aufrechten Stämmen der tropischen Baumfarne finden sich grofse peripherisch angeordnete Mestombündel, die zu ihrem Schutze von so starken Stereomschichten umgeben sind, dafs diese gleichzeitig als biegungsfestes Gerüst dienen.

Die Farnfamilie der Cyatheaceen weist häufig — darauf ist von den anderen Autoren, die über das Skelettgewebe gearbeitet haben, nicht geachtet worden — eine besondere Anordnung ihres mechanischen Gewebes auf, welche einer in neuerer Zeit besonders häufig bei Bauten angewandten Konstruktion biegungsfester Gerüste — nämlich in Form von gewellten Blechen — entspricht. Das Wellblech ist allerdings, wie es scheint, bisher noch nicht — wenigstens nicht in gröſserem Maſsstabe — zur Konstruktion aufrechter biegungsfester Säulen gebraucht worden; allein daſs die Anwendung des widerstandsfähigen Materials in der Art, wie es der Querschnitt Fig. 48 zeigt, sehr zweckmäſsig ist, geht aus der Wellblech-Theorie hervor. Dieselbe besagt, daſs der Widerstand, welchen eine wellenförmig gebogene Platte von einer gewissen Wanddicke einer biegenden Kraft entgegensetzt, bedeutend gröſser ist, als der Widerstand, den bei demselben Material-Aufwand eine ebensolche, jedoch ungewellte Platte derselben Kraft leistet. Die Widerstandsfähigkeit steigert sich mit der Höhe der Wellenberge und der Tiefe der Wellenthäler. Es folgt hieraus, daſs zur Erzielung des nämlichen Effektes der wellenförmige Körper weniger Material gebraucht als der ungewellte. Natürlich muſs der gewellte Körper dabei der einwirkenden Kraft eine seiner beiden Wellenflächen zuwenden und nicht etwa eine andere Seite. Wenden wir dies auf den Skelett-Bau des in Fig. 48 abgebildeten Farnstamm-Querschnittes an, so folgt nach dem Gesagten, daſs die Leistungsfähigkeit dieses Stammes bedeutend gröſser ist, als wenn, anstatt der an der Peripherie wellenförmig angeordneten Skelettmasse, die gleiche Menge von Skelettgewebe in Form eines einfachen hohlen Cylinders, wie ihn z. B. Fig. 52 zeigt, vorhanden wäre.

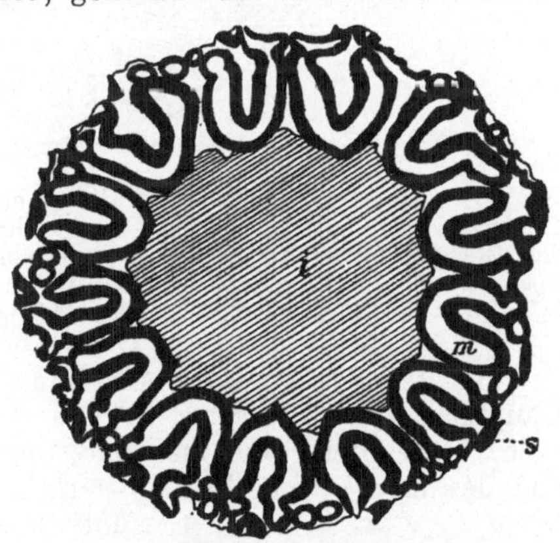

Fig. 48. Querschnitt durch den aufrechten, ziemlich hohen Stamm eines Baumfarn aus der Familie der Cyatheaceen. *s* = Stereom, *m* = Mestom, *i* = Hohlraum. — Etwa um 1/2 verkl. (Original.)

4. Die wasserliebenden Pflanzen an Teichrändern, in Moorbrüchen und dergleichen besitzen an der Peripherie ein lockeres, von zahlreichen Luftkanälen (*i* in Fig. 49) durchsetztes Gewebe, welches — wie wir später sehen werden — den Wasserpflanzen unentbehrlich ist, und es wird hierdurch das mechanische System genötigt, sich von den äuſsersten Teilen zurückzuziehen. Es sind hier die etwas tiefer liegenden Baststränge tangential durch ein ebenfalls festes Gewebe, wenn auch kein Skelettgewebe, miteinander verbunden, wodurch die Wirksamkeit des mechanischen Systems erhöht wird. In vielen Fällen liegt unter dem Durchlüftungsmantel ein kontinuierlicher Stereomcylinder, Fig. 49.

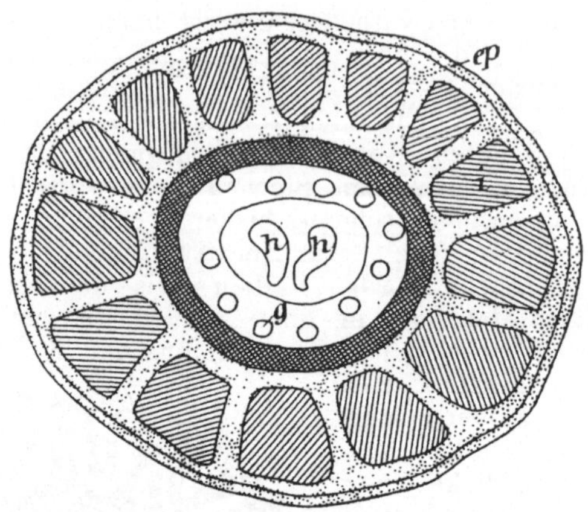

Fig. 49. Querschnitt durch den Blattstiel von Marsilia quadrifolia. — *ep* = Epidermis; *i* = Intercellularen. Das punktierte Gewebe = Assimilationsgewebe; das Gewebe in Kreuzschraffur = stereomatisches Gewebe, welches auch der Speicherung von Nährstoffen dient. Die übrigen Buchstaben finden später ihre Erklärung. — Etwa 50mal vergr. (Original.)

5. Bei dreikantiger Ausbildung des Stengels findet sich die Hauptmasse des Stereoms in den Kanten (z. B. bei vielen Cyperaceen), denn diese sind am weitesten von der centralen Axe entfernt, und das mechanische Prinzip verlangt als die günstigste Konstruktion, dafs die mechanischen Elemente möglichst weit von derselben angebracht werden.

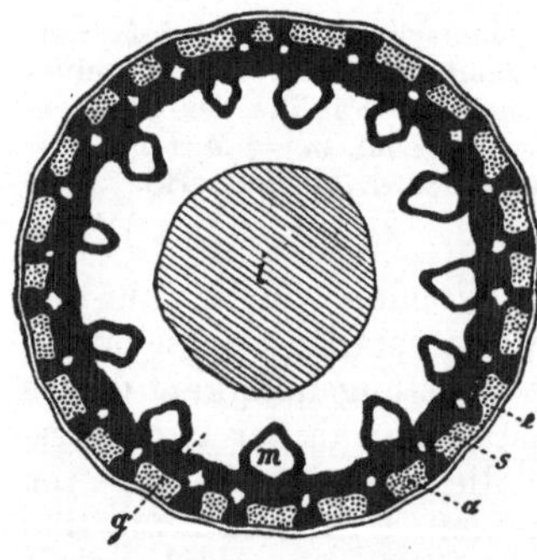

Fig. 50. Querschnitt durch den hohlen Stengel von Molinia coerulea. — In den gerippten Skelett-Hohlcylinder *s* sind kleinere Mestombündel eingebettet. Die sich an die Innenfläche des Cylinders anlehnenden gröfseren Mestom-Bündel *m* sind von Stereom umgeben, welches mit dem Cylinder in Verbindung steht. *e* = Epidermis; *g* = Grundparenchym; *a* = Assimilationsgewebe; *i* = Luftraum. — Etwa 20mal vergr. (Original.)

6. Bei gewissen Binsenarten (bei Juncus sowie Cladium Mariscus) verschmelzen die Stereombelege der Mestombündel in tangentialer Richtung zum Teil oder alle mit einander, so dafs aufser den unter der Epidermis befindlichen Bastrippen noch etwas weiter nach innen ein hohler Stereomcylinder zu stande kommt. Ist dieser ganz kontinuierlich, und verschmelzen die Bastrippen mit dem Cylinder, so erhalten wir den gerippten Hohlcylinder, Fig. 50, womit z. B. viele Gräser ausgestattet sind. Die peripherischen Gewebepartieen, die aufsen von der Epidermis, nach innen von einem Teil der Aufsenfläche des Cylinders und seitlich von den Rippen eingeschlossen werden, sind Assimilationsgewebe, welche auch hier des Lichtbedürfnisses wegen an der Oberfläche des Organs liegen. Einige Gräser haben entschiedene Neigung, die Stereomrippen zu unterdrücken, so dafs

nahezu ein einfacher Bastcylinder übrig bleibt, der zwischen sich und der Epidermis einige Zelllagen Assimilationsgewebe läfst.

7. Bei vielen Pflanzen wird die Biegungsfestigkeit durch Bastbelege der peripherischen Mestombündel erreicht; es kommt dadurch auf dem Querschnitt ebenfalls ein mechanischer, allerdings unterbrochener Ring zu stande, wie dies namentlich schön die Bambusstauden und besonders die Palmen zeigen, Fig. 51. Auch die Drachenblutbäume sind hierher zu rechnen; jedoch ist bei diesen die schon erwähnte Eigentümlichkeit bemerkenswert, dafs die mechanisch wirksamen Zellen Hydro-Stereïden sind, d. h. auch der Wasser-Leitung und -Speicherung dienen.

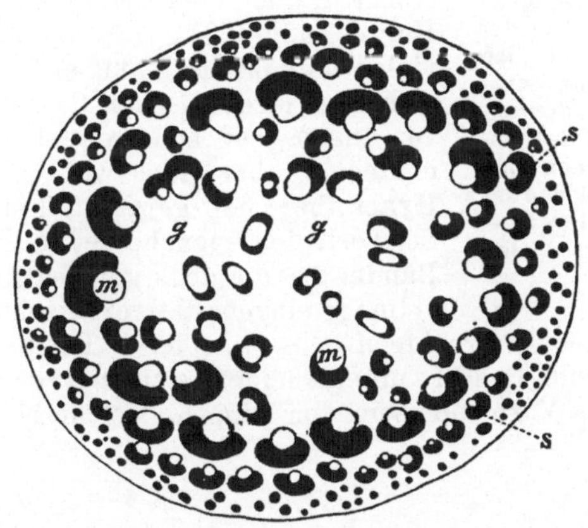

Fig. 51. Querschnitt durch einen die Blütenstände tragenden Sprofs von Calamus spectabilis, einer Schling-Palmen-Art. *s* = Stereom, *m* = Mestom, *g* = Grundparenchym. — Etwa 20mal vergr. (Original.)

Allerdings besitzen bei diesem Typus auch die übrigen, den Stengel durchziehenden, Nahrung leitenden Bündel Bastbekleidungen, jedoch bei weitem nicht in so reichlichem Mafse wie die mehr peripherischen. Fig. 51 veranschaulicht deutlich den durch dieses Verhältnis zu stande kommenden mechanischen Ring.

Bei den meisten Gräsern und vielen anderen Pflanzen sind die Stengel hohl, und dies ist ebenfalls eine mechanisch günstige Einrichtung. Wenn die Stengel jedoch nicht hohl sind, so sind doch die innersten Partieen, welche weit geringerer mechanischer Inanspruchnahme ausgesetzt sind als die äufseren Teile, immer weicher als die letzteren. Man kann sich leicht, z. B. auf Querschnitten von Palmenstämmen, hiervon überzeugen; hier kommen nämlich gegen das Centrum hin — im Gegensatz zu unsern Nadel- und Laubhölzern — kaum oder doch nur verhältnismäfsig wenig Stereommassen vor, denen obendrein einzig lokale Bedeutung als Schutz der begleitenden Mestombündel zugeschrieben werden kann. Es werden sogar, da die Entfernung der centralen weicheren Partieen keine Schwierigkeiten verursacht, gewisse Palmen als Wasserleitungsröhren, Dachrinnen und dergleichen verwandt; ja von einigen Palmen (z. B. Cocos coronata)

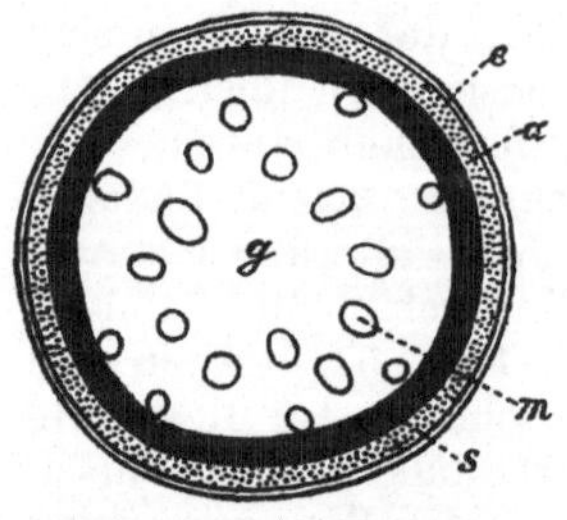

Fig. 52. Querschnitt durch den Blütenschaft von Anthericum Liliago. — Zwischen der Skelettpartie *s* und der Epidermis *e* befindet sich ein Ring von Assimilationsgewebe *a*. Im Grundparenchym *g* finden sich Mestombündel *m*, von denen sich einige an die Innenfläche des Skelettcylinders anlegen. — Etwa 15mal vergr. (Original.)

wird sogar das weiche Innere des Stammes von den Eingeborenen zu Brot verbacken.

8. Bei Musa, Maranta u. a. sind hin und wieder die Bastbekleidungen der Mestombündel tangential miteinander verbunden und bei vielen Juncaceen sind es die der peripherischen Bündel schon sämtlich, sodafs der Übergang zum kontinuierlichen Cylinder, wie er uns vollkommen ausgeprägt gleich begegnen wird, ganz allmählich geschieht.

9. Diese mechanisch sehr günstige Konstruktion des einfachen rippenlosen Hohlcylinders, Fig. 52, findet sich bei sehr vielen Pflanzenabteilungen, und zwar legen sich dem mechanischen Gewebe, namentlich von innen (bei manchen einheimischen Orchideen), aber auch von aufsen (bei der Hyacinthe, bei gewissen Lauch-Arten und Schwertlilien) manche der Nahrung leitenden Bündel an, die auch gelegentlich im Skelettcylinder eingebettet vorkommen. Viele einheimische Liliaceen, Orchideen u. s. w. bieten Beispiele für diesen Typus; auch viele Gräser unterscheiden sich hiervon nur, wie wir sahen, durch das Vorhandensein von Rippen, welche bis zur Oberhaut hinanreichen.

II.

Viele in die Dicke wachsenden mehrjährigen Gewächse aus der Abteilung der Dicotyledonen zeigen im ersten Jahre eine Ringlage von Bastbündeln, welche das später durch Peridermbildung abgeworfene und, wie wir gleich sehen werden, anderweitig ersetzte primäre mechanische System bildet. So z. B. bei Cornus sanguinea, Platanus, Acer campestre, Fagus, Betula, Ulmus campestris, Aesculus Hippocastanum, Cytisus Laburnum u. s. w. Wegen der durch das Dickenwachstum komplizierteren Verhältnisse verlangen diese Pflanzen eine gesonderte Betrachtung.

Hierher gehören vor allen Dingen sämtliche Bäume und viele Sträucher, mit Ausnahme der Palmen, welche letzteren im allgemeinen in der Jugend schnell an Dicke zunehmen und erst dann, wenn sie fast so dick wie die ältesten Palmen derselben Art geworden sind, ausgiebiger in die Länge wachsen.

Wie bereits (S. 43 No. 7) erwähnt, wird die Biegungsfestigkeit der Palmenstämme durch Ausbildung eines wenn auch unterbrochenen Hohlcylinders aus Baststrängen erreicht, welche die peripherischen Mestombündel begleiten, vergl. Fig. 51; anders verhalten sich die Pflanzen mit nachträglichem Dickenwachstum. Bei den Drachenblutbäumen, die — wie wir Seite 11 gesehen haben — nachträglich in die Dicke wachsen, obwohl sie zur Abteilung der Monocotylen gehören, in welcher ein Dickenwachstum nur ganz ausnahmsweise vorkommt, erzeugt ein Verdickungsring aus Folgemeristem (vergl. Fig. 9) nach innen und aufsen neue Zelllagen. Das nach innen neugebildete Gewebe ist dicht von Mestombündeln durchsetzt, die eine dicke Lage aus stark stereomatischen, also sehr dickwandigen Tracheïden aufweisen.

Noch komplizierter gestaltet sich das Verhalten bei den in die Dicke wachsenden Pflanzen aus der Abteilung der Dicotylen. Während die Palmen, wie gesagt, schon in der Jugend die ihnen überhaupt erreichbare Dicke erlangen, nehmen die Dicotylen verhältnismäfsig schnell an Länge zu und verdicken sich erst später nach Mafsgabe der zunehmenden Verlängerung. Im ersten Jahre werden allerdings auch hier, wie oben bereits erwähnt, öfter peripherische Bastrippen oder Bastcylinder gebildet, die das vorläufige biegungsfeste System darstellen; sobald jedoch die Pflanze anfängt, in die Dicke zu wachsen, wird meist durch Korkbildung dieses ganze System abgeworfen, da von dem darunter sich bildenden Cambium-Ring neues Stereom resp. Hydro-Stereom erzeugt wird. Wie dies im besonderen vor sich geht, wollen wir uns jetzt an einem Baumstamm klar machen.

Unsere Laub- und Nadelbäume und sonst noch viele Pflanzen besitzen in der Jugend eine Anzahl in einem Kreise angeordneter Leitbündel, Fig. 53. Aufserhalb derselben liegen die später meist abfallenden Baststränge *s* oder ein Bastring. Der Cambiumring *c* bildet, wie schon Seite 11—12 gezeigt, sowohl nach aufsen als auch nach innen neue Bündelelemente, von denen jedoch die nach innen abgeschiedenen reichlich mit Stereom vermengt sind, häufig so reichlich, dafs letzteres die Hauptmasse der nach innen abgeschiedenen Elemente, des „Holzes", ausmacht. Bei den Nadelhölzern stellen, wie bereits Seite 34 No. 3 erwähnt, die Stereo-Tracheïden die mechanischen Zellen dar. Da nach aufsen keine Skelettzellen abgeschieden werden oder doch nur hin und wieder in verschwindender Menge, um lokal gewisse weiche Gewebemassen zu schützen, so bleibt das aufserhalb des Cambiumringes gelegene Gewebe, die Rinde, weicher.

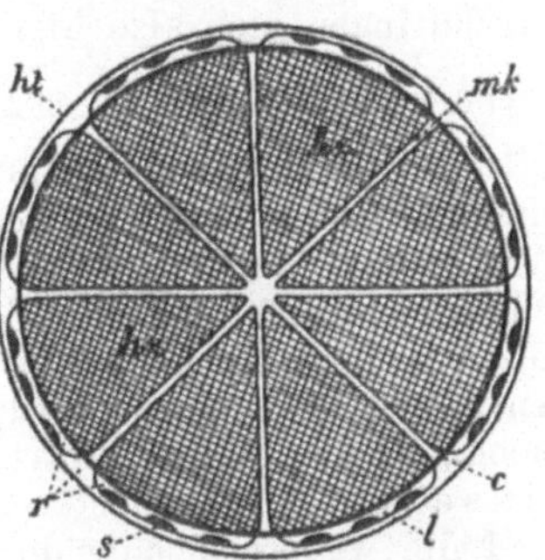

Fig. 53. Schematischer Querschnitt durch einen Zweig eines Laub- oder Nadelholzes. Es sind 8 Leitbündel angenommen, die durch den Cambiumring *c* in eine innere und äufsere Partie geteilt erscheinen. *ht* = Hautgewebe; *r* = Rinde; *s* = Stereom; *l* = Leptom; *hz* = Holz; *mk* = Markverbindungen. (Original.)

Der Hauptunterschied im Bau des mechanischen Systems bei den normal in die Dicke wachsenden Pflanzen gegenüber den früheren Typen ist also, dafs dasselbe von einem Teil der Mestombündel-Elemente durchdrungen ist, und dafs, durch das Dickenwachstum bedingt, eine fast kompakte, also irrationell gebaute Säule zu stande kommt. Dafs übrigens die innersten Partien später wirklich auf das Leben eines Baumes keinen Einflufs ausüben, lehrt schon die Erfahrung, dafs hohle Bäume durchaus die gleichen Lebenserscheinungen zeigen wie noch unversehrte. Es werden nämlich von dem Cambiumring alle Jahre die gleichen Gewebearten wie früher abgeschieden, sodafs, da die neuabgeschiedenen die älteren ersetzen können, die inwendig hohl gewordenen Bäume dann noch alle zum Leben notwendigen Gewebesysteme besitzen. Die zentrale weiche Partie, das Mark, ist freilich im allerersten Jahre, wenn der Stengel sehr dünn ist, verhältnismäfsig grofs; später jedoch, wenn der Baumstamm beträchtlich an Dicke zugenommen hat, ist sie der grofsen Menge von neu hinzugekommenem Holz gegenüber verschwindend klein. Aus alledem sehen wir, dafs die nachträglich in die Dicke wachsenden Bäume, wie gesagt, mechanisch irrationell gebaut sind, da nach erreichter gehöriger Dicke derselben die im Innern vorhandenen Skelettpartien mechanisch nicht mehr oder doch niemals voll in Anspruch genommen werden.

Im Gegensatz zu den erstbeschriebenen Fällen allseitig biegungsfester Konstruktionen bestehen also die Leitbündel bei den nachträglich in die Dicke wachsenden Dicotyledonen neben den Nahrung leitenden Elementen in ihren innerhalb des Cambiumringes gelegenen Teilen auch reichlicher aus Skelettgewebe: Stereom und Mestom, durchdringen sich also hier und stellen das Holz dar.

Skelettformen in einseitig biegungsfesten Organen.

Bis jetzt haben wir nur solche Organe betrachtet, die allseitig biegungsfest gebaut sein müssen, wenn sie den einwirkenden Kräften Widerstand leisten sollen. Eine oberflächliche Betrachtung der Pflanzen ergiebt jedoch schon, dafs auch Organe sehr häufig sind, die vorzugsweise nach einer Richtung hin durch biegende Kräfte in Anspruch genommen werden und daher ihre etwa vorhandenen mechanischen Zellen derart zu ordnen haben, dafs ein vorzugsweise einseitig biegungsfester Apparat gebildet wird. Derartige Organe sind die wagerecht oder doch nahezu horizontal abstehenden Pflanzenteile, deren Eigengewicht immer in derselben Richtung wirkt, wie z. B. die meisten Blätter u. dergl.

1. Allerdings besitzen gewöhnlich die Blattstiele der Phanerogamen einen Cylinder, der durch denjenigen Teil der Leitbündel hergestellt wird, welcher dem Holze in den Stengelteilen entspricht, oder aber einen mechanischen Ring unmittelbar unter der Epidermis, der an bestimmten Punkten vom Assimilationsgewebe unterbrochen wird — nicht aber ein T-trägerförmig angeordnetes Skelettsystem; allein aufser dem nach einer bestimmten Richtung wirkenden Eigengewicht der Blattfläche biegt der auf dieselbe einwirkende Wind den Blattstiel nach den verschiedensten Richtungen, sodafs die Anwendung des hohlen Cylinders, also eines allseitig biegungsfesten Apparates, verständlich erscheint. Es bleibt jedoch zu beachten, dafs die Seitenflächen der Blattstiele in allen Fällen weniger mechanisch in Anspruch genommen werden als die obere und die untere Seite, weil sowohl Wind wie Eigengewicht vorzugsweise senkrecht zur Blattfläche wirken. Es werden denn auch die seitlichen Partien der Blattstiele bei einer grofsen Anzahl von Farnkräutern benutzt (z. B. bei Polypodium vulgare, Pteris aquilina), um hierhin das Assimilationsgewebe zu verlegen, das, wie wir früher bemerkten, notwendig dem Lichte genähert sein mufs. Vergl. Fig. 54. Das Skelettgewebe, welches

bei den betreffenden Farnkräutern als Gurtungen funktioniert, stöfst unmittelbar an die Epidermis an, sodafs zwischen dieser und dem mechanischen System kein Platz für das Assimilationsgewebe übrig bleibt. In solchen Fällen nun sucht sich oft das letztere die mechanisch weniger in Anspruch genommenen Seitenteile auf. Dies geht bei den in Rede stehenden Farnkräutern so weit, dafs sogar die obere und die untere Gurtung dadurch in ihrer Form voneinander abweichen, indem der obere Teil des Skelettringes, der die Zuggurtung repräsentiert, die Form einer einfachen Lamelle erhält, während die Druckgurtung auf dem Querschnitt fast hufeisenartig erscheint. Der so entstehende Träger läfst sich demnach auf das früher, Fig. 44[1], gegebene Schema mit verschieden geformter Zug- und Druckgurtung zurückführen.

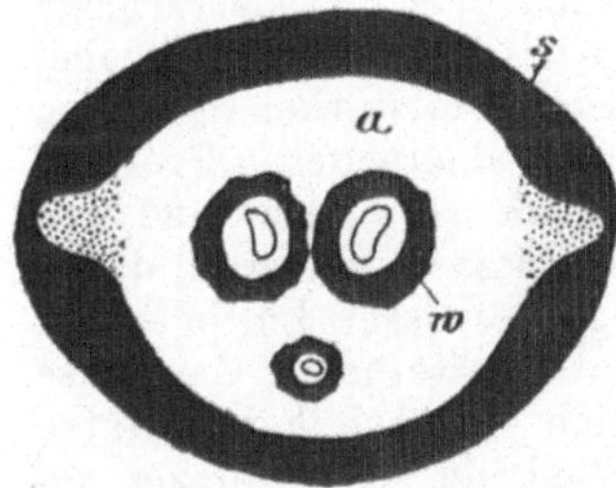

Fig. 54. Querschnitt durch den Blattstiel von Polypodium glaucophyllum. *w* = verdickte Wandungen der an die Mestombündel grenzenden Zellen des Grundparenchyms; *a* = Stärke-Speicherparenchym, an den punktierten beiden Stellen Assimilations-Parenchym; *s* = Stereom. — Etwa 25mal vergr. (Original.)

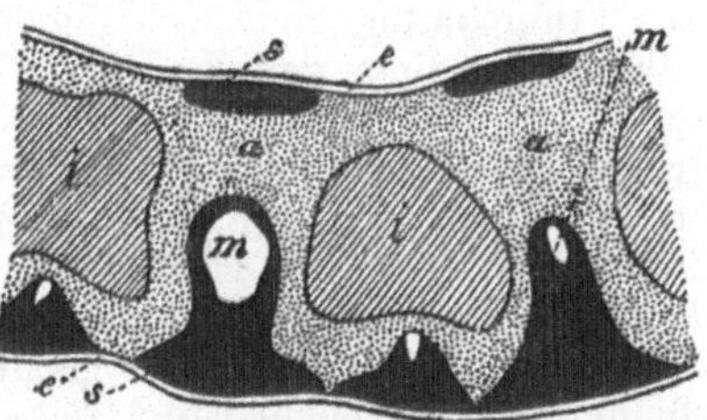

Fig. 55. Querschnitt durch einen Teil des Blattes (Blattscheide) von Saccharum strictum. Die 4 unteren Druck-Gurtungen enthalten je ein Mestombündel *m*. Im Zentrum sowie rechts und links drei grofse Luftlücken *i*, von welchen die beiden letzteren nur zum Teil angedeutet sind. *s* = Stereom, *a* = Assimilationsgewebe, *e* = Epidermis. — Etwa 50mal vergr. (Nach Schwendener.)

2. Die Blattflächen selbst ordnen ihr Stereom meist zu I-förmigen Trägern, und zwar läfst sich gewöhnlich eine Zug- und Druckgurtung unterscheiden. Vor allen Dingen kommen hier die Blattmittelrippen und Rippen überhaupt in Betracht, in welchen die Leitbündel verlaufen. Häufig zeigen sich bekanntlich die Rippen auf der Unterseite der Blätter konvex vorspringend, wodurch — gerade ebenso wie bei dem Fig. 54 abgebildeten Querschnitt eines Farnblattstiels — wiederum die Anordnung des Stereoms der Druckgurtung in Hufeisenform zustande kommt. Bei der Grasart, von der wir in Fig. 55 eine Querschnittsabbildung durch einen Teil der Blattscheide geben, und bei anderen Gräsern findet sich das Stereom der Zuggurtungen in Form einfacher Lamellen unter der Epidermis, während die Druckgurtungen einzelne die Epidermis berührende Stränge bilden, von welchen namentlich die gröfseren die Mestombündel aufnehmen. Die Blätter vieler Gräser, Riedgräser u. s. w. besitzen I-Träger, die fast ganz aus Skelettzellen zusammengesetzt sind, oder deren Füllungen aus Geweben anderen Charakters bestehen. Gewöhnlich durchziehen bei den Monocotylen mehrere solcher I-förmiger Träger parallel zu

einander die Blattfläche, und zwar liegen entweder die Gurtungen unmittelbar der Epidermis an, oder es findet sich wieder zwischen Epidermis und Gurtung Assimilationsgewebe.

Das Skelett in zugfesten Organen.

Zugfest konstruiert müssen vor allen Dingen die Wurzeln und unterirdischen Organe überhaupt sein. Man begreift leicht, dafs bei dem gewaltigen Zuge, welchem eine seitliche Baumwurzel ausgesetzt ist, wenn der Stamm vom Sturme gebogen wird, die Wurzeln eine zugfeste Konstruktion aufweisen müssen. Aufserdem giebt es noch Organe, welche sich ebenfalls in Verhältnissen befinden, die eine Inanspruchnahme auf Zug bedingen. Namentlich sind hier die Stengelteile der untergetauchten Wasserpflanzen zu beachten. Stehen dieselben in ruhigem Wasser, so streben sie nach oben, da sie vermöge ihres Luftgehaltes spezifisch leichter als Wasser sind: der Stengel erfährt somit einen gelinden Zug. Ist das Wasser in starker Strömung begriffen, so steigert sich der Zug um ein bedeutendes. Frei auf der Oberfläche unbewegten Wassers flottierende Gewächse sind den geringsten mechanischen Anforderungen ausgesetzt und besitzen daher keine Stereomzellen. Aber auch die Stengel gewisser Luftpflanzen, wie die der rankenden, schlingenden und kletternden Gewächse brauchen nur in frühester Jugend, so lange sie noch keine Stütze gefunden haben, biegungsfest zu sein, während sie später einzig auf Zug in Anspruch genommen werden, indem durch das Dickenwachstum der Stütze — wie dies im Naturzustande häufig sein wird —, durch das hierdurch oder in anderer Weise eintretende Auseinanderweichen der Stützpunkte und durch Herabhängen kleinerer oder gröfserer Partieen die Stengel gezogen werden. Auch Stiele hängender Früchte sind häufig einem ganz bedeutenden Zug ausgesetzt.

Die Anordnung der mechanischen Elemente wäre in solchen Organen aus theoretischen Gründen, wie wir früher S. 38 sahen, gleichgültig, da es für zugfeste Konstruktionen einzig auf die Querschnittsgröfse des zur Verwendung kommenden widerstandsfähigen Materials ankommt. Aber, wie wir ferner sahen, ist es wichtig, die Einrichtung so zu treffen, dafs eine möglichst gleichmäfsige Einwirkung der Zugkraft auf alle vorhandenen Stereompartieen erreicht wird. Die Erfahrung lehrt, dafs für solche Fälle die Anwendung eines kompakten Stranges vor zerstreuten Strängen den Vorzug verdient.

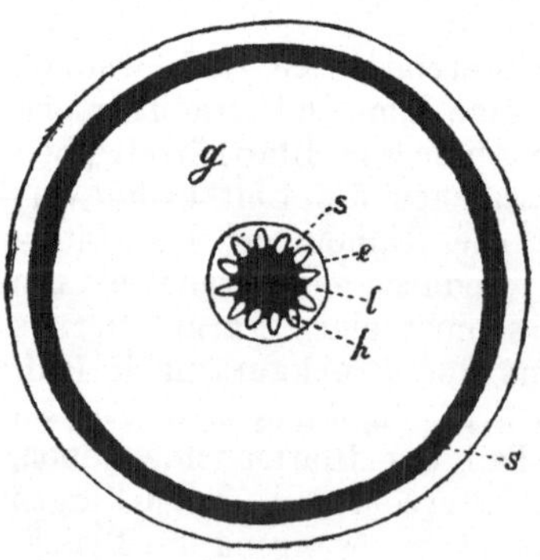

Fig. 56. Querschnitt durch die Wurzel von Chamaedorea oblongata. *s* = Stereom; *l* + *h* = Mestomelemente; *g* = Grundparenchym; *e* = Abgrenzung des zentralen Stranges (Endodermis). — Etwa 30mal vergr. (Original.)

Aus dem Gesagten ergiebt sich, dafs die auf Zug in Anspruch genommenen Organe, im Gegensatz zu den auf Biegung in Anspruch genommenen, ihre Skelettteile mehr nahe dem Centrum oder im Centrum selbst anzubringen bestrebt sein werden, um die mechanisch wirksamen Elemente möglichst dicht aneinander zu bringen. Die Untersuchung mafsgebender Fälle zeigt in der That die geforderten Querschnittsansichten. Eine solche zeigt Fig. 56, welche den Bau einer Palmenwurzel veranschaulicht. Es findet sich hier ein centraler Skelettstrang *s*, der als zugfester Apparat wirkt, während die äufsere Stereompartie auch in anderer Weise mechanisch in Anspruch genommen wird, nämlich auf radialen Druck.

Auch die Rhizome und die Stengel der Wasserpflanzen haben im Centrum die Hauptstereommasse, welcher die Leitbündelelemente beigelagert oder eingelagert sind, Fig. 57 und 58.

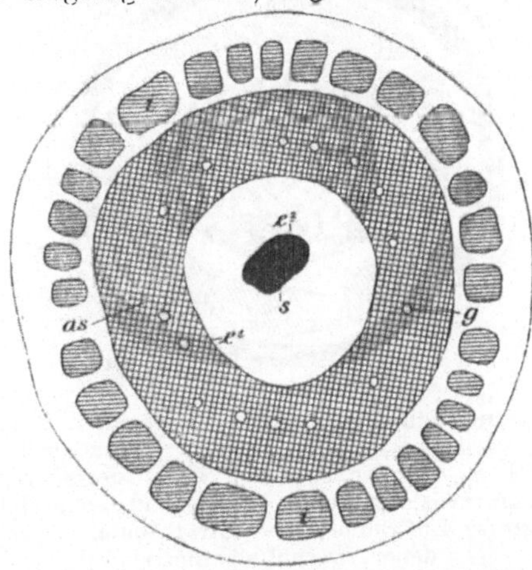

Fig. 57. Querschnitt durch das Rhizom von Marsilia quadrifolia. — *s* = Stereom; *as* = stereomatisches Gewebe, der Stärke-Speicherung dienend; *i* = Intercellularen. Zwischen e^1 und e^2 liegen die Mestom-Elemente. (*g* = Gerbstoffzellen, siehe später.) — Etwa 50mal vergr. (Original.)

Dafs wirklich die äufseren Verhältnisse mit diesem Bau in Beziehung stehen, ihn bedingen, wird schlagend durch solche Wurzeln dargethan, welche als Stützen aufserhalb des Erdbodens funktionieren, wie die Stützwurzeln bei den Pandanus-Bäumen (vgl. Abbildung im systematischen Teil weiter hinten), welche mehr stammähnlich konstruiert sind. Es erklärt sich die hier mehr gleichmäfsige Verteilung der Skelettelemente auf dem ganzen Querschnitt durch die wechselnde Einwirkung von Zug und Druck.

Ein weiteres demonstratives Beispiel dafür, dafs die mechanische Inanspruchnahme die Konstruktion der Organe ganz wesentlich beeinflufst, ist z. B. der Bau des Stengels unserer im Wasser schwimmenden Hottonia palustris, bei welcher der unter Wasser befindliche, Blätter tragende Teil desselben mehr zugfest, der über dem Wasserspiegel hervorragende Blütenschaft hingegen biegungsfest gebaut ist, also peripherische Anordnung der mechanischen Elemente aufweist.

Das Skelett in druckfesten Organen.

Die unterirdische Lebensweise eines Organes verlangt häufig noch einen besonderen Schutz durch eigene Skelettteile in Form eines peripherischen Cylinder-Mantels gegen den durch den Erdboden ausgeübten radialen Druck, wie dies die Figuren 56 und 58 zeigen. Der hier in unterirdischen Stengeln und Wurzeln zur Anwendung kommende Bastcylinder befindet sich entweder der Epidermis unmittelbar anliegend oder einige wenige Zellschichten tiefer, und zwar sind diese aufserhalb des Skelett-Cylinders befindlichen Zelllagen, um ein Eindringen von Wasser zu verhüten, verkorkt.

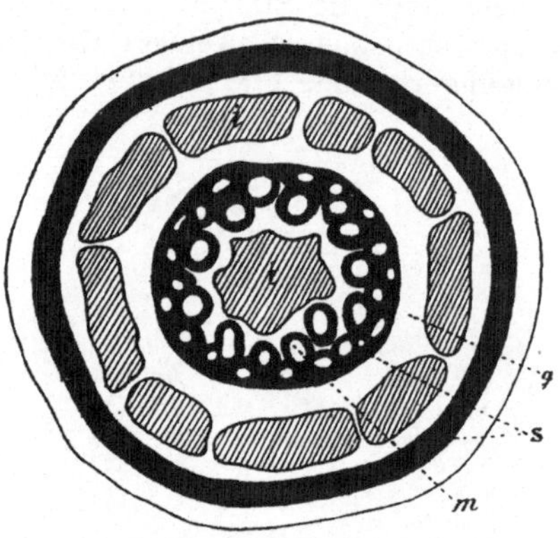

Fig. 58. Querschnitt durch das Rhizom einer Carex-Art. Der äufsere Skelett-Ring dient zum Schutze gegen radialen Druck. Die zentrale Skelett-Partie *s*, welcher Mestombündel *m* eingelagert sind, wirkt gegen Zug. *g* = Grundparenchym. Im Zentrum zwischen der zentralen und der peripherischen Skelettmasse befinden sich grofse Lufträume *i*. — Etwa 40mal vergr. (Nach Schwendener, vervollständigt.)

Lokales Auftreten des Stereoms.

Dafs Bastzellen auch zu mehr lokal-mechanischen Zwecken Verwendung finden, wurde bereits früher bei den Belegen der Leitbündel erwähnt, die nicht nur der Festigkeit des ganzen Organes dienen, sondern auch zum Schutz der Leitbündel-Elemente vorhanden sind.

Rein örtlichen Zwecken dienend wird das Stereom noch öfter angetroffen. So besitzen die in stark fliefsendem Wasser wachsenden und daher zugfest gebauten Laichkräuter mit centralem Stereomstrang (z. B. Potamogeton lanceolatus, compressus, acutifolius) in dem grofse Lufträume führenden äufseren Teil des Stengels Skelettstränge, welche ein Abstreifen der locker gebauten Rinde durch das stark bewegte Wasser verhindern sollen. Wie sehr übrigens die Ausbildung dieser peripherischen Bastbündel von den mechanischen Anforderungen der Umgebung abhängt, in welcher die Pflanze wächst, beweist der Umstand, dafs z. B. die typische Form von Potamogeton fluitans, die in stark strömendem Wasser lebt, ein System von Skelettsträngen besitzt, während eine Varietät dieser Pflanze (Potamogeton fluitans varietas stagnatilis), die in stehenden Gewässern sich findet, keine Rindenbündel aus Stereom aufweist, da sie derselben nicht bedarf.

Die auf Seite 10 erwähnten, einen mechanischen Schutz den intercalaren Meristemzonen darbietenden Scheiden, die entweder durch Verwachsung mehrerer Blätter entstehen können, wie bei den Schachtelhalmen, oder die scheidenartig umgebildeten unteren Teile der Blätter, also echte Blattscheiden sind, wie bei den Gräsern, Nelkengewächsen u. s. w., enthalten ein Skelettgewebe, Fig. 59, welches hinreichend die Scheiden festigt, um sie zu befähigen, ein Umknicken des Stengels in der wachstumsfähigen Region zu verhüten.

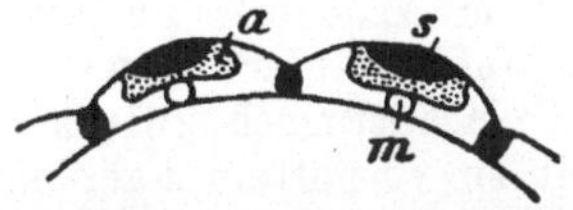

Fig. 59. Stück der aus mehreren Blättern zusammengesetzten Scheide von Equisetum silvaticum. *s* = Stereom; *m* = Mestombündel; *a* = Assimilationsparenchym. — Vergr. (Nach Duval-Jouve.)

In Früchten kommen zum Schutz der Samen, sowie um eine bestimmte Art des Aufspringens zu ermöglichen, häufig mechanische Zellen vor. Speziell die aus Sklerenchymzellen gebildeten „Steinkörperchen" im Fruchtfleische der Kultur-Birnen scheinen mir als Rudimente einer bei den Vorfahren dieser Birnen vorhanden gewesenen, continuierlich das Kernhaus umkleidenden Steinhülle zum Schutze der Samen angesehen werden zu müssen.

B. Systeme der Ernährung.

Den Systemen der Ernährung fällt die Aufgabe zu, die Nahrung, das Material für den Aufbau der Pflanzen, aufzunehmen und es in eine für die weitere Verwertung passende chemische Zusammensetzung umzubilden. Die Nährmaterialien der Pflanzen können nur in aufgelöstem oder flüssigem, oder aber gasförmigem Zustande aufgenommen werden, feste Stoffe gelangen in die Pflanze nicht hinein. Die Systeme der Ernährung zerfallen in das Absorptionssystem, welches die gelösten Nährstoffe der Pflanze aufnimmt, ferner in das Assimilationssystem, welches die Fähigkeit besitzt, gasartige Nahrung zu verarbeiten, indem es aus dem in der Luft enthaltenen Kohlendioxyd die Kohle abscheidet, welche der Pflanze das nötige Material zu ihrem Aufbau liefert.

Zu den Apparaten der Ernährung gehört ferner das Leitungssystem, welches die Aufgabe hat, die bereits aufgenommenen und zubereiteten Nährstoffe sowie das Wasser nach den Stellen des Verbrauchs hinzuleiten. Die wesentlichsten Elemente dieses Systemes durchziehen, wie wir schon früher angegeben haben, zu Leitbündeln vereinigt den Pflanzenkörper gewöhnlich in Form von Strängen, wie man an den sogenannten Blattnerven sehen kann, welche solche Leitbündel darstellen. Letztere haben für die Pflanze nach dem Gesagten dieselbe Bedeutung wie das Blutgefäfssystem für die Tiere.

Für Fälle der Not und für Zeiten besonders intensiven Wachstums werden in besonderen Speisekammern immer zur Verfügung stehende Nahrungsvorräte während günstigerer Zeiten angehäuft. Eine solche Speicherung, und zwar gewöhnlich von Stärkemehl, wird ausnehmend häufig beobachtet, sodafs das Speichersystem, unter welche Rubrik die hierher gehörigen Gewebearten zusammenzufassen sind, eine grofse Verbreitung im Pflanzenreich aufweist.

4*

Im Anschlufs an die Betrachtung der Ernährungsapparate ist das intercellulare Durchlüftungssystem anzuführen, welches den Gasaustausch zwischen dem Innern der Pflanze und der Aufsenwelt zu vermitteln hat, und zwar nimmt es einerseits die für die meisten Pflanzen als Nährmaterial so wichtige Kohlensäure aus der Luft auf und steht andererseits zu den Geschäften der Atmung in Beziehung.

Die Sekretions- und Exkretions-Organe endlich spielen ebenfalls im Ernährungssystem besondere Rollen.

I. Das Absorptionssystem.

Das Absorptionssystem nimmt die in Wasser gelösten Nährstoffe sowie das Wasser selbst auf dem Wege der Diffusion (Erläuterung dieses Vorganges siehe Physiologie, Abschnitt Ernährung) durch die Membranen auf und ist bei höheren Pflanzen vornehmlich an den Wurzeln, aber auch an anderen Pflanzenteilen entwickelt, während die ungegliederten niedersten Gewächse, namentlich solche, die im Wasser leben, eines besonderen Systemes der genannten Art entbehren und bei Mehrzelligkeit durch die Membranen aller Zellen ihres Leibes aus ihrer Umgebung die im Wasser gelösten Nährstoffe zu sich nehmen.

1. Das Absorptionssystem der Wurzel bildet unmittelbar hinter ihrer in die Länge wachsenden Spitze eine Zone, die sich beim Herausziehen und Abspülen des Wurzelwerkes einer Pflanze leicht an der aus Gesteinsteilchen des Erdbodens gebildeten höschenartigen Umkleidung in der Nähe der Wurzelspitze bemerkbar macht. Die Bodenpartikelchen werden von Wurzelhaaren — Fig. 60 — festgehalten, welche durch Ausscheidung von Säuren bestimmte mineralische Teile derselben in Lösung bringen und dann nebst Wasser durch ihre dünnen Membranen aufnehmen. Der Weitertransport findet dann wohl im wesentlichen auf dem Wege der Diffusion statt. Nicht immer besitzt das Absorptionsgewebe Wurzelhaare; so sind die Wurzeln der echten Sumpf- und Wasserpflanzen ganz haarlos, weil dieselben permanent von einer Nährlösung, nämlich dem Wasser mit den von demselben gelösten mineralischen Stoffen, umgeben sind und daher eine Vergröfserung ihrer absorbierenden Flächen nicht bedürfen. Auch Gewächse, die zwar auf trockenem Boden leben, aber geringere Ansprüche an eine Zufuhr von Wasser und Nährstoffen machen, wie dies bei manchen Nadelhölzern der Fall ist, besitzen ein haarloses Absorptionsgewebe.

Die Wurzelhaare bilden Ausstülpungen der Zellen, von denen sie ausgehen, Fig. 60, und sind im Interesse einer raschen Ableitung der aufgenommenen Flüssigkeit nur selten durch eine Querwand abgetrennt.

Die nicht an einem besonderen Wurzelkörper sitzenden Wurzelhaare der Thallophyten und Moospflanzen, welche speziell Rhizoïden, Fig. 62, genannt werden, haben neben der Absorption auch wesentlich für die Befestigung der Pflanze an den Erdboden zu sorgen. Bei den meisten Laubmoosen stellen die Rhizoïden reichlich verzweigte Zellfäden dar.

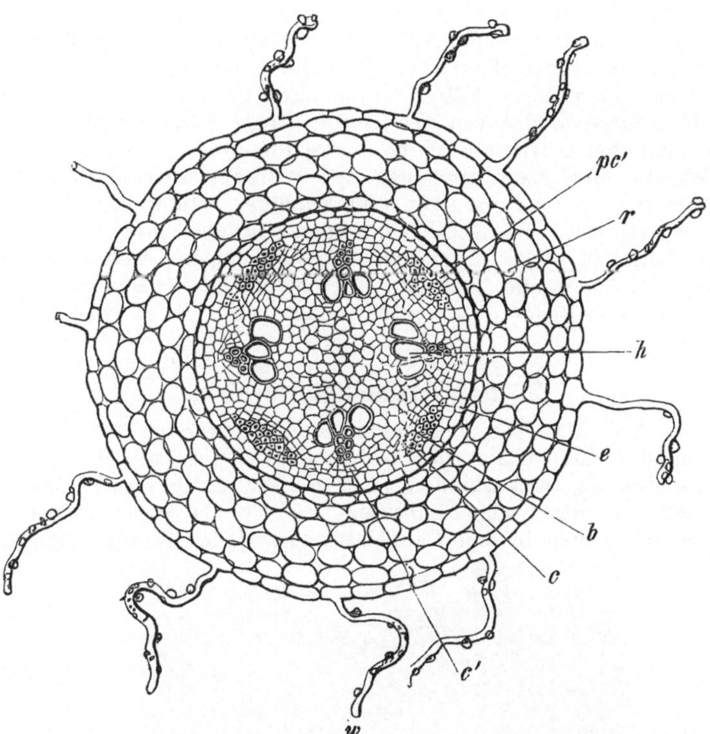

Fig. 60. Querschnitt durch eine junge Wurzel. *w* = Wurzelhaare (Ausstülpungen der Epidermiszellen) mit anhaftenden Bodenpartikelchen; *r* = Rindenparenchym; *e* = Endodermis; *pc'* = Pericambium; *b* = zum Leptom gehörig; *h* = Hydroïden (Gefäfse); *c* und *c'* = Cambium. — (Nach R. Hartig.)

2. Im Gegensatz zu dem geschilderten Absorptionssystem in Bezug auf die aufzunehmenden Nährstoffe steht das Absorptionsgewebe der Schmarotzerpflanzen (Parasiten) und Fäulnisbewohner (Saprophyten) sowie das erste Absorptionsgewebe bei vielen Keimlingen.

Den Keimlingen wird von ihrer Mutterpflanze Nährmaterial für die ersten Stadien ihrer Entwickelung mitgegeben und zwar in einem Speichergewebe, welches entweder in Organen des Keimlings selbst oder als besonderes Gewebe im Samen neben dem Keimling niedergelegt wird. Im ersteren Falle ist selbstverständlich keinerlei sich nach aufsen hin bemerkbar machendes Absorptionsgewebe nötig, im anderen Falle indes mufs der Keimling, um die mitgegebenen Nährstoffe in sich aufnehmen zu können, ein Absorptionsgewebe besitzen, und zwar absorbieren — wenn er vollständig von Speichergewebe eingeschlossen ist — zunächst alle seine oberflächlich gelegenen Zellen, welche dann später, wenn erst das Wurzelwerk zur Aufnahme mineralischer Stoffe des Bodens genügend ausgebildet ist, zu anderen Funktionen übergehen; gewöhnlich jedoch besitzt der Keimling an irgend einer Stelle seines Leibes, häufig an den Keimblättern, ein besonderes, später verschwindendes Absorptionsgewebe, welches sich wie das der Wurzeln durch Dünnwandigkeit und Ausbildung von haarförmigen Ausstülpungen auszeichnet, die zuweilen nur als schwache Vorwölbungen, in anderen Fällen wurzelhaarartig entwickelt erscheinen und die Nährstoffe des von der Mutterpflanze mitgegebenen Vorrates ebenso aufnehmen wie die Wurzelhaare die Stoffe des Erdbodens.

Wie bei den Keimlingen und den Wurzeln, so sind es auch bei den Parasiten und Saprophyten dünnwandige, häufig mit Haar-Fortsätzen versehene, oberflächlich gelegene Gewebe oder wie bei den Pilzen Zellfäden oder haarförmige Ausstülpungen, welche die Aufsaugung der Nährstoffe besorgen. Erscheinen die aufsaugenden Teile äufserlich abgegliedert, so spricht man von Haustorien, Saugorganen.

2. Das Assimilationssystem.

Das Assimilationssystem nimmt den wichtigsten Nährstoff der Pflanzen, die Kohlensäure (das Kohlendioxyd) der Luft, auf und verarbeitet dieselbe in Verbindung mit Wasser unter Abscheidung von Sauerstoff zu organischer Substanz; es ist als parenchymatisches Gewebe namentlich in den Laubblättern, welche die typischen Assi-

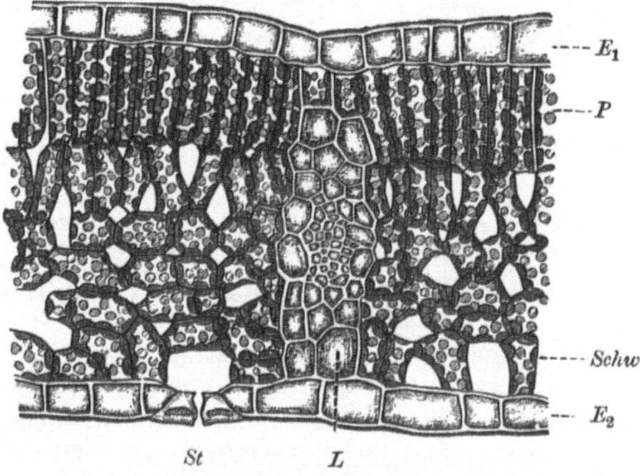

Fig. 61. Stückchen des Querschnittes durch die Blattspreite von Fagus silvatica. E_1 = obere, E_2 = untere Epidermis; P = Pallisadenparenchym; *Schw* = Schwammparenchym; L = Leitbündel-(„Nerv"-)querschnitt; *St* = Spaltöffnung. 315mal vergr. (Nach Kny.)

milations-Organe sind, Fig. 61, aber auch in anderen Pflanzenteilen entwickelt. Zum Eintritt der Kohlensäure besitzen die Blätter — gewöhnlich auf ihren Unterseiten — intercellulare Öffnungen, die Spaltöffnungen *s*, über deren Bau später beim Durchlüftungssystem eingehender die Rede sein mufs. Zunächst führen diese in die Intercellularen des Blattparenchyms, von wo aus der Eintritt des Kohlendioxyds durch die Membranen in die Assimilationszellen hinein erfolgt.

Der wesentlichste Inhalt der Assimilationszellen besteht in festeren, wasserärmeren, plasmatischen, grünen, bei vielen Algen durch Verdeckung des grünen Farbstoffes gelb, braun, rot erscheinenden Chromatophoren, den Chlorophyllkörpern, die in mannigfacher, häufig körnchenartiger Gestalt in dem Plasma eingebettet sind. Wir haben auf Seite 39 schon darauf aufmerksam gemacht, dafs das Assimilationsgewebe nur am Lichte funktioniert; daher erklärt sich die Anordnung desselben an den dem Lichte zugänglichsten, also an der Oberfläche gelegenen Teilen der Organe.

Die assimilierenden Zellen sind unter der oberen Blattepidermis, um eine schnelle Ableitung der bereiteten Nährprodukte zu ermöglichen, gewöhnlich gestreckt-schlauchförmig in einer oder mehreren Lagen als „Pallisadenzellen“ *P* entwickelt und stehen mit ihrer Längsachse rechtwinkelig zur Oberfläche des ganzen Organes. Nach dem Innern schliefst sich das Schwammparenchym *Schw* an, welches aus Zellen zusammengesetzt wird, die einen etwa gleichen Durchmesser nach allen Richtungen hin aufweisen. Die Zahl der Chlorophyllkörper ist in den der Oberfläche am nächsten liegenden Assimilationszellen am gröfsten und nimmt nach dem Innern zu ab, wo das Gewebe vorwiegend der Ableitung und Speicherung der Nährmaterialien (meist in Form von Stärke) dient. In den Chlorophyllkörpern geht die Verarbeitung des unorganischen Kohlendioxyds und des aus dem Boden dem Assimilationsgewebe zugeführten Wassers zu organischen Baustoffen vor sich, die sich bald als kleine Stärkekörnchen bemerklich machen. Die Fortschaffung derselben, um Platz für neue Produkte zu machen, geschieht durch Überführung der Stärke in eine lösliche Verbindung, welche durch Diffusion nach den Orten des Verbrauchs oder der Speicherung weiter befördert wird. In den Organen der Speicherung und in den Geweben, welche die Leitung dieser Substanz übernehmen, wird die lösliche Verbindung vorübergehend (als „transitorische Stärke“) oder dauernder wieder zu Stärke zurückgebildet.

W. Schimper hat gezeigt, dafs die Chromatophoren, also auch die Chlorophyllkörper durch Teilung aus bestimmten kleinen, ungefärbten Plasmakörpern, Leukoplasten, hervorgehen, die dann je nach der zu erfüllenden Funktion sich ausbilden. An der Peripherie der Pflanze werden sie gewöhnlich grün, zu Chlorophyllkörpern, an anderen Orten nehmen sie andere Färbung an wie in Blumenblättern und in den peripherischen Geweben der Früchte.

Die Leukoplasten sind es, welche das in Wanderung begriffene Kohlenhydrat, also die aus der Stärke hervorgehende lösliche, daher wanderungsfähig gewordene Verbindung wieder zu Stärke umbilden, weshalb sie auch Stärkebildner heifsen; Kohlendioxyd assimilieren können aber die echten Leukoplasten nicht.

3. Das Leitungssystem.

Allgemeines.

Die Leitung der Nährstoffe einerseits aus dem Erdboden durch die Wurzel, andererseits aus dem Assimilationsgewebe geschieht in den Leitbündeln.

Während im Blutgefäfssystem der Tiere Wasser und Nährstoffe

zusammen in einem und demselben Röhrenwerk geleitet werden, stellen die Leitbündel der Pflanze meist ein kompliziertes System dar, in welchem gesonderte Gewebe die verschiedenen Nährstoffe und das Wasser transportieren. Nur die Milchröhren, welche entweder „Milchzellen" oder „Milchgefäſse" sind — ersteres, wenn sie durch Auswachsen einzelner Meristemzellen, letzteres, wenn sie aus Reihen von Meristemzellen entstehen, deren Trennungswände sich auflösen — führen in ihrem meist weiſsen, aber auch gelben „Milchsaft" in einem Röhrenwerk Nährprodukte nebst Wasser zugleich. Sie finden sich neben den Leitbündeln z. B. bei den Wolfsmilcharten entwickelt, sodaſs die milchenden Pflanzen zwei Arten von Leitungswegen besitzen. — Übrigens sind wir zur Zeit über die Bedeutung des Milchsaftes nur insoweit unterrichtet, als wir wissen, daſs gewisse Inhaltsbestandteile desselben (wie die Stärke in den Milchröhren der Euphorbiaceen und überhaupt die Kohlehydrate) eine Rolle im Ernährungsprozesse spielen.

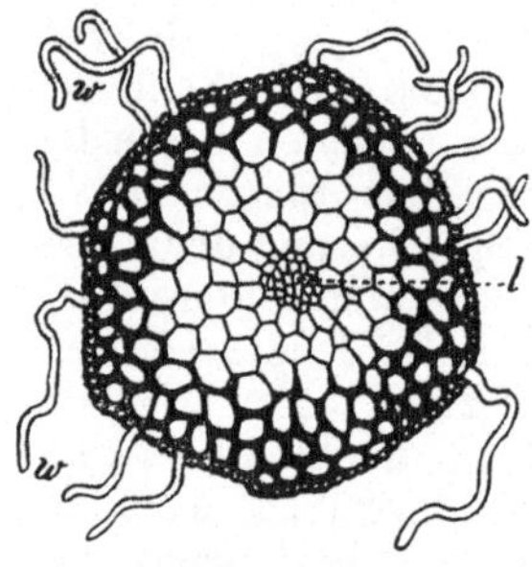

Fig. 62. Querschnitt durch den Stengel von Bryum roseum. *l* = leitender Gewebestrang; *w* = Wurzelhaare. — Etwa 68mal vergr. (Nach Sachs.)

Die niedersten Gewächse besitzen noch gar keine besonderen leitenden, zu Bündeln vereinigten Zellen; erst die Moose, Fig. 63, zeigen im Centrum ihres Stämmchens einen differenzierten Strang aus einfachen, dünnwandigen, prosenchymatischen Zellen, in denen die Pflanzensäfte geleitet werden.

Bei den höheren Pflanzen werden also im allgemeinen die stickstofflosen und die stickstoffhaltigen Produkte, ferner das Wasser in gesonderten Geweben transportiert. Das Wasser wird in Zellenzügen gespeichert resp. geleitet, welche zu ihrer Aussteifung leistenförmige Verdickungen verschiedener Form — auch dicke Membranen mit gehöften Tüpfeln — besitzen, *b, c, d, g* in Fig. 83. Die Einzelzellen dieses Systemes bezeichnet man wegen dieser Funktion am besten als Hydroïden. Sind die Querwände übereinander befindlicher Hydroïden aufgelöst, so nennt man die entstehenden Röhren (Gefäſse) Tracheen im engeren Sinne, verbleiben jedoch die Querwände zeitlebens, dann nennt man die in Rede stehenden Zellen Tracheïden; Tracheen im weiteren Sinne sind beide Arten von Elementen. Mit den Tracheen zusammen tritt stets ein parenchymatisches, stärkeführendes Gewebe auf: das Holzparenchym, Amylom, dessen Zellen oft mit einfachen kreisförmigen Tüpfeln versehen sind. Der Wassertransport in den Hydroïden geschieht nun in der Weise, daſs die Amylomzellen vermöge osmotischer Kräfte, die in ihrem Innern wirksam sind, sowie durch Filtration das Wasser aus den Gefäſsen schöpfen, wenn die Gewebe des Wassers bedürfen, und im umgekehrten Falle die Gefäſse wieder füllen. Durch Vermittelung der Wurzel wird Wasser in die Amylomzellen aufgenommen, die dasselbe weiter befördern und in die Reservoire, die Hydroïden, abgeben (vgl. Physiologie, Abschnitt Ernährung). — Das Hydroïden-Gewebe (Hydrom, Tracheom) und das Amylom gehören also physiologisch zusammen; man nennt dieses aus zwei Gewebe-Arten zusammengesetzte System höherer Ordnung Hadrom.

In dem Amylom, welches sich auch in den anderen Bündelteilen vorfindet, werden aufserdem die Kohlenhydrate (die stickstofflosen Nährprodukte), also vornehmlich die Stärke, geleitet.

Die stickstoffhaltigen, plasmaartigen Nährprodukte wandern im Leptom (Siebteil), einem Gewebe, welches aus Siebröhren resp. Siebzellen, *l* Fig. 83, besteht, neben welchen sich oft noch kleine tüpfellose, ebenfalls reichlich plasmaartige Stoffe führende Zellen, Geleitzellen, finden. Die Siebröhren besitzen Siebplatten, das sind Stellen mit feinen Löchern, die einzeln oder zu mehreren die Quer- aber auch die Seitenwandungen bekleiden.

Die oft gebrauchten, rein topographischen Termini Xylem und Phloëm bedürfen hier einer Definition. Ersteres ist der das Hydrom und letzteres der das Leptom enthaltende Teil eines Leitbündels, sodafs bei differenziertem Bündelbau noch andere Gewebe-Arten aufser dem Hydrom und Leptom zum Xylem und Phloëm gehören. Schon bei oberflächlicher Betrachtung lassen die Bündel deutlich die Sonderung in zwei Teile, also Xylem und Phloëm wahrnehmen, vgl. z. B. Fig. 77.

Den Komplex der Erstlingszellen der Leitbündel, d. h. der zuerst sich ausbildenden und in den Dauerzustand eintretenden Elemente, die man oft auch später an ihrer geringeren Gröfse anatomisch deutlich zu unterscheiden vermag, nennt man Protohydrom, Protoxylem resp. Protoleptom, Protophloëm.

Um lokal das weiche Leptom zu schützen, treten in demselben hier und da Stereïden („echte Bastzellen") auf. Das Hadrom unserer in die Dicke wachsenden Pflanzen (Bäume und Sträucher) ist so reichlich von Stereom (Libriform) durchsetzt, dafs letzteres die Hauptmasse des „Holz" genannten Gewebe-Komplexes ausmacht.

Die Nadelhölzer, Cycadaceen u. a. besitzen, wie schon beim Skelettsystem Seite 34 No. 3 und Seite 45 gezeigt, in ihrem Holz keine typischen Stereïden; ihr Holz — Fig. 40, 41 — wird nur aus zwei Gewebe-Arten zusammengesetzt, nämlich aus Amylom und Tracheïden, die bei ihrer Dickwandigkeit gleichzeitig die Funktion der Stereïden übernehmen: Hydro-Stereïden resp. Stereo-Hydroïden oder -Tracheïden.

Wären die Wände der Hydro-Stereïden gleichmäfsig verdickt, so würden sie der Wasserzirkulation ein bedeutendes Hindernis entgegensetzen. Sie besitzen daher, um beiden Funktionen, also derjenigen der Hydroïden und derjenigen der Stereïden gerecht zu werden, verdünnte Membranstellen, meist in der Form „gehöfter Tüpfel", deren Bau wir auf Seite 35 bereits beschrieben haben. Auch die typischen Hydroïden besitzen — wie schon angedeutet — Verdickungen in Form ringförmiger, spiraliger oder netz- bis treppenförmiger Leisten (vgl. Fig. 83), und zwischen Treppen-Hydroïden und gehöft-getüpfelten Hydro-Stereïden giebt es alle Übergänge, die darauf hindeuten, dafs die in Rede stehenden Elemente auch in physiologischer Beziehung teils mehr zur Funktion der typischen Hydroïden, teils zu der typischer Hydro-Stereïden hinneigen.

Die leitenden Elemente der Bündel: also Hydrom, Amylom und Leptom, werden als Mestom zusammengefaſst, sodaſs, wie wir schon früher andeuteten, demnach ein Mestombündel ein Stereïden-loses Leitbündel ist.

Die Schutzscheide (Endodermis) aus ganz, meist aber nur zum Teil verkorkten Zellen bestehend, welche oft die Bündel aller Organe vieler Pteridophyten (*e* in den Figuren 46, 65, 67, 69) und Wurzeln anderer Pflanzen (*e* Fig. 56, *d* Fig. 70, *s* Fig. 71) umgiebt, hat erstens die Stoffleitung in bestimmte Bahnen einzuengen und einen vorzeitigen Austritt der geleiteten Stoffe aus den Leitbündeln zu verhindern und zweitens oftmals auch einen mechanischen Schutz zu gewähren, insofern als sie vermöge ihrer, durch die Verkorkung bedingten, äuſserst geringen Dehnbarkeit besonders die Einflüsse der Druck-Unterschiede in den Zellen der Bündel-Gewebe und ihrer Umgebung unschädlich macht. Häufig sind übrigens die Tangentialwände unverkorkt und dann hat die Schutzscheide selbstredend ausschlieſslich mechanische Bedeutung.

Auf Querschnitten durch Organe, in denen sich Schutzscheiden befinden, erkennt man die Zellen der letzteren an den sog. Caspary'schen Punkten ihrer radialen Wandungen, Fig. 65. Durch das Anschneiden des Organs z. B. wird die Spannung, in der sich die Membranen befanden, aufgehoben, was sich durch eine Wellung der verkorkten (sehr wenig elastischen) Membranen kundgiebt. Auf dem Querschnitte bewirkt die Wellung nun das Auftreten dunkler Schatten, welche als jene „Punkte" erscheinen.

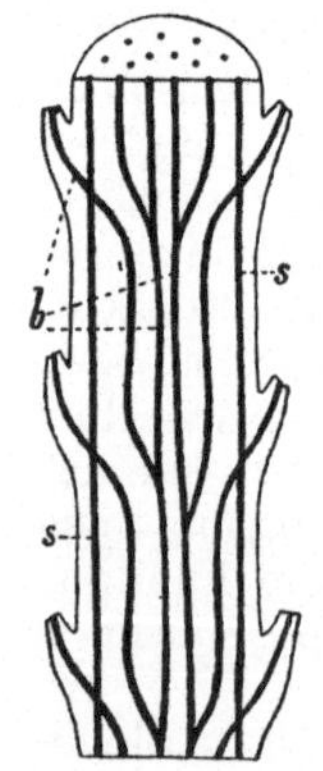

Fig. 63. Längsschnitt durch ein Stück des Stengels von Tradescantia, um den Bündelverlauf zu zeigen. *s* = stammeigene Stränge; *b* = Blattspuren. — Etwas vergr. (Nach Falkenberg.)

Verlauf der Bündel.

1. Wie die Leitbündel in den Laubblättern, hier gewöhnlich fälschlich „Nerven", genannt, verlaufen, ist ohne weiteres schon bei äuſserer Betrachtung ersichtlich. Es lassen sich besonders zwei Typen unterscheiden. Der Monocotylen-Typus, bei welchem die Hauptnerven parallel verlaufen und durch schwächere querverlaufende Bündel in Verbindung stehen, und der Dicotylen-Typus, bei welchem die Nerven fiederig oder fingerig in immer feiner werdende Äste sich zerteilen und schlieſslich enge Maschen bilden.

2. In den Stengel-Organen findet sich entweder wie bei Wurzeln nur ein und dann im Centrum derselben verlaufendes Leitbündel, oder es sind deren mehrere vorhanden, und auch hier läſst sich ein Monocotylen- und Dicotylen-Typus unterscheiden. Bei den Palmen z. B. nähern sich die aus jedem Blatt tretenden zahlreicheren Bündel, die „Blattspuren", zunächst dem Centrum des Stengels und biegen sich — nach abwärts verlaufend und immer schwächer werdend — allmählich wieder nach auſsen, um sich

zum Teil endlich mit anderen Bündeln zu vereinigen. Beim Dicotylen-Typus hingegen treten die Bündel nur in geringerer Zahl, oft nur in der Einzahl aus den Blättern in die Stengelteile ein, verlaufen nach abwärts parallel miteinander in bestimmter Entfernung vom Centrum und von der Oberfläche des Organes und verzweigen und vereinigen sich besonders in den Knoten. Bündel, die nur in Stengelteilen verlaufen und nicht in Blätter einbiegen, nennt man im Gegensatz zu den Blattspuren stammeigene Stränge. — Als Beispiel des Bündelverlaufes in einem Spezialfall vergleiche Fig. 63 und ihre Erklärung.

Bau der Bündel.

Im folgenden geben wir verschiedene Beispiele für den Bau der Leitbündel. Wir machen gleich darauf aufmerksam, dafs die Leitbündel nicht in ihrem ganzen Verlauf den gleichen Bau zeigen, sondern namentlich dort, wo sie schwächer werden, gewöhnlich nicht mehr alle Elemente der wohlentwickelten Bündel aufweisen und ihre feinsten Endigungen häufig nur aus einer oder mehreren Hydroïden-Reihen bestehen. Auch ganz schwache Leptom-Stränge kommen vor.

1. Konzentrisch gebaut nennt man ein Leitbündel, wenn das Xylem das Centrum einnimmt und vom Phloëm umscheidet wird; seltener liegt das Phloëm im Centrum und wird von Xylem umgeben.

a) Der Stengel von Salvinia natans zeigt im Centrum seines Querschnittes, Fig. 64, ein Mestombündel, welches in Fig. 65 ver-

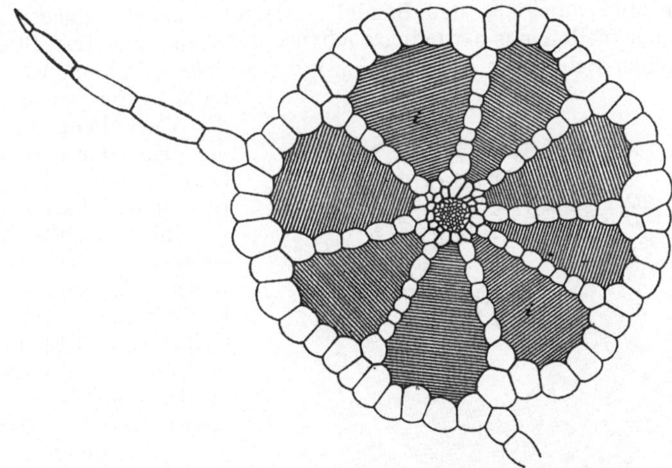

Fig. 64. Querschnitt durch den Stengel von Salvinia natans. Links ein 5zelliges Haar, rechts unten Stück eines solchen. Das Mestombündel befindet sich im Zentrum der Figur. *i* = Intercellularen. — Etwa 75mal vergr. (Original.)

gröfsert dargestellt wurde. Dieses cylindrische, konzentrische Mestombündel besitzt ein in Übereinstimmung mit anderen Wasserpflanzen sehr reduziertes Hydrom — welches hier begreiflicherweise nicht dieselbe hohe Bedeutung haben kann wie für Luftpflanzen — nämlich

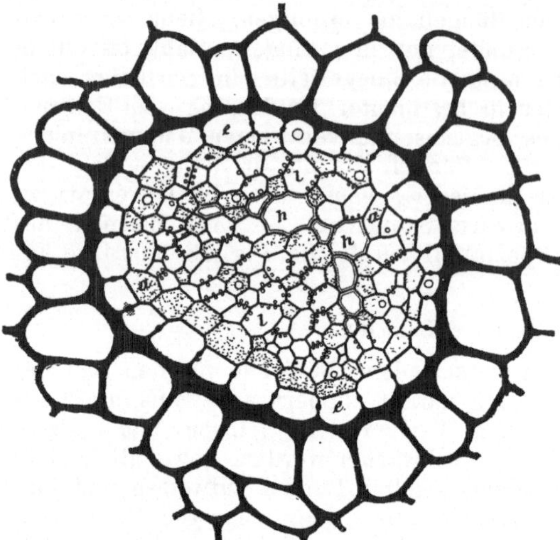

Fig. 65. Querschnitt durch das Leitbündel des Stengels von Salvinia natans. *e* = Endodermis mit Caspary'schen Punkten, *a* = Amylom, *l* = Leptom, *h* = Hydrom. — Stark vergr. (Nach Janczewski, etwas verändert.)

nur sieben- bis acht spiralig oder ringförmig verdickte Hydroïden *h*, die ein etwas sichelförmig gebogenes, unregelmäfsiges Hydromband darstellen. Dieses wird stellenweise durch das die Grundmasse bildende (in unserer Figur 65 zur besseren Unterscheidung mit punktierten Inhaltsräumen angegebene) Amylom-Parenchym *a* unterbrochen. In diesem Parenchym zwischen der Endodermis *e* — an den „Caspary'schen Punkten" zu erkennen — und dem Hydrom liegen zahlreiche mehr oder minder miteinander zusammenhängende Siebröhren *l*. Ein Kranz grofser intercellularer Räume *i* Fig. 64, wie solche für Wasserpflanzen charakteristisch sind, umgiebt das Bündel. Die das letztere unmittelbar berührenden Zellen des Grundparenchyms besitzen, um dem Bündel mechanischen Schutz zu gewähren, etwas verdickte Wandungen; am auffälligsten macht sich die Verdickung an den die Endodermis-Zellen begrenzenden Tangentialwänden bemerkbar.

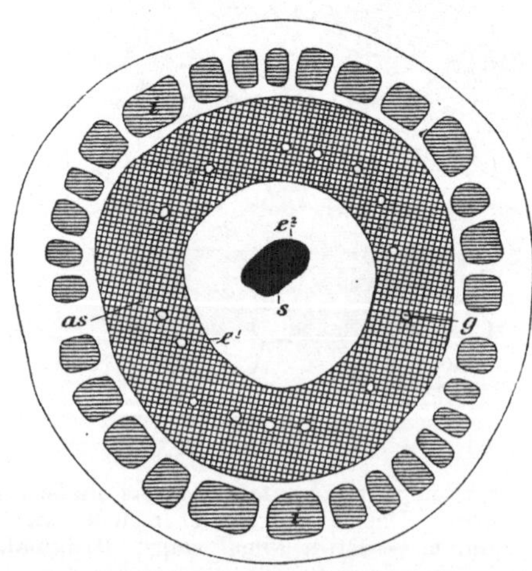

Fig. 66. Querschnitt durch das Rhizom von Marsilia quadrifolia. *s* = Stereom; e^1 = äufsere, e^2 = innere Endodermis; zwischen e^1 und e^2 Mestomgewebe; *as* = Speicherstereom; *g* = Gerbstoffzellen; *i* = Intercellularen. — Etwa 50mal vergr. (Original.)

b) Ebenfalls konzentrisch, aber doch wesentlich anders als bei Salvinia, zeigen sich die Leitbündel-Elemente im Rhizom von Marsilia quadrifolia, Fig. 66, gelagert. Das Leitbündel, — von welchem in Fig. 67 ein Stück dargestellt ist — tritt hier in Form eines Hohlcylinders auf, der vom Centrum — durch welches ein Stereomstrang *s* verläuft — durch eine Schutzscheide e^2 abgegrenzt wird. Auch aufsen wird das Bündel von einer Schutzscheide e^1 umschlossen, an die sich Stärke-Speicher-Grundparenchym anlegt, welches nach aufsen allmählich in ein braunwandiges Speicher-Stereom (Amylo-Stereom) *as* übergeht. In diesem erblickt man auf dem Querschnitt in einem gewissen Abstande von der äufseren Schutzscheide, in einem Kreise angeordnet, die Querschnitte durch längsverlaufende Zellenzüge *g* mit Gerbstoff-Inhalt. Das das Rhizom aufsen bekleidende dünnwandige, verkorkte Gewebe birgt grofse,

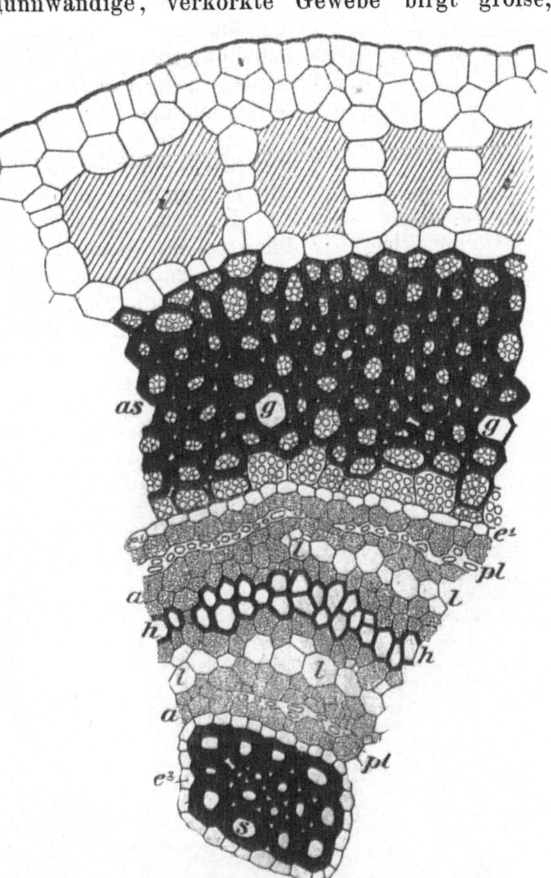

Fig. 67. Querschnitt durch ein Stück des Rhizoms von Marsilia quadrifolia. *s* = Stereom; e^1 = äufsere, e^2 = innere Endodermis; *a* = Amylom mit Stärkekörnern; *pl* = Protoleptom; *l* = Leptom; *h* = Hydrom; *g* = Gerbstoffzellen; *as* = Speicherstereom mit Stärkekörnern; *i* = Intercellularen. — Stark vergr. (Original.)

allseitig umschlossene, intercellulare Kammern *i* des Durchlüftungssystemes, welches bei Wasserpflanzen gewöhnlich aufserordentlich entwickelt erscheint.

Was nun den Bau des auf dem Querschnitt Fig. 66 also kreisförmig erscheinenden Mestombündels anbetrifft, so erblicken wir in der Mittellinie desselben ein Hadrom, d. h. Hydroïden, *h* Fig. 67, mit Amylom *a*. Das Hadrom wird sowohl innen als aufsen von je einem Leptommantel *l* mit dickwandigem Protoleptom *pl* umgeben. An einer oder an mehreren Stellen wird das Leptom durch Amylom unterbrochen, wodurch eine Verbindung zwischen den an die äufsere e^1

und innere Schutzscheide e^2 anstoſsenden Amylommänteln mit dem Amylom des Hadroms hergestellt wird.

Über der Abgangsstelle der Blattbündel steht durch eine Öffnung in der beschriebenen Mestombündelröhre das centrale, oftmals speichernde, von der inneren Schutzscheide umschlossene Gewebe *s* mit dem das Bündel umschlieſsenden „Rinden"-Gewebe in Verbindung, und an diesen Stellen stehen in dem Leitbündel auch die inneren und äuſseren Leptom-Elemente in Zusammenhang, da sich dieselben in den hier auf dem Querschnitt hufeisenförmig erscheinenden Bündelteilen um die Pole des Hadroms herumziehen.

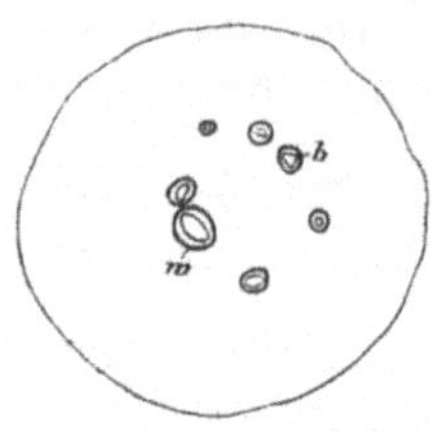

Fig. 68. Querschnitt durch den Stengel von Polypodium glaucophyllum, um die Verteilung der Bündel *b* zu zeigen; *w* wie in Fig. 69. — 8mal vergr. (O.)

2. Bicollateral gebaut ist das in Fig. 69 abgebildete Leitbündel aus dem Stengel von Polypodium glaucophyllum.

Der rhizomartige windende Stengel dieser Pflanzen-Art besteht aus Assimilations- und Speicher-Parenchym mit Stärke-Inhalt, durch welches — wie der Querschnitt Fig. 68 zeigt — mehrere in einem Kreise angeordnete Leit-

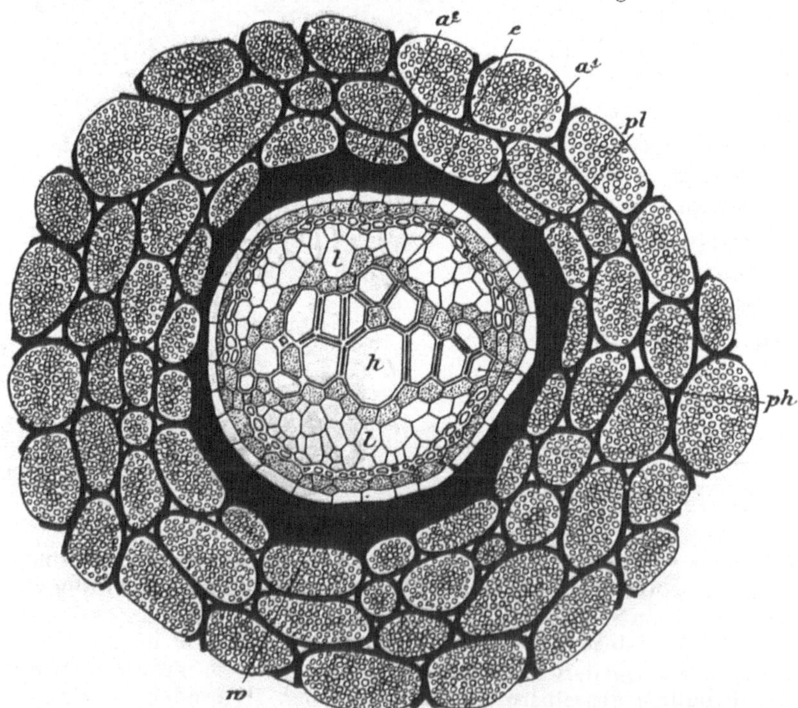

Fig. 69. Querschnitt durch ein Stengel-Leitbündel von Polypodium glaucophyllum. *h* = Hydrom; *ph* = Protohydrom; *a* = Amylom; *l* = Leptom; *pl* = Protoleptom; *e* = Endodermis; *w* = dicke Wandung der das Bündel unmittelbar umgebenden Zelllage des Stärke speichernden Grundparenchyms. — Stark vergr. (Original.)

bündel *b* verlaufen. Die typischen derselben, Fig. 69, sind, wie gesagt, bicollateral gebaut. Im Centrum erblicken wir ein Hadrom: nämlich einen Hydroïdenstrang *h* mit einem denselben allseitig umgebenden Amylommantel a^1 (der „Xylemscheide") und einigen zwischen die Hydroïden gelagerten Amylomzellen. Dem Amylommantel anliegend befindet sich auf jeder der Breitseiten des Hadroms je eine Leptomsichel *l*, deren Aufsenseiten aus dickwandigem Protoleptom *pl* bestehen. An den nicht von Leptom eingenommenen beiden gegenüberliegenden Stellen des Hadroms, beim Protohydrom *ph*, steht der Amylomcylinder a^1 mit dem Amylomcylinder a^2 (der „Phloëmscheide"), welcher letztere das ganze Bündel innerhalb der Schutzscheide *e* umgiebt, in Verbindung; oder anders ausgedrückt: es kommunizieren das Amylom des Hadroms (Xylems) und dasjenige des Amylo-Leptoms (Phloëms), also die Xylem- und Phloëmscheide an den bezeichneten beiden Längsstreifen miteinander. Zuweilen wird allerdings auch der eine oder beide Hadrom-Pole von Leptom umzogen, sodafs hier die beiden Leptomsicheln in Verbindung stehen, wodurch sich der Bündel-Bau dem konzentrischen Typus nähert. Namentlich findet dies bei den Bündeln der Blattstiele und denjenigen der Blattspreiten statt. Alle Bündel werden von den stark verdickten inneren Wandungen *w* der den Bündeln zunächst gelegenen Zellschicht des Grundparenchyms vor mechanisch schädlichen Einwirkungen geschützt.

3. Bei radialen Bündeln ist das Leptom und Hadrom strahlig angeordnet.

a) Das das Centrum einer Wurzel durchziehende Leitbündel zeigt auf dem Querschnitt im Kreise angeordnet die Durchschnitte mehrerer Leptomstränge, welche mit Hydromsträngen abwechseln. Die Mitte des Bündels wird von einem Parenchym (Mark) oder von Skelettgewebe gebildet; häufig treffen die Hadromstrahlen hier zusammen und bilden somit einen Stern, dessen Spitzen von den Protohydroïden eingenommen werden.

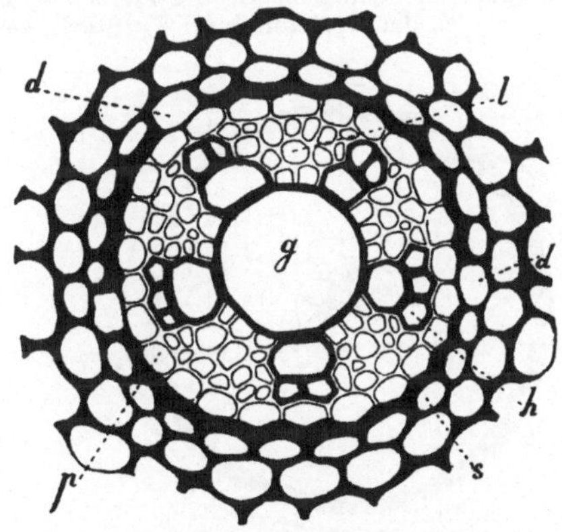

Fig. 70. Querschnitt durch das Leitbündel der Wurzel von Allium ascalonicum. *h* = Hydrom; *g* = zentrales grofses Gefäfs; *l* = Leptom; *p* = Pericambium; *s* = Schutzscheide; *d* = Durchlafszellen der Endodermis. — Vergr. (Nach Haberlandt.)

Der in Fig. 70 abgebildete Bündelquerschnitt aus der Wurzel von Allium ascalonicum zeigt ein fünfstrahliges Hydrom *h* mit centralem grofsem Gefäfs *g*. Zwischen den Strahlen liegt Leptom *l*, und das Ganze wird zunächst von einer einzellschichtigen Scheide dünnwandigen Gewebes, dem Pericambium *p*, umgeben, von welchem die Bildung der Nebenwurzeln ausgeht. Zu äufserst endlich wird das Bündel durch eine zum Teil dickwandige Endodermis *s* mit einigen vor den Hydromstrahlen liegenden unverkorkten und unverdickten Zellen *d* zur Vermittelung der Zufuhr von Wasser und von Nährstoffen abgeschlossen.

Die Mitte radialer Wurzelbündel wird also entweder von Hydrom, Fig. 70, oder von einem parenchymatischen Markgewebe, Fig. 71, in

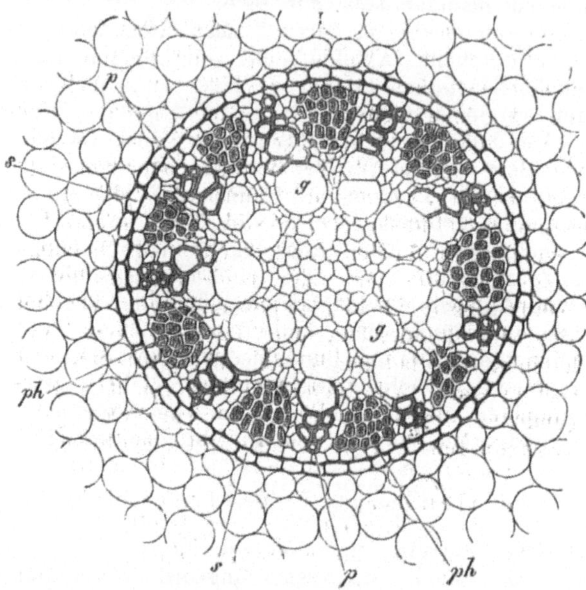

Fig. 71. Querschnitt durch das Leitbündel der Wurzel von Acorus Calamus. *p* bis *g* = Hydrom: *p* = Protohydrom, engste und älteste, *g* = jüngste und weiteste Gefäſse; *ph* = Leptom; *s* = Schutzscheide; der zartwandige Zellring zwischen der Schutzscheide einerseits und dem Leptom und Hydrom andererseits ist das Pericambium. — Stark vergr. (Aus Sachs' Lehrbuch.)

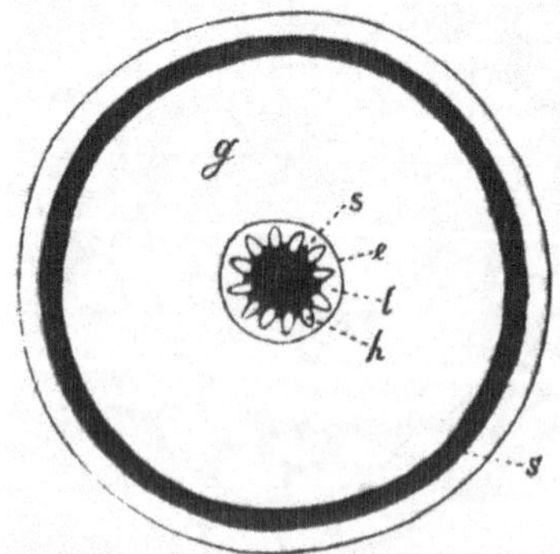

Fig. 72. Querschnitt durch eine junge Wurzel von Chamaedorea oblongata. *s* = Stereom; *h* = Hydrom; *l* = Leptom; *e* = Endodermis; *g* = Grundparenchym. — Etwa 30mal vergr. (Original.)

Fig. 73. Querschnitt durch den Stengel von Lycopodium inundatum. *l* = Leptom; *h* = Hydrom; *b* = Blattspuren. — Etwa 20mal vergr. (Original.)

manchen Fällen aber auch von einem (zugfesten) Stereomstrange, Fig. 72, eingenommen.

Die in die Dicke wachsenden Wurzeln erhalten einen Verdickungsring, der durch Teilungen des Gewebes aufserhalb der Xylemgruppen, innerhalb der Phloëmgruppen entsteht, wodurch der Verdickungsring zunächst wellig verläuft. Aufserhalb desselben liegt dann also das Phloëm und innerhalb desselben das Xylem.

b) Der Stengel von Lycopodium inundatum wird in seinem Centrum $l + h$ in Fig. 73 ebenfalls von einem concentrischen Mestom-

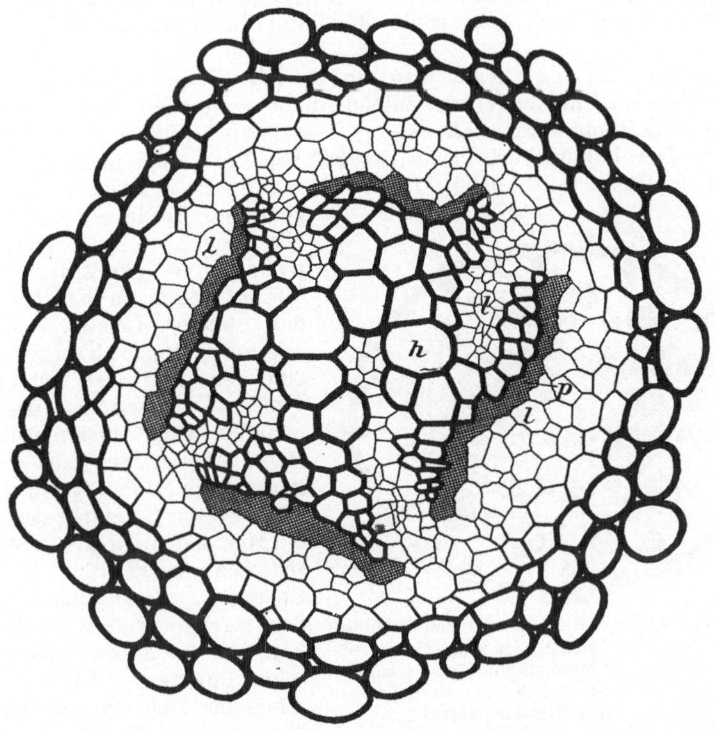

Fig. 74. Querschnitt durch das zentrale Leitbündel des Stengels von Lycopodium inundatum. h = Hydrom; l = Leptom; p = Protohydrom (verdrückte Zellen durch Kreuzschraffierung angedeutet). — Stark vergr. (Original.)

bündel, Fig. 74, durchzogen. Das Hydrom h desselben bildet auf dem Querschnitt einen unregelmäfsigen vier- bis fünfstrahligen Stern, zwischen dessen Strahlen sich Leptom-Gewebe l befindet, welches auch den ganzen Stern peripherisch umgiebt. Zwischen dem peripherischen Leptom und den Enden der Hydrom-Strahlen sieht man verdrückte und verzerrte Erstlingszellen p, deren Lage wir in unserer Fig. 74 durch Kreuzschraffierung angedeutet haben. Das Leptom läfst deutlich zwei Gewebe-Arten unterscheiden, nämlich auf dem Querschnitt inhaltsleere Zellen mit weichen, häufig verbogenen Wänden und zwischen diesen, vorzugsweise aber den Hydrom-Elementen unmittelbar anliegend, Zellen mit festeren Wandungen und ölig-protoplasmatischem Inhalt. Die letzteren übernehmen hier wahrscheinlich auch die Rolle, welche in anderen Bündeln die Amylom-Elemente in Bezug auf den Wassertransport in Gemeinschaft mit dem Hydrom spielen. Die Wandungen der das Bündel zu äufserst umgebenden ein bis drei Zelllagen sind verkorkt: sie lösen sich nicht in konzentrierter Schwefelsäure; vermutlich übernehmen sie die Funktion der Endodermis. — Das Speichergrundparenchym ist in der Nähe des Bündels etwas stereomatisch, nach aufsen hin nimmt die Dickwandigkeit allmählich ab. Das Grundparenchym wird von kleinen in die Blätter eintretenden Bündeln (Blattspuren), *b* in Fig. 73, durchzogen.

4. Kollateral nennt man ein Leitbündel, in welchem Phloëm und Xylem nebeneinander verlaufend in dem gleichen Radius liegen wie in dem Bündel Fig. 77.

a) Der hohle oberirdische Stengel von Equisetum hiemale zeigt auf dem Querschnitt, Fig. 75, eine aus stereomatischen Zellen gebildete Epidermis, die unmittelbar an einen Stereom-Cylinder *s* angrenzt; von diesem gehen in das Innere des Stengels Leisten hinein, und zwar immer abwechselnd, eine sehr kleine s^2 und eine grofse s^1. Zwischen diesen befindet sich Assimilations-Parenchym *a*. Vor jeder stärkeren Leiste, s^1 Fig. 75 und 76, liegt im Grundparenchym ein Mestombündel *m*, vor jeder schwächeren s^2 eine grofse Lacune *i*. Zwei gemeinsame Schutzscheiden, e^1 und e^2 Fig. 75, die an den Caspary-schen Punkten, *c* Fig. 76, zu erkennen sind, umschliefsen die Mestom-Bündel wie in beiden Figuren angegeben, und grenzen sie einerseits von aufsen, andererseits vom Centrum ab.

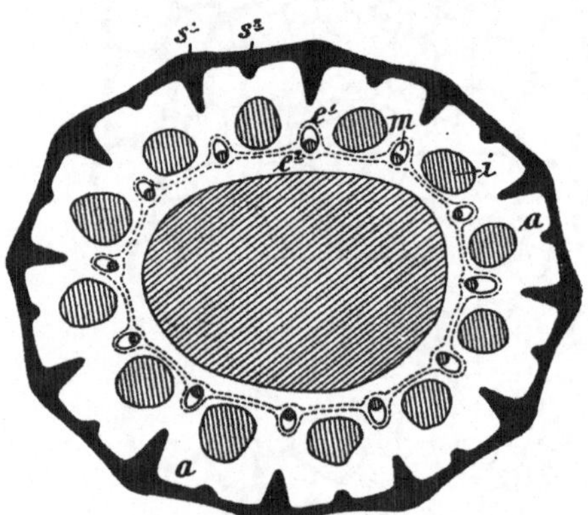

Fig. 75. Querschnitt durch den hohlen Stengel von Equisetum hiemale. s^1 und s^2 = Stereom; *m* = Mestombündel; *i* = Intercellularen; e^1 = äufsere, e^2 = innere Endodermis; *a* = Assimilationsparenchym. — Etwa 20mal vergr. (Original.)

Das kollaterale Mestombündel der genannten Art, Fig. 76, zeigt an seiner peripherischen Seite Protoleptom *pl* und an seinen beiden Radialseiten je einige Hydrom-Elemente *h*, zwischen denen sich das Leptom *l* ausbreitet. Der nach dem Centrum gewendete Teil wird von einer grofsen Lacune (Carinalhöhle) eingenommen, an derem Rande in unserer Figur die Querschnitte durch drei Erstlings-Hydroïden mit ringförmigen Verdickungen resp. die blofsen Ringe von zum Teil aufgelösten Hydroïden bemerkbar sind. Die Leitbündel-Lacunen dienen als Wasser-Reservoire und dem Wassertransport. Die Lacune und die Hydroïden werden von Amylomzellen umgeben.

b) Das auf Seite 68 abgebildete Leitbündel von Saccharum

officinarum besteht zur unteren, gröſseren Hälfte aus Hadrom, dessen Erstlingshydroïden die Ringgefäſse *R. G.* sind, während sich die beiden groſsen porösen Gefäſse *P. G.* in der horizontalen Mittellinie des Bündels zuletzt ausgebildet haben. Oben, den beiden groſsen Gefäſsen anliegend, erblicken wir Leptom. Das ganze Bündel wird von einem Stereom-Mantel umscheidet.

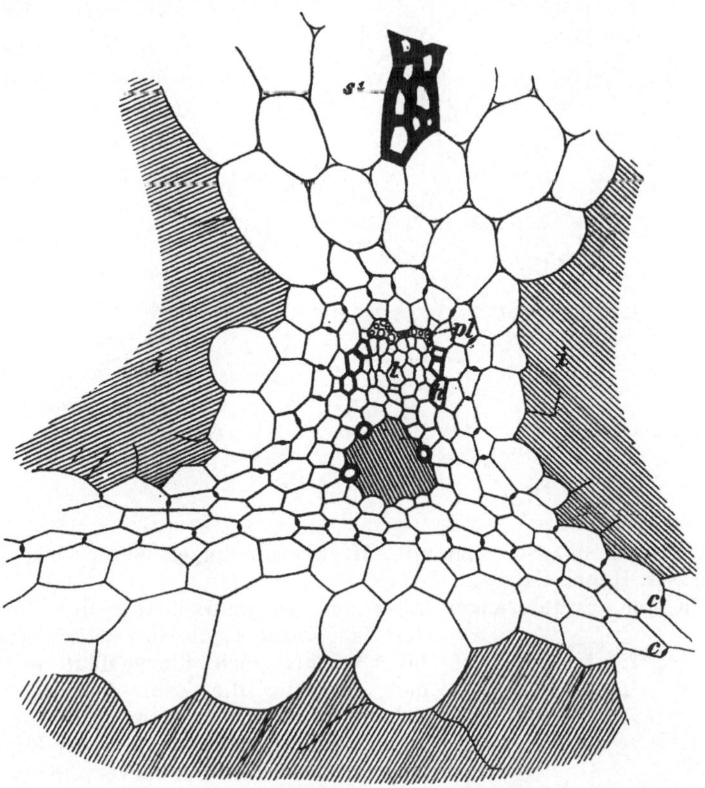

Fig. 76. Leitbündel aus dem Stengel von Equisetum hiemale nebst dem umgebenden Gewebe. s^1 = Stereomleiste; *i* = Intercellularen; *c* = Caspary'sche Punkte der Endodermis; *h* = Hydrom; *l* = Leptom; *pl* = Protoleptom. — Stark vergr. (Original.)

c) Auch die Bündel unserer in die Dicke wachsenden Laub- und Nadelhölzer — welche Blattspuren sind — sind kollaterale, *1* in Fig. 79. Auſserhalb des Verdickungsringes *c* der Stengelteile liegen die Phloëmteile *p*, innerhalb die Xylem-(Holz-)Teile *h* der Bündel, welche beide alljährlich neuen Zuwachs erhalten. Das Grundparenchym des Centrums heiſst M a r k *m*, dasjenige zwischen den Bündeln M a r k s t r a h l e n (M a r k v e r b i n d u n g e n) *mk.* Da die benachbarten Leitbündel in ihrem Verlauf nach oben und unten — Fig. 78 — in regelmäſsiger Weise zusammentreten, sich vereinigen, um sich dann wieder zu gabeln, sodaſs der Tangentialschnitt maschig

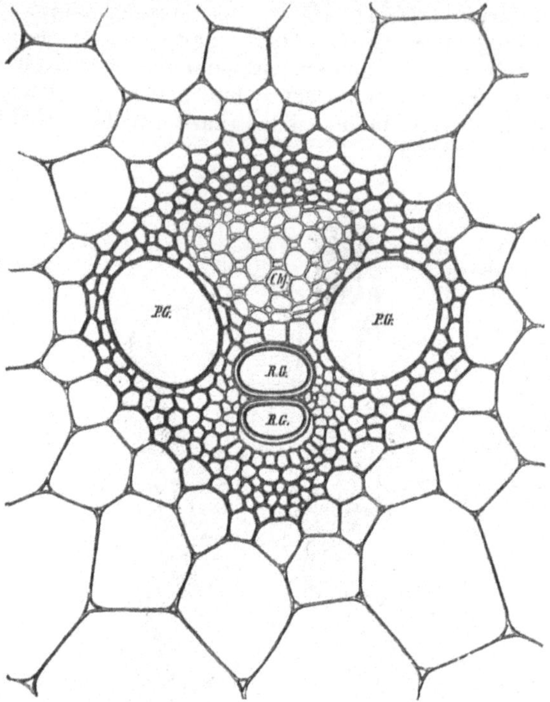

Fig. 77. Querschnitt durch ein Leitbündel des Stengels von Saccharum officinarum. — Im Hadrom sind zwei poröse, d. h. einfach getüpfelte Gefäfse *P.G.* und zwei ringförmig verdickte Gefäfse *R.G.* bemerkenswert; darüber das Leptom *Cbf.* Das Bündel wird von stereomatischem Gewebe umgeben. Ganz aufsen Grundparenchym. — Stark vergr. (Nach Kny.)

gebaut erscheint, so sind die Markverbindungen naturgemäfs von begrenzter Höhe.

Zu den Erläuterungen über das Dickenwachstum der Stengel der Nadel- und Laub-Hölzer auf Seite 11 bis 13 mufs noch hinzugefügt werden, dafs entweder die Zahl der ursprünglichen Blattspuren auch fernerhin die gleiche bleibt, oder es wird der Bündelring durch neue Leitbündel vervollständigt, welche also in den Markverbindungen auftreten. Da diese „Zwischenstränge" voneinander und von den primären Bündeln nur durch sehr schmale (radial verlaufende) Bänder des Grundparenchyms (die wir weiter unten als primäre Markstrahlen kennen lernen werden) getrennt sind, so kommt, namentlich im Verlauf des Dickenwachstums — wie *2* in Fig. 79 andeutet — ein ununterbrochener Holz-Cylinder zu stande.

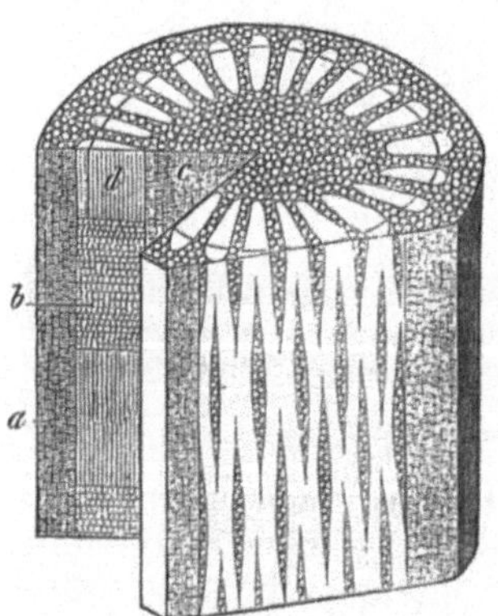

Fig. 78. Schema eines 1jähr. Stengels einer Holzpflanze, um den Verlauf der Leitbündel und der Markverbindungen zu veranschaulichen. *a* = Rinde; *b* = Markverbindung; *c* = Mark; *d* = Leitbündel. (Nach R. Hartig.)

Die ursprünglichen, nicht aus dem Cambiumring, sondern aus Procambium hervorgegangenen Holzteile unterscheidet man als primäres Holz h^1 Fig. 79, im Gegensatz zu dem durch die Thätigkeit des Verdickungsringes entstandenen **sekundären Holz** h^2. Das primäre Holz springt bei mehrjährigen Organen meistens etwas in das Mark vor, *2* in Fig. 79, und bildet die „**Markkrone**", „**Markscheide**". Die

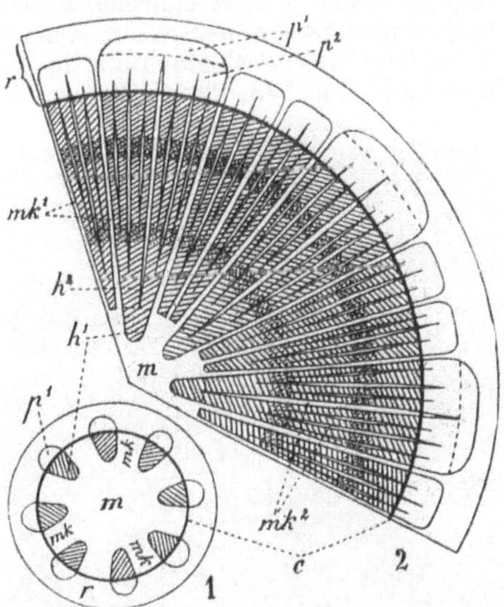

Fig. 79. 1. = schematischer Querschnitt durch einen nachträglich in die Dicke wachsenden einjährigen Stengel; es sind 8 Leitbündel (Blattspuren) angenommen. 2. = Stück des Querschnittes eines mehrjährigen — den gezeichneten Jahresringen nach dreijährigen — Stengels. *c* = Cambiumring; *m* = Mark; *mk* = Markverbindungen; mk^1 = primäre, mk^2 = sekundäre Markstrahlen; h^1 = primäres, h^2 = sekundäres Holz; p^1 = primäres, p^2 = sekundäres Phloëm; *r* = Rinde. — (Original.)

Zellen des primären Holzes liegen — auf dem Querschnitt betrachtet — unregelmäfsig angeordnet, während die Elemente des sekundären Holzes — aus früher, Seite 9, erörterten Gründen — mehr oder minder deutlich in radiale Reihen geordnet sind, *h* Fig. 81. Das primäre Holz, welches sich schon ausbildet, während die Stengel noch in die Länge wachsen, besitzt infolgedessen Ring- oder Spiral-Gefäfse, *b* u. *c* in Fig. 83, die dem Längenwachstum folgen können, indem die ring- und spiralförmigen Verdickungen auseinanderrücken. Das sekundäre Holz birgt Hydroïden mit andersartig verdickten, oft gehöft-getüpfelten Wandungen, *d* u. *g* in Fig. 83, die bei den Laubhölzern Gefäfse darstellen, bei den Nadelhölzern —

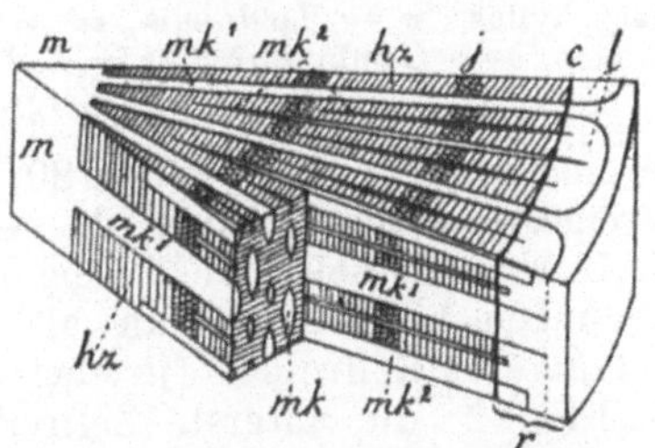

Fig. 80. Schematische Darstellung des Verlaufes der Markstrahlen im Holz. *m* = Mark; mk^1 = primäre, mk^2 = sekundäre Markstrahlen; *hz* = Holz; *j* = Grenze der Jahresringe; *c* = Cambiumring; *l* = Phloëm; *r* = Rinde. (Original.)

Fig. 82 — jedoch geschlossen bleiben und hier, wie wir schon sahen, auch die Funktionen des Skelettes übernehmen. In diesem Falle fehlen dann auch typische Stereïden, Libriformfasern, im Holze, während dieselben im Laubholz vertreten sind. Das Amylom des Holzes, Holzparenchym, besitzt einfache, meist kreisförmige Tüpfel und entwickelt sich erstens namentlich in unmittelbarer Nähe der Gefäſse und durchzieht zweitens das Holz in Form radialer Bänder, Markstrahlen, Fig. 78—82, die man als primäre

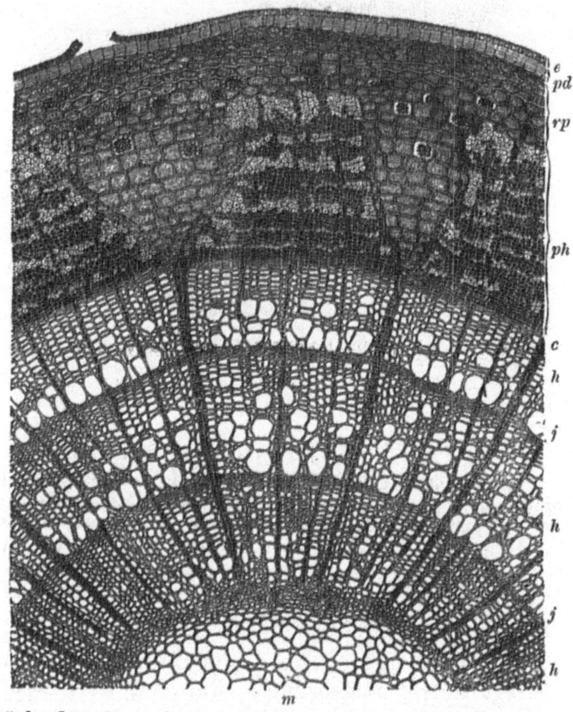

Fig. 81. Stück des Querschnittes durch einen dreijährigen Zweig von Tilia platyphyllos. *e* = Epidermis, *pd* = Periderm, *rp* = Rindenparenchym, *ph* = Phloëm, *c* = Cambiumring, *h* = Holz, *j* = Grenze der Jahresringe, *m* = Mark. — Vergr. (Nach Kny.)

bezeichnet, *mk*[1] Fig. 79 und 80, wenn sie vom Mark bis zum Rindenparenchym verlaufen, und als sekundäre, *mk*[2], wenn sie einerseits im Holz, anderseits im Phloëm ihr Ende finden. Auch die Markverbindungen bezeichnet man als primäre Markstrahlen. Die oberen und unteren Zellreihen (je eine oder mehrere) der Markstrahlen sind — Fig. 82: die unterste Zellreihe von *m* — Tracheïden-ähnlich: sie vermitteln den Wasseraustausch in radialer Richtung.

Das ältere (centrale) Holz verändert sich oft mit der Zeit, indem es ganz oder zum Teil abstirbt und dies durch besondere, meist dunklere Färbung schon äuſserlich zu erkennen giebt. In diesem Falle bezeichnet man das ältere Holz als Kernholz, im Gegensatz zu dem jüngeren, lebensfähigen Holz, dem Splint.

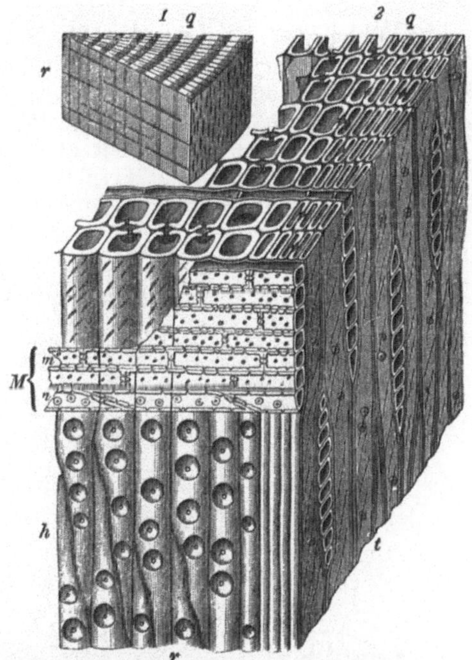

Fig. 82. Holz von Picea excelsa. *1* in natürl. Gr., *2* in 100maliger Vergr. *q* = Querschnitt; *r* = Radialschnitt; *t* = Tangentialschnitt; *h* = Hydrostereïden (links Frühlings-, rechts Herbst-Holz); *M* = Markstrahl. (Nach R. Hartig.)

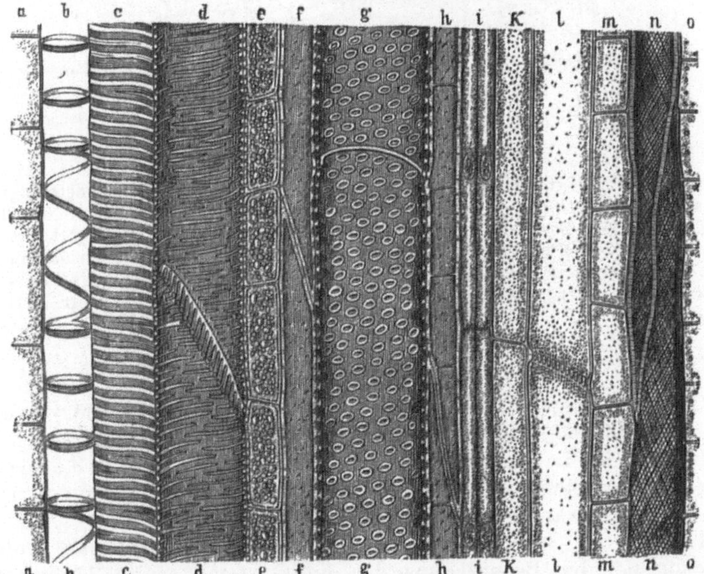

Fig. 83. Schematischer Radial-Längsschnitt durch das Leitbündel einer dikotylen Pflanze. *a* = Markzellen; *b* = innerstes, teils ring-, teils spiralförmig verdicktes Gefäſs; *c* = Spiralgefäſs; *d* = netzförmig verdicktes Gefäſs; *e* = Holzparenchym (Amylom); *f* = Libriformzellen; *g* = Gefäſs mit gehöften Tüpfeln; *h* = Holzparenchym (durch nachträgliche Teilungen aus Libriform hervorgegangen); *i* = Cambium; *k* = Geleitzellen; *l* = Siebröhren; *m* = Phloëmparenchym (Amylom); *n* = Bastfasern; *o* = Rindenparenchym. — Stark vergr. (Nach Kny.)

Der Phloëmteil, Fig. 79—81 u. 83, 84, erreicht nie die Mächtigkeit des Holzes; er besteht aus Sieb-Elementen, *l* Fig. 83, *s* Fig. 84, Bastfasern, *n* Fig. 83, *f* Fig. 84, und Amylomzellen, *m* Fig. 83 u. 84. Die aufserhalb des Verdickungsringes gelegenen Produkte desselben werden in ihrer Gesamtheit als s e k u n d ä r e R i n d e bezeichnet, während als p r i m ä r e R i n d e das aufserhalb der sekundären Rinde gelegene Gewebe unterschieden wird.

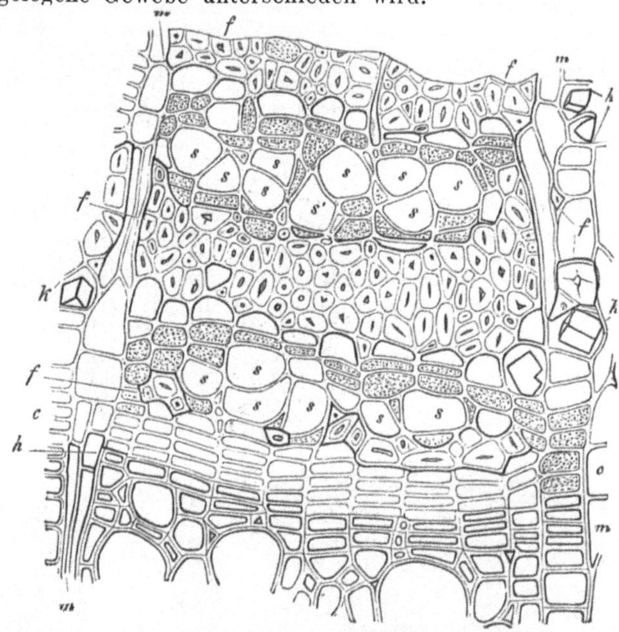

Fig. 84. Querschnitt durch das Phloëm, das Cambium und die Herbstholzgrenze eines siebenjährigen Zweiges von Tilia argentea. *h* = Aufsengrenze des durch die stärkeren Umrisse seiner tangential abgeplatteten Zellen scharf begrenzten Herbstholzes; *c-c* = Cambium; *m-m* = kleine Markstrahlen, *k* = Zellen derselben mit Krystallen; *f* = Stereom, in drei Lagen entwickelt, zwischen diesen das Leptom mit den Siebröhren *s* und Geleitzellen. — 220mal vergr. (Aus De Bary's Vergl. Anat.)

4. Das Speichersystem.

Die gespeicherten Stoffe sind W a s s e r, sowie K o h l e n h y d r a t e, d. h. stickstofflose Produkte (Stärke, Cellulose in Form verdickter Wandungen, Zucker u. dergl.) und s t i c k s t o f f h a l t i g e R e s e r v e s t o f f e; die Speicherzellen sind parenchymatisch, oft einfach-getüpfelt und meist dünnwandig.

1. Auf die Speicherung von Wasser in der Epidermis mufsten wir schon bei der Besprechung des Hautsystemes Seite 31 aufmerksam machen, aber nicht immer ist es ein äufserer Wassergewebe-Mantel, der die Speicherung übernimmt: in manchen Fällen, z. B. bei Sedum- und Aloë-Arten, findet sich das Wassergewebe im Innern der Organe; es wird in den Blättern der genannten Pflanzen vollständig von Assimilationsgewebe umschlossen. Auch die im folgenden

erwähnten „Speisekammern" bergen oftmals reichliche Mengen von Wasser.

2. Die Kohlenhydrate sowie die stickstoffhaltigen Baustoffe werden in den verschiedensten Organen gespeichert.

Die typischen Speicherapparate sind äußerlich deutlich abgegliederte Organe; aber auch das Grundparenchym in den Stengeln, welches von Leitbündeln und Skelettsträngen durchzogen wird, dient (ebenso wie das Holzparenchym mit den Markstrahlen) vielfach der Speicherung. Schon die Leitbündel in schwächeren Organen, namentlich in den Blättern, werden oft von parenchymatischen Scheiden umgeben, welche die Aufgabe haben, die von dem grünen Assimilationsgewebe bereiteten Kohlenhydrate in löslicher Form schnell abzuleiten. Dieses Ableitungsgewebe setzt sich anatomisch in das Grundparenchym der dickeren Organe, besonders der Stengel- und Stammteile, fort, und in diesem Grundparenchym werden die Produkte häufig zunächst als Stärke gespeichert, um für den Fall des Gebrauchs zum Weitertransport bereit zu sein. Eine besonders ausgiebige Speicherung in den Stämmen und Stengelteilen findet bei unseren laubabwerfenden Gewächsen im Herbste statt, wenn die Blätter sich von Nährstoffen entleeren (entfärben).

Besondere Speicherorgane besitzen schon manche Pilze. Hier verflechten sich Zellfäden zu dichten Körpern, Sklerotien, welche Reservestoffe enthalten und z. B. den Winter überdauernde Ruhezustände darstellen. Bei den Tracheen-Pflanzen sind es Rhizome, Stengelknollen (Kartoffel), Wurzeln, ferner — wie bei den Zwiebeln und vielen Cotyledonen — Blätter, welche als Reservestoffbehälter auftreten. Auch in den Samen sind Speichergewebe häufig. Dem Keimling wird von der Mutterpflanze meist eine gewisse Menge von Nahrung mitgegeben, welche er in der allerersten Zeit seiner Entwickelung verbraucht. Diese Speicherung findet entweder in den Organen des Keimlings selbst statt, wie z. B. bei den Erbsen, Bohnen, Linsen u. dgl., wo die Keimblätter besonders fleischig entwickelt sind und als Speichergewebe des Keimlings ausgebildet erscheinen, oder aber die gespeicherte Nahrung findet sich in einem besonderen Gewebe, dem „Eiweiß" (Albumen), im Samen neben dem dann kleineren Keimling niedergelegt. In der Regel wird in diesem Fall das Gewebe zwischen Integumenten und Embryosack vollständig aufgezehrt, und es entsteht im Embryosack (vgl. hierzu Fig. 29) außer dem Keimling ein Speichergewebe, welches Endosperm genannt wird. Perisperm heißt das Speichergewebe, welches aus dem Gewebe zwischen Integumenten und Embryosack hervorgeht, Fig. 85. Meistens ist das Eiweiß Endosperm; Perisperm und Endosperm zugleich findet sich bei den Piperaceen und vielen Nymphaeaceen, Perisperm allein bei den Scitamineen und Centrospermen.

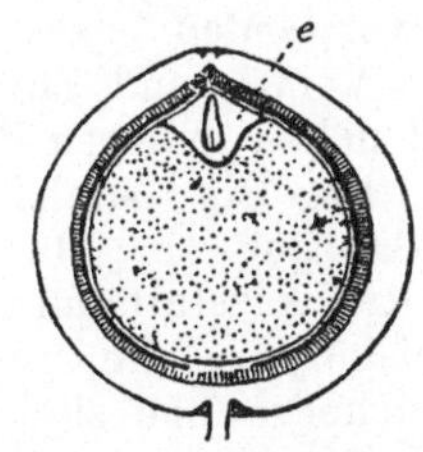

Fig. 85. Längsschnitt durch die Frucht von Piper nigrum. *e* = Endosperm, in demselben der Embryo; die punktierte Masse = Perisperm. Schwach vergr.

Es ist erklärlich, daß Reservestoffbehälter außer dem Speicher-Gewebe, welches allerdings die Hauptmasse ausmacht, noch andere Gewebe-Arten enthalten können, welche der Funktion der Speicherung untergeordnet sind. So besitzen die Stengelknollen der Kartoffel ein Periderm, und in ihnen verlaufen Leitbündel, welche die Füllung und Entleerung besorgen.

a) Die stickstofflosen Reservestoffe sind, wie schon erwähnt, vor allen Dingen Stärke, ferner Cellulose, Zuckerarten, kurz Kohlenhydrate, aber auch fette Öle.

Die Stärke tritt meistens in Form kleiner, oft rundlicher Körnchen auf, bei denen eine Schichtenbildung durch abwechselnd wasserreichere und wasserärmere Lagen zustande kommt. Die Stärkekörner vieler Leguminosen (Bohnen, Erbsen) haben eine ellipsoïdische Gestalt und concentrische Schichten, die des Weizens und Roggens sind linsenförmig, die der Kartoffel, Fig. 86, eiförmig und excentrisch geschichtet. Stärkekörner, die wie Schenkelknochen geformt sind, finden sich im Milchsaft der Euphorbiaceen, Fig. 87.

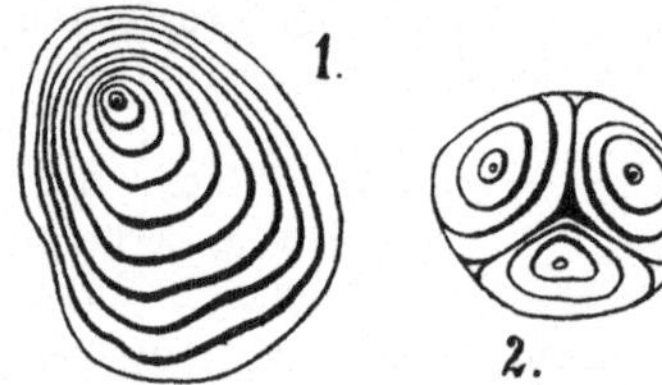

Fig. 86. Stärkekörner aus der Kartoffel. — Sehr stark vergr.

Fig. 87. Stärkekörner aus dem Milchsaft der Euphorbiaceen. — Stark vergr.

Cellulose wird in Form aufserordentlich stark verdickter Zellwandungen im Endosperm mancher Monokotyledonen (z. B. bei der Dattelpalme) als Nahrung für den Keimling abgelagert. Letzterer nimmt hier den kleinsten Raum im Samen ein, sodafs dieser so hart erscheint, dafs z. B. aus dem Endosperm der Samen von Phytelephas macrocarpa, welche als „vegetabilisches Elfenbein“ in den Handel kommen, Knöpfe u. dgl. angefertigt werden. Der Keimling vermag die Wandungen in Lösung zu bringen und als erste Baumaterialien zu verwenden.

Vorwiegend Zucker wird in gelöster Form in der Runkelrübe und neben anderen Produkten auch in der Küchenzwiebel gespeichert.

b) Die stickstoffhaltigen Speicherstoffe (Eiweifs-Substanzen) treten auf als Plasma, häufiger jedoch in bestimmter Form wie 1. die krystallähnlichen und daher Krystalloïde genannten Eiweifskörper, die übrigens auch in Geweben, die keine spezifischen Speichergewebe sind — wenn auch nicht häufig — beobachtet werden, und 2. die Proteïn- oder Aleuronkörner, die im Wasser löslich sind und häufig zwischen den Stärkekörnern auftreten. Die peripherische Endosperm-Partie der Gräser-Samen, die „Kleberschicht“, enthält nur Proteïnkörper, das übrige Endosperm jedoch Stärke.

5. Das Durchlüftungssystem.

Einerseits um dem Assimilationssystem und den Geweben aus der Luft Kohlendioxyd zur Ernährung und Sauerstoff zur Atmung (vgl. Begriffsbestimmung weiter hinten S. 85) zuzuführen, andererseits um das Atmungsprodukt (Kohlendioxyd) abzugeben, ist in der Pflanze das Durchlüftungssystem entwickelt, welches mit der Aufsenwelt durch Öffnungen in direkter Verbindung steht. Das Durchlüftungssystem bildet intercellulare (schizogene), seltener lysigene, d. h. durch Desorganisation von Zellen oder Gewebe-Partieen entstandene Kanäle oder Lücken. Es macht sich als ein ausgebreitetes Netzwerk feiner Kanäle zwischen den Zellen, im Schwammparenchym der Blätter als gröfsere Lücken (Fig. 61), bei Wasserpflanzen (Fig. 88)

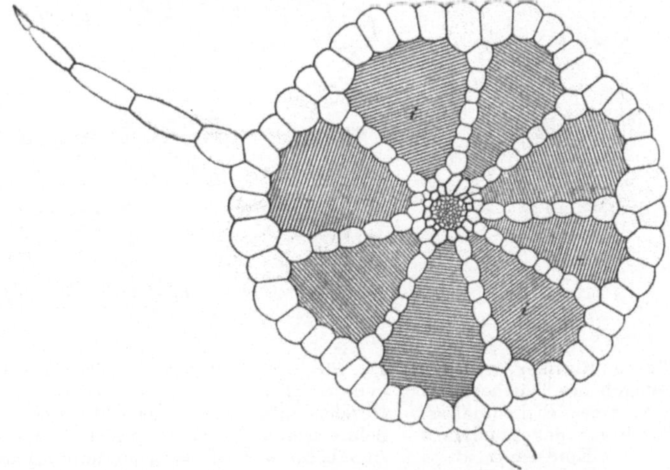

Fig. 88. Querschnitt durch den Stengel von Salvinia natans. *i* = Intercellularen. — Etwa 75mal vergr. (Original.)

als grofse Räume *i* bemerkbar. Bei Sumpf- und Wasserpflanzen sind sie so aufserordentlich entwickelt, um gewissermafsen die äufsere Atmosphäre zu ersetzen und um auch die letzteren schwimmfähig zu machen (Salvinia Fig. 88).

Die Ausgänge des Durchlüftungssystems sind die Spaltöffnungen (Stomata) und die Rindenporen oder Korkwarzen (Lenticellen).

Spaltöffnungen (Stomata) finden sich in der Epidermis ganz besonders zahlreich auf der Unterseite, Fig. 89 und *s* in Fig. 61, bei Wasserpflanzen mit schwimmenden Blattflächen auf der Oberseite der Laubblätter.

Bei den Marchantiaceen werden die Spaltöffnungen durch mehrere übereinander liegende Ringe von Zellen gebildet. Es entstehen auf diese Weise kurze cylindrische Röhren, welche in gröfsere Luftkammern führen; in diese ragen assimilierende (chlorophyllhaltige) kurze Zellfäden hinein. Bei den Spaltöffnungen der anderen Pflanzen lassen jedoch nur zwei nebeneinander liegende gestreckt-nierenförmige, etwas gebogene chlorophyllhaltige Zellen, die „Schliefszellen“, *s* Fig. 90, zwischen sich eine intercellulare Öffnung (x) frei. Strecken sich diese beiden Zellen, so verengt sich der Spalt, bei einer Steigerung der Krümmung erweitert er sich: beides geschieht je nach Bedürfnis. Der Spalt führt in einen gröſseren Intercellularraum, die „Atemhöhle" *ah*, in welche die intercellularen Kanäle *i* des Assimilationsparenchyms *ap* einmünden.

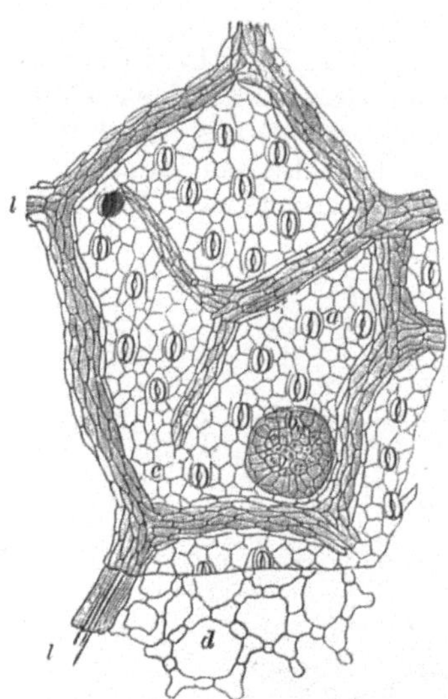

Fig. 89. Ein von Blattnerven, Leitbündeln *l*, umgebenes Teilchen von der Unterseite eines Birkenblattes, um die Verteilung der Stomata *a* zu zeigen. *c* = Epidermis; *d* = Schwammparenchym, nach Entfernung der bedeckenden Epidermis, *b* = Drüse. Schwach vergr. (Nach R. Hartig.)

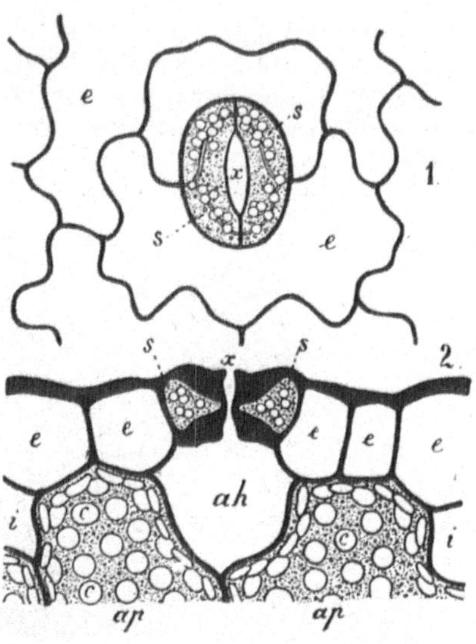

Fig. 90. Spaltöffnung von Thymus Serpyllum. *1* in der Flächenansicht, *2* im Durchschnitt. *e* = Epidermiszellen; *s* = Schlieſszellen; *x* = Eingangsöffnung zur Atemhöhle *ah*; *ap* = Assimilationsparenchym mit Chlorophyllkörnern *c*; *i* = Intercellularen. — Stark vergr. (Nach Kny.)

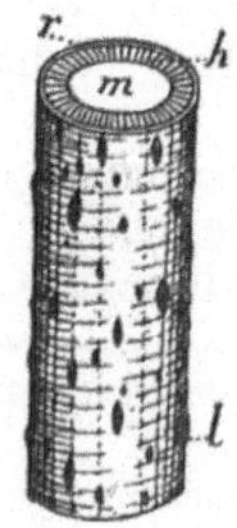

Fig. 91. Zweigstück von Sambucus nigra. *l* = Lenticellen; *m* = Mark; *h* = Holz; *r* = Rinde. — Nat. Gröſse. (O.)

R i n d e n p o r e n (Lenticellen) treten im Periderm auf. Die noch jungen Stengelteile unserer Holzgewächse besitzen anfangs eine Epidermis und in derselben Spaltöffnungen; mit der Ausbildung des Periderms und dem Absterben der Epidermis entstehen unter den Spaltöffnungen Lenticellen, welche zuweilen zwar einen vorläufigen Abschluſs bewirken, später aber die Funktion der ersteren übernehmen. Äuſserlich betrachtet geben sich die Lenticellen als meist längliche Gebilde auf dem Periderm zu erkennen, Fig. 91. Ein Längs- oder Querschnitt durch dasselbe, Fig. 92, zeigt zu innerst ein meristematisches Verjüngungsgewebe, welches sich dem Phellogen anschlieſst, jedoch nicht wie dieses nach auſsen hin Periderm, sondern ein Gewebe reich an Intercellularen, das F ü l l g e w e b e, erzeugt. Bei vielen Arten wird dieses, wenn es besonders locker ist, durch festere, aber ebenfalls Intercellularen führende „Zwischenstreifen“ zusammengehalten, welche periodisch von der Verjüngungsschicht gebildet werden.

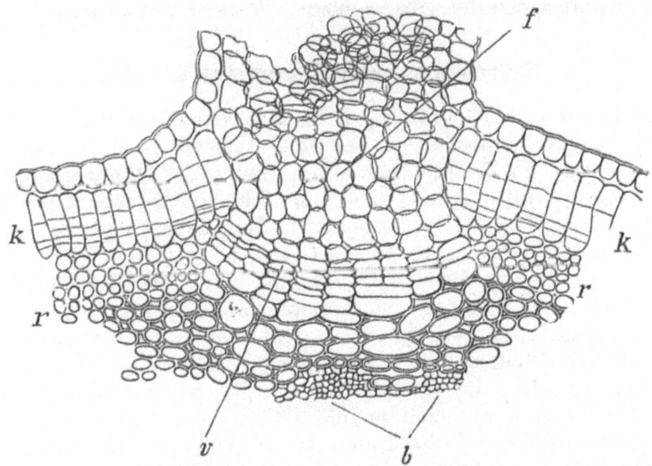

Fig. 92. Querschnitt durch eine Lenticelle von Sambucus nigra. *f* = Füllgewebe, *k* = Korkgewebe, *v* = Verjüngungsgewebe, *r* = Rindenparenchym, *b* = Phloëm. — Vergr. (Nach Stahl.)

Durch die in das Innere der Pflanze führenden Öffnungen des Durchlüftungssystems wird auch Wasser verdunstet. Diese Transpiration kann, z. B. bei hoher Temperatur, trockener Luft und Wassermangel im Boden, unter Umständen die Pflanze mehr oder minder zum Welken bringen und sie schädigen. Bei niederer Temperatur, feuchter Luft und energischer Wasseraufnahme von seiten der Wurzeln in feuchter, warmer Erde kann umgekehrt ein Überschufs an Wasser in die Pflanze hinein befördert werden, welches sie nicht in der Lage ist, in Dampfform wieder abzugeben. Eine Anzahl Arten besitzen nun besondere Organe, um dieses überschüssige Wasser in Tropfenform aus dem Körper zu entfernen. Da das Wasser durch die Leitbündel geleitet wird, befinden sich diese Organe an den Endigungen der Blattnerven, und zwar sind es gewöhnliche, oft jedoch besonders gestaltete Spaltöffnungen, Wasserspalten, zuweilen blofse Risse in der Epidermis wie bei den Gräsern, oder endlich Stellen ohne Austrittsöffnung, sodafs hier demnach das Wasser hindurchfiltriert

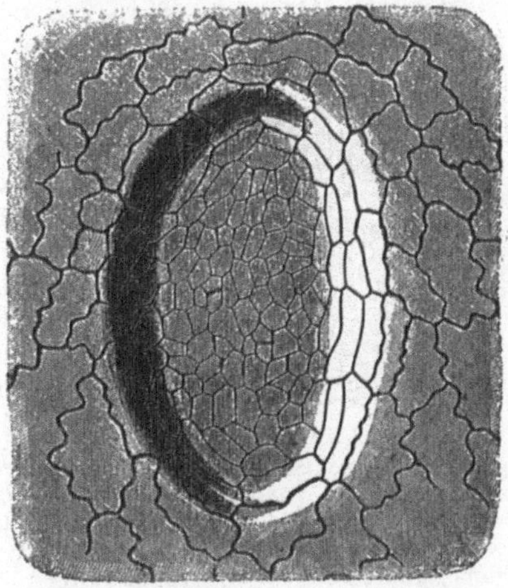

Fig. 93. Wassergrube von Polypodium vulgare. — Stärker vergr. (Original.)

wird. Bei vielen Filices z. B., Fig. 93, finden sich meist vertiefte Stellen oberhalb der Leitbündel-Endigungen der Blätter, die sich von der Umgebung nur durch kleinere, dünnwandigere und oft anders gestaltete Epidermiszellen auszeichnen: Wassergruben.

6. Sekretions- und Exkretions-Organe.

Zwischen den Exkreten, d. h. den für die Organismen nutzlosen End- und Nebenprodukten des Stoffwechsels, also den Auswurfsprodukten, und den Sekreten, d. h. den der Pflanze nützlichen Ausscheidungsprodukten, läſst sich eine scharfe Grenze nicht ziehen. Beide finden sich häufig in besonderen Behältern resp. werden vermittelst besonderer Apparate ausgesondert.

Die Drüsen, *b* Fig. 89, sind Sekrete abscheidende, lokal auftretende, ein- bis mehrzellige Apparate; sie können sein 1. Haargebilde, 2. haarförmige Gewebekörper, werden 3. von oberflächlich gelegenen Zellen gebildet (Drüsenflächen und Drüsenflecke) oder erscheinen 4. im Inneren der Organe. Ist letzteres der Fall, so haben wir die das Exkret oder Sekret ausscheidenden Zellen und den lysigen oder schizogen entstandenen Drüsenraum zu unterscheiden. Die Drüsen, welche die klebrigen Zonen unter den Stengelknoten mancher Sileneen erzeugen, dienen als Mittel, „unberufene“, aufkriechende Insekten von den Blumen abzuhalten; die Schleim-, Gummi- und Harzüberzüge jugendlicher Blattorgane schützen vor zu starker Verdunstung und die Harzüberzüge mancher Knospen vor dem Eindringen von Wasser während des Winters, um die Fäulnis zu verhindern; die Drüsen auf den Blättern der „insektenfressenden“ Pflanzen halten vermöge ihres klebrigen Sekretes die auf dieselben gelangenden Tierchen fest und bringen die verdaulichen Teile in lösliche, aufnahmefähige Form; die Nektardrüsen in den Blumen endlich sind Anlockungsmittel für die zur Bestäubung notwendigen Insekten.

Harz-, Öl-, Schleim- und Gummigänge unterscheiden sich, wie der Name sagt, von den Drüsen durch ihre langgestreckte Gestalt; sie durchziehen oft weite Strecken im Pflanzenleibe und sind im übrigen den inneren Drüsen an die Seite zu stellen. Die Harzgänge im Rindenparenchym unserer Nadelhölzer haben die Aufgabe, vermittelst ihres Inhaltes etwaige Wunden luft- und wasserdicht abzuschlieſsen und so den Stamm vor Fäulnis zu wahren. (Vergl. weiter hinten: Pflanzenkrankheiten). In vielen Fällen begleiten übrigens solche Gänge die Leitbündel und mögen dann die Exkrete aufnehmen. Vergl. Fig. 94.

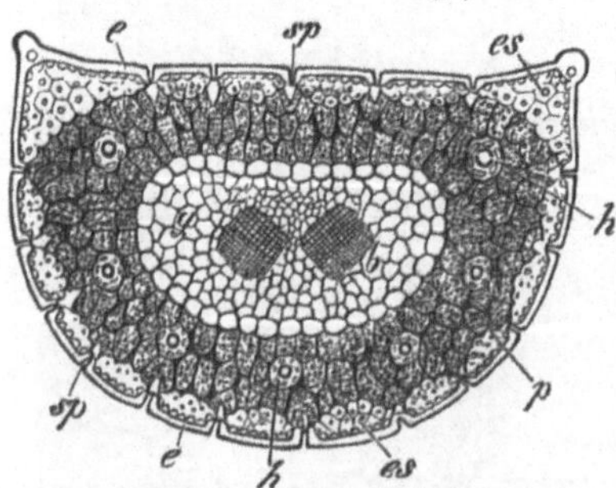

Fig. 94. Querschnitt durch das Laubblatt (die Nadel) von Pinus Pinaster. *h* = Harzgänge; *p* = Assimilationsparenchym; *es* = Stereom; *e* = Epidermis; *g* farbloses Parenchym mit zwei Leitbündeln *b*; *sp* = Spaltöffnungen. — Vergr. (Aus Sachs' Lehrbuch.)

Findet eine Ansammlung von Exkreten in den Inhaltsräumen

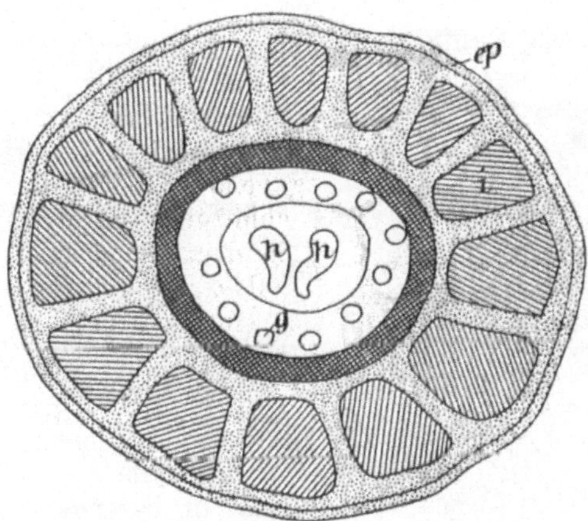

Fig. 95. Querschnitt durch den Blattstiel von Marsilia quadrifolia. *g* = Gerbstoffzellen; *h* = Hydrom; *i* = Intercellularen; *ep* = Epidermis; das kreuzweise schraffierte Gewebe = Speicher-Stereom; das punktierte Gewebe = Assimilations-Parenchym. — Etwa 50mal vergr. (Original.)

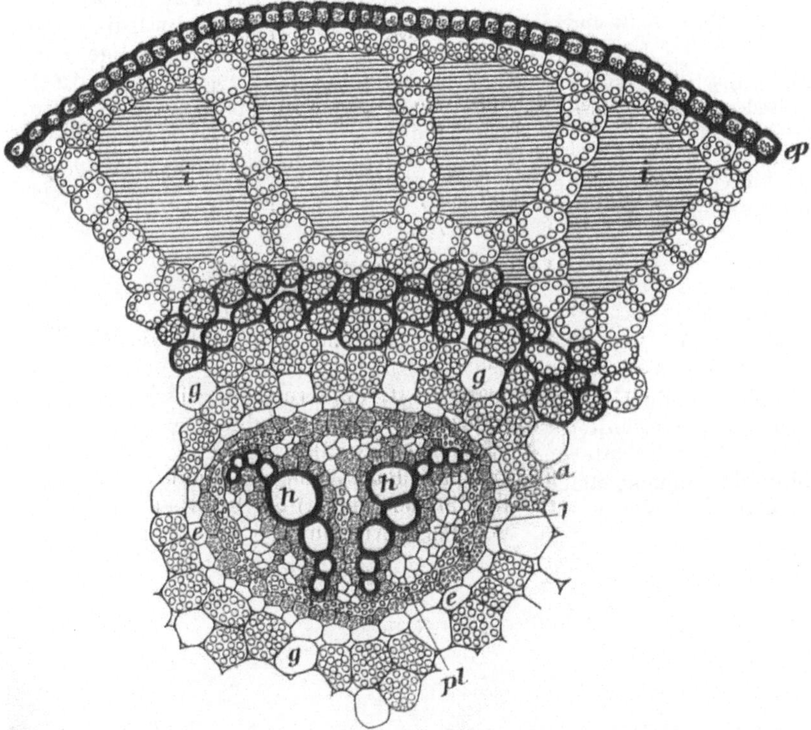

Fig. 96. Querschnitt durch ein Stück des Blattstieles von Marsilia quadrifolia. *g* = Gerbstoffzellen; *h* = Hydrom; *l* = Leptom; *pl* = Protoleptom; *a* = Amylom; *e* = Endodermis; *i* = Intercellularen; *ep* = Epidermis; aufserhalb *g* = Speicher-Stereom mit Stärke und Assimilationsparenchym mit Chlorophyllkörnern. — Stark vergr. (Original.)

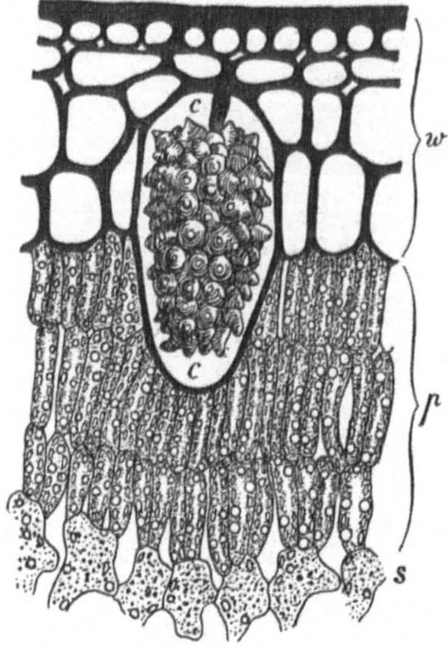

Fig. 97. Querschnitt durch ein Stückchen der Blattoberseite von Ficus elastica. *c* = Cystolith in einer Zelle des epidermalen Wassergewebes *w*; *p* = Pallisaden-, *s* = Schwamm-Parenchym. — Stark vergr. (Nach Sachs, verändert.)

von Zellen statt, so spricht man von Exkret-Behältern resp. -Schläuchen, spezieller von Schleim-, Harz-, Öl-, Gerbstoff- und Krystallbehältern. In den beigegebenen Figuren 95 und 96, Querschnitte durch den Blattstiel von Marsilia quadrifolia darstellend, sind *g* Gerbstoffbehälter, die als längsverlaufende Zellenzüge das Mestombündel begleiten.

Krystalle von Calciumoxalat sind zwar häufig nur untergeordnete Inhaltsbestandteile, erfüllen jedoch in besonderen Fällen die Zellen vollständig, die dann als Krystallbehälter bezeichnet werden müssen. Sie treten vornehmlich im Grundparenchym in der Nähe des Leptoms auf (Fig. 84 *k*).

Besonders merkwürdig sind die Cystolithen: keulige oder spindelförmige, ins Innere der Zellen ragende Membranverdickungen, die eine reichliche Imprägnation von Calciumkarbonat aufweisen. Urticaceen und Acanthaceen meist Sie finden sich bei den meisten in Epidermis-Zellen: Fig. 97 *c*.

C. Systeme der Fortpflanzung.

Die hohe Bedeutung der Systeme der Fortpflanzung ist ohne weiteres klar.

Da sich die systematische Gruppierung der Pflanzen besonders auf den Bau der Fortpflanzungsorgane gründet, werden wir letztere in unserem Abschnitt „Systematik“ näher zu betrachten Gelegenheit haben. Eine Erläuterung des Baues und der Funktion speziell der Blüten der Siphonogamen (Phanerogamen) hat bereits auf Seite 21—28 stattgefunden. Vergl. auch den 5. Abschnitt (S. 88) unter „Physiologie“.

Physiologie.*)

Nachdem wir in der Morphologie den Bau der pflanzlichen Apparate kennen gelernt haben, wollen wir uns — soweit dies nicht aus praktischen Gründen schon vorher geschehen ist — nunmehr spezieller mit den Verrichtungen, Funktionen, dieser Apparate (Organe) während ihres Lebens bekannt machen.

Die beiden Hauptverrichtungen der Pflanzen sind die Ernährung und die Fortpflanzung, und dementsprechend sind ihre Organe Ernährungs- und Fortpflanzungsorgane; die Organe anderer Art sind untergeordneter, indem sie indirekt der Ernährung oder der Fortpflanzung dienen.

1. Die Ernährung.

Durch die Ernährung, d. h. die Aufnahme von Substanz, erfährt der Pflanzenkörper eine als Wachstum bezeichnete Vermehrung der denselben zusammensetzenden Bestandteile, und ferner ersetzt sie die durch den Lebensprozefs verlorengehenden Teile.

In erster Linie handelt es sich um die Bildung von Kohlenhydraten und Eiweifsverbindungen, denn die Wandungen der Zellen bestehen im wesentlichen aus einem Kohlenhydrat und das Plasma aus eiweifsartigen Stoffen. Daneben werden noch gebildet Pflanzensäuren, Öle, Farbstoffe u. s. w. Der ganz überwiegende Teil der durch den Ernährungsprozefs der Pflanzen gebildeten kohlenstoffhaltigen Verbindungen zeigt Verwandtschaft zu Sauerstoff, ist also verbrennlich. Solche Verbindungen kann man zweckmäfsig organische nennen, im Gegensatz zu den völlig oxydierten, „verbrannten“: den unorganischen Verbindungen.

Während im allgemeinen die höheren Gewächse von unorganischer Nahrung leben, indem sie erstens vermittelst ihrer Wurzeln aus dem

*) Für ein eingehenderes Studium: J. Sachs, Vorlesungen über Pflanzen-Physiologie. 2. Aufl. 1877.

Boden mineralische Stoffe und Wasser aufnehmen und sich zweitens durch Vermittelung ihrer grünen Laubblätter und der grünen Pflanzenteile überhaupt das Kohlendioxyd der Luft zu nutze zu machen wissen, von welchem sie den Kohlenstoff abspalten und zum Aufbau ihres Leibes gebrauchen, so giebt es doch unter ihnen auch Arten, welche — wie die Pilze — organische Nahrung zu verwerten imstande sind. Es sind dies

die Schmarotzer, Parasiten, welche sich auf dem Körper lebender Organismen festsetzen,

die sogenannten insektenfressenden Pflanzen,

die Humus- oder Fäulnisbewohner, Saprophyten, welche auf toten Organismen gedeihen oder doch von verwesenden organischen Substanzen leben.

Gedeihen die Pflanzen ganz oder fast ausschliefslich durch Aufnahme organischer Nahrung, so fehlen ihnen meist die grünen Assimilations-Organe, also, wenn es sich um höhere Pflanzen handelt, die Laubblätter, welche in erster Linie die unorganische Kohlensäure als Nahrung aufnehmen; mitunter jedoch besitzen sie einen in Gestalt grüner Laubblätter wohlentwickelten Kohlensäure-Assimilationsapparat.

A. Unter den chemischen Elementen bilden unentbehrliche unorganische Nährstoffe vor allen Dingen der Kohlenstoff (etwa die Hälfte der wasserfreien Pflanzensubstanz besteht aus Kohlenstoff!), Wasserstoff, Sauerstoff, Stickstoff und Schwefel, welche der Quantität nach überwiegen und den verbrennlichen Teil der Trockensubstanz (nämlich 90—98 %) bilden, aber auch Kalium, Calcium, Magnesium, Eisen und Phosphor, welche zwar konstant, aber in geringerer Menge vertreten sind und die Aschenbestandteile ausmachen. Es ist bemerkenswert, dafs das im Kochsalz so verbreitete Natrium z. B. von Strandpflanzen zwar reichlich aufgenommen wird, jedoch der Pflanze nicht notwendig ist und das Kalium nicht zu vertreten vermag. Obwohl viele Pflanzen (so Gramineen) sich durch Kieselsäure-Gehalt auszeichnen, ist das Silicium doch entbehrlich.

Die genannten Elemente werden in Form von Verbindungen aufgenommen. Die gröfste Rolle spielen hierbei das Kohlendioxyd (die Kohlensäure) der Luft, das Wasser, ferner Ammoniak-Verbindungen und salpetersaure und phosphorsaure Salze des Kaliums, Calciums, Magnesiums und Eisens. Ammoniak, aber namentlich die salpetersauren Salze sind die Hauptquellen für den Stickstoff in der Pflanze. Den freien Stickstoff der Luft können nur wenige Pflanzen (so die Leguminosen) indirekt durch vorausgehende Verarbeitung zu salpetersauren Salzen sich nutzbar machen. Fügt man auf 1000 Gewichtsteile Wasser, das öfter ersetzt werden mufs, 2—5 Teile solcher Verbindungen (z. B. Kalknitrat, Kalinitrat, krystallisiertes Magnesiumsulfat, Monokalium-Phosphat, Eisenchlorid), welche die zur Ernährung notwendigen Elemente enthalten, die sonst dem Erdboden entnommen werden, so kann man in einer solchen „Wasserkultur“ eine Pflanze bis zur Samenreife in normaler Ausbildung erziehen.

Die Wurzelhaare nehmen die im Erdboden vorhandenen Lösungen

auf oder bringen vorher durch Ausscheidung eines sauren Saftes Gesteinspartikelchen in Lösung. (Vergl. Seite 52.) Die verschiedenen Pflanzen-Arten nehmen aus derselben Umgebung relativ verschiedene Mengen gelöster Stoffe auf. Es sind die Wandungen, welche die Flüssigkeit aufnehmen: sie sind — wie wir Seite 8 schon sahen, wie alle Membranen — quellbar, imbibitionsfähig; sie geben die Flüssigkeit in den Zellraum ab, von wo aus der Transport durch die Wandungen von Zelle zu Zelle durch Diffusion und Osmose weiter geht.

Bei der Wichtigkeit der Rolle, welche die Osmose bei der Absorption und Wanderung der Nährmaterialien und des Wassers in der Pflanze spielt, wollen wir diesen Vorgang — soweit er hier in Betracht kommt — kurz erläutern. — Scheidet man zwei wässerige Auflösungen etwa von Zucker verschiedener Konzentration durch eine organische Membran, so sieht man, dafs die Flüssigkeiten, durch die feinsten Poren der aufquellenden Membran dringend, sich miteinander vermischen, jedoch so, dafs zunächst mehr Flüssigkeit von der weniger konzentrierten nach der konzentrierteren übertritt, und dies so lange, bis der Konzentrations-Grad beider Flüssigkeiten der gleiche ist. Benutzt man zu dem Experiment zwei Flüssigkeiten verschiedenartiger chemischer Zusammensetzung, die aber miteinander mischbar sein müssen, so findet ebenfalls ein osmotischer Austausch statt, indem die eine Flüssigkeit in gröfseren Quantitäten durch die Membran tritt als die andere. Es ist hierbei aber immer notwendig, dafs die Membran in wenigstens der einen der beiden Flüssigkeiten zu quellen vermag.

Im ganzen Pflanzenleib spielen sich nun solche osmotische Vorgänge ab, von Zelle zu Zelle und zwischen der Flüssigkeit des Erdbodens und dem Zellsaft der Wurzelhaare. Bei der Saft-(Wasser-)bewegung im Hadrom kommt auch einfache Filtration hinzu, indem die Amylomzellen bei hohem hydrostatischem Druck in ihrem Innern Flüssigkeit durch die Tüpfel in die Hydroïden hineinpressen und diese die Flüssigkeit zum Weitertransport in andere Amylomzellen, indem letztere eine Saugung ausüben, weitergeben. In den Amylomzellen vermag die Flüssigkeit durch Filtration weiter zu wandern.

Der Kohlenstoff wird, wie schon öfter angedeutet, durch den Assimilationsprozefs in den grünen Organen, namentlich den Blättern, aus dem Kohlendioxyd der Luft unter Einflufs des Sonnenlichtes gewonnen. (Vergl. Seite 39.) Hierbei erfährt das Kohlendioxyd eine Zerlegung, bei welcher ein Teil Sauerstoff abgeschieden und, weil für die Ernährung unbrauchbar, durch das Durchlüftungssystem nach aufsen abgegeben wird. Das erste sichtbare Produkt der Assimilation ist die in den Chlorophyll-Körpern — jedenfalls immer in direkter Verbindung mit plasmatischen Bestandteilen — erzeugte Stärke.

Wo die organischen Stickstoffverbindungen in der Pflanze erzeugt werden, ist noch nicht ausgemacht.

B. Die Art und Weise der Aufnahme organischer Nahrung wollen wir an einigen heimischen Beispielen erläutern.

I. Parasiten resp. Saprophyten sind vor allem die Pilze, und ihnen fehlt daher das Chlorophyll vollständig, oder richtiger ausgedrückt, alle (und es sind deren sehr viele) chlorophyllfreien Thallophyten nennt man Pilze.

Beispiele für Parasiten aus den höheren Pflanzen, die allerdings des Chlorophylls nicht gänzlich entbehren, sind z. B. die Cuscuta-Arten, welche auf vielen Pflanzen, wie z. B. auf Hanf, Nesseln, Flachs, Hopfen, Klee, Luzerne und Wiesenkräutern schmarotzen. Mit ihren dünnen Stengeln schlingen sie sich um ihre Nährpflanzen und treiben in das Gewebe derselben absorbierende Haustorien hinein, durch welche dem Schmarotzer die organische Nahrung zugeführt wird. Da die Aufnahme der Kohlensäure der Luft als Nahrung hier vollständig zurücktritt, entwickeln diese Pflanzen keine Laubblätter.

Das Fehlen typischer Laubblätter bei den Orobanchen deutet ebenfalls darauf hin, dafs eine Aufnahme von Kohlensäure aus der Luft als Nahrung nicht oder doch nur in ganz untergeordneter Weise stattfindet. Der angeschwollene, im Boden steckende Grund ihres Stengels sitzt der Wurzel einer Nährpflanze auf und entzieht dieser organische Nahrung.

Die Thesium-Arten sind Schmarotzer, welche sich durch ihre Wurzeln gleichfalls in Zusammenhang mit den in ihrer Nähe wachsenden Pflanzen setzen. An ihren Wurzeln entstehen Haustorien, welche in die Nährpflanzen eindringen und ihnen Nährstoffe entziehen. Da diese Pflanzen wohlentwickelte grüne Laubblätter besitzen, machen sie sich gleichzeitig auch die Kohlensäure der Luft als Nahrung zu nutze.

Die Mistel, Viscum album, ist eine auf Bäumen schmarotzende Pflanze, welche grüne Laubblätter besitzt, daher sie auch die Kohlensäure der Luft für den Aufbau ihres Leibes zu verwerten imstande ist.

Monotropa Hypopitys, der Fichtenspargel, lebt sowohl parasitisch als auch saprophytisch in Kiefer- und Buchen-Waldungen, und die Coralliorrhiza innata ist ein ausschliefslicher Saprophyt. Die Schuppenwurz, Lathraea squamaria, schmarotzt auf Wurzeln von Bäumen und besonders von Corylus.

II. Die insektenfressenden (fleischfressenden) Pflanzen haben es ebenso wie die Parasiten und Saprophyten vor allem auf den Stickstoff abgesehen.

Die Drosera-Arten besitzen kreisförmige bis spatelige Blätter, deren Rand und Oberseite mit zahlreichen haarförmigen Gebilden, „Tentakeln", bekleidet ist, die an ihrer Spitze ein Köpfchen tragen, welches eine schleimige Flüssigkeit ausscheidet. Diese ist klebrig und hält daher kleine Insekten, die zufällig auf das Blatt gelangen, fest. Im Verlaufe einiger Stunden krümmen sich nun die Tentakeln des ganzen Blattes derartig über den Körper des Insektes, dafs sämtliche Köpfe das Tier womöglich berühren. Die Blätter vermögen durch Einwirkung der von den Tentakelköpfen ausgeschiedenen, nunmehr magensaftähnlich werdenden Flüssigkeit die Weichteile des Insekts zu verdauen und aufzunehmen.

Bei Aldrovandia, einer im Wasser lebenden Gattung, schliefsen die beiden gewölbten Blatt-Spreitenhälften gewöhnlich mit ihren Rändern zusammen und bilden so eine Blase, an deren Grunde Borsten stehen. Bei genügend hoher Temperatur klappen die

Hälften etwa wie die Schalen einer geöffneten Muschel auseinander und schliefsen sich schnell wieder, sobald kleine Wassertiere zwischen die Blattflächen gelangen und gewisse Teile derselben berühren. Die Tiere werden hierdurch eingeschlossen und müssen sterben. Wahrscheinlich vermag der beschriebene Fangapparat stickstoffhaltige Zersetzungsprodukte der in demselben verwesenden Tiere als Nahrung für die Pflanze zu verwerten.

Bei Pinguicula ist die ganze Blattoberfläche drüsigklebrig und vermag daher kleine Tierchen, die zufällig darüber hinwegkriechen wollen, festzuhalten. Im Verlauf einiger Stunden wölbt sich der Blattrand über die Beute und bedeckt sie, indem gleichzeitig das Blatt an der Stelle, wo das Tierchen liegt, eine Flüssigkeit aussondert, welche verdauende Eigenschaften besitzt.

Die an dem im Wasser schwimmenden Zweigsystem sitzenden, blasenartigen Gebilde von Utricularia sind in ihrem Innern hohl und besitzen einen Eingang mit einer Reusen-Vorrichtung, die kleinen Wassertieren zwar den Eingang gestattet, ihnen aber den Ausgang versperrt. Die Tiere kommen nach längerer oder kürzerer Zeit in diesen Fangapparaten um, und ihr verwesender Körper bietet den Pflanzen stickstoffhaltige Substanzen, welche als Nahrung aufgenommen werden.

---

2. Die Atmung.

Die Arbeiten, welche die pflanzlichen Apparate verrichten, bedingen eine Abnutzung derselben, die durch Zuführung neuer Baustoffe wieder ausgeglichen wird. Der mit dem der Tiere übereinstimmende Atmungsprozefs schafft die Betriebskräfte, die dabei und überhaupt für das Leben notwendig sind. Der Prozefs besteht in einer durch Vermittelung des Durchlüftungs-Systems stattfindenden Aufnahme von freiem Sauerstoff der Luft (resp. des Wassers, in welchem Sauerstoff aufgelöst ist: bei Wasserpflanzen), welcher der Pflanze Kohlenstoff entzieht, der als Kohlensäure nach aufsen abgegeben wird. Jedoch steht die Menge der ausgegebenen Kohlensäure zur Menge des aufgenommenen Sauerstoffs in keinem bestimmten Verhältnis; meist wird mehr Sauerstoff aufgenommen als in dem ausgegebenen Quantum Kohlensäure steckt. Über die näheren Vorgänge wissen wir noch wenig. — Die nur im Lichte stattfindende Zersetzung des Kohlendioxyds (der Kohlensäure) als Nährstoff und die damit zusammenhängende Abgabe von Sauerstoff einerseits, die Sauerstoff-Ein- und Kohlensäure-Ausatmung andererseits, die zu allen Tageszeiten stattfindet, sind also auseinander zu halten: der Assimilations-Prozefs vermehrt, der Atmungs-Prozefs vermindert die Substanz des Pflanzenleibes. Letzterer bedingt eine in manchen Fällen — z. B. bei der Keimung von Samen, bei sich öffnenden Blumen der Victoria regia — auffallend bemerkliche Erhöhung der Temperatur der Organe. Die Temperaturerhöhung bei der Keimung der Samen beträgt z. B. 12 bis über 20° Celsius. Der Atmungsprozefs ist nach dem Gesagten eine Verbrennung in chemischem Sinne. Eine Lokomotive gewinnt ihre Betriebskräfte durch die Verbrennung von Steinkohle, die Pflanze durch „Verbrennung“ von Sauerstoff. Findet die Pflanze in ihrer Umgebung zu ihrer Lebenserhaltung vorübergehend nicht genügenden oder keinen Sauerstoff vor, so scheidet sie dennoch Kohlendioxyd aus, indem sie ihre plasmatischen Bestandteile zersetzt (intramolekulare Atmung). Natürlich kann eine Pflanze bei dauerndem Sauerstoff-Abschlufs nicht am Leben erhalten werden. Man nimmt an, dafs die intramolekulare Atmung auch in der Pflanze unter gewöhnlichen Verhältnissen stattfindet, und dafs diese die Ursache der normalen Atmung sei, bei der der aufgenommene Sauerstoff den verloren gegangenen ersetzt.

---

3. Wachstums- und Bewegungs-Erscheinungen.

A. Wachstums-Erscheinungen. Über die Mechanik des Wachstums wissen wir nur sehr wenig. Füllt sich eine Zelle dermafsen mit Saft, dafs auf die Wandungen ein bedeutender Druck ausgeübt wird, wie durch das Wasser auf die Wandungen eines Wasser-Sprengschlauches, so wird unter Umständen eine Dehnung und dauernde Verlängerung der Membranen eintreten. Durch die ungleiche Dehnbarkeit der Zellwände in Verbindung mit der verschiedenen durch den hydrostatischen Druck bedingten Steifigkeit, Turgescenz, der Gewebe und durch ungleiches Wachstumsbestreben der verschiedenen Gewebe entstehen Gewebespannungen.

Das Wachstum der Organe wird von äufseren Agentien beeinflufst, und zwar sind dies Einwirkungen von Zug und Druck, also auch der Schwerkraft, sowie ferner des Lichtes und endlich des Reizes durch direkte Berührung.

Die Schwerkraft veranlafst die Hauptwurzeln dem Erdmittelpunkt zu und den Hauptstengel in umgekehrter Richtung zu wachsen. Man nennt diese Eigenschaft Geotropismus, spezieller die Wurzeln positiv, die Stengel negativ geotropisch. Nebenwurzeln, Stengelzweige, Rhizome u. dgl. reagieren anders: sie nehmen mittlere Stellungen ein. Auch Hauptstengel kriechen zuweilen auf dem Erdboden. Organe, deren Wachstum durch das Licht beeinflufst wird, nennt man heliotropisch und zwar positiv heliotropisch, wenn sie wie die Stengel dem Licht entgegen, negativ heliotropisch, wenn sie wie Wurzeln des Epheu vom Lichte hinweg wachsen.

Durch direkte Berührung wird ein Sistieren des Wachstums bei den Ranken an den berührten Stellen veranlafst und an der der Berührung gegenüberliegenden Stelle ein in der Längsrichtung stärkeres Wachstum, wodurch sich das Rankenstück dem berührenden Gegenstand anschmiegt und denselben eventuell umwindet.

Die Ranken sowohl wie die windenden Stengel wachsen in der Weise in die Länge, dafs zu einer bestimmten Zeit immer nur eine Längslinie des Organes am ausgiebigsten wächst, jedoch nach kurzer Zeit ihr Wachstum einstellt, um der daneben befindlichen Kante die Rolle zu überlassen u. s. w. Hierdurch wird eine langsame kreisende Bewegung (revolutive Nutation) bedingt, durch welche die Organe in den Stand gesetzt sind, eine Stütze in ihrem Bereich zu suchen.

B. Bewegungs-Erscheinungen. Bewegungen, die ein Wachstum nicht in sich schliefsen, kommen häufig vor; sie erfolgen immer auf besondere Reize von aufsen her. Eine scharfe Grenze zwischen Wachstums- und Bewegungs-Erscheinungen läfst sich sonst nicht ziehen. Typische Erscheinungen der letzten Art bieten die nur auf Grund von Spannungs-Änderungen der Gewebe eintretenden Bewegungen z. B. der Blättchen von Oxalis, die in der Dunkelheit veranlafst werden, sich an den Blattstiel herabzuschlagen: eine besondere Nachtstellung einzunehmen, und die doppelt-gefiederten Blätter von Mimosa pudica, welche auch in Folge direkter Berührung oder von Erschütterung sich plötzlich in der Weise zusammenlegen, dafs die Fiederblättchen und die Fiedern sich nach oben hin bewegen, bis sich die gegenüberliegenden berühren, während der Blattstiel sich senkt.

Ortsbewegungen werden wir bei der Betrachtung der Fortpflanzungs-Organe der Thallophyten und Zoidiogamen kennen lernen.

---

4. Licht- und Wärme-Wirkungen.

Das Licht beeinflufst, wie wir sahen, die Wachstumsrichtung vieler Organe und veranlafst gewisse Bewegungs-Erscheinungen. Dafs der Assimilations-Prozefs nur beim Licht vor sich geht, haben wir schon öfter erwähnt (S. 83). — Stengelorgane strecken sich bei Lichtmangel übermäfsig, sie vergeilen, etiolieren. Es ist diese Eigentümlichkeit als Anpassung von tief im Boden befindlichen Stengelorganen aufzufassen, um schneller ans Licht zu kommen. Laubblätter erscheinen bei Lichtabschlufs in ihrem Wachstum gehemmt und bleich, da die Bildung des grünen Farbstoffes im allgemeinen nur im Lichte stattfindet. Verminderte Belichtung hat oft die Erzeugung reicherer Beblätterung zur Folge, wenn also die Pflanze Gefahr läuft, in ihrer Assimilations-Thätigkeit lebensstörend herabgedrückt zu werden.

Wärme. Die Lebensthätigkeiten der Pflanzen sind an bestimmte Grenztemperaturen gebunden.

Die untere Temperatur-Grenze für das Pflanzenleben liegt für tropische Pflanzen bei 15 bis 16°, für Gewächse der gemäfsigten Zone bei 5°, in der kalten Zone und hoch oben im Gebirge unter 0° C. Die obere Grenze liegt im allgemeinen zwischen 35 und 46° C., während das lebhafteste Wachstum, das Optimum des Wachstums, von 22 bis

37° C. schwankt. Wir müssen hier also immer Minimum, Optimum und Maximum unterscheiden. Bei zu hoher oder zu niedriger Temperatur stellen die Organe zunächst ihre Funktionen ein, doch darf, wenn nicht Tod eintreten soll, dieselbe nicht zu weit von den Minimal- und Maximal-Temperaturen abliegen. Häufig sinkt die Temperatur im Freien bis zum Gefrieren des Pflanzensaftes, wobei jedoch viele Pflanzen nicht erfrieren, wenn nur das Wieder-Auftauen nicht zu rasch erfolgt. Pflanzen-Arten in den höchsten Alpen-Regionen gefrieren jede Nacht und tauen am Tage wieder auf.

5. Fortpflanzungs-Erscheinungen.

Viele niedere Gewächse pflanzen sich durch einfache Teilung fort, oder indem gewisse Teile ihres Leibes abgestofsen werden, aus denen unter günstigen Bedingungen ohne weiteres neue Individuen erwachsen. Auch manche höhere Gewächse können sich in gleicher Weise fortpflanzen, indem sich z. B. Rhizome (Kartoffel) und kriechende Stengel verzweigen, sich durch Absterben der verbindenden Partieen von der Mutterpflanze trennen und neue Individuen hervorbringen. Andere Pflanzen erzeugen in ihren Laubblattachseln (Dentaria bulbifera, Feuerlilie) oder in ihren Blütenständen (Allium-Arten) kleine zwiebelartige Sprölschen, Brutknospen, an Stelle der Blüten, welche ebenfalls neue Individuen hervorbringen; die letzterwähnte Fortpflanzungsart bezeichnet man als Viviparie.

Nur die allereinfachsten Pflanzen begnügen sich mit dieser „vegetativen“ Fortpflanzungs-Art, alle übrigen Gewächse besitzen noch eine andere, die „sexuelle“, „geschlechtliche“ Fortpflanzung, die sehr vielen höheren Gewächsen sogar ausschliefslich eigen ist. Hier werden zweierlei Sorten von Zellen erzeugt, die einzeln für sich nicht entwickelungsfähig sind und erst, nachdem der Inhalt zweier dieser Zellen sich materiell vereinigt hat, keimfähige Gebilde liefern. Diese beiden Zellen sind entweder in Form und Gröfse durchaus gleich (z. B. bei der Conjugation), in der Mehrzahl der Fälle jedoch die eine kleiner: männlich, die andere gröfser: weiblich. Beide können sich nach ihrer Entstehung sofort vom Mutterleibe trennen und aufserhalb desselben die Vereinigung eingehen. Bei den höheren Gewächsen jedoch sucht die sich allein vom Mutterleibe lösende männliche Zelle die weibliche auf, und nach erfolgter Vereinigung bestimmter Teile (Befruchtung) entwickelt sich die letztere auf dem Mutterstock weiter. Eine Trennung findet erst später statt, bei den höheren Pflanzen, nachdem aus der weiblichen Zelle (Eizelle) ein Gewebe-Körper (Embryo) hervorgegangen ist. Die männlichen und weiblichen Zellen werden meistens in besonderen Organen erzeugt, die namentlich bei den höchsten Gewächsen oftmals Nebenapparate besitzen, deren Funktionen der Herbeiführung des Befruchtungsaktes dienen.

Dafs man die aus Sprösschen gebildeten Geschlechts-Organe der höheren Pflanzen Blüten nennt, haben wir schon auf Seite 21 erwähnt. Wir hatten auch dort (Seite 24) bereits Gelegenheit, anzudeuten, dafs man Wind- und Wasserblüten, sowie Blumen (Insektenblüten) unterscheidet.

Fehlen in einem Geschlechts-Apparat die männlichen Organe, so bezeichnet man ihn als weiblich, umgekehrt als männlich. In diesen Fällen sind also die Blüten und überhaupt die Geschlechts-Apparate eingeschlechtig, zweibettig (diklinisch). Besitzt ein Geschlechts-Apparat sowohl männliche, als auch weibliche Organe, so ist er zweigeschlechtig, zwitterig (hermaphroditisch) oder einbettig (monoklinisch). Im ersten Falle können sich männliche und weibliche Apparate auf derselben Pflanze, auf demselben Stock, finden, und dann ist die betreffende Art einhäusig (monöcisch). Besitzt jedoch der eine Pflanzenstock nur männliche, der andere nur weibliche Geschlechts-Apparate, so liegt eine zweihäusige (diöcische) Art vor. Monöcische oder diöcische Arten endlich, die sowohl männliche als auch weibliche und daneben auch zwitterige Apparate tragen, heifsen vielehig (polygamisch). Zuweilen verkümmern die Geschlechts-Organe bei Blüten vollständig, sodafs die letzteren geschlechtslos werden. Geschlechtslose Blüten haben meist prächtig entwickelte Blütendecken, während gewöhnlich die in ihrer unmittelbaren Nähe befindlichen geschlechtlichen Blüten eine mehr unscheinbare Blütendecke besitzen. In solchen Fällen liegt eine Teilung der Arbeit unter verschiedene Blüten vor, indem die einen sich ausschliefslich auf die Anlockung der, wie wir ausführlicher sehen werden, vielen Pflanzen so notwendigen Insekten beschränken, während die anderen ausschliefslich für die Samenbereitung sorgen.

Die Befruchtung pflegt, mit Ausnahmen, nur dann einen in Bezug auf die Entwickelung der Samen günstigen Effekt hervorzubringen, wenn Fremdbestäubung, Kreuzbefruchtung, stattfindet, d. h. wenn die Narbe mit Pollen aus der Blüte einer fremden Pflanze bestäubt wird. In vielen Fällen ist der Pollen einer und derselben Blüte als Bestäubungsmittel der weiblichen Organe, wenn also Selbstbefruchtung (Selbstbestäubung) stattfindet, fast unwirksam. Durch die Einrichtungen, welche die Blüten aufweisen, wird nun die Selbstbestäubung vermieden und die, sei es durch den Wind, sei es durch Tiere vermittelte Kreuzbefruchtung begünstigt Wie dies im einzelnen geschieht, soll in bemerkenswerten Fällen kurz erläutert werden. Zunächst sei nur auf das Allgemeinste hingewiesen.

Häufig ist eine Selbstbestäubung (wenigstens der nämlichen Blüte) schon deshalb unmöglich, weil die Staub- und Fruchtblätter derselben Blüte zu verschiedenen Zeiten ihre Reife erlangen: in den befruchtungsfähigen Zustand eintreten. Solche Blüten werden im Gegensatz zu denjenigen, bei welchen Staub- und Fruchtblätter gleichzeitig funktionsfähig sind, als dichogam (getrennt-ehig) bezeichnet. Erlangen die Staubblätter vor den Fruchtblättern die Reife, so spricht man von protandrischen, im umgekehrten Falle von protogynischen, oder von „erstmännlichen“ resp. „erstweiblichen“ Blüten, welche letzteren Ausdrücke wir anwenden wollen. Werden die weiblichen Organe empfängnisfähig, so verwelken die Staubblätter bei den erstmännlichen Blüten, während bei den erstweiblichen die Staubbeutel sich erst dann zu öffnen beginnen, wenn die Narben ihre Empfängnisfähigkeit bereits verloren haben. Die dichogamen Windblütler pflegen erstweiblich, die dichogamen Insektenblütler erstmännlich zu sein. Bei zweihäusigen Pflanzen ist eine Selbstbefruchtung natürlich ebenfalls unmöglich.

Bei den niederen Gewächsen wird der Transport der männlichen Elemente zu den weiblichen, wenn erstere frei beweglich sind, meist durch Vermittelung des Wassers bewerkstelligt (vgl. bei den Algen z. B. Fucus, Vaucheria, ferner Moose, Farne), bei den höheren Pflanzen leistet das Wasser hingegen nur selten einen solchen Dienst. Als Beispiel beschreiben wir den Vorgang bei der in Fig. 98 abgebildeten Vallisneria (vgl. auch Fig. unter „Systematik“). Die männlichen Blüten dieser Pflanze lösen sich von ihrem Mutterstock und gelangen vermöge ihres geringeren spezifischen Gewichtes an die Oberfläche des Wassers, wo sie sich öffnen. Sie schwimmen von Wind und Wellen getrieben frei umher und bestäuben die weiblichen Blüten, die an langen, fadenförmigen, spiraligen Stielen ebenfalls die Wasseroberfläche erreichen. Nach erfolgter Befruchtung zieht sich die Spirale zusammen, sodafs die Frucht unter Wasser reift.

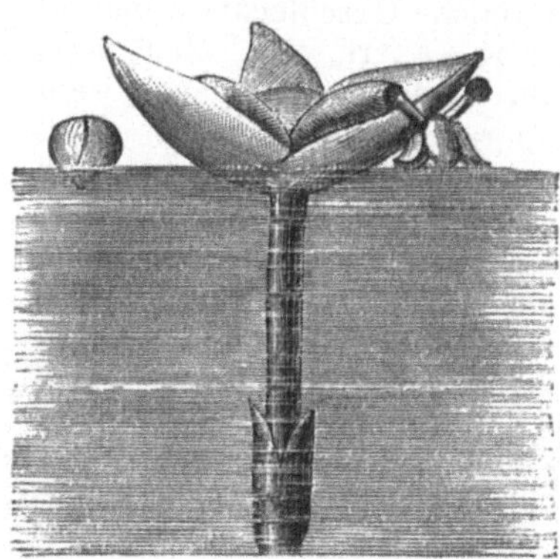

Fig. 98. Eine weibliche, links eine noch geschlossene, rechts eine geöffnete, die weibliche befruchtende männliche Blüte von Vallisneria spiralis. Vergröfsert. (Nach Kerner.)

Die Windblütler besitzen natürlich ebensowenig wie die Wasserblütler eine auffallende Blütendecke. Sie blühen meist zu einer Zeit, in der stetige Winde vorherrschen, oft im Frühlings-Anfang, einer Jahreszeit, die für diese Arten noch insofern von Vorteil ist, als dann die Pflanzen noch keine Belaubung besitzen, die leicht der Verbreitung des Pollens ein störendes Hindernis entgegensetzen würde, Fig. 99. Die Windblütler zeichnen sich noch dadurch aus, dafs namentlich diejenigen Teile, welche die männlichen Organe tragen, besonders beweglich mit dem übrigen Pflanzenkörper in Zusammenhang stehen; bei Rumex sind z. B. die Blütenstiele äufserst dünn, bei den Gräsern und Thalictrum-Arten die Staubfäden. Der Wind ist hierdurch in den Stand gesetzt, die leichten, trockenen, in ungeheurer Menge erzeugten Pollenkörner, die bei den Nadelhölzern sogar besondere Flugorgane in Gestalt kleiner Luftsäckchen aufweisen, leicht davonzuführen, wobei es höchst wahrscheinlich ist, dafs ein Teil derselben von den meist grofsen, oft federig ausgebreiteten Narben, oder bei den Nadelhölzern von einer ausgeschiedenen Flüssigkeit der weiblichen Organe aufgefangen wird.

Zuweilen wird auch der Pollen windblütiger Pflanzen durch eine aktive Thätigkeit in die Luft geschleudert. So sind die Staubblätter der Urticeen in der Knospenlage mit den Beuteln nach dem Blütenmittelpunkt hin eingekrümmt. In dieser Lage reifen die Beutel soweit, dafs bei der Geradestreckung der Fäden, welche plötzlich, schleuderartig erfolgt, der Pollen als Staubwölkchen in die Luft geht. Durch eine leichte Berührung einer in dem richtigen Stadium befindlichen Blüte kann man den fraglichen Mechanismus leicht auslösen und wirken sehen.

Im Gegensatz zu den Windblütlern besitzen die Insektenblütler — mit Blumen — ein durch besondere Färbung auffallendes und grofses Perianth, durch das die Insekten angelockt werden. Die Pflanzenarten erscheinen in ihrem Blumenbau bestimmten Insekten angepafst. Die letzteren finden an besonderen Stellen der Blumen (bei den „Honigblumen") Nektarien, deren Ausscheidung sie zum Besuch der Blumen veranlafst; in anderen Fällen begnügen sich die Insekten jedoch mit dem Pollen, und zwar besitzen solche „Pollenblumen" im Gegensatz zu den Honigblumen gewöhnlich eine grofse Zahl pollenreicher Staubblätter, wie z. B. die Gattungen Adonis, Anemone, Clematis, Helianthemum, Hepatica, Hypericum, Papaver und Rosa zeigen.

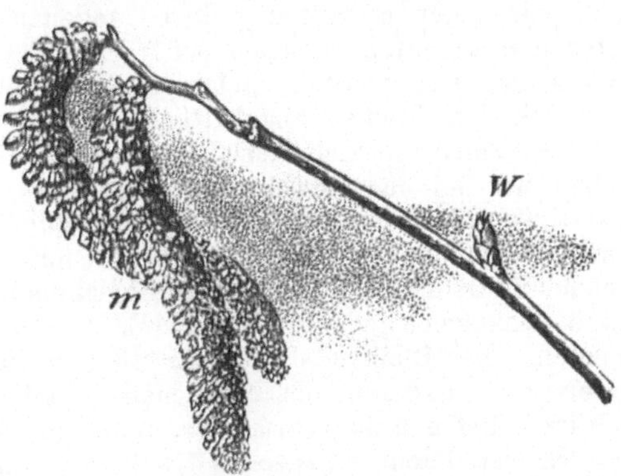

Fig. 99. Haselnufszweig (Corylus Avellana) mit zwei männl. *m* und einem weibl. *w* Blütenstand. Natürliche Gröfse.

Nicht selten leiten im Aussehen von der allgemeinen Blumenfarbe abweichende „Saftmale", welche von den aufsen leicht sichtbaren Teilen der Blütendecke bis zu den Nektarien reichen, die Insekten an die Honigquelle. Beim Sammeln des Nektars nun vermitteln diese Tierchen unbewufst die Kreuzbefruchtung, indem sie durch besondere Blüteneinrichtungen bei dem Aufsuchen der Nektarien genötigt werden, die Staubbeutel resp. Narben zu streifen, wobei sie an bestimmten, durch Behaarung u. s. w. besonders angepafsten Körperstellen den mehr oder minder klebrigen Pollen aufnehmen, den sie beim Besuch einer anderen Blume unbewufst an die klebrige Narbe abgeben.

Aufser dem auffallenden Perianth, nach dem Gesagten gleichsam ein Wirtshausschild für die Insekten darstellend, bilden auch die Düfte der Blumen Anlockungsmittel für die Insekten, und zwar kann man oft wahrnehmen, dafs unscheinbare oder mehr im Verborgenen befindliche Blumen, wie die der Reseda (Reseda odorata) und des Veilchens (Viola odorata) besonders stark duften. Namentlich machen sich auch die von Nachtinsekten (Nachtschmetterlingen) befruchteten

Blumen durch starke Gerüche, neben bleichen und hellgefärbten, meist weifslichen — llerdings auch grünen und mifsfarbigen — Kronen bemerkbar, durch welche Mittel sie in der Nacht leichter aufzufinden sind. Saftmale, die in dem schwachen Licht nicht gut zu sehen wären, fehlen den Nachtblumen vollkommen.

Die Blumendecken schützen im ganzen, oder indem bestimmte Teile eine geeignete schirmartige und andere Ausbildung erfahren, oft einerseits die Staubbeutel und andererseits die Nektarien vor dem Nafswerden durch Regen und Tau: ein Schutz, der sehr geboten erscheint, da der Pollen und der Honigsaft durch Nässe und Feuchtigkeit leicht verderben. Solche Arten von Schutzvorrichtungen für die Nektarien nennt man Saftdecken, welche die Blumen übrigens oft auch vor einer Ausnutzung durch sogenannte unberufene Gäste unter den Insekten wirksam schützen. Die letzteren, wenigstens die aufkriechenden, werden nicht selten durch besondere Vorkehrungen ganz von den Blumen abgehalten.

Zu einer spezielleren Betrachtung des Gesagten übergehend, wollen wir, an das letzte anknüpfend, uns zunächst mit Pflanzen beschäftigen, die besonders leicht verständliche und augenfällige Schutzvorrichtungen gegen unberufene Gäste aufweisen, also gegen Insekten, welche zwar die Blumen behufs Einsammelns von Honig oder Blütenstaub besuchen, jedoch bei dem Befruchtungsakt keine Hilfe leisten, vielmehr die Blumen durch ihr Herumkriechen in denselben nicht selten zu schädigen imstande sind, weil sie ihnen nicht, wie die richtigen Befruchtungsvermittler, in ihrem Baue angepafst erscheinen.

Es ist leicht einzusehen, dafs die mit ihren unteren Teilen im Wasser stehenden Gewächse besonderer Schutzmittel der angedeuteten Art — wenigstens gegen aufkriechende Tiere — nicht bedürfen, die sie in der That auch nicht besitzen, da das Wasser den nicht fliegenden Tieren meist ein unüberwindliches Hindernis entgegensetzt. Manche auf trockenem Boden wachsende Arten, wie ein Enzian (Gentiana lutea) und eine mit der Weberkarde nahe verwandte Pflanze (Dipsacus laciniatus) verschanzen ihre Blumen hinter eigenen Gräben, indem die gegenständigen Blätter mit ihrem Grunde derartig verwachsen, dafs um den Stengel herum ein Becken gebildet wird, welches sich bei jedem Regen mit Wasser füllt. In diesen Behältern ertrinken viele ankriechende und auch anfliegende Insekten, welche sonst vielleicht in die Blumen zu gelangen suchen würden, um dort „unberufen“ vom Honig oder Blütenstaub zu naschen.

Bei der auf sonnigen Hügeln, trockenen Wiesen und in Laubwäldern nicht seltenen Pechnelke (Viscaria vulgaris) schützen sich die Blumen durch die pechig-klebrige Beschaffenheit der oberen Stengelteile unter den Knoten, also den Ansatzstellen der Blätter, vor einer Beraubung durch alle den Pflanzen nicht nützlichen, ungeflügelten Gäste: gerade wie der Mensch seine Waldungen vor Raupenfrafs zu bewahren sucht, indem er die unteren Stammteile der Bäume mit Pechringen versieht, welche das Hinaufkriechen der auf dem Erdboden befindlichen Raupen verhindern. Häufig sind es eng zusammenstehende, einen klebrigen Stoff ausscheidende Drüsen oder auch rückwärts gerichtete Stacheln, welche ungeflügelten Besuchern den Zutritt verwehren. Eigentümlich verhält sich eine Lattichart (Lactuca virosa), deren in der Blütenregion befindliche Hochblätter während der Blütezeit bei der leisesten Berührung Tröpfchen eines dicken, milchigen Saftes ausspritzen, wodurch kleine Tiere, wenn sie beim Emporkriechen die Hochblätter berühren, vermittelst des ausgeschiedenen, schnell zu einer festen Substanz eintrocknenden Milchsaftes festgeklebt, vielleicht auch vergiftet werden.

Allein nicht immer sind die Pflanzen so grausam; denn bei manchen Arten sind nicht nur die Blumen, sondern auch die Laubblätter mit Nektarien ausgestattet, welche die Insekten von den Blumen ablenken. Dies ist vorzüglich bei manchen Wicken (Vicia-Arten) der Fall, deren Nebenblätter Honigbehälter tragen, welche etwa Ameisen, die beim Befruchtungsvorgang keine Rolle zu spielen vermögen, von den Blumen abziehen. Die zu den Blumen hinaufkriechenden Insekten müssen an den dicht am Stengel befindlichen Nebenblatt-Nektarien vorbei, wo sie schon unterwegs Honig in reichlicher Menge vorfinden. Die Insekten beuten die so leicht gefundene Nahrungsquelle aus, ohne sich weiter zu den Blumen zu bemühen. Neuerdings hat man jedoch die Ansicht zu begründen versucht, dafs die aufserhalb der Blumen befindlichen Nektarien die Ameisen anlockten, damit letztere die Pflanze als Verteidiger gegen schädliche Tiere schützten. Die Ameisen seien die Hauptfeinde der Pflanzenfeinde und leisteten somit den Gewächsen positive Dienste.

Im Gegensatz zu den erwähnten Abhaltungs-Vorrichtungen von den Blumen sind nun die Anlockungsmittel zu erwähnen. Nicht immer sind es Insekten, auch andere Tiere können den Gewächsen nützlich werden. So scheint das z. B. in Waldsümpfen vorkommende erstweibliche Schweinekraut (Calla palustris), bei welchem ein den kolbigen Blütenstand unten bekleidendes grofses, eiförmiges, weifses Hochblatt das Wirtshausschild darstellt, vornehmlich durch Vermittelung von Schnecken („Schneckenblütler“) befruchtet zu werden, welche über die kleinen, dichtgedrängten Blüten an der dicken Achse des Blütenstandes hinwegkriechen. Hierbei gelangt der möglicherweise von einer bereits in den männlichen Reifezustand getretenen Pflanze mitgebrachte, dem schleimigen Schneckenkörper anhaftende Blütenstaub auf die Narben.

Treten wir nun den Insektenblütlern näher und versuchen wir, uns einen genaueren Einblick in den Bau und in die Wirkungsweise der die Blumen bildenden Organe, besonders ihrer Geschlechtswerkzeuge zu verschaffen. Wir wollen mit den einfacheren Beispielen den Anfang machen, deren Kenntnis uns eine Einsicht auch in die verwickelteren, zum Schlufs zu besprechenden Blumen-Einrichtungen erleichtern wird.

Wir beginnen mit der Betrachtung der Weiden, Fig. 24, welche, obschon sie keine besonderen Wirtshausschilder tragen, nichtsdestoweniger Insektenblütler sind. Aber als Ersatz hierfür blühen die Weiden sehr frühzeitig, oft schon vor der Entwickelung des Laubes, wenn eine Konkurrenz von seiten anderer Pflanzen noch wenig zu befürchten ist, und also die Insekten, vornehmlich Hummeln und Bienen, noch keine grofse Auswahl haben. Es kommt noch hinzu, dafs wegen des Laubmangels während des Blühens und bei der intensiv gelben Farbe des Blütenstaubes und den lebhaften Farben auch der weiblichen Blütenstände, ein Ersatz für das fehlende Wirtshausschild geboten wird. Überdies sondern die Weiden in ihren Nektarien reichlich Honig ab, sodafs sie immer von zahlreichen Insekten besucht werden. Die Blüten der Weiden sind eingeschlechtig; sie sitzen in den Winkeln von „Deckschuppen", welche die steife Achse des Blütenstandes („Kätzchen") bekleiden. Die weiblichen Blüten bestehen aus einem oft gestielten Fruchtknoten, der am Grunde des Stieles eine, in anderen Fällen zwei Nektardrüsen aufweist; die männlichen Blüten besitzen an Stelle des Fruchtknotens zwei, bei anderen eine andere Zahl von Staubblättern. Die Kätzchen tragen immer nur einerlei Blüten, und die ganze Pflanze besitzt immer nur einerlei Kätzchen, sie ist also diöcisch, sodafs eine Kreuzbestäubung zur Notwendigkeit wird. Die Hummeln und Bienen kriechen lebhaft auf den Kätzchen herum, nach dem reichlichen Honig suchend, und behaften sich hierbei auf ihrer Bauchseite mit Blütenstaub, den sie beim Besuch weiblicher Kätzchen unbewufst an die klebrigfeuchten Narben abgeben.

Ist bei zweihäusigen Pflanzen, wie den Weiden, eine Kreuzbestäubung unvermeidlich, so erreichen andere Arten dasselbe Ergebnis, indem sie auf verschiedenen Stöcken zwar zweigeschlechtige, aber dabei verschieden gestaltete Blumen entwickeln. Wenn wir z. B. verschiedene Exemplare der Schlüsselblume (Primula officinalis und elatior), Fig. 100, untersuchen, so wird uns bald auffallen, dafs, wie *1* in Fig. 100 zeigt, die einen kurzgriffflige, die andern, *2* in Fig. 100, langgrifflige Fruchtknoten besitzen, und dafs in den Blumen erster Art die Staubblätter an der Spitze der Kronenröhre, im anderen Falle die Staubblätter in der Mitte der Röhre eingefügt sind. Das Eigentümliche ist nun, dafs der Blütenstaub der höher stehenden Staubblätter, auf die Narben kurzgriffliger Blumen gebracht, nicht fruchtbar wirkt oder doch kein sehr günstiges Ergebnis liefert: illegitime Befruchtung, während die langgriffligen Blumen durch solchen Blütenstaub vollkommen befruchtet werden: legitime Befruchtung. Ebenso bleibt der Blütenstaub der tiefer stehenden Staubblätter, auf die Narben langgriffliger Blumen gebracht, mehr oder minder unwirksam, befruchtet hingegen kurzgrifflige Blumen vollkommen. Selbstbestäubung oder Bestäubung von Blumen desselben Stockes untereinander ist daher resultatlos oder fast resultatlos, während Kreuzbefruchtung von den besten Folgen in Hinsicht auf die Ausbildung und Anzahl der Samen begleitet ist. Es kommt bei der Übertragung des Blütenstaubes von einem Stock zum andern in Betracht, dafs ein Insekt in allen Blumen derselben Art dieselbe

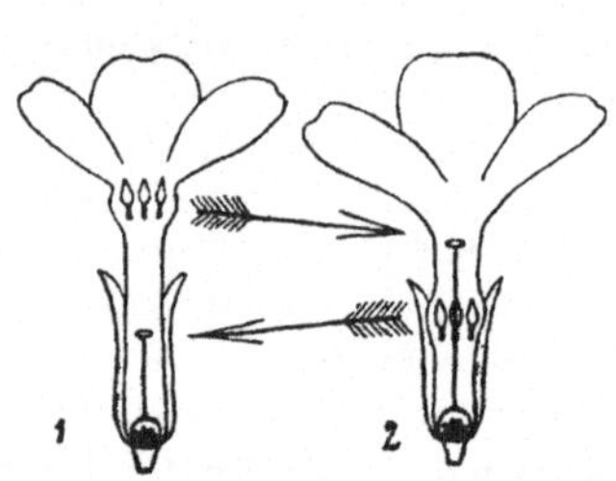

Fig. 100. Längsschnitt durch zwei etwas vergr. Blumen von Primula elatior. Erklärung im Text.

Stellung einzunehmen pflegt. Es wird hierdurch ganz wesentlich die legitime Befruchtung begünstigt, indem dieselbe Körperstelle des Tieres, welche vorher mit Blütenstaub in Berührung kam, beim Besuch einer anders gestaltigen Blume derselben Art notwendig mit der fraglichen Körperstelle die ebenfalls an demselben Ort befindliche Narbe berühren wird. Überdies kommt noch hinzu, dafs die Körner des Blütenstaubes der verschiedenen Blumenformen sich durch ihre Gröfse unterscheiden und dafs die Narben in ihrem Bau den Blütenstaubkörnern in der Weise angepafst erscheinen, als sie diejenigen Körner besser festzuhalten imstande sind, welche eine legitime Befruchtung herbeiführen. Durch diese ganze Vorkehrung ist, wie man sieht, die Fremdbestäubung gesichert.

Aufser Arten mit zweigestaltigen (dimorphen) giebt es nun auch solche mit dreigestaltigen (trimorphen) Blumen, und gerade eine unserer häufigsten Pflanzen an Gräben und in feuchten Gebüschen, nämlich der Weiderich, Lythrum Salicaria, Fig. 101, ist in dieser Beziehung bemerkenswert. Was zunächst die Griffel angeht, so kommen diese hier auf den verschiedenen Stöcken in dreierlei verschiedenen Längen vor, nämlich kurz, mittellang und lang. Die Staubblätter, von denen sechs länger und sechs kürzer sind, treten in folgender Ausbildung auf. Mit den längsten Griffeln kombinieren sich sechs mittellange Staubblätter und sechs kurze (*A*), mit den mittellangen Griffeln sechs lange und sechs kurze Staubblätter (*B*) und endlich mit den kurzen Griffeln sechs lange und sechs mittellange Staubblätter (*C*). Es hat nun die Bestäubung der Narben nur dann einen günstigen Erfolg für die Samenbildung, wenn gleichlange Geschlechtswerkzeuge sich miteinander paaren (wie die punktierten Pfeillinien in der Figur andeuten); alle übrigen Möglichkeiten der Paarung, also vor allen Dingen der Staubblätter und Fruchtblätter desselben Stockes haben, wenn sie ausgeführt werden, verhältnismäfsig schwachen Erfolg, da die Samen klein und mehr oder minder unvollkommen bleiben und daher auch nur schwächliche Nachkommen zu erzeugen imstande sind.

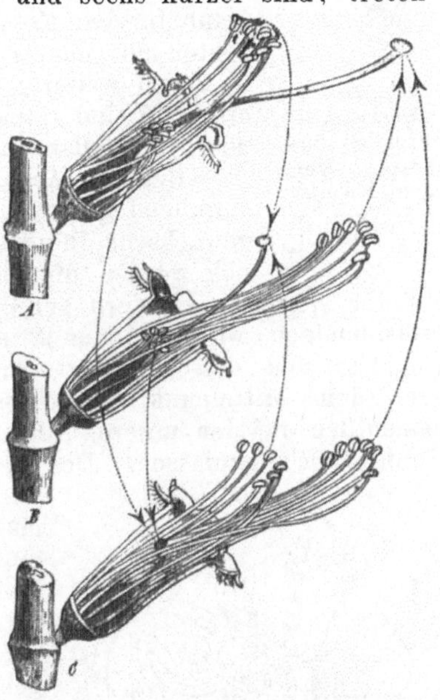

Fig. 101. Drei Blumen von Lythrum Salicaria (die vordere Hälfte vom Kelch und die ganze Krone sind entfernt). *A* = langgrifflige, *B* = mittelgrifflige, *C* = kurzgrifflige Blume. Die Punktlinien mit den Pfeilen verbinden die Staubbeutel mit denjenigen Narben, auf welchen der Pollen der ersteren volle Fruchtbarkeit bewirkt. (Nach Luerssen.)

Gehen wir nunmehr zur Besprechung von Arten über, die nur einerlei Blumen besitzen, oder bei denen doch (wenn auch einmal Blumen von verschiedenem Bau vorkommen, vergl. weiter hinten Viola tricolor und Salvia pratensis) die Bestäubung im allgemeinen zwischen Blumen derselben Bauart erfolgt.

Eine leicht verständliche Einrichtung, wie die eben erörterte, findet sich beim Aronstab (Arum maculatum), Fig. 102. Die Achse des Blütenstandes trägt zu unterst weibliche Blüten *w*, darüber männliche *m* und darüber nach abwärts gerichtete starre Fäden *f*, welche die gerade an dieser Stelle enge Hochblattscheide *h* derartig abschliefsen, dafs zwar Insekten — die teils durch die Aushängefahne *h*, teils durch den urinösen Geruch angezogen werden — durch die oben schwarzrote Leitstange *l* hinabgeführt, in den die Blüten enthaltenden Kesselteil des Hochblattes hinein, aber nicht wieder hinaus können. Die Sperrvorrichtung ist dieselbe wie an den Fischreusen und gewissen Mäusefallen. Haben die Insekten Blütenstaub mitgebracht, so vermögen sie die weiblichen Blüten während des Herumkriechens zu befruchten. Von den weiblichen Blüten wird dann je ein Honigtröpfchen als Nahrung für die Tierchen ausgesondert: die männlichen Blüten beginnen nunmehr zu reifen und lassen ihren Blütenstaub in den Kesselgrund fallen, sodafs sich die Insekten mit neuem Pollenstaub beladen und, nachdem in einem weiteren Stadium die abschliefsenden Fäden *f* erschlafft sind, ihr Gefängnis verlassen können, um eine neue Arumpflanze aufzusuchen.

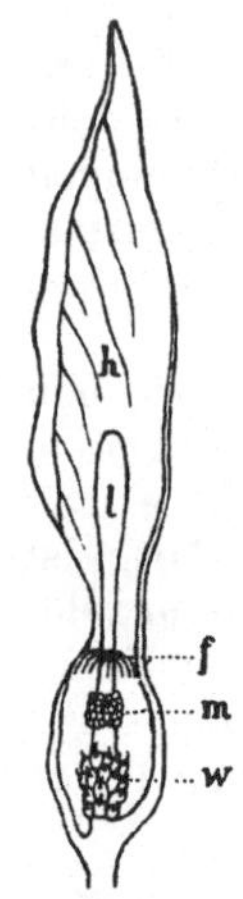

Fig. 102. Längsschnitt durch den Blütenstand von Arum maculatum. Erkl. im Text. — Verkl.

Bei dem Aronstab dient also die „Leitstange", die auffallend gefärbte und über die Blütenregion hinausgewachsene Blütenstands-Achse, als Saftmal. Gewöhnlich werden die Saftmale durch einfache Zeichnungen auf den Wirtshausschildern der Blumen dargestellt. So sind bei dem grofsblumigen, wilden (Acker-)Stiefmütterchen (Viola tricolor Varietät vulgaris) und den Stiefmütterchen-Arten überhaupt die dunkelen, nach dem Mittelpunkt der Blume verlaufenden Strichzeichnungen, namentlich auf den unteren Blumenkronenblättern als Wegweiser zur Honigquelle aufzufassen. Der Bestäubungsvorgang bei unserem fast überall anzutreffenden wilden Stiefmütterchen, von welchem Fig. 103 einen Längenschnitt durch die Blume bietet, ist folgender:

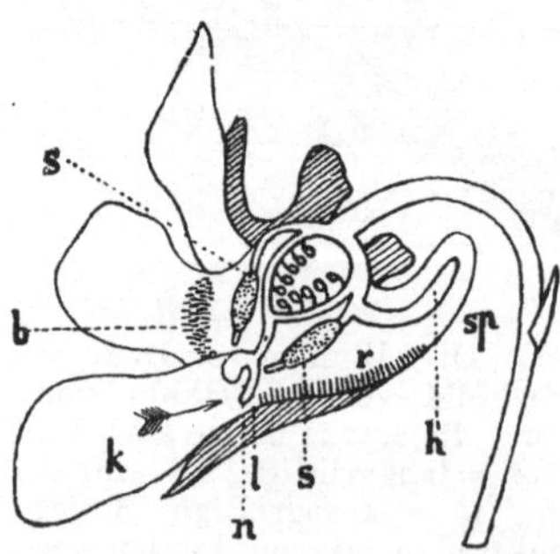

Fig. 103. Längsschnitt durch eine Blume von Viola tricolor (vulgaris). — Erkl. im Text. (Original.)

Das besuchende Insekt setzt sich auf den von einem Kronenblatt dargebotenen Sitz *k*, indem es sich an den Bärten *b* der beiden seitlichen Kronenblätter festhält, und versucht — in Richtung des Pfeiles — geleitet durch die Saftmale, mit seinen Mundwerkzeugen in den von demselben Blatt gebildeten Sporn *sp* zu gelangen, in welchen zwei am Grunde zweier Staubblätter befindliche Honigdrüsen *h* hineinragen. Auf dem Wege, den der Insektenrüssel beschreibt, wird der an demselben etwa haftende Blütenstaub an die empfängnisfähige Stelle *n* des Narbenkopfes abgegeben, da dieselbe als lippenartige Klappe *l* den Zugang zum Sporn verschliefst und daher vom Insekt einwärts geschoben, jedenfalls also berührt werden mufs. Beim Zurückziehen nimmt der Rüssel unwillkürlich aus der von Haaren umrahmten Rinne *r* Blütenstaub mit, der aus den Staubbeuteln *s* dort niedergefallen ist, und es mufs sich jetzt durch die angedeutete Rüsselbewegung die Klappe *l* derartig nach aufsen — dem Pfeil entgegen — bewegen, dafs die empfängnisfähige Höhlung *n* des Narbenkopfes nunmehr geschlossen und somit eine Selbstbefruchtung unmöglich gemacht wird.

Die unscheinbaren, gelblich-weifsen Blüten der Viola tricolor, Var. arvensis befruchten sich regelmäfsig mit gutem Erfolge selbst; sie werden auch nur spärlich von Insekten besucht.

Die beschriebenen Fälle von Blüteneinrichtungen sind noch verhältnismäfsig einfache, es sollen nun aber zwei verwickeltere Bei-

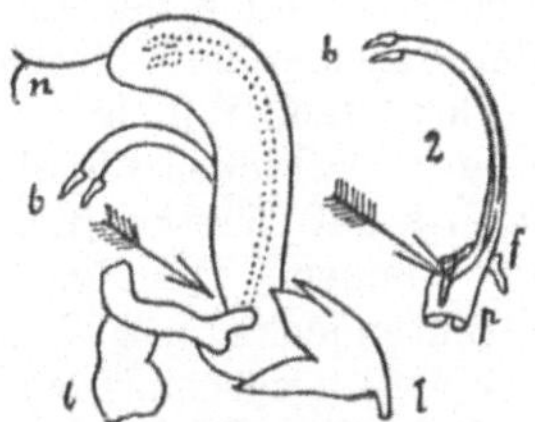

Fig. 104. 1. Eine etwas vergröfserte Blume von Salvia pratensis; 2. das Androeceum. — Erklärung im Text. (Original.)

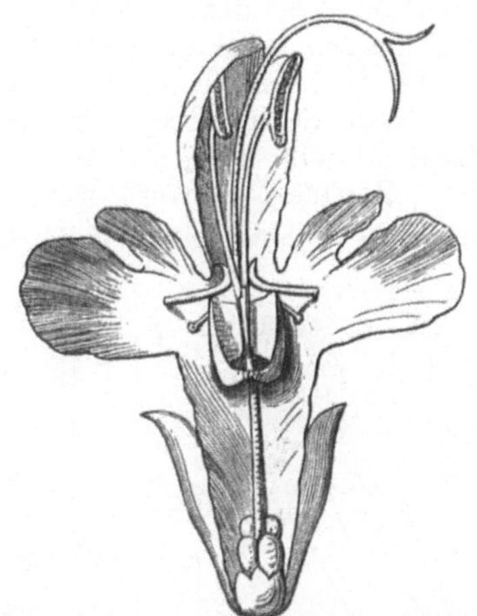

Fig. 105. Vergröfserte hermaphrodite Blume von Salvia pratensis, deren Kelch und Krone vorn der Länge nach aufgeschnitten und ausgebreitet dargestellt sind. Im Grunde der Krone das Nektarium, darüber die vier Früchtchen etc. — (Original.)

spiele folgen. Das erste betrifft die Wiesensalbei (Salvia pratensis). Die Abbildungen 104 und 105 zeigen die Blumen der in Rede stehenden Pflanzenart, und zwar die erstere von der Seite gesehen, die zweite mit der der Länge nach aufgeschnittenen und ausgebreiteten Kelch- und Kronenröhre. Die Kronenoberlippe überdeckt die beiden eigentümlich gestalteten, in *2* Fig. 104 besonders abgebildeten Staubblätter, welche in *1* Fig. 104 punktiert in ihrer gewöhnlichen Lage unter ihrem Schutzdach angedeutet wurden. Zwei weitere Staubblätter sind, wie Fig. 105 zeigt, im Innern der Krone nur als verkümmerte Organe vorhanden. Jedes fruchtbare Staubblatt besitzt (siehe *2* Fig. 104) nur einen sehr kurzen Faden *f*, welcher gelenkig mit einem langen Balken verbunden ist. Der letztere kann sich wippschaukelartig auf dem Faden bewegen und trägt an dem einen Ende einen Behälter mit Blütenstaub *b* und am anderen eine Platte *p*, die mit derjenigen des anderen Staubblattes verbunden ist und den Eingang zur Kronenröhre verschliefst. Wenn sich nun ein

Insekt behufs Einsammlung des im Grunde der Kronenröhre befindlichen Honigs auf der Unterlippe *l* der erstmännlichen Blume niederläfst, so findet es die Kronenröhre durch die erwähnte Doppelplatte verschlossen. Vermittelst seiner Mundwerkzeuge und des Kopfes drückt es — in Richtung des Pfeiles auf unserer Abbildung 104 —, um zur Beute zu gelangen, die Platte in das Innere der Röhre, wobei — zufolge des beschriebenen Baues — die am anderen Ende des Balkens unter der Oberlippe versteckten Staubbehälter, in der Art, wie dies *1* Fig. 104 bei *b* zeigt, heraustreten und notwendig mit dem behaarten oberen Teil des Körpers des bienenartigen Insekts in Berührung kommen, um diesem Blütenstaub mitzuteilen. Nach Entfernung des Insekts federt der Apparat in seine frühere Lage zurück. Wie beschrieben verhält sich also eine im männlichen Zustand befindliche Blume; tritt dieselbe in den weiblichen Reifezustand ein, so verlieren die Staubblätter ihre Funktion, und die Spitze des Griffels senkt sich so weit im Bogen hinab, dafs die nunmehr auseinanderklaffenden beiden klebrigen Narbenschenkel *n* bei einem jetzt erfolgenden Insektenbesuch ihrerseits den Rücken des Tierchens berühren müssen und so den mitgebrachten Blütenstaub aufnehmen können.

Zum Schlufs folge ein Beispiel aus der Orchideen-Familie: eine Knabenkraut- oder Kuckucksblumen-Art, die auf Wiesen nicht selten ist. Zunächst erörtern wir den Bau der Blumen. Der Fruchtknoten *f* Fig. 106 trägt an seinem Gipfel die Blütendecke *a*, *b*, *l* und den einzig vorhandenen zweifächerigen Staubbeutel *s*. Die Blütendecke, ein Perigon, wird von sechs Blättern zusammengesetzt, von denen das eine *l*, die „Lippe“, durch besondere Gröfse auffällt und den beutesuchenden Insekten als Sitz dient. Am Grunde trägt die Lippe ein Nektarium in Form eines hohlen Spornes *sp*. In der Nähe der Eingangsöffnung zum Schlunde *e* liegt die Narbe des Fruchtknotens *n*. Der Staubbeutel ist mit seinem Grunde vollständig mit einem an der Spitze des Fruchtknotens, oberhalb der Narbe befindlichen Fortsatz, dem Säulchen *s*, verschmolzen. Der Blütenstaub jedes Beutelfaches ist zusammenhängend und bildet ein Päckchen (eine Pollinie), *3* in Fig. 106, welches mit einem elastischen Stielchen versehen ist, das am Grunde eine kleine klebrige Scheibe aufweist. Die beiden Klebscheibchen sind dicht oberhalb der klebrigfeuchten Narbe zu suchen und werden von einem Schüppchen *k* bedeckt. Die in der Abbildung angegebenen Gebilde *x* sind verkümmerte Staubblätter, wie wir solche schon bei der Salbei kennen gelernt haben.

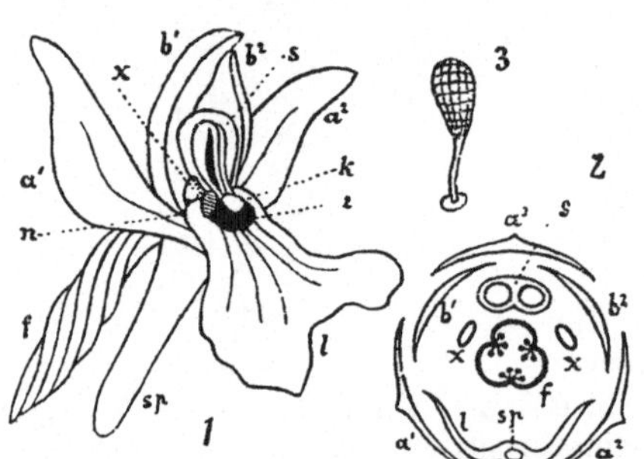

Fig. 106. 1. Eine vergröfserte Blume von Orchis maculata; 2. der Grundrifs derselben. 3. Eine Pollinie. — Erklärung im Text. (O.)

Setzt sich nun ein für die Befruchtung geeignetes Insekt auf die Lippe *l* und versucht es, durch den Eingang *e* mit seinen Mundwerkzeugen in den Sporngrund zu gelangen, so ist es — bei der eigentümlichen gegenseitigen Stellung der Organe — genötigt, das gerade über dem Spornschlunde befindliche Schüppchen *k*, welches die Klebscheibchen bedeckt, zu berühren. Das Schüppchen schlägt sich hierbei zurück, und die Klebscheibchen heften sich an den Kopf des Insekts. Dieses zieht daher, wenn es davonfliegt, die Blütenstaubpäckchen aus ihren Fächern und trägt sie wie zwei Hörner oder Fühler davon. Sogleich beginnen sich die Stiele der Päckchen so weit herabzubiegen, dafs ihre Köpfe beim Besuch einer zweiten Blume gerade auf die klebrig-feuchte Narbe *n* treffen, und es kann nun eine Befruchtung stattfinden.

Wie aus den angeführten Beispielen ersichtlich ist, wird eine Selbstbefruchtung meist vollständig unmöglich, in anderen Fällen so gut wie unmöglich gemacht, und man möchte hiernach glauben, dafs die vermiedene Selbstbestäubung ausnahmelos, also ein Gesetz sei. Dem ist aber nicht so. Denn es giebt Arten, bei denen gerade Selbstbestäubung durch besondere Vorkehrung herbeigeführt wird, die auch eine ausgiebige Befruchtung zur Folge hat. So finden sich bei einer häufigen Bienensaug-Art (Lamium amplexicaule) neben Blumen mit offenen Kronen, bei welchen eine Befruchtungsvermittelung durch Insekten erwünscht erscheint (chasmogamen Blüten) — namentlich bei ungünstigerem, vor allem trüberem Wetter — auch solche vor, deren Kronen verkümmert sind, sich niemals öffnen (kleistogame Blüten) und sich daher mit ihrem eigenen Blütenstaub befruchten.

Nichtsdestoweniger bildet die Selbstbestäubung bei den Gewächsen nicht die Regel, sondern tritt nur vorübergehend, meist als Ersatz für Kreuzbestäubung auf, etwa bei ausbleibendem Insektenbesuche, oder wenn sonst die Umstände der Kreuzbestäubung hinderlich sind.

Die Verbreitung der Fortpflanzungs-Produkte, namentlich der Samen, wird entweder direkt von der Mutterpflanze übernommen oder — je nach der Ausbildung des Samens oder der Früchte — durch den Wind, das Wasser oder durch Tiere bewerkstelligt. Bei der Selbstaussaat werden zuweilen die Samen durch eigene Vorrichtungen der Frucht weit fortgeschleudert, wie bei den Balsaminaceen. Die durch Wasseraussaat verbreiteten Samen oder Früchte sind gewöhnlich leichter als Wasser, also schwimmfähig, und besitzen sogar in manchen Fällen besondere Schwimmapparate. Die durch den Wind transportierten Samen und Früchte sind mit Flugorganen und Fallschirmen ausgestattet, und diejenigen endlich, welche durch Tiere fortgeführt werden, besitzen Haftorgane, vermittelst welcher sie sich z. B. in den Haaren der Tiere festzusetzen vermögen, wie die Klette, bei der sogar der ganze Fruchtstand davongeführt wird. Auch die saftigen, fleischigen Früchte und Samen werden meist von den Tieren verbreitet. Sie werden als Nahrung gesucht und wegen der mit der Verbreitung in Beziehung stehenden, oft auffallenden (Appetit-)Färbung auch leicht gefunden. Was die spezielle Art der Verbreitung dieser letzteren anbetrifft, so ist zu unterscheiden, ob die Beute von den Tieren, z. B. von Vögeln, nur anderswohin getragen wird, um dort ungestört verzehrt werden zu können, indem die hartschaligen, grofsen und daher ungeniefsbaren Samen liegen bleiben, oder ob sie — wegen ihrer Kleinheit — mit hinabgeschluckt und unverdaut mit dem Auswurf, der für die Keimpflanze zugleich Dünger liefert, wieder abgegeben werden. Die äufserste Oberfläche der hier in Rede stehenden Samen kann bei dem Durchgange durch den Darm zwar etwas angegriffen werden, allein ihre widerstandsfähige, feste Hülle schützt den Keimling in der ausgiebigsten Weise. Manche Früchte, wie z. B. die von Castanea, Corylus, Fagus, Juglans, Quercus u. s. w. werden zwar ebenfalls gern von Tieren verspeist, ohne dafs jedoch ein Vorteil für die Pflanze hierbei in Betracht käme, da in diesen Fällen der Keimling selbst das Opfer wird. Diese Früchte zeigen dann auch keine Appetit-, sondern zeichnen sich vielmehr durch eine Schutzfärbung aus. Am Mutterstock sind sie grün und im reifen Zustande, wenn sie auf dem Boden liegen, meist bräunlich. Überdies sind sie zuweilen noch durch Stacheln (z. B. bei Castanea) oder eine unangenehm schmeckende äufsere Bedeckung (wie bei Juglans) geschützt.

---

6. Lebensdauer der Pflanzen.

Die aus den Samen erwachsenden Pflanzen gebrauchen häufig nur wenige Monate vom Frühling bis zum Herbst, um zur Fruchtreife zu gelangen: Sommerpflanzen, oder die Keimung beginnt im Herbst, die Pflanzen überwintern und erlangen im nächsten Herbst Früchte: Winterpflanzen. Solche Gewächse nennt man einjährige, obgleich sie meist nicht 12 Monate zu ihrer Entwickelung bis zur Fruchtreife gebrauchen. Sie sind immer leicht an ihrer senkrecht in den Boden hinabsteigenden einfachen Hauptwurzel, die sich leicht aus dem Boden ziehen läfst, mit mehr oder minder zahlreichen Nebenwurzeln zu erkennen. Sind bis zur Fruchtreife mehr als 12 Monate erforderlich, und zwar so, dafs die Keimung im Frühling vor sich geht, im ersten Sommer jedoch nur Laub- und Stengelteile gebildet werden, welche für die erst im zweiten Jahre erblühende Pflanze Nahrung sammeln und unterirdisch aufspeichern: dann ist die Planze zweijährig. Manche Arten brauchen mehrere Jahre, ehe sie blühreif werden: mehrjährige Pflanzen, und zwar blühen dieselben entweder in ihrem ganzen Leben nur einmal: eine verhältnismäfsig seltene Erscheinung (z. B. Orobanche), oder sie blühen alle Jahre: sie sind ausdauernd (perennierend). Die ausdauernden Arten sind entweder krautig und dauern nur mit unterirdischen Teilen aus: Stauden (z. B. Convallaria, Orchis, Primula, Solanum tuberosum), oder es bleiben daneben im Winter auch die holzigen, oberirdischen Teile am Leben: Holzgewächse (Bäume und Sträucher). Von den letzteren können gewisse Arten mehrere 100 Jahre alt werden.

Systematik.*)

Descendenz-Lehre.

Woher kommen die organischen Wesen? Diese Frage nach dem Ursprung der Arten hat schon die mannigfaltigsten Lösungen gefunden. Die heutigen Naturforscher nehmen an, daſs die Lebewesen leiblich voneinander abstammen, also alle miteinander „blutsverwandt" sind. Während diese in die neuere Naturwissenschaft besonders durch Lamarck (1801, 1809, 1815) eingeführte Abstammungs-Lehre (Descendenz-Theorie) 1859 eine umsichtige Begründung durch C. Darwin erfahren hat, der dieselbe daher zur allgemeinen Anerkennung brachte, ist der Ursprung des ersten oder der ersten Organismen, der Urerzeuger der übrigen, bisher unerklärt geblieben, und wir müssen diese daher bei einer descendenz-theoretischen Betrachtung als gegeben annehmen. Über die Bedingungen zur Entstehung erster Organismen wissen wir nichts. Der Inhalt der „Darwinschen Theorie" speziell ist kurz der folgende:

Es ist eine Erfahrungs-Thatsache, daſs das Kind den Eltern niemals in allen Punkten vollkommen gleicht, d. h., daſs die organischen Wesen die Fähigkeit besitzen, in ihrer Gestaltung von der ihrer Erzeuger abzuweichen, zu variieren; es ist jedoch ebenso bemerkbar, daſs gewisse Merkmale sich von den Eltern auf die Kinder vererben. Die Lebewesen ändern in dieser Weise nach allen möglichen Richtungen hin ab, aber nur solche bleiben am Leben und vermögen die neu gewonnenen Merkmale zu vererben, welche mit der Auſsenwelt in keinen Widerstreit gekommen sind. Diejenigen Organismen, welche unzweckmäſsige, d. h. mit den Auſsenbedingungen nicht in Einklang stehende Abänderungen aufweisen, gehen zu Grunde.

---

*) Für ein Studium der heimischen Pteridophyten und Phanerogamen als Ergänzung zu benutzen: H. Potonié, Illustrierte Flora von Nord- und Mitteldeutschland mit einer Einführung in die Botanik. 4. Aufl. (Julius Springer in Berlin 1889). — Ein ausführliches Werk über systematische Botanik: Engler und Prantl, Natürliche Pflanzenfamilien. Seit 1887 im Erscheinen begriffen.

Je vorteilhafter die einzelnen Arten gebaut sind, d. h. je angepafster sie den Verhältnissen erscheinen, um so mehr Aussicht werden sie auch haben, in dem Wettstreit um das Leben den Sieg zu erringen. Dafs ein solcher Kampf um das Dasein zwischen den Wesen notwendig ist, geht schon daraus hervor, dafs immer mehr Einzelwesen erzeugt werden, als auf der Erde bestehen bleiben können. So hat A. Braun berechnet, dafs z. B. ein Bilsenkrautstock von mittlerer Gröfse bereits nach fünf Jahren eine Nachkommenschaft besitzen kann, welche die ganze Erde derart bedecken würde, dafs auf jedem Quadratfufs festen Bodens etwas über sieben Stöcke Platz nehmen müfsten. Da nun jeder Stock im Durchschnitt 10 000 Samen erzeugt, so ist ersichtlich, dafs von nun ab die meisten Samen zu Grunde gehen müssen, da dann je einer von 10 000 hinreicht, um die Erde in gleicher Weise zu besetzen. Es überleben die den Umständen am besten angepafsten, d. h. die mit nützlichen Abänderungen versehenen Individuen. Durch diesen Kampf wird eine Auswahl unter den Organismen getroffen und somit eine natürliche Zuchtwahl (Selection) eingeleitet.

Homologieen-Lehre.

Wir haben schon gesehen, dafs man unter Morphologie diejenige Lehre versteht, die sich mit der Betrachtung des Baues der Organismen und ihrer Apparate zu jeder Zeit ihrer Entwickelung befafst. Die Morphologie sondert sich

1. in die Organographie und
2. in die Wissenschaft von den Homologieen: Morphologie im engeren Sinne, theoretische Morphologie.

Die Organographie, die im morphologischen Abschnitt dieses Buches bereits eine ausführlichere Behandlung gefunden hat, beschäftigt sich ausschliefslich mit dem Bau und dem Werden (der Entwickelung) der einzelnen Pflanzenteile; sie stellt nur Betrachtungen am Individuum an.

Die in der Organographie in Anwendung kommenden Ausdrücke beziehen sich ausschliefslich auf Thatsachen.

Die Wissenschaft von den Homologieen hingegen hat Betrachtungen an den Generationen zum Gegenstande. Bei der Umbildung der Organismen haben auch die Organe ihre Gestalt und oft auch ihre Funktion geändert. Die Betrachtung solcher Formenänderungen im Laufe der Generationen bildet den Inhalt der Wissenschaft von den Homologieen oder der Morphologie im engeren Sinne, und wir können diese Disciplin auch — wenn wir von den Fällen einer Formänderung ohne Funktionswechsel absehen — als die Lehre von den Wechselbeziehungen zwischen den Gestaltsänderungen der Organe und dem Funktionswechsel derselben bei den aufeinanderfolgenden Generationen bezeichnen.

In der Homologieenlehre wird also mit den Hauptbegriffen ein theoretischer Inhalt zu verbinden sein.

Hier ist nun folgendes ganz nachdrücklich zu beachten.

Nach der erwähnten Abstammungslehre haben sich die höher organisierten Pflanzen, d. h. diejenigen, welche am kompliziertesten gebaut sind, bei denen die Verteilung der zum Leben notwendigen, mannigfaltigen Arbeiten auf viele verschiedene Organe stattgefunden hat, am meisten in ihrem Baue geändert. Da eine Veränderung natürlich immer im Anschlufs an das bereits bei den Vorfahren Vorhandene geschieht, so wird sich oftmals wahrscheinlich machen lassen, dafs ein bestimmtes Organ durch Umbildung aus einem anderen bestimmten Organ hervorgegangen ist, d. h. eine Metamorphose erlitten hat. Man nennt in diesem Falle die beiden Organe homolog, und mit dem Aufsuchen solcher Homologieen beschäftigt sich die theoretische Morphologie. Wenn wir also sagen: die bei einer bestimmten Art vorhandenen Ranken, welche schwächlich gebaute Gewächse an widerstandsfähige Teile zu befestigen vermögen, sind in theoretisch-morphologischem Sinne Blätter resp. Teile von Blättern, oder, was dasselbe heifst, sind metamorphosierte Blätter, und bei einer anderen Art wie beim Weinstock (Fig. 14) u. s. w. metamorphosierte Sprosse, so soll das nach dem Gesagten ein kurzer Ausdruck für die Meinung sein, dafs die Vorfahren der fraglichen Pflanzen an Stelle der Ranken Blätter resp. Sprosse getragen haben, sodafs also die Ranken im Laufe der Generationen aus diesen Organen hervorgegangen wären. Sage ich jedoch, Ranke und Blatt oder Ranke und Sprofs sind einander homolog, so bleibt es ungewifs, welches von den beiden Organen aus dem anderen hervorgegangen ist. In diesem Falle kann man jedoch Gründe für die ersterwähnte Auffassung beibringen, indem Ranken den Pflanzen nicht allgemein zukommen und die am kompliziertesten gebauten Arten vorwiegend später entstanden sind als weniger hoch organisierte. Den Rankenbesitzern ist in den Ranken ein Organ mehr gegeben als ihren rankenlosen Verwandten, und sie werden dasselbe erst später erworben haben. — Jedenfalls ist bei den theoretisch-morphologischen Fragen immer zu beachten, welches von den homologen Organen aus dem anderen hervorgegangen sein wird.

Es kann vorkommen, dafs ein bei den Vorfahren nützliches Organ später zum Leben unnötig wird, wenn die Lebensbedingungen andere werden, und es kann dann allmählich seine charakteristische Ausbildung und seine Gröfse verlieren oder auch ganz verschwinden. Von diesen Gesichtspunkten aus spricht man im ersten Falle von verkümmerten (rudimentären), im zweiten Falle von fehlgeschlagenen, verschwundenen (abortierten) Organen.

Ich würde also nach dem hier und früher Gesagten die Morphologie nach dem folgenden Schema einteilen:

Morphologie (im weitesten Sinne).

- Organographie.
  - O. der inneren Teile = Anatomie.
  - O. der von aufsen sichtbaren Teile.
- Theoretische Morphologie = M. im engeren S. = Lehre von den Homologieen.
  - Homologieen ohne Funktionswechsel.
  - H. mit Funktionswechsel.

Das System.

Fällt es schon schwer, zwischen lebenden und leblosen Wesen eine knappe und begrifflich bestimmt fafsbare Unterscheidung herzustellen, so ist dies in noch höherem Mafse in Bezug auf Pflanzen und Tiere der Fall, weil wir hier unzweifelhaft Formen kennen, die man in keiner Weise mit Sicherheit auf die eine oder andere Seite der Lebewesen verweisen könnte (vergl. Seite 2).

Wir sind daher genötigt — wie in allen Fällen, wo die Natur einer scharfen, unserm begrifflichen Verlangen genügenden Trennung widerstrebt — für die deutlich verschiedenen Wesen durchgreifende Unterschiede aufzustellen und sie zur Erklärung und Bestimmung zweier Abteilungen zu verwenden, während alle Formen, welche sich der hierdurch gewonnenen Bestimmung nicht fügen, als Übergangs- oder Zwischenformen zu betrachten sind. Die letzteren hat Haeckel in eine besondere Gruppe gebracht, die er das Protistenreich nennt.

Da man aber bei der Behandlung der Lebewesen gewöhnlich noch immer zwischen Pflanzen und Tieren allein unterscheidet und die Protisten oder Urwesen auf die beiden durch jene dargestellten Reiche verteilt, so sollen auch im folgenden diejenigen Urwesen ausführlicher mit behandelt werden, welche üblicherweise zu den Pflanzen gestellt werden.

Will man nun einen möglichst durchgreifenden Unterschied zwischen Pflanzen und Tieren aufstellen, so kann man denselben darin erblicken, dafs die Tiere ein Nerven- und Muskelsystem besitzen; d. h. es sind bei ihnen eigene Organe vorhanden, welche die Wahrnehmung äufserer Einwirkungen und die Auslösung einer Gegenwirkung zum Amte haben. Hierdurch wird es ermöglicht, dafs — je ausgesprochener das Nervensystem entwickelt ist — die Tiere in ihren Lebensäufserungen um so selbständiger auftreten können.

Ein anderer Unterschied zwischen Pflanzen und Tieren liegt in der Art ihrer Ernährung. Denn während die Tiere auf andere Lebewesen angewiesen sind, von denen sie ihre Nahrung beziehen, bauen die Pflanzen im allgemeinen ihren Leib aus unorganischen Stoffen auf; diese sind, wie wir gesehen haben, im wesentlichen Kohlensäure und Wasser und werden durch äufsere Organe: die

Blätter und die Wurzeln aufgenommen, während die flüssige oder feste Nahrung der Tiere ihre Umwandlung in einem tief im Innern des Körpers vorhandenen Magenraume erfährt.

Man wird in Berücksichtigung der Descendenz-Lehre begreifen, dafs sich scharfe Grenzen auch zwischen den einzelnen Abteilungen des Pflanzenreichs nicht ziehen lassen und dafs also die für irgend eine Abteilung gegebene Beschreibung sich immer nur auf die Eigentümlichkeiten bezieht, die den zu der betreffenden Abteilung gehörigen Arten zwar im allgemeinen zukommen, in einem speziellen Falle jedoch einmal fehlen können.

Die sich gleichenden Pflanzen-Individuen fafst man zu Arten, Species, zusammen und die Arten, welche einander am ähnlichsten, also auch verwandtesten sind, werden zu Gattungen vereinigt, denen ein wissenschaftlicher, meist der lateinischen, aber auch griechischen Sprache entlehnter Name gegeben wird. Um eine bestimmte Art einer Gattung zu kennzeichnen, wird dem Gattungsnamen noch ein Artname beigefügt. Die Gattung Veilchen, mit wissenschaftlichem Namen Viola, besteht aus mehreren Arten, z. B. dem Sumpfveilchen, V. palustris, dem Ackerveilchen, V. tricolor u. s. w. Hinter dem Namen der Art pflegt man in abgekürzter Form den Autor anzugeben, welcher sie benannt hat. Es ist das letztere unter anderem deshalb wesentlich, weil es nicht selten vorgekommen ist, dafs verschiedene Autoren verschiedenen Arten denselben Namen gegeben haben.

Die allermeisten Arten führen mehr als eine Benennung, zuweilen dadurch, dafs mehrere Systematiker unabhängig voneinander arbeiteten, meistens jedoch durch Versetzung von Arten in andere Gattungen. Bestehen mehrere Artnamen, so ist man bestrebt, den der Zeit nach zuerst veröffentlichten als den eigentlichen gelten zu lassen. Natürlich können auch andere systematische Einheiten, wie Familien u. dergl., mehrere Benennungen (Synonyme) erhalten haben.

Erzeugt eine Art Nachkommen, welche von den Eltern in der Gestaltung mehr oder minder abweichen, so nennt man diese Nachkommen Abarten, Unterarten, Subspecies, Varietäten, Spielarten, Rassen oder auch wohl Formen der Stammart. Diese werden nicht selten von den Autoren wie Arten („kleine“ oder „schlechte Arten“) behandelt. Man kann überhaupt die Arten weiter oder enger umgrenzen. Aus rein praktischen Gründen ist eine nicht zu enge Fassung der Arten vorzuziehen; man kann ja dann immer — will man alle Formen berücksichtigen — eine solche Art in Varietäten zerteilen. Man sieht, dafs die Umgrenzung der Arten zum guten Teil dem Takte des Autors überlassen bleibt und von seinen Kenntnissen und seinem Standpunkte abhängt.

Unter einem Bastard resp. Mischling versteht man eine Pflanze, welche durch geschlechtliche Vermischung zweier verschiedener Arten derselben oder auch verschiedener Gattungen resp. Varietäten entstanden ist. Im allgemeinen wird es zwei Formen von Bastarden zwischen zwei Species geben:

1. solche, die durch Befruchtung der ersten Art mittelst des Pollens der zweiten und

2. solche, die durch Befruchtung der zweiten Art mittelst des Pollens der ersten entstehen.

Man giebt eine Pflanze als Bastard zu erkennen, indem die beiden Elternarten durch das Zeichen X verbunden werden: also z. B. Senecio vulgaris X vernalis. Gewöhnlich halten die Bastarde in ihrem Ansehen die Mitte zwischen den Merkmalen der Eltern, doch finden sich auch mehr oder minder grofse Annäherungen an eine der Stammarten. Selbstverständlich wachsen unter normalen Verhältnissen die Bastarde immer in der Nähe der Eltern und zwar meist in geringerer Anzahl als diese.

Die ähnlichsten, also nächst-verwandten Gattungen werden zu Familien vereinigt und die ähnlichsten Familien in Ordnungen oder Reihen. Darauf folgen als höhere Gruppen die Klassen und dann noch weitere Hauptabteilungen. Jede einzelne Gruppe kann wieder je nach Bedürfnis in mehrere Untergruppen, also Unterfamilien, Untergattungen u. s. w. zerlegt werden.

Um eine Übersicht über den aufserordentlichen Artenreichtum, den die Erde bietet, gewinnen zu können, mufs das vorhandene Material irgendwie geordnet, d. h. in ein System gebracht werden. Während nun die Pflanzensysteme früher „künstliche" waren, indem beliebig herausgegriffene, besonders geeignet erscheinende Merkmale der ganzen Einteilung zu Grunde gelegt wurden, ohne dafs man sich hierbei um die übrigen Merkmale kümmerte, sind die neueren Systematiker bestrebt, das Pflanzensystem zu einem „natürlichen" zu gestalten, indem bei der Aufstellung desselben möglichst alle Organe berücksichtigt werden, und man die in ihrem ganzen Aufbau ähnlichen Arten zusammenbringt. Freilich steht auch bei den heutigen natürlichen Systemen, ebenso wie z. B. bei dem künstlichen des Linné, die Betrachtung der Geschlechtsorgane im Vordergrunde, und insofern haftet auch den jetzt gebräuchlichen natürlichen Systemen immer noch viel Künstliches an.

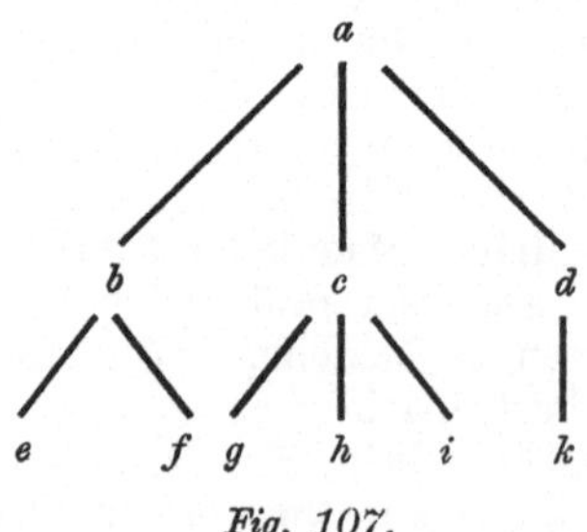

Fig. 107.

Es ist nach dem Gesagten klar, dafs eine Darstellung des Systems nach Art eines weitverzweigten Baumes zu geschehen hat, weshalb man auch von einem „Stammbaum" redet. Denn wenn ein Urahne *a* Fig. 107 die Nachkommen *b c d* hat und diese ihrerseits die Nachkommen *e f g h i k* u. s. w. besitzen, so müssen bei Betrachtung der Geschlechter (Abteilungen) auch die gleichen Generationen an der gleichen Stelle ihre Erörterung finden. Man hat sich daher immer zu vergegenwärtigen, dafs die in den Systemen linear angeordneten Gruppen vielfach nicht hintereinander, sondern — einem Stammbaum entsprechend — auch teilweise nebeneinander aufgeführt werden sollten.

I. Das künstliche System von Linné.

Als Beispiel einer ganz künstlichen Pflanzeneinteilung möge diejenige von Linné in dahin abgekürzter Weise nachstehend folgen, dafs wir — um nicht zu weitläufig zu werden — von ihren Ordnungen nur diejenigen anführen, die in Deutschland Vertreter besitzen. Linné teilte das Pflanzenreich in 24 Klassen mit Unterabteilungen, Ordnungen, wie folgt, ein:

I. Klasse **Monandria**, mit Zwitterblüten, die nur 1 freies Staubblatt besitzen, also 1männig sind.
1. Ordnung Monogynia mit nur einem Griffel resp. einer Narbe in jeder Blüte.
2. „ Digynia mit 2 Griffeln.

II. Klasse **Diandria**, mit zwitterigen, 2 freie Staubblätter enthaltenden, also 2männigen Blüten.
1. Ordnung Monogynia.
2. „ Digynia.

III. Klasse **Triandria**, mit Zwitterblüten, die 3 freie Staubblätter besitzen, also 3männig sind.
1. Ordnung Monogynia.
2. „ Digynia.
3. „ Trigynia mit 3 Griffeln.

IV. Klasse **Tetrandria**, mit Zwitterblüten mit 4 freien, untereinander gleich langen Staubblättern.
1. Ordnung Monogynia.
2. „ Digynia.
4. „ Tetragynia mit 4 Griffeln.

V. Klasse **Pentandria**, mit Zwitterblüten, die 5 gleich lange Staubblätter enthalten.
1. Ordnung Monogynia.
2. „ Digynia.
3. „ Trigynia.
4. „ Tetragynia.
5. „ Pentagynia mit 5 Griffeln.
6. „ Polygynia mit vielen Griffeln.

VI. Klasse **Hexandria**. Blüten zwittrig, mit 6 freien, untereinander gleich langen Staubblättern.
1. Ordnung Monogynia.
3. „ Trigynia.
5. „ Polygynia.

VII. Klasse **Heptandria**. Zwitterblüten mit 7 freien Staubblättern.
1. Ordnung Monogynia.

VIII. Klasse **Octandria**. Zwitterblüten mit 8 freien Staubblättern.
1. Ordnung Monogynia.
2. „ Digynia.
3. „ Trigynia.
4. „ Tetragynia.

IX. Klasse **Enneandria**. Zwitterblüten mit 9 freien Staubblättern.
3. Ordnung Hexagynia mit 6 Griffeln.

X. Klasse **Decandria**. Zwitterblüten mit 10 freien Staubblättern.
1. Ordnung Monogynia.
2. „ Digynia.
3. „ Trigynia.
4. „ Tetragynia.
5. „ Pentagynia.

XI. Klasse **Dodecandria.** Zwitterblüten mit 12—20 freien Staubblättern.
1. Ordnung Monogynia.
2. „ Digynia.
3. „ Trigynia.
4. „ Dodecagynia mit 12 Griffeln.

XII. Klasse **Icosandria.** Zwitterblüten mit 20 oder mehr freien, oberständigen, oder — wie Linné sich ausdrückte — auf dem Kelchrande stehenden Staubblättern.
1. Ordnung Monogynia.
2. „ Di-Pentagynia mit 2—5 Griffeln.
3. „ Polygynia mit 6 oder mehr Griffeln.

XIII. Klasse **Polyandria.** Zwitterblüten mit 20 und mehr freien, unterständigen Staubblättern.
1. Ordnung Monogynia.
2. „ Di-Pentagynia.
3. „ Polygynia mit vielen Griffeln.

XIV. Klasse **Didynamia.** Zwitterblüten mit 4 freien Staubblättern, von denen 2 länger als die anderen sind.
1. Ordnung Gymnospermia mit 4 Schliefsfrüchtchen und einem Griffel, der aus der Mitte der 4 Früchtchen hervortritt.
2. „ Angiospermia mit Kapselfrüchten.

XV. Klasse **Tetradynamia.** Zwitterblüten mit 6 freien Staubblättern, von denen 4 länger als die beiden anderen sind.
1. Ordnung Siliculosa. Kapseln wenig oder nicht länger als breit.
2. „ Siliquosa. Kapseln mehrmal länger als breit.

XVI. Klasse **Monadelphia.** Zwitterblüten, deren Staubfäden miteinander zu einem Bündel verschmolzen sind.
1. Ordnung Pentandria mit 5 Staubblättern.
2. „ Decandria mit 10 „
5. „ Polyandria mit vielen Staubblättern.

XVII Klasse **Diadelphia.** Zwitterblüten, deren Staubfäden in 2 Bündel verwachsen sind.
2. Ordnung Hexandria mit 6 Staubblättern.
3. „ Octandria mit 8 „
4. „ Decandria mit 10 „

XVIII. Klasse **Polyadelphia.** Zwitterblüten mit 3 oder mehr Bündeln verwachsener Staubblätter.
1. Ordnung Polyandria mit vielen in 3, 5 oder 6 Bündeln vorhandenen Staubblättern.

XIX. Klasse **Syngenesia.** Staubbeutel zu einer Röhre verwachsen, während die Staubfäden frei sind. Blütenstand meist kopfig, mit gemeinsamer Hochblatthülle.
1. Ordnung Polygamia aequalia. Alle Blüten des Kopfes sind zwitterig.
2. „ Polygamia superflua. Die randständigen Blüten des kopfigen Blütenstandes sind weiblich, die übrigen zwitterig.
3. „ Polygamia frustranea. Randblüten des Kopfes unfruchtbar, die übrigen zwitterig.
4. „ Polygamia necessaria. Randblüten weiblich, die übrigen männlich.
5. „ Polygamia segregata. Die ein- bis mehrblütigen Köpfchen sind zu Köpfen vereinigt.
6. „ Monogamia. Blüten einzeln, ohne gemeinschaftliche Hochblatthülle, jede besonders gestielt und mit besonderem, deutlichem Kelch.

XX. Klasse **Gynandria.** Staubblätter und Griffel miteinander verwachsen.
1. Ordnung Monandria mit 1 Staubblatt.
2. „ Diandria mit 2 Staubblättern.
5. „ Hexandria mit 6 Staubblättern, die rings um die Spitze des Fruchtknotens stehen.

XXI. Klasse **Monoecia.** Männliche und weibliche Blüten finden sich auf derselben Pflanze.

1. Ordnung Monandria mit 1 Staubblatt.
3. „ Triandria mit 3 Staubblättern.
4. „ Tetrandria mit 4 Staubblättern.
5. „ Pentandria-Polyandria mit 5 bis vielen Staubblättern.
9. „ Monadelphia. Staubfäden und auch zuweilen die Staubbeutel miteinander verwachsen.

XXII. Klasse **Dioecia.** Männliche und weibliche Blüten auf verschiedenen Pflanzen.

1. Ordnung Monandria mit 1 Staubblatt.
2. „ Diandria „ 2 Staubblättern.
3. „ Triandria „ 3 „
4. „ Tetrandria „ 4 „
5. „ Pentandria „ 5 „
6. „ Hexandria „ 6 „
7. „ Octandria „ 8 „
8. „ Enneandria „ 9 „
9. „ Decandria „ 10 „
10. „ Dodecandria „ 12—20 „
11. „ Polyandria mit vielen „
12. „ Monadelphia. Staubfäden einbündelig verwachsen.
13. „ Syngenesia. Staubbeutel verwachsen.

XXIII. Klasse **Polygamia.** Pflanzen, die sowohl zwitterige als daneben auch männliche und weibliche Blüten tragen.

1. Ordnung Monoecia. Alle 3 Blütenformen auf demselben Stock.
2. „ Dioecia. Zwitterige und eingeschlechtige Blüten auf verschiedenen Stöcken.
3. „ Trioecia. Jede Blütenform auf einem besonderen Stock.

XXIV. Klasse **Kryptogamia.**

1. Ordnung Filices.
2. „ Musci.
3. „ Algae.
4. „ Fungi.

---

2. Das natürliche System von Eichler.

Das Eichler'sche System, welches als eine Fortbildung des Brongniart'schen anzusehen ist, wird im Folgenden bis zu den „Reihen“ als eins der fortgeschritteneren natürlichen Pflanzensysteme vorgeführt.

A. Kryptogamae.

I. Abt. Thallophyta.
I. Klasse Algae.
I. Gruppe Cyanophyceae.
II. „ Diatomeae.
III. „ Chlorophyceae.
Reihe Conjugatae.
„ Zoosporeae.
„ Characeae.
IV. Gruppe Phaeophyceae.
V. „ Rhodophyceae.
Untergruppe Gymnosporeae.
„ Angiosporeae.
II. Klasse Fungi.
I. Gruppe Schizomycetes.
II. „ Eumycetes.
Reihe Phycomycetes.
Reihe Ustilagineae.
„ Aecidiomycetes.
„ Ascomycetes.
„ Basidiomycetes.
III. Gruppe Lichenes.
I. Ascolichenes.
II. Basidiolichenes.

II. Abt. Bryophyta.
I. Gruppe Hepaticae.
II. „ Musci.

III. Abt. Pteridophyta.
I. Klasse Equisetinae.
II. „ Lycopodinae.
III. „ Filicinae.
Filices.
Hydropterides.

B. Phanerogamae.

I. Abt. Gymnospermae.
II. Abt. Angiospermae.
I. Klasse Monocotyleae.
Reihe Liliiflorae.
„ Enantioblastae.
„ Spadiciflorae.
„ Glumiflorae.
„ Scitamineae.
„ Gynandrae.
„ Helobiae.
II. Klasse Dicotyleae.
Unterklasse Choripetalae. (incl. Apetalae).
Reihe Amentaceae.
„ Urticinae.
„ Polygoninae.
„ Centrospermae.
„ Polycarpicae.
„ Rhoeadinae.
„ Cistiflorae.
„ Columniferae.
„ Gruinales.
„ Terebinthinae.
Reihe Aesculinae.
„ Frangulinae.
„ Tricoccae.
„ Umbelliflorae.
„ Saxifraginae.
„ Opuntinae.
„ Passiflorinae.
„ Myrtiflorae.
„ Thymelinae.
„ Rosiflorae.
„ Leguminosae.
Anhang zu den Choripetalen: Hysterophyta.
Unterklasse Sympetalae.
Reihe Bicornes.
„ Primulinae.
„ Diospyrinae.
„ Contortae.
„ Tubiflorae.
„ Labiatiflorae.
„ Campanulinae.
„ Rubiinae.
„ Aggregatae.

---

3. Das natürliche System von Engler.

Das Engler'sche System ist das unseren heutigen Kenntnissen am besten angepafste, weshalb dasselbe auch bei der systematischen Betrachtung der Pflanzen-Abteilungen und -Arten in diesem Buche zu Grunde gelegt wird. Es folgt hier ebenfalls in einer übersichtlichen Zusammenstellung, indem ich hier und da einige notwendig gewordene Änderungen vornehme.

I. Abteilung Myxothallophyta.

Unterabt. Myxomycetes.
1. Klasse Acrasieae.
2. „ Plasmodiophorales.
3. Klasse Myxogastres.
1. Reihe Ectosporeae.
2. „ Endosporeae.

II. Abteilung Euthallophyta.

I. Unterabt. Schizophyta.
1. Klasse Schizophyceae.
2. „ Schizomycetes.
II. Unterabt. Dinoflagellata.
1. Reihe Adinida.
2. „ Dinifera.
III. Unterabt. Bacillariales.
Klasse Bacillariales.
IV. Unterabt. Gamophyceae.
1. Klasse Conjugatae.
2. „ Chlorophyceae.
1. Unterklasse Protococcales.
2. „ Confervales.
3. „ Siphoneae.
3. Klasse Charales.
4. „ Phaeophyceae.
1. Unterklasse Phaeosporeae.
2. „ Cyclosporeae.
5. Klasse Dictyotales.
6. „ Rhodophyceae.
1. Unterklasse Bangiales.
2. „ Florideae.
1. Reihe Nemalionales.
2. „ Gigartinales.
3. „ Rhodymeniales.
4. „ Kryptonemiales.
V. Unterabt. Fungi.
1. Gruppe Phycomycetes.
1. Reihe Oomycetes.
1. U.-Reihe Chytridiales.
2. „ Mycosiphonales.
2. Reihe Zygomycetes.
2. Gruppe Eumycetes.
1. Klasse Mesomycetes.
1. Unterklasse Hemiasci.
2. „ Hemibasidii.

2. Klasse Mycomycetes.

1. Unterklasse Ascomycetes.

1. Reihe Exoasci.
2. „ Carpoasci.
   1. U.-Reihe Gymnoascales.
   2. „ Perisperiales.
   3. „ Pyrenomycetes.
   Anhang: Pyrenolichenes.
   4. U.-Reihe Hysteriales.
   5. „ Discomycetes.
   Anhang: Discolichenes.

2. Unterklasse Basidiomycetes.

1. Reihe Protobasidiomycetes.
   1. U.-Reihe Uredinales.
   2. „ Auriculariales.
   3. „ Tremellinales.
   4. „ Pilacrales.
2. Reihe Autobasidiomycetes.
   1. U.-Reihe Dacryomycetes.
   2. „ Hymenomycetes.
   Anhang: Hymenolichenes.
   3. U.-Reihe Phalloideae.
   4. „ Gasteromycetes.
   Anhang: Gasterolichenes.

Fungi imperfecti.

III. Abteilung Embryophyta zoidiogama
(Archegoniatae).

I. Unterabt. Bryophyta.

1. Klasse Hepaticae.

1. Reihe Marchantiales.
2. „ Anthocerotales.
3. „ Jungermanniales.
   1. U.-Reihe Anacrogynae.
   2. „ Acrogynae.

2. Klasse Musci.

1. Unterklasse Sphagnales.
2. „ Andreaeales.
3. „ Archidiales.
4. „ Bryales.

1. Reihe Cleistocarpae.
2. „ Stegocarpae.
   1. U.-Reihe Acrocarpae.
   2. „ Pleurocarpae.

II. Unterabt. Pteridophyta.

1. Klasse Filicales.

1. Unterklasse Filices.

1. Reihe Planithallosae.
2. „ Tuberithallosae.

2. Unterklasse Hydropterides.

2. Klasse Sphenophyllales (nur fossil bekannt).

3. Klasse Equisetales.

1. Unterklasse Isosporae.
2. „ Heterosporae (nur fossil).

4. Klasse Lycopodiales.

1. Unterklasse Isosporae.
2. „ Heterosporae.

IV. Abteilung Embryophyta siphonogama
(Siphonogamae, Phanerogamae).

I. Unterabt. Gymnospermae.

1. Klasse Cycadales.
2. „ Cordaitales (nur fossil bekannt).
3. „ Bennettitales (nur foss.).
4. „ Coniferae.
5. „ Gnetales.

II. Unterabt. Angiospermae.

1. Klasse Monocotyledoneae.

1. Reihe Pandanales.
2. „ Helobiae.
3. „ Glumiflorae.
4. „ Principes.
5. „ Synanthae.
6. „ Spathiflorae.
7. „ Farinosae.
8. „ Liliiflorae.
9. „ Scitamineae.
10. „ Mycrospermae.

2. Klasse Dicotyledoneae.

1. Unterklasse Archichlamydeae.

1. Reihe Verticillatae.
2. Reihe Piperales.
3. „ Juglandales.
4. „ Salicales.
5. „ Fagales.
6. „ Urticales.
7. „ Proteales.
8. „ Santalales.
9. „ Aristolochiales.
10. „ Polygonales.
11. „ Centrospermae.
12. „ Ranales.
13. „ Rhoeadales.
14. „ Sarraceniales.
15. „ Rosales.
16. „ Geraniales.
17. „ Sapindales.
18. „ Rhamnales.
19. „ Malvales.
20. „ Parietales.
21. „ Opuntiales.
22. „ Thymelaeales.
23. „ Myrtiflorae.
24. „ Umbelliflorae.

2. Unterklasse Sympetalae.	
1. Reihe Ericales.	5. Reihe Tubiflorae.
2. „ Primulales.	6. „ Plantaginales.
3. „ Ebenales.	7. „ Rubiales.
4. „ Contortae.	8. „ Aggregatae.
	9. „ Campanulatae.

Wir können im folgenden nur die wichtigeren Familien betrachten.

Beschreibung und Aufzählung
der wichtigsten Pflanzen-Abteilungen und -Arten.

Viele von den niedrigen Organismen werden, wie wir schon Seite 2 und 104 gezeigt haben, rein konventionell bei den Tieren oder Pflanzen abgehandelt, da es kein stichhaltiges Merkmal giebt, welches Tiere und Pflanzen trennt. Manche der im folgenden aufgeführten Abteilungen zeigen Eigentümlichkeiten, welche sonst nur typischen Tieren zukommen und daher ebensowohl bei einer systematischen Betrachtung dieser erwähnt werden müssen. Namentlich gilt dies von den Schleimpilzen (Myxomyceten), die daher auch mit dem Namen Pilztiere (Mycetozoa) belegt und dem zoologischen System eingereiht werden.

I. Abteilung Myxothallophyta.

Myxomycetes. Schleimpilze.

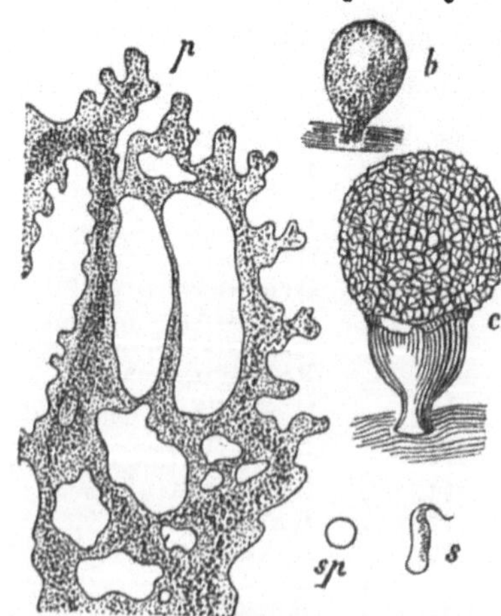

Fig. 108. Ein Myxomycet. *p* ein Stück eines Plasmodiums; *b* = Sporenbehälter; *c* derselbe im geöffneten Zustande, das herausgetretene Capillitium zeigend; *sp* = Spore; *s* = Schwärmer. — *p*, *sp* und *s* stark, *b* und *c* mehreremal vergr.

Die Schleimpilze sind meist Saprophyten, seltener Parasiten; ihr Leib, *p* Fig. 108, stellt eine membranlose, mit Gestalts- und Ortsveränderung begabte, feste Nährstoffe aufnehmende Plasmamasse, Plasmodie, mit vielen Kernen dar. Zur Zeit der Fortpflanzung bildet sich das Plasmodium in einen kugeligen oder keuligen Behälter *b* um, der aus einer Haut besteht, welche eine grofse Anzahl von fortpflanzungsfähigen Zellen, Sporen *sp*, umschliefst. Letztere entstehen durch Zerfallen des Plasmas. Die Behälter werden aufserdem oft von einem aus erhärtendem Plasma hervorgehenden Fasergebälk, Capillitium *c*, durchzogen, zwischen welchem die Sporen gebettet liegen. Bei der Keimung entläfst die Spore ihren plasmatischen Inhalt als frei bewegliche, mit je einer schwingenden Wimper versehene, kugelige bis eiförmige „Schwärmer“ s. Mehrere derselben vereinigen sich später wieder und bilden das Plasmodium. — Am bekanntesten ist der Lohpilz, die Lohblüte *(Fuligo septica = Aethalium septicum)* auf Pflanzenteilen in Wäldern und in der Gerberlohe.

II. Abteilung Euthallophyta.

Meist Lagerpflanzen. Leitbündel bei einigen höheren Algen aus ganz einfachen, gestreckten Zellen zusammengesetzt, sonst fehlend. Zellen mit Membran.

Die Unterabteilungen I—IV werden (excl. Schizomycetes) als Algen (Algae) zusammengefafst; es sind meist im Wasser lebende Pflanzen mit Chlorophyllkörpern oder homogenem, gefärbtem Plasma, deren grüner Farbstoff oftmals durch eine andere Farbe verdeckt erscheint.

Die Unterabteilung V, die echten Pilze und die Schizomyceten, sind im Gegensatz zu den selbständiger lebenden Algen alle echte Parasiten oder Saprophyten: sie entbehren daher vollkommen der Kohlendioxyd assimilirenden Farbstoffkörper.

I. Unterabteilung Schizophyta (Spaltpflanzen).

Meist mikroskopisch kleine, einzellige, oft (aber nie rein grün) gefärbte Pflanzen, die sich nur ungeschlechtlich fortpflanzen.

I. Klasse Schizophyceae (Cyanophyceae, Phycochromaceae), Spaltalgen.

Einzellige Algen mit homogenem, zellkernlosem, span- oder blaugrünem Plasma. Die Farbe kommt zustande durch einen blauen in Wasser löslichen Farbstoff (Phycocyan), der mit Chlorophyll gemischt ist. Zellen oftmals mit gallertartiger Hülle, welche durch Aufquellen der äufseren Membranschichten entsteht. Die Zellen oft zu körper-, flächen- oder fadenförmigen Kolonieen verbunden. Die Fortpflanzung findet durch Teilung statt; bei einigen Arten entwickeln sich Zellen mit festeren Wandungen, die ungünstige Zeiten (Trockenheit, Winter) überdauern. Einzelne, daher meist mikroskopisch-kleine Zellen, welche in dieser Weise ausschliefslich der Fortpflanzung dienen, also fähig sind, neue Individuen zu entwickeln, nennt man wie gesagt Sporen, Keimkörner; in unserem Spezialfalle würde man von Dauersporen reden, im Gegensatz zu solchen Sporen, welche gleich nach ihrer Trennung von der Mutterpflanze keimfähig sind.

Die Cyanophyceen leben meist im Süfs- oder Meereswasser, aber auch in der Luft, wo sie Überzüge von oben erwähnter Färbung bilden.

Fam. Chroococcaceae.

Die Kolonieen stellen Zell-Flächen oder -Körper dar, die gewöhnlich durch Teilungen der Zellen nach zwei resp. nach drei Richtungen hin entstehen. — Als Beispiele nennen wir die Gattungen *Chroococcus* und *Gloeocapsa*, Fig. 109.

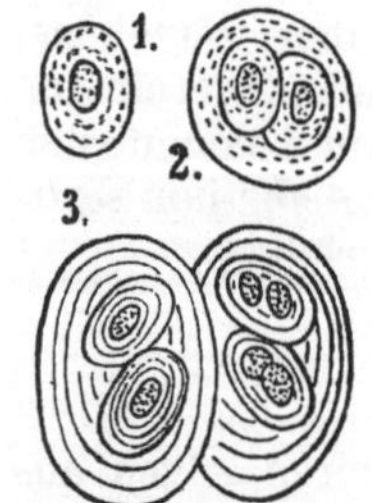

Fig. 109. Gloeocapsa, *1.* Einzelzelle mit Gallerthülle, *2.* dieselbe nach der Zweiteilung, *3.* sechszellige Kolonie. — Stark vergr.

Fam. Oscillariaceae.

Die Zellen teilen sich nur in einer Richtung und bilden einfach-zellfädige Kolonieen. Die Fäden vieler Arten zeigen eine Vorwärts- und Rückwärts-Bewegung mit Hin- und Herschwingen der Enden. — Fig. 110 giebt eine Anschauung von dem Aussehen eines Fadens der Gattung *Oscillaria*.

Fam. Nostocaceae.

Zellfäden, in denen einzelne, nicht mehr teilungsfähige Zellen sich durch gröſseren Durchmesser und Inhalts-Armut auszeichnen: sie werden Grenzzellen oder Heterocysten genannt. Die Fortpflanzung geschieht durch Fadenstücke: Hormogonien, welche aus der Gallerte auskriechen und neue Kolonieen bilden. Die zwischen den Grenzzellen liegenden an Inhalt reichen Zellen können zu Dauersporen werden. — *Nostoc*, Fig. 111.

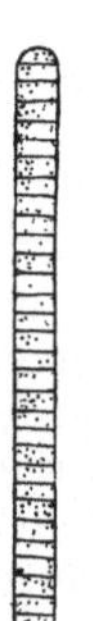

Fig. 110. Stück eines Oscillaria - Fadens. — Stark vergr.

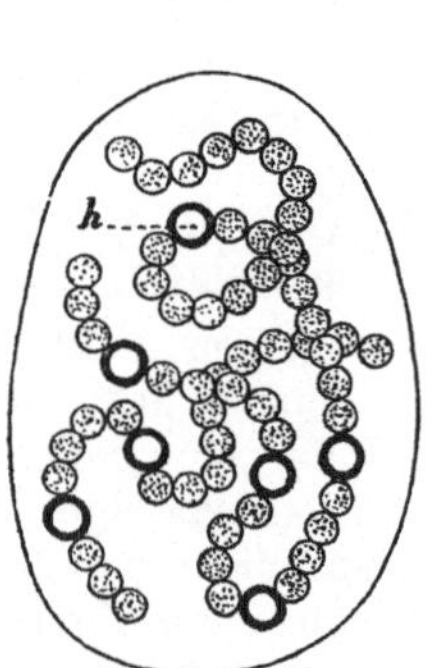

Fig. 111. Nostoc-Kolonie von einer Gallert-Hülle umgeben. *h* = Heterocysten. — Stark vergr.

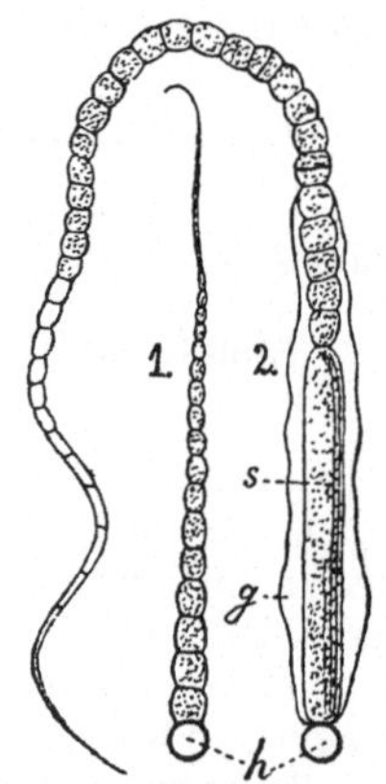

Fig. 112. Fäden zweier Arten der Gattung Rivularia. *h* = Heterocysten, *s* = Spore, *g* = Gallerte. — Stark vergr.

Fam. Rivulariaceae.

Sehr ähnlich den Nostocaceen; während sich aber die Grenzzellen bei diesen, Fig. 111, in gewissen Abständen im Faden vorfinden, liegen sie bei den Rivulariaceen, Fig. 112, am unteren Ende jedes Fadens, der nach oben hin allmählich kleinzelliger wird und schlieſslich in eine feine Spitze ausläuft.

2. Klasse Schizomycetes (Bakterien), Spaltpilze.

Nur bei starker Vergröſserung sichtbare, zellkernlose, meist farblose Einzelzellen, die oft in ungeheurer Menge in Gesellschaften zusammenleben, oder fädige, flächen- oder körperförmige Familien bilden. Zoogloea nennt man in Gallert eingebettete Kolonieen. Oftmals zeigen die Spaltpilze Eigenbewegung. Sie vermehren sich nur durch Teilung; einige bilden Dauersporen und zwar entweder wie bei den vorigen Gruppen durch Umbildung der ganzen Zelle zur Spore (Arthrosporen) oder durch Zusammenziehung des Inhaltes, um den sich eine neue Membran bildet (Endosporen). Die Spaltpilze leben in und von Eiweifssubstanzen, zersetzen dieselben: bewirken deren Fäulnis. Andere Verwandlungen, die sie durch ihre Ernährung veranlassen, sind die Gärungen. Aufserdem sind sie die Ursachen vieler Krankheiten, indem sie parasitisch in den Organen der erkrankten Menschen, Tiere oder Pflanzen leben. Durch Übertragung solcher Spaltpilze werden die Krankheiten „ansteckend".

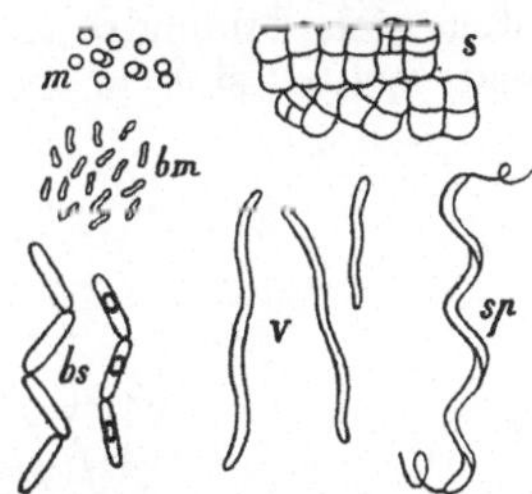

Fig. 113. Schizomyceten. *m* = Micrococcus; *s* = Sarcina ventriculi; *bm* = Bacterium termo; *bs* = Bacillus, der Faden rechts mit Endosporen; *v* = Vibrio; *sp* = Spirillum. — Sehr stark vergr.

Die Bakterien treten in mannigfacher Form auf, besonders in Form kleiner einzelliger Kugeln Fig. 113 *m* und *s* (z. B. *Micrococcus prodigiosus* rote Flecken auf Brot, Kartoffeln, Kleister u. s. w. bildend, *Micrococcus diphthericus* Diphtheritis-Pilz, *Sarcina ventriculi* im Magen des Menschen), in Form von Stäbchen und zwar Kurzstäbchen *bm*: *Bacterium*, und Langstäbchen *bs*: *Bacillus* (z. B. *Bacterium termo* sehr häufig in Flüssigkeiten mit faulenden organischen Substanzen, *Bacillus cholerae* (*Microspina Comma*) der Pilz der asiatischen Cholera, *Bacillus tuberculosis* bei der Schwindsucht, *Bacillus Anthracis* Milzbrandpilz), als Fäden *v* (*Vibrio*, *Leptothrix*, *Beggiatoa*) und Schrauben *sp* (*Spirillum*).

Als Unterfamilien werden unterschieden:

1. **Coccacei.** Nur Arten in Form von Kugelzellen (Coccen), die zuweilen zu Fäden aneinander gereiht erscheinen. Zuweilen mit Arthrosporen. 2. **Bacteriacei.** Zellen stäbchenförmig oder zu Fäden vereinigt. Zuweilen mit Endosporen. 3. **Leptothrichacei.** Fäden, die an beiden Enden verschieden gestaltet sind (also Basis und Spitze unterscheiden lassen). 4. **Cladothrichacei.** Zell-Fäden.

II. Unterabteilung Dinoflagellata (Peridinea).

Pflanzen einzellig, Zellen mit zwei langen Geifseln, mit oder ohne Membranen. In dem Plasma Chromatophoren, also bestimmt geformte und gefärbte Teile desselben, die im Besonderen bei den Dinoflagellaten bräunlich oder braungrün sind. Zellkern vorhanden. Fortpflanzung durch Teilung. — Meist im Plankton (dem lebenden Schwimmgut) des Meeres.

III. Unterabteilung Bacillariales (Diatomeae).

Einzellige, oft in Kolonieen lebende, zuweilen mit Gallertstielen an Gegenständen befestigte Individuen von mannigfacher Form, Fig. 114, mit gelben oder braunen Chromatophoren. Die Membran mit verschiedenartigster Skulptur erscheint durch starke Kieseleinlagerung gehärtet und besteht aus zwei Stücken, Schalen, welche wie die beiden Teile einer Schachtel übereinander greifen P^2. Die Zone einer solchen Schachtelzelle, in der das Übereinandergreifen stattfindet, heifst Gürtel- oder Nebenseite *g*, im Gegensatz zu der Schalen- oder Hauptseite *s*. Fortpflanzung durch einfache Teilung, indem nach Auseinanderrücken der beiden Schalen der protoplasmatische Inhalt in zwei Partieen zerfällt, welche durch eine parallel den Hauptseiten sich bildende Membran geschieden werden. Diese Scheidewand spaltet sich in zwei Lamellen und erhält Gürtelseiten, welche

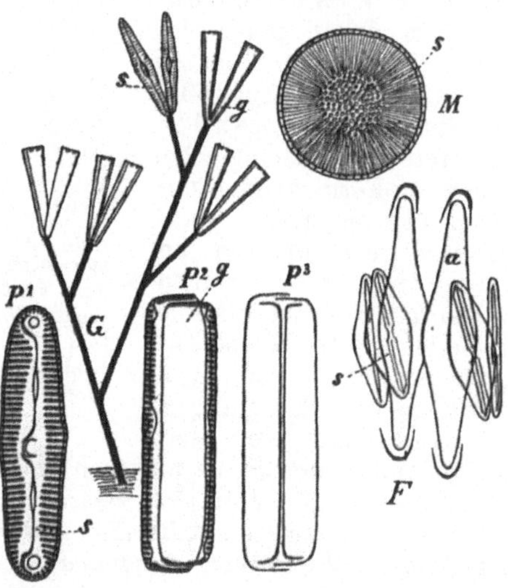

Fig. 114. *G* = 10 Zellindividuen von Gomphonema auf verzweigtem Gallertstiel; *M* = Melosira; *P* = Pinnularia, P^3 = eine Pinnularia-Zelle in Teilung begriffen; *F* = Auxosporenbildung von Frustulia, *a* = Auxosporen, die an ihren Enden vor der vollständigen Ausreifung Kappenstücke abwerfen. In allen Figuren bedeutet *s* Schalen-, *g* Gürtelseite. — Alles stark vergr. (P^1, P^2, *F* nach Pfitzer.)

von den Gürtelseiten der Mutterzellschalen übergriffen werden P^3. Da das neue Gürtelband stets in das von der Mutterzelle mit übernommene Schalenstück eingeschoben erscheint, ist ersichtlich, dafs eine Anzahl der Individuen immer kleiner werden mufs. Hat jedoch dieses Kleinerwerden eine bestimmte Grenze erreicht, so wird die einfache Teilung durch eine andere Art der Fortpflanzung abgelöst. Die Schalen fallen dann im einfachsten Falle auseinander, der Inhalt tritt aus und vergröfsert sich oft bis zu seiner doppelten Länge, wird zur „Auxospore“, und versieht sich mit neuen Schalen; bei anderen Arten zerfällt der plasmatische Inhalt zunächst in zwei Partieen und erzeugt zwei Auxosporen. Auch auf geschlechtlichem Wege können Auxosporen entstehen, indem nach Sprengung der Schalen von zwei zusammengetretenen Zellen die Inhalte sich vereinigen und zu einer Auxospore werden. Bei gewissen Arten legen sich die Zellen ebenfalls aneinander und scheiden eine gemeinsame Gallerte aus, aber die ausgetretenen Inhalte vereinigen sich nicht, sondern ein jeder bildet eine neue Auxospore *F*. Viele frei lebende Diatomeen besitzen Eigenbewegung. — Sie kommen im süfsen Wasser und im Meere oft in grofser Anhäufung vor und haben in früheren geologischen Epochen zur Bildung ganzer Gesteinschichten (Kieselguhr) beigetragen, die aus Diatomeen-Panzern bestehen. — Einige bemerkenswertere Gattungen sind: *Melosira* (Fig. 114: *M*), *Navicula*, *Pleurosigma*, *Gomphonema* (*G*), *Frustulia* (*F*), *Pinnularia* (*P*).

IV. Unterabteilung Gamophyceae.

Pflanzen ein- oder mehrzellig, mit Chlorophyllkörpern, also dann grünen, oder aber durch dem Chlorophyll beigemengte Farbstoffe bräunlichen oder rötlichen Chromatophoren. Zellen mit 1 oder mehreren Zellkernen. Fortpflanzung ungeschlechtlich oder geschlechtlich. Häufig finden sich Schwärmsporen (Zoosporen), frei bewegliche, kleine Zellen, die 2 bis viele Wimpern, Cilien, als Bewegungsorgane besitzen und die stets im Innern anderer Zellen, endogen, entstehen. Die Schwärmsporen und überhaupt Sporen bergenden Zellen nennt man Sporangien. Die Schwärmsporen sind ungeschlechtlich, also ohne weiteres entwickelungsfähig, oder diese Fortpflanzungsart führt allmählich zur geschlechtlichen, indem zunächst zwei gleichartige Schwärmsporen zur Bildung entwickelungsfähiger Sporen conjugiren müssen. In anderen, komplizierteren Fällen ist eine Differenzierung in der Ausbildung der conjugirenden Zellen eingetreten, in kleinere männliche, und gröfsere, weibliche. Die letzteren sind noch beweglich oder bei wiederum höherer Differenzierung ruhend (Eizellen) und werden dann von den männlichen Schwärmsporen, dann Spermatozoïden genannt, aufgesucht und befruchtet. Hand in Hand mit diesen Verschiedenheiten differenzieren sich auch die Sporangien, die Mutterzellen der geschlechtlichen Sporen, die nun als weibliche Sporangien, Oogonien, resp. männliche Sporangien, Antheridien, unterschieden werden. Hiernach wären descendenz-theoretisch die Oosporen und Spermatozoïden aus ungeschlechtlichen Schwärmsporen, die aber bei den Arten mit Oogonien und Antheridien als zweite Fortpflanzungsart noch neben der geschlechtlichen fortbestehen können, entstanden zu denken.

I. Klasse Conjugatae.

Die allein lebenden oder zu einfachen Fäden verbundenen, chlorophyllgrünen Zellen teilen sich nur in einer Richtung; daneben geschlechtliche Fortpflanzung durch Vereinigung des Plasmas zweier ruhender Zellen, d. h. also durch Conjugation oder Copulation (vergl. Seite 6 u. 88). Man bezeichnet behufs Sporenbildung zur Vereinigung bestimmte gleichartige Protoplasmakörper als Gameten und das Vereinigungs-Produkt als Zygote oder Zygospore. Chlorophyllkörper meist in Form einzelner Platten, Bänder, Sterne u. s. w. — Süfswasseralgen.

Fam. Desmidiaceae.

Zellen einzeln oder zu Reihen verbunden, meist wie *m* Fig. 115 durch eine Einschnürung oder durch Anordnung des Inhalts in symmetrische Hälften geteilt. Conjugation findet zwischen isolierten Zellen aufserhalb derselben statt, wobei sich dieselben kreuzweise aneinanderlegen, *d* Fig. 115. — *Cosmarium, Closterium, Micrasterias* (*m* Fig. 115).

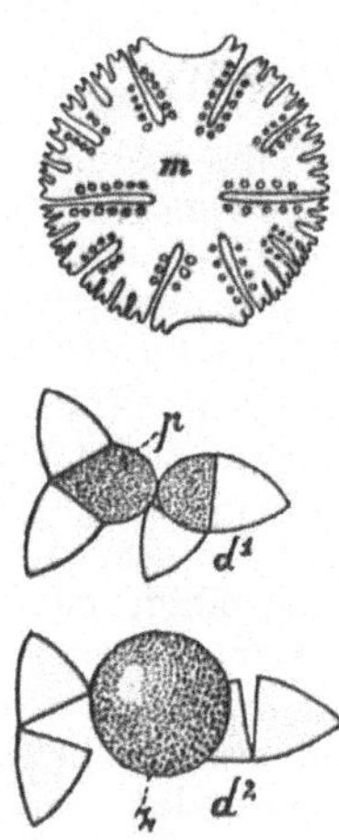

Fig. 115. *m* = Micrasterias papillifera; *d* = zwei conjugirende Desmidiaceen-Zellen (schematisch); bei d^1 bilden die Membranen der beiden Zellen einen Spalt, aus dem das Plasma *p* heraustritt; durch Verschmelzung der Plasmakörper ist in d^2 die Zygote *z* entstanden. — Stark vergr.

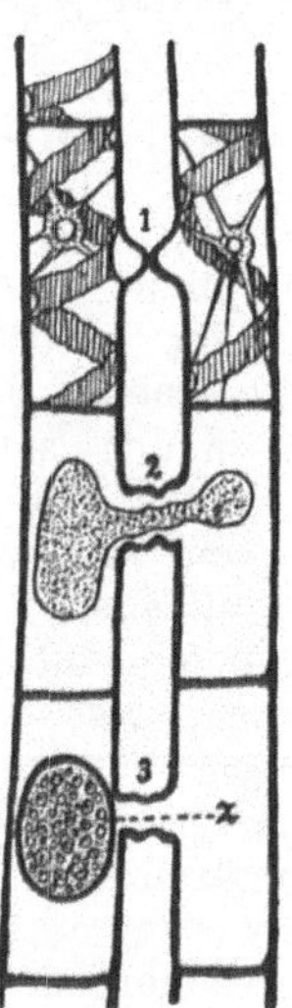

Fig. 116. Zwei Fadenstücke von Spirogyra; die Zellen *1* zeigen das spiralförmige Chlorophyllband, im Zentrum den Zellkern umgeben von Plasma; den Verlauf der Conjugation stellen die Zellen bei *1*, *2* und *3* dar; *z* Zygote. — Stark vergr.

Fam. Zygnemaceae.

Schicken sich die Zellfäden zur Copulation an, so treiben mehrere, bisweilen alle Zellen zweier parallel nebeneinander liegender Fäden Aussackungen *1* in Fig. 116, die gegeneinander gerichtet sind, mit ihren Spitzen verwachsen und hier durch Lösung der trennenden Membranen eine offene Kommunikation, den Copulationsschlauch, zwischen den Inhaltsräumen der beiden Zellen der benachbarten Fäden herstellen. Die Inhaltsbestandteile ziehen sich zusammen, und der Inhalt der einen Zelle wandert in die andere, um dort durch Verschmelzung eine Zygote zu bilden, *2* u. *3*. So ist es bei *Spirogyra*, Fig. 116. Bei anderen Gattungen erhält der Copulationsschlauch in seiner Mitte eine bauchige Erweiterung, einen besonderen Copulationsraum, in welchem der Inhalt beider Zellen zusammentritt.

2. Klasse Chlorophyceae.

Ebenfalls mit grünen Chlorophyllkörpern. Zellen einen oder mehrere Kerne enthaltend. Ein- oder mehrzellig. Fortpflanzung meist ungeschlechtlich und dann 1. durch Teilung, 2. vermittelst Schwärmsporen an ihrer Spitze mit zwei, seltener vier oder vielen Cilien, 3. durch Zellen mit stark verdickter Wandung (Akineten) und 4. durch Zellen ebenfalls ohne Bewegung, welche durch Zusammenziehung des Inhaltes einer Mutterzelle und Bildung einer neuen Membran entstehen (Aplanosporen). Geschlechtliche Fortpflanzung a) isogam, d. h. durch Verschmelzung, Paarung, von zwei schwärmenden geschlechtlichen Zellen (Planogameten) oder b) oogam, d. h. durch Befruchtung ruhender Zellen (Eizellen) seitens frei beweglicher kleinerer Zellen (Spermatozoïden). Die Oogonien, zuweilen nur einfache Zellen darstellend, die Antheridien ebenfalls nur einzellige Behälter. Nach der Befruchtung geht aus der Eizelle eine Spore hervor, die sich nach einiger Ruhe direkt zur neuen Pflanze entwickelt, meist aber Schwärmzellen erzeugt, welche erst zu neuen Individuen auswachsen.

1. Unterklasse Protococcales.

Zellen meist nur mit 1 Zellkern, einzeln lebend oder in Kolonieen. Häufig Gallerte bildend. Die Kolonie-Bildung findet bei vielen Arten in besonderer Weise statt. Der Inhalt einer Mutterzelle zerfällt durch fortschreitende Zweiteilung in viele Schwärmzellen, die entweder

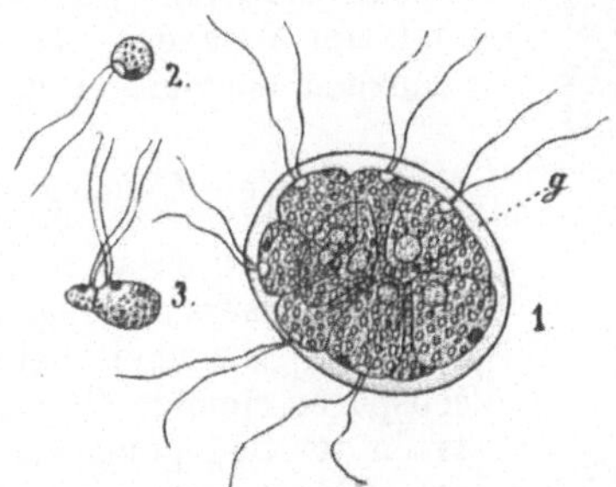

Fig. 117. Pandorina Morum. *1.* Eine schwärmende Familie mit der sich deutlich abhebenden Gallerthülle *g*; *2.* Planogamete; *3.* Zwei Planogameten in Paarung begriffen. — Stark vergr. (Nach Pringsheim.)

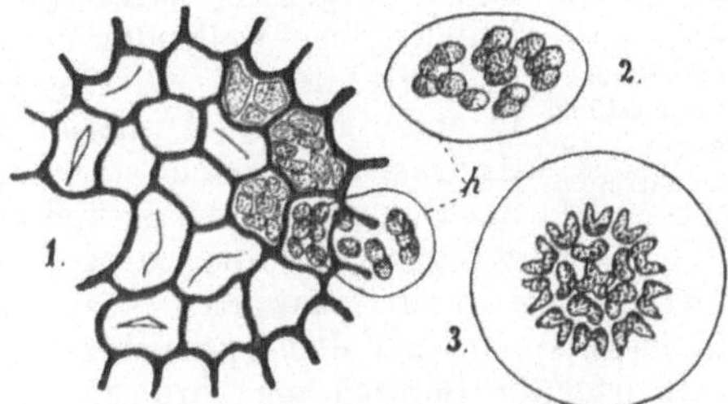

Fig. 118. 1. = Pediastrum granulatum; rechts zerfallen die Zellen in Schwärmer, welche aus einer Zelle austreten, umgeben von einer gemeinsamen inneren gallertigen Schicht *h* der Mutterzellmembran; *2.* die mit ihrer Muttерzellmembran ausgetretenen Schwärmer, die sich in *3.* zu einer Familie zusammenordnen. — Stark vergr. (Nach A. Braun.)

innerhalb einer gemeinsamen, jedoch bald hinfälligen Membran herumschwärmen und sich dann in irgend einer Weise zu einer „Familie“ zusammenordnen, Fig. 118, oder solche Vereinigungen bilden sich durch das Zusammentreten frei schwärmender Zellen. — Süfswasser- auch Luftalgen.

Die **Volvocaceen** besitzen eine starke Gallerthülle, bewegen sich vermittelst Cilien und pflanzen sich isogam (*Pandorina*, Fig. 117), seltener oogam (*Volvox*) fort.

Hydrodictyaceen. Fortpflanzung durch vegetative Schwärmzellen und isogam. — *Pediastrum*, Fig. 118.

2. Unterklasse Confervales.

Einfache oder verzweigte Zellfäden, deren Zellen 1 oder mehrere Zellkerne hegen, seltener ein- bis zweischichtige Zellflächen.

Fam. Ulvaceae.

Blatt- oder sackartige Zellflächen oder -Körper mit Wachstum an der Spitze oder am Rande. Fortpflanzung durch vegetative, vierwimperige Schwärmzellen oder isogam. — Im Süfswasser oder im Meere.

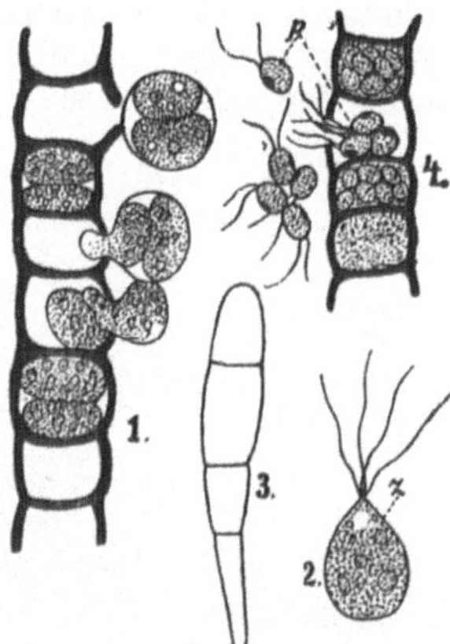

Fig. 119. Ulothrix zonata. *1.* = Stück eines Fadens mit austretenden Schwärmzellen, bei *2.* eine solche einzeln dargestellt; *3.* = junges aus einer Schwärmzelle erwachsenes Pflänzchen; *4.* = Fadenstück Planogameten *p* erzeugend, die aus der einen Zelle austreten. — Stark vergr. (Meist nach Dodel.)

Fam. Ulothrichaceae.

Zellfäden, ausnahmsweise zu Zellflächen werdend. Schwärmzellen mit einer oder vier Wimpern. Geschlechtliche Fortpflanzung isogam. Fig. 119.

Fam. Oedogoniaceae.

Oft rasig zusammenstehende Zellfäden des Süfswassers mit oogamer Fortpflanzung. Die Oed. erzeugen neben vielwimperigen Zoosporen eineiige Oogonien. Bei manchen Arten der Oedogoniaceen werden die Spermatozoïden erst aus schwärmenden, sich später festsetzenden Zellen (Androsporen) gebildet. Zur Erläuterung dieser Eigentümlichkeit geben wir im folgenden und in Fig. 120 ein Beispiel. In gewissen kugelig anschwellenden Zellen des Fadens, den Oogonien *o*, entsteht je eine Eizelle, in anderen, den Antheridienzellen, je eine Androspore, welche sich auf oder neben den Oogonien festsetzt und zu einem wenigzelligen, die Spermatozoïden erzeugenden Gebilde, dem Zwergmännchen, auswächst. Die Oogonien öffnen sich durch eine Membranspalte, um den Spermatozoïden den Eintritt zu gestatten. Nach erfolgter Befruchtung wird aus der Eizelle eine

„Oospore“, die nach längerer Ruhe durch Vermittelung von 4 Zoosporen, die sie erst bildet, zu neuen Pflanzen-Individuen auswächst.

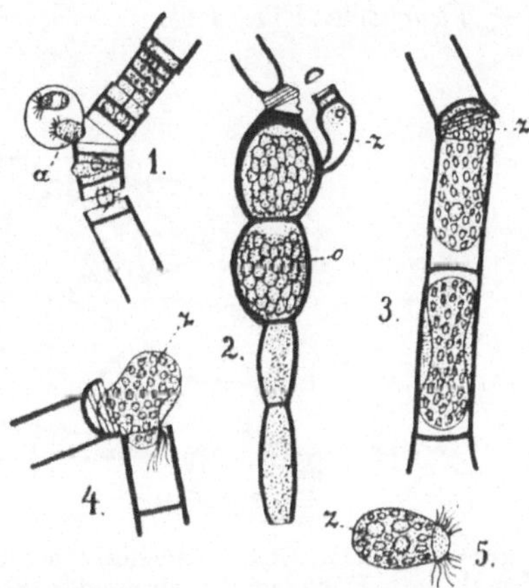

Fig. 120. *1.* = Fadenstück einer Oedogonium-Art mit Antheridienzellen; aus einer derselben treten bei *a* Spermatozoiden aus; *2.* = eine andere Oedogonium-Art mit Oogonien *o* und einem Zwergmännchen *z*; *3.* = Faden mit Zoosporen-Bildung, bei *z* ist eine solche im Begriff auszutreten, in *4.* im letzten Stadium des Austretens und in *5.* frei schwärmend. — Stark vergr. (Nach Pringsheim.)

Fam. Coleochaetaceae.

Oogon mit nur einer Eizelle, die zu einer zellig umrindeten Spore wird, indem unter dem Oogon hervorwachsende Zellfäden die Spore umkleiden. Zellen wie bei den vorigen Familien mit nur einem Zellkern.

Fam. Cladophoraceae.

Gametosporenbildung. Zellen wie bei der folgenden Familie mit mehreren Kernen.

Fam. Sphaeropleaceae.

Oogon mit mehreren Eizellen.

3. Unterklasse Siphoneae.

Zwar meist einzellige, aber oft über fufsgrofse Algen, die äufserlich betrachtet gegliedert erscheinen. Der Hohlraum ist vielkernig und wird zur Befestigung des Ganzen zuweilen von Zellstoffbalken durchzogen; seltener trennende Scheidewände vorhanden.

Fam. Botrydiaceae.

Fortpflanzung isogam. Körper in einen oberirdischen keulenförmigen und einen unterirdischen wurzelförmigen Teil gegliedert. — *Botrydium* (auf feuchtem Lehmboden) Fig. 121.

Fam. Vaucheriaceae.

Fortpflanzung oogam und vielwimperige Zoosporen. Im Süfs- und Brackwasser. — *Vaucheria* Fig. 122.

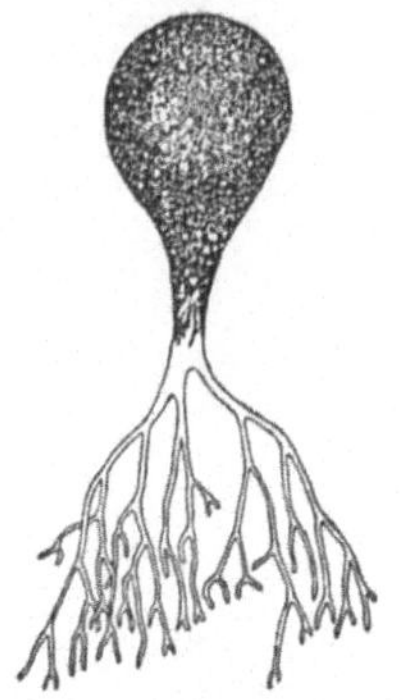

Fig. 121. Botrydium granulatum. — Etwa 15 mal vergr. (Nach Woronin.)

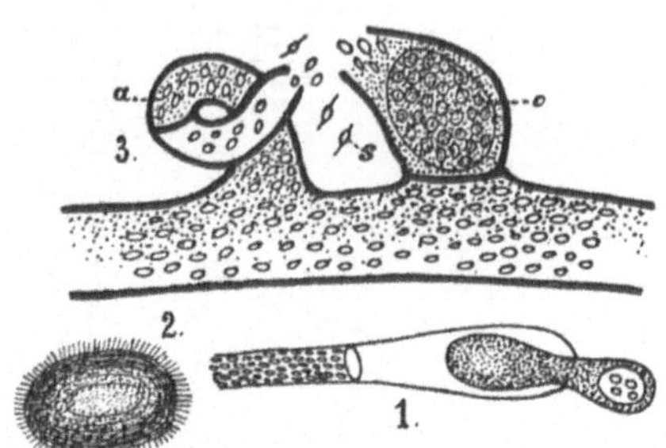

Fig. 122. Vaucheria sessilis. *1.* = Thallus-Ende mit austretender Zoospore, bei *2.* die letztere frei; *3.* = Thallusstück mit Oogon *o* und Antheridium *a*, aus welchem die Spermatozoïden *s* frei werden. — Vergr. (Nach Pringsheim.)

Fam. Caulerpaceae.

Fortpflanzung isogam, auch durch Loslösung einzelner Thallusteile. Gegliedert in Stamm-, Wurzel- und Blattschläuche. Im Meere. — *Caulerpa.*

3. Klasse Charales.

Im Süfs- und Salzwasser vorkommende, verzweigte, oft stark durch Calciumcarbonat inkrustierte, grüne Chlorophyllkörner führende Zellfäden mit Spitzenwachstum, deren Zellen abwechselnd kurz: Knotenzellen und lang: Gliederzellen sind. Die Knotenzellen erzeugen kürzere, „begrenzte“, quirlig angeordnete Zweige: „Blätter“, in deren Winkeln längere, der Hauptachse gleichende, „unbegrenzte“ Zweige entstehen, jedoch in jedem Quirl immer nur einer, *1* Fig. 123. Bei *Chara* werden die Gliederzellen durch Auswüchse des Grundes der begrenzten Zweige berindet; bei *Nitella* bleiben die Gliederzellen unberindet. Fortpflanzung durch Spermatozoïden *5* und Eizellen, welche in besonderen mehrzelligen Antheridienbehältern *a* und berindeten Oogonien *o* an den begrenzten Zweigen mono- oder diöcisch entstehen. Die Antheridien werden aufsen von acht zackig ineinandergreifenden Zellen umgeben, deren jede nach innen in ihrer Mitte eine gestreckte Zelle, das Manubrium *m* in *3* trägt, welches an seinem freien Ende in viele Zellfäden ausgeht; in jeder Zelle dieser Fäden entwickelt sich ein korkzieherartig gewundenes Spermatozoïd mit zwei Cilien *s* und *5*, welches nach Öffnung des Antheridiums entlassen wird. Die Oogonien besitzen eine eineiige Zentralzelle *c*, welche umrindet wird, indem fünf schlauchförmige Zellen von einer unter der Zentralzelle gelegenen Zelle entspringen, die, in

Schraubenlinien aufsteigend, eine Hülle bilden; diese erzeugt am Gipfel der Zentralzelle ein fünf- (bei Chara) oder zehn- (bei Nitella) zelliges „Krönchen" *k*. Kleine bei der Empfängnisfähigkeit entstehende intercellulare Lücken *l* in den Schlauchzellen unter dem Krönchen sind die Eingangsöffnungen für die Spermatozoïden. Die Oosporen entwickeln einen einfachen Zellfaden, „Vorkeim", aus dem als Seitensprofs die vollkommene Pflanze hervorgeht.

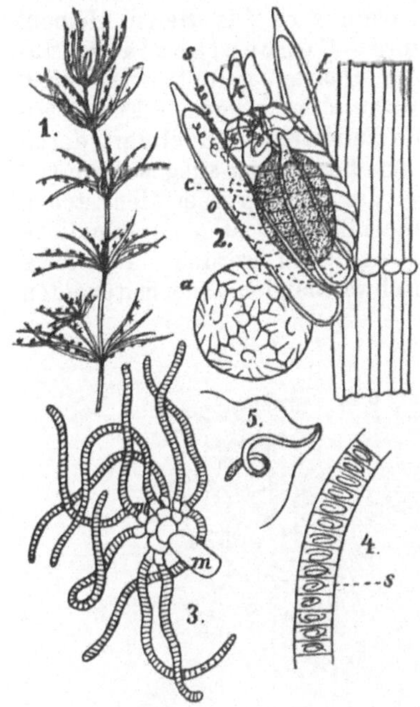

Fig. 123. Chara fragilis. *1.* = Zweigstück mit Blättern, an denen die Fortpflanzungswerkzeuge sitzen; *2.* = Fortpflanzungswerkzeuge, *o* Oogon mit Zentralzelle *c* und Krönchen *k*, unter demselben bei *l* Lücken zum Eintreten der Spermatozoïden *s*, *a* Antheridium; *3.* = Manubrium *m* mit den die Spermatozoïden enthaltenden Zellfäden; *4.* = Stück eines Fadens mit Spermatozoïden *s*; *5.* = Spermatozoïd. — *1.* natürliche Gröfse, *2*—*5* vergr.

4. Klasse Phaeophyceae (Fucoideae, Melanophyceae).

Zellfäden, -Flächen oder -Körper bildende Meeres-, seltener Süfswasser-Algen mit olivengrünen bis braunen Farbstoffkörpern. Die Schwärmzellen immer nur mit zwei entgegengesetzt gerichteten Cilien. Blasenartige Lücken *b* in *1* Fig. 124, die oft im Gewebe namentlich der Fucaceen vorkommen, dienen als Schwimmapparate.

1. Unterklasse Phaeosporeae.

Fortpflanzung durch Zoosporen oder (wo bekannt) isogam: durch Paarung von Planogameten, die sich bei den Cutleriaceen — mit band- bis flächenförmigem Thallus — in gröfsere, also weibliche, vor der Befruchtung zur Ruhe gelangende, und in kleinere, also männliche Gameten unterscheiden. Intercalar wachsen die Ectocarpaceen mit verzweigt-fädigem und die Laminariaceen mit oft blattförmigem, meist sehr grofsem Thallus. Die Sphacelariaceen sind strauchförmig.

2. Unterklasse Cyclosporeae.

Fam. Fucaceae.

Fortpflanzung oogam durch Befruchtung ausgestoſsener, nicht selbstbeweglicher Eizellen. Als Beispiel sei im folgenden *Fucus* beschrieben. Der flache, gabelig verzweigte Thallus, *1* Fig. 124, besitzt hier und da Schwimmblasen *b* und erzeugt an seinen Astenden *c* die Geschlechtsorgane. Ein solches Astende wird aus vielen kleinen, sich nach auſsen hin öffnenden Behältern, Conceptacula *2*, zusammengesetzt, welche mit gegliederten Haaren gefüllt erscheinen, die zwischen sich die Oogonien und Antheridien bergen. Ein Oogonium *3* stellt eine einer kurzen Stielzelle aufsitzende Kugel dar, deren Inhalt in mehrere Eizellen zerfällt, die aus dem Oogon ausgestoſsen (*4*) und passiv vom Wasser fortgetragen werden. Die Antheridien stehen an verzweigten Haaren *5*; jedes Antheridium *a* ist eine längliche Zelle, aus der viele Spermatozoïden *s* entlassen werden. Die freie Eizelle *6* wird von den dieselbe umschwärmenden Spermatozoïden befruchtet.

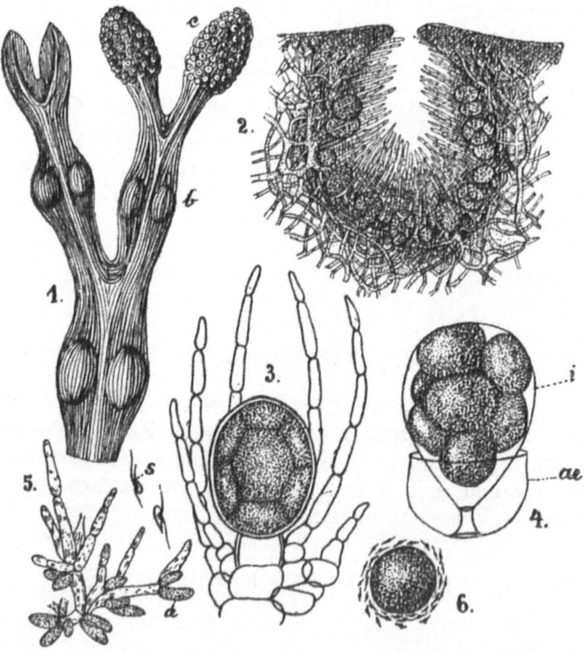

Fig. 124. Fucus vesiculosus. *1.* = Stück des Thallus mit Schwimmblasen *b* und Conceptakeln *c*; *2.* ein Conceptaculum im Durchschnitt; *3.* Oogonium; *4.* Oogonium im Begriff, die Eizellen zu entleeren, die äuſsere Haut *ae* ist geplatzt und die innere *i* bereit zu platzen, beide Häute stellen die innere Lage der Oogon-Wandung dar; *5.* Verzweigtes Haar mit Antheridien *a*, daneben bei *s* zwei Spermatozoïden; *6.* Eizelle von Spermatozoïden umschwärmt. — *1* Natürl. Gröſse, *2—6* stark vergr. (*2—6* nach Thuret.)

Das sogenannte Sargasso-Meer im atlantischen Ocean (vgl. pflanzengeographische Karte) wird von schwimmenden, vom Strande massenhaft losgerissenen Stücken des *Sargassum bacciferum*, Fig. 125, und anderer Fucaceen gebildet. *Fucus*, Fig. 124.

Fig. 125. Sargassum bacciferum mit kugeligen Schwimmblasen. — Etwas verkleinert.

5. Klasse Dictyotales.

Fam. Dictyotaceae.

Fortpflanzungszellen, sowohl die geschlechtlichen als auch die ungeschlechtlichen, unbeweglich.

6. Klasse Rhodophyceae (zum größten Teil Florideae).

Vielzellige, meist stark verzweigte Fäden, Flächen und Körper mit rosen- bis braunroten, auch violetten Farbstoffkörpern. Die Zweige unterscheiden sich nicht selten, ähnlich wie bei den Characeen, in Kurz- und Langtriebe („Blätter und Stengel"). Fortpflanzung 1. durch unbewegliche, nackte, vegetative Sporen, die meist durch Vierteilung einer Mutterzelle entstehen und daher Tetrasporen genannt werden (*te* in Fig. 126), 2. geschlechtlich. Die Antheridien *a* erzeugen unbewegliche, männliche Zellen, Spermatien *sm*, welche passiv vom Wasser den weiblichen Organen zugeführt werden. Letztere nur selten einzellig, meist von besonderem Bau und dann Carpogonien *ca* oder Procarpien genannt; sie stellen einen mehrzelligen Körper dar, der meist ein haarförmiges Organ, die Trichogyne *tr*, trägt, welches als Empfängnisorgan funktioniert. Die Oosporen *o* sind zu Cystocarpien *cy* vereinigt und bleiben unberindet **(Gymnosporeae)** oder erhalten eine gemeinsame Umrindung **(Angio-**

sporeae). — Im Meere (*Bangia, Delesseria, Corallina, Chondrus crispus*, Fig. 127, und *Gigartina mammillosa*), selten im süfsen Wasser (*Batrachospermum*).

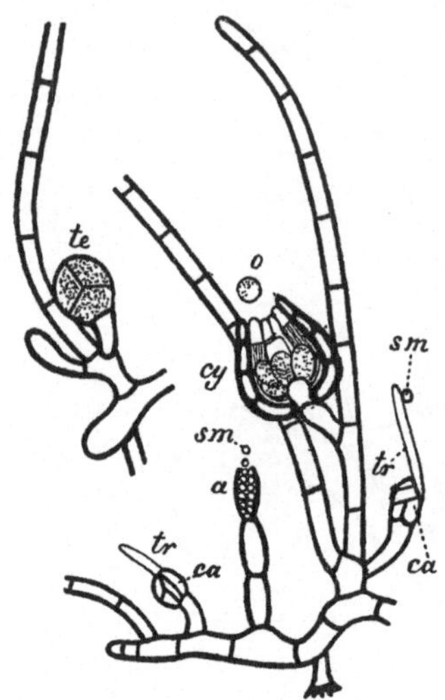

Fig. 126. Zwei Thallusstücke von Lejolisia mediterranea mit Tetrasporen *te* und Geschlechtswerkzeugen. *a* = Antheridium; *sm* = Spermatien; *ca* = Carpogonien; *tr* = Trichogyne; *cy* = Cystocarp; *o* = Oosporen. — Stark vergr. (Nach Bornet, etwas verändert.)

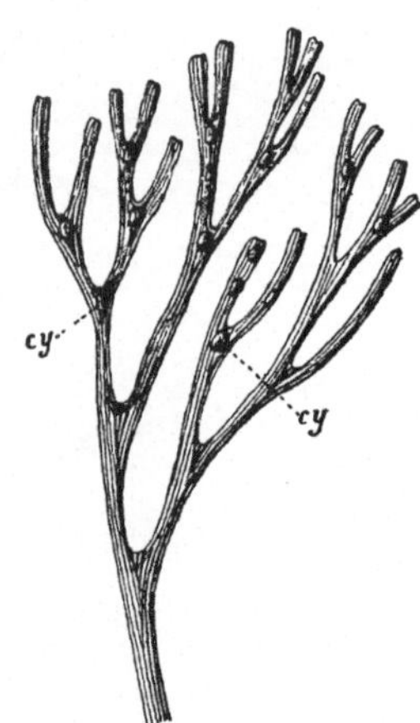

Fig. 127. Thallusstück von Chondrus crispus mit Cystocarpien *cy*. — Etwas verkleinert.

V. Unterabteilung Fungi, Fadenpilze

(mit Einschlufs der Lichenes, Flechten).

Die Arten sind ein- oder mehrzellig, die Zellen fadenförmig oder zu Fäden, Hyphen, aneinandergereiht; letztere bilden oft dicht zusammenwachsend gröfsere Körper, die auf Querschnitten unter dem Mikroskop den Eindruck parenchymatischer Gewebe machen: Pseudoparenchym. Während bei den Algen (vgl. unter Gamophyceen Seite 117) die geschlechtliche Fortpflanzung sich zu den höheren Formen aufsteigend immer mehr ausprägt, ist es bei den Pilzen nach der Brefeld'schen Auffassung umgekehrt: Die algenähnlichsten Pilze, die Phycomyceten, verhalten sich wie die höheren Algen, indem sie eine hochdifferenzierte geschlechtliche Fortpflanzung neben einer ungeschlechtlichen besitzen. Die Mesomyceten bilden aber Zwischenformen von den ersteren zu den Mycomyceten, den höchstentwickelten Pilzen, die jeder geschlechtlichen Fortpflanzung entbehren. — Sporen meist an besonderen Trägern auftretend. Der keine Sporen erzeugende, vorzugsweise der Nahrungs-Aufnahme dienende Teil des Leibes heifst Mycelium.

Die Pilze leben meist an der Luft, nur selten im Wasser. Vgl. auch Seite 113.

I. Gruppe Phycomycetes, Algen-Pilze.

Abgesehen von dem Chromatophoren-Mangel am Algen-ähnlichsten; auch noch öfter im Wasser lebend. Hyphen einzellig. Fortpflanzung 1. auf vegetativem Wege durch Bildung von Zoosporen oder von unbeweglichen Sporen, 2. geschlechtlich durch Zygosporen- oder Oosporen-Bildung.

1. Reihe Oomycetes.

Geschlechtliche Fortpflanzung durch Oosporen. Ungeschlechtliche Fortpflanzung durch Schwärmsporen.

1. Unterreihe Chytridiales.

Auf Wasserpflanzen und Infusorien, selten auf Landpflanzen. schmarotzende, kleine, einzellige Pilze mit einwimperigen Zoosporen. — *Chytridium.*

2. Unterreihe Mycosiphonales.

Mycel schlauchartig.

Fam. Saprolegniaceae.

Im Wasser lebende Saprophyten, zuweilen auch Parasiten auf Tier- und Pflanzenkörpern. Oosporen und Zoosporen. Fig. 128. — *Leptomitus lacteus* (*Saprolegnia lactea*) nicht selten massenhaft auf organischen Substanzen.

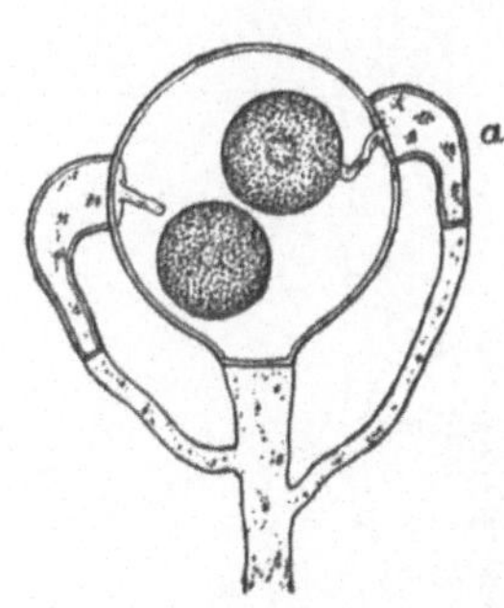

Fig. 128. Geschlechtsorgane einer Saprolegniacee. Oogon mit 2 Eizellen. *a* = Antheridien, die je einen Befruchtungsschlauch an eine Eizelle senden. Stark vergr.

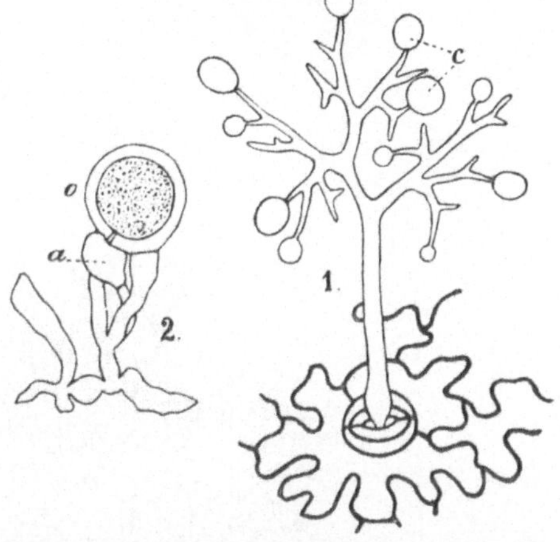

Fig. 129. Peronospora calotheca. *1.* = Conidienträger aus einer Spaltöffnung der Nährpflanze (Asperula odorata) hervortretend, *c* = Conidien; *2.* = Geschlechtsorgane, *o* = Oogonium, *a* = Antheridium. — Stark vergr. (Nach Kny.)

Fam. Peronosporaceae.

Den kugeligen Oogonien, *o* Fig. 129, legt sich (vergl. auch vorige Familie Fig. 128) eine Hyphen-Endigung an, welche anschwillt, sich durch eine Scheidewand abgrenzt, zum Antheridium wird, und einen Fortsatz in das Oogonium hineintreibt, welcher die Befruchtung vermittelt.

Das Mycel lebt parasitisch in Pflanzengeweben, erzeugt Oosporen und an die Oberfläche der Nährpflanze tretende Träger, Fig. 129 *1*, mit Sporen *c*. Die Sporen sind als einsporige, geschlossen bleibende Sporangien, Schliefssporangien, anzusehen, resp. als keimfähige Sporangien, die im allgemeinen in ihrem Innern Sporen nicht mehr zur Ausbildung bringen. Man nennt solche Sporen (Sporangien) Conidien. Sie erzeugen entweder unmittelbar oder durch Vermittelung von Zoosporen neue Individuen, und die letzterwähnte Thatsache unterstützt die Auffassung der Conidien als Sporangien, die also vor der Sporenbildung in ihrem Innern abfallen. — Hierher *Phytophthora* (*Peronospora*) *infestans*, der Pilz der Kartoffel-Krankheit.

Fam. Entomophthoraceae.

Diese als ansteckende Krankheiten gewisser Insekten auftretenden Pilze verbreiten sich epidemisch durch Conidien, welche abgeschleudert werden. — *Entomophthora muscae* oft auf Stubenfliegen.

2. Reihe Zygomycetes.

Das Produkt der geschlechtlichen Fortpflanzung ist eine Zygospore, welche durch Copulation zweier Hyphen-Äste entsteht. *3* und *4*

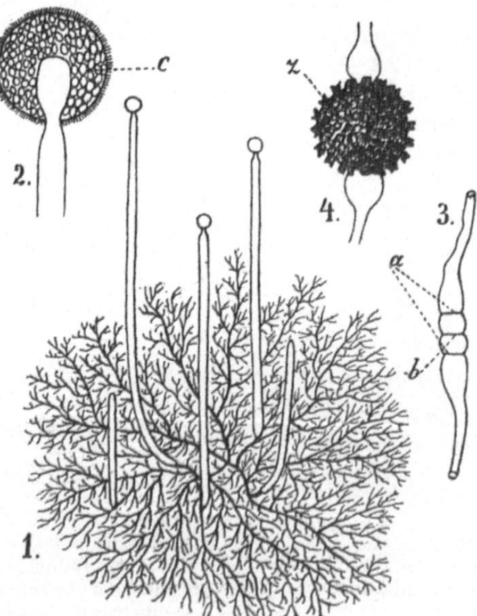

Fig. 130. *1.* Eine Mucoracee (Phycomyces nitens) mit drei reifen und zwei sich entwickelnden Sporangienträgern; *2.* Längsschnitt durch den Gipfel eines Sporangienträgers von Mucor mucedo, *c* = ungeschlechtl. Sporen; *3.* Zwei Mycel-Äste in Copulation begriffen, die zur Zygospore *z* in *4.* werdenden Zellen sind durch die Scheidewände *a* abgegliedert, in *b* berühren sich die beiden Äste; diese gemeinsame Scheidewand wird aufgelöst, sodafs die Inhalte der beiden Zellen zur Zygosporen-Bildung zusammenfliefsen. — Vergr. (*1.* nach Sachs, *2.*, *3.*, *4.* nach Brefeld.)

in Fig. 130. Bei gewissen Arten ist schon hier der Rückgang der Sexualität dadurch angedeutet, dafs die Conjugationsäste, ohne zu conjugiren, jeder eine Spore, dann Azygospore genannt, erzeugen.

Fam. Mucoraceae.

Vegetative Fortpflanzung nur durch bewegungslose Sporen (vgl. Fig. 130). Hierher *Mucor mucedo* der Kopfschimmel, mit solchen Sporen *c*, die innerhalb einer kugeligen Zelle, also endogen, entstehen: Endosporen. Bei anderen Arten, z. B. *Piptocephalis*, auf dem Kopfschimmel schmarotzend, sind diese Sporen „exogen". Nach dem bisher Gesagten ist es richtiger, die letztgenannten Sporen, die Exosporen, genauer als Conidien zu bezeichnen, da sie als Sporangien gelten müssen, deren Sporenbildung unterblieben ist, während bei *Mucor mucedo* die Sporenbildung im Innern der Sporangien noch stattfindet. Die Mycelfäden gewisser Arten zerfallen unter bestimmten Bedingungen, welche die Sporangienbildung verhinderten, durch Querwandbildung in lauter einzelne Sporen: Oïdien-Sporen. Da unter günstigen Bedingungen aus den Oïdien-Sporen direkt Sporangienträger hervorgehen können, wie aus jedem Mycelabschnitt eines unter normalen Umständen vegetierenden Individuums, so sind die Oïdien-Sporen als Sporangienträger-Anlagen in Sporenform anzusehen. Auch die „Chlamydosporen" sind wie die Oïdien nur Sporangienträger-Anlagen. Sie können z. B. unter ungünstigen Ernährungsverhältnissen entstehen. Es zieht sich dann das Plasma auf bestimmte Partieen der Fäden zurück, wo es sich sporenähnlich von den protoplasmaleeren Teilen absondert. Es besteht also nur der Unterschied, dafs bei der Oidien-Bildung der gesamte Pilzkörper sporig zerfällt, bei der Chlamydosporen-Bildung hingegen nur bestimmte Teile zu Sporen werden.

2. Gruppe Eumycetes.

Mycelfäden vielzellig. Geschlechtliche Fortpflanzung fehlt ganz. Fortpflanzung durch endogene Sporenbildung, also typische Sporangien vorhanden, ferner Conidien und Chlamydosporen. Die Zygomyceten mit mehrsporigen Sporangien wie *Mucor mucedo* setzen sich zu ebensolchen (natürlich äufserlich anders geformten) Sporangien tragenden Formen fort: zu den Ascomyceten, deren Sporangien Asci genannt werden, — die Conidien tragenden setzen sich zu nur Conidien tragenden Eumyceten: den Basidiomyceten, deren Conidien speziell Basidiosporen heifsen, fort.

I. Klasse Mesomycetes.

Wir erwähnen die beiden Familien der Brandpilze.

Fam. Ustilaginaceae u. Tilletiaceae.

Das Mycel, welches parasitisch in Pflanzen lebt, zerfällt innerhalb der Nährpflanze oder nach aufsen tretend, *1* Fig. 131, in dunkel gefärbte Dauer-Sporen (Chlamydosporen) *2*, aus denen ein kleines

Mycel, P r o m y c e l *p*, hervorgeht, welches längliche bis fadenförmige Conidien, S p o r i d i e n *sd*, abschnürt. Das Promycel der Ustilaginaceen ist durch Querwände geteilt, dasjenige der Tilletiaceen ungeteilt. Die Sporidien können wieder Promycelien und Sporidien erzeugen, entwickeln sich aber, auf eine Wirtspflanze gelangend, zu einem Hauptmycel. Zuweilen copuliren, wie in *4*, die Sporidien, jedoch ohne Zygosporen-Bildung, als Andeutung einer geschlechtlichen Fortpflanzung.

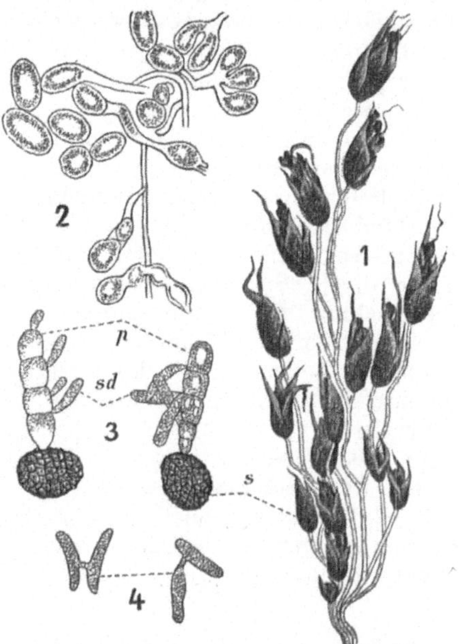

Fig. 131. *1.* = Haferrispe vom Brand, Ustilago carbo, befallen; *2.* = Mycel von Ustilago carbo in Chlamydosporenbildung begriffen; *3.* = Zwei Sporen *s* von Ustilago receptaculorum mit Promycel *p* und Sporidien *sd* (Conidien); *4.* = Copulirte Sporidien von Ust. recept. — *1* natürl. Gr.; *2*, *3*, *4* stark vergr. (*1* Original, *2* nach Frank, *3* u. *4* nach De Bary.)

Der „Brand" der Getreide-Arten wird durch die Arten der Ustilaginaceen und Tilletiaceen verursacht: *Ustilago carbo* = F l u g b r a n d, R u f s b r a n d Fig. 131, *Ustilago Hordei* = Flugbrand der Gerste, *Tilletia caries* = S t e i n -, S c h m i e r b r a n d des Weizens. Beim Flugbrand bedecken die Dauersporen die Oberfläche der befallenen Organteile, beim Steinbrand bleiben sie zunächst innerhalb der Organe verborgen.

2. Klasse Mycomycetes.

Hierher gehören die meisten Pilze. Fortpflanzung 1. durch im Innern anderer schlauchförmiger Zellen (Sporangien; hier: A s c i) entstehende Sporen (E n d o s p o r e n, A s c o s p o r e n), die in den ersteren immer in bestimmter Zahl auftreten; 2. durch Conidien, welche an den Spitzen besonderer Zellfäden (B a s i d i e n) sich abschnüren.

1. Unterklasse Ascomycetes.

Sporen (Ascosporen) in keuligen, schlauchförmigen Hyphen-Endigungen, von bestimmter Form und bestimmtem Sporeninhalt: Asci. Daneben oft (exogene Sporen) Conidien.

Fam. Saccharomycetes, Hefepilze.

Länglich-kugelige, durch Sprossung sich vermehrende Einzelzellen, die oft zunächst zu verzweigten Ketten vereinigt bleiben, Fig. 132. Man kann oder mufs die Zellen der Hefepilze als Conidien ansehen, da in ihnen Ascosporen zu 2 bis 4 in jeder Mutterzelle entstehen können. Es würde sich demgemäfs um Pilze handeln, bei denen alle vegetativen Zustände ausgeschaltet sind, vorausgesetzt, dafs sich nicht noch ergiebt, dafs uns nur bisher diese Zustände unbekannt geblieben sind; denn es giebt Pilze mit vegetativen Zellen, die als Hefezustände bekannt sind, man kann also bei diesen aufser den anderen Fortpflanzungsarten noch Hefeconidien unterscheiden.

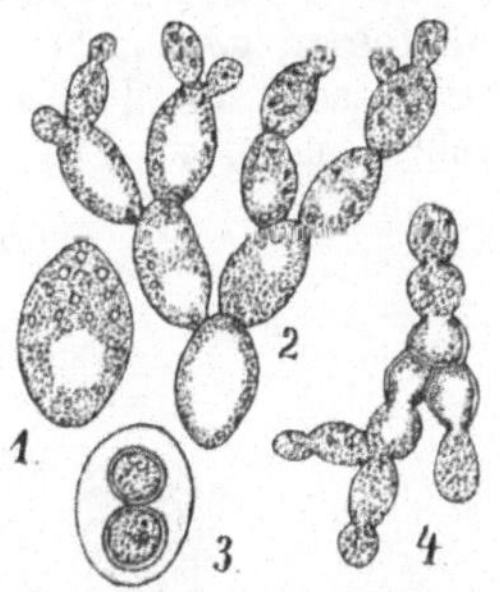

Fig. 132. Saccharomyces Cerevisiae. *1.* = Einzelzelle; *2.* = Eine durch Sprossung entstandene Kolonie; *3.* = Einzelzelle mit zwei Sporen; *4.* = Einzelzelle mit drei Sporen, die alle aussprossen. — Stark vergr. (*3* und *4* nach Reess.)

Die Hefepilze leben in zuckerhaltigen Flüssigkeiten und zerlegen bei ihrem Ernährungsprozefs den Zucker in Kohlendioxyd und Alkohol („alkoholische Gärung"). Der Kahmpilz, *Saccharomyces mycoderma*, lebt jedoch auf bereits ausgegorenen Flüssigkeiten und bildet auf denselben die „Kahmhaut". *Saccharomyces Cerevisiae* = Bier- und Branntweinhefe Fig. 132. *S. ellipsoïdeus* = Weinhefe.

Fam. Gymnoascaceae.

Parasiten und Saprophyten mit fadenförmigem Mycel, welches nach aufsen hin viele Asci entwickelt.

Fam. Perisporiaceae.

Asci zu mehreren in Behältern, Perithecien, *p* Fig. 133 und 134, die vollkommen geschlossen sind und sich erst nach der

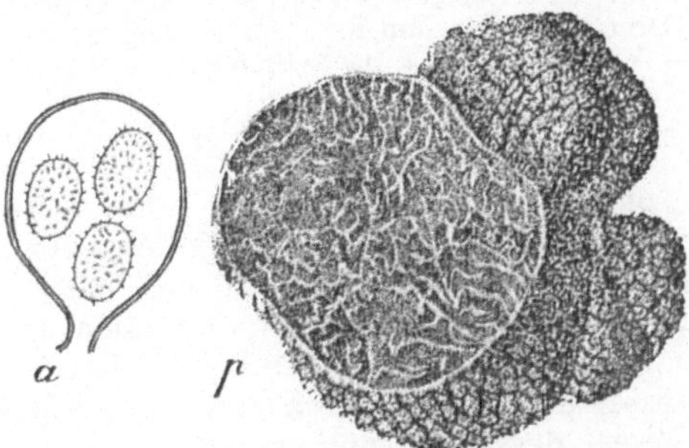

Fig. 133. Tuber melanosporum. *p* von aufsen und im Querschnitt, auf letzterem stellt die punktierte Grundmasse das Ascuslager dar, *a* ein Ascus aus demselben mit drei Sporen. — *p* etwas verkl., *a* vergr. (Nach Lenz.)

Reife öffnen. Das parasitische oder saprophytische Mycel entwickelt in manchen Fällen auch Conidienträger, *x* und *y* Fig. 134.

In der Unterfamilie der Erysipheae, *p* und *y* Fig. 134, sind die Perithecien *p* einkammerig, bei den Tubereen mehrkammerig. Zu der ersteren gehören die Mehltau-Pilze, wohl auch *Oïdium Tuckeri* auf den Blättern, Zweigen und Beeren des Weinstockes, die Ursache der Weintrauben-Krankheit, ein Pilz, dessen Asci noch unbekannt sind, zu der letzteren die Trüffeln (*Tuber*) Fig. 133, unter oder auf dem Erdboden lebend und bekanntlich in manchen Arten als Delikatessen geschätzt, sowie Schimmelpilz-Arten, z. B. die gemeinste unter diesen, der Pinselschimmel, *Penicillium glaucum*, auf Brot, Früchten u. s. w. Fig. 134 *a*, *g*, *x*.

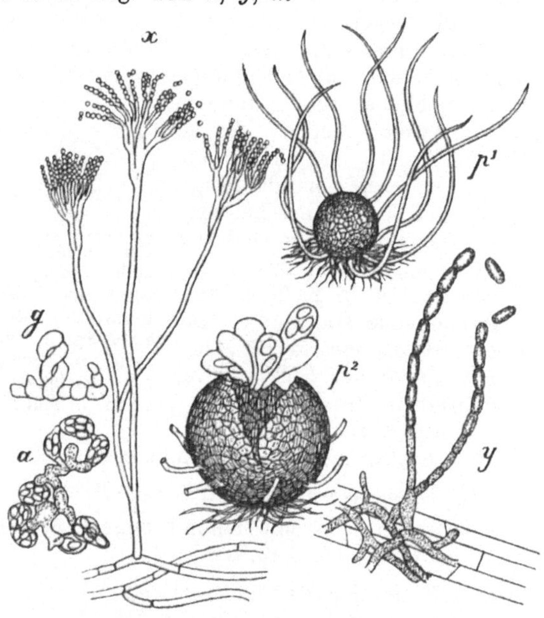

Fig. 134. *a*, *g*, *x* = Penicillium glaucum; *p*, *y* = Erysiphe communis; *x*, *y* = Conidienträger, *g* = junge Perithecium-Anlage, p^1 = ausgewachsenes Perithecium, p^2 dasselbe durch Druck geöffnet, um die Asci zu zeigen, *a* = Ascuslager mit acht Asci. — Vergr. (*g* und *a* nach Brefeld, *p* und *y* nach Frank.)

Fam. Pyrenomycetes.

Perithecien offen, meist krugförmig, einzeln oder auf einem besonderen Träger (Stroma) vereinigt; die Asci in denselben eine besondere Schicht, Hymenium, bildend und mit sterilen Hyphen-Endigungen (Paraphysen) untermengt. Conidien an freien Trägern oder zuweilen in besonderen Behältern: Pycniden.

Am bekanntesten ist der Mutterkornpilz, *Claviceps purpurea*, Fig. 135. Das Mycel desselben lebt parasitisch in den Fruchtknoten von Gräsern, namentlich des Roggens *r*, und schnürt Conidien *c* ab, die in süfslichem Schleim eingebettet sind. Dieser wird von Fliegen eifrig gesucht, wodurch zur Verbreitung des Pilzes beigetragen wird. Der Conidienzustand dieses Pilzes ist unter dem Namen Honigtau bekannt und wurde früher für eine besondere Art (*Sphacelia segetum*) gehalten. Das Mycel *m* vergröſsert sich schlieſslich zu einem 1—2 cm langen, festen, dunkel gefärbten Körper (Mutterkorn), welcher den Winter überdauert und als Dauermycel: Sclerotium *s*, bezeichnet wird. Dieses bringt im nächsten Frühjahr einige gestielte Träger *t* mit kugeligen Köpfchen hervor, in deren Oberfläche zahlreiche Perithecien *p* eingesenkt sind, welche in ihren Asci *a* fadenförmige Sporen *sp* entwickeln; aus diesen geht wieder der Honigtau hervor.

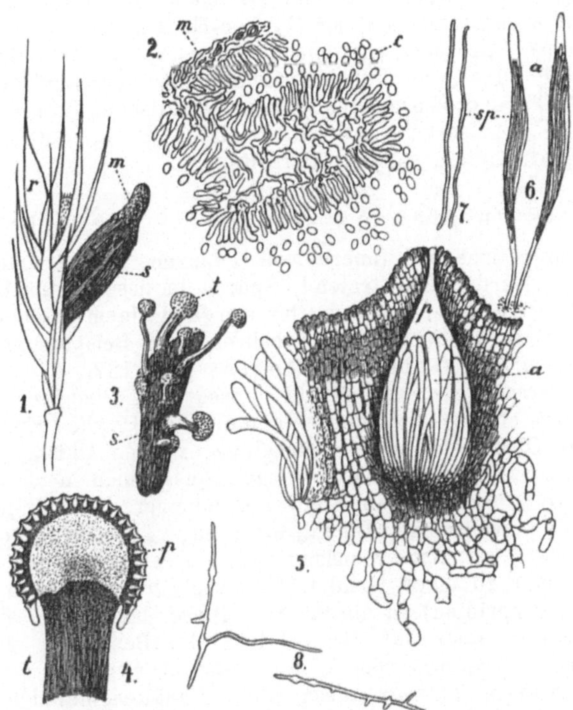

Fig. 135. Claviceps purpurea. *1* = Roggenähre *r* mit einem Sclerotium *s*, auf welchem noch ein Rest der Sphacelia *m* sitzt; *2* = Sphacelia mit Conidien *c* und Mycel *m*; *3* = Sclerotium *s* zu Perithecien-Trägern *t* auswachsend; *4* = Längsschnitt durch das Köpfchen eines Perithecien-Trägers, *p* = Perithecien; *5* = Längsschnitt durch ein Perithecium; *6* = zwei Asci mit Sporen *sp*; *7* = zwei Sporen; *8* = zwei Sporen in Keimung begriffen. — *1.* natürl. Gröſse, *3.* etwas verkl., die übrigen Gröſsenverhältnisse ergeben sich hieraus. (Im wesentlichen nach Tulasne.)

Fam. Discomycetes.

Hymenium im Reifezustand ganz frei liegend, auf der ganzen Oberfläche oder auf einem flach-scheibenförmigen bis becherförmigen Teil des Trägers. Die Ascus-Träger heiſsen Apothecien. Im übrigen gleichen die Discomyceten den Pyrenomyceten. — Von den

Fig. 136. Morchella esculenta = Speisemorchel. — Etwas verkl.

Phacidieen ist *Rhytisma acerinum*, schwarze Flecken auf Ahornblättern bildend, bemerkenswert, von den Helvelleen die Morcheln, (*Morchella*, Fig. 136) mit keulenförmigen Trägern. Die Pezizeen-Träger sind sitzend oder gestielt, becher- bis napfförmig.

2. Unterklasse Basidiomycetes.

Sporen (Conidien) meist zu vier, aber auch eine bis acht an Hyphen-Enden, Basidien, durch Sprossung entstehend: Basidiosporen. Die Basidien gewöhnlich Hymenien mit oder ohne Paraphysen an gröfseren pseudoparenchymatischen Trägern bildend. Aufserdem bei vielen Arten Chlamydosporen oder Oïdien. — Saprophyten, seltener Parasiten.

Fam. Uredinaceae (Aecidiomycetes), Rostpilze.

Mycel parasitisch im Innern von Pflanzen lebend und an die Oberfläche der Wirtspflanze tretend, Sporen in besonderen Behältern abschnürend. Viele Arten mit zwei- bis viergliederigem „Generations"- und oft damit verbundenem Wirtswechsel. Als Beispiel geben wir die Entwickelung des Getreide-Rostes Fig. 137.

Das in Gräsern lebende Mycel dieses hier *Puccinia graminis* genannten Pilzes erzeugt den Sommer hindurch an Hyphen-Endigungen, welche an die Oberfläche treten, einzellige exogene Chlamydosporen, Uredosporen, Sommersporen *ur*, aus denen neue Puccinia-Mycelien hervorgehen. Gegen Ende des Sommers werden jedoch in unserem Falle zweizellige Chlamydosporen, Teleutosporen *t*, gebildet, welche den Winter ausdauern: Wintersporen, und im nächsten Frühjahr zu einer Basidie (Promycel) *p* auswachsen, welche Basidiosporen (Sporidien) *sd* abschnürt. Diese entwickeln sich zwar nicht auf Gräsern, aber auf den Blättern der Berberitze zu einem Mycel, wohin die Sporen vom Winde gebracht werden. Das Mycel in der Berberitze bildet nach aufsen kleine Behälter, nämlich 1. Pykniden *sp*, deren Hyphen stäbchenförmige Zellen, und 2. Aecidienbecher *a* (*Aecidium Berberidis*), aus derem Grunde sich parallel nebeneinander stehende Hyphen erheben, welche Reihen von Chlamydo-Sporen abschnüren. Die Aecidio-Sporen keimen ihrerseits nur auf Gräsern und erzeugen zunächst wieder die Uredo-Form (*Uredo linearis*), von der wir ausgegangen sind.

Zahlreiche Arten, die sich oft als verschiedenfarbige Pusteln, namentlich auf Laubblättern, bemerkbar machen und mehr oder weniger schädliche Krankheiten erzeugen.

Fam. Tremellaceae, Gallertpilze.

Die Basidien teilen sich in zwei bis fünf Zellen, deren jede eine Spore abschnürt. Hymenium oberflächlich den Pilzkörper überziehend.

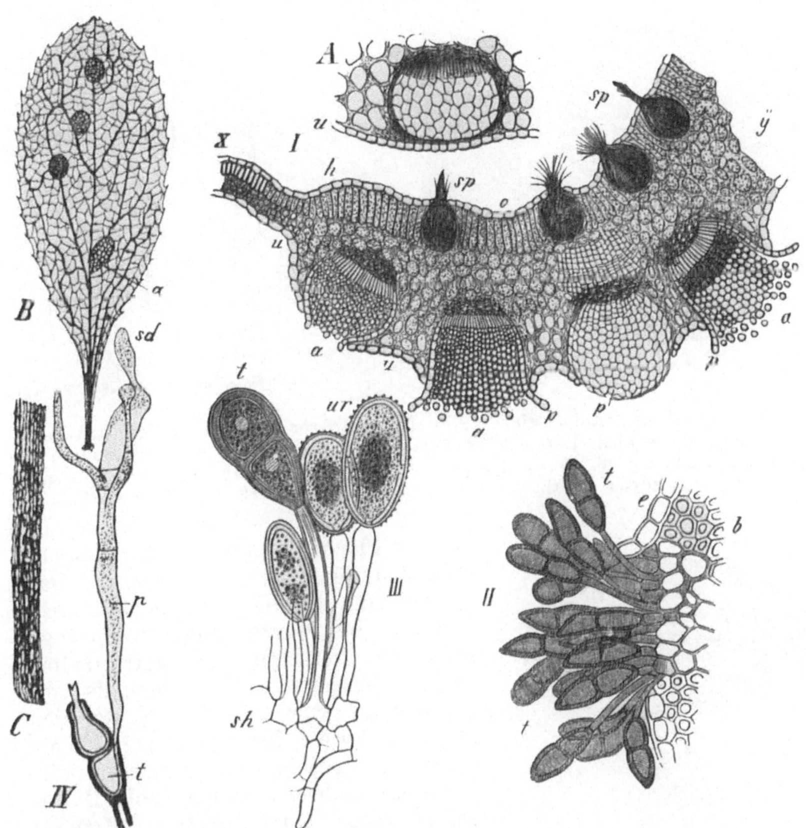

Fig. 137. Puccinia graminis (incl. Aecidium Berberidis). *B* = Blatt von Berberis vulgaris von der Unterseite mit 4 Aecidium-Bechern *a*; *A* = Teil eines Blattquerschnittes der Berberitze mit einem jungen Aecidiumbecher, *u* Unterseite; *I* = Blattquerschnitt der Berberitze mit Pykniden *sp* und Aecidiumbechern *a*, *p* deren Aufsenwandung, zwischen *u* (Unterseite) und *o* (Oberseite) ist das Blatt verdickt, bei *X-h* seine natürliche Dicke, bei *y* die krankhafte Verdickung; *C* = Halmstück der Quecke mit Teleutosporen-Lagern besetzt, in *II* ist ein solches im Querschnitt dargestellt, *e* Epidermis, *b* Teil des Queckenblattes, *t* zweizellige Teleutosporen; *III* = Teil eines Uredosporen-Lagers mit Uredosporen *ur* und einer Teleutospore *t*, *sh* Hyphen; *IV* = Keimende Teleutospore *t*, *p* Basidie (Promycel), *sd* Basidiosporen (Sporidien). — *B* und *C* natürl. Gröfse, alles andere vergröfsert. (*A*, *I*, *II* und *III* aus Sachs' Lehrbuch, *II* und *III* nach De Bary, *IV* nach Tulasne.)

Fam. Hymenomycetes, zum Teil Hutpilze.

Basidien, *b* Fig. 138, ungeteilt. Sporenträger sehr verschieden gestaltig, das Hymenium seltener die ganze Aufsenfläche, meist nur bestimmte Teile derselben bekleidend.

Bei den Telephoreen erscheint die das Hymenium tragende Fläche mit blofsem Auge gesehen glatt. Der Körper ist oft krustenförmig. Auch die Clavarieen tragen ihr Hymenium auf einer

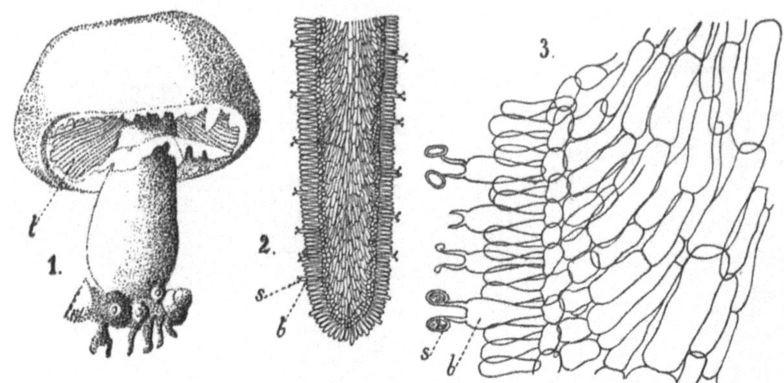

Fig. 138. Psalliota campestris. *1.* = Sporenträger, *l* = Lamellen mit dem Hymenium; *2.* = eine Lamelle im Querschnitt mit Basidien *b* und Sporen *s*; *3.* = ein Teil von *2.*, *b* = Basidien, jede bei Ps. camp. nur zwei Sporen *s* erzeugend. — *1.* etwas verkl., *2.* vergr., *3.* stark vergr. (*2.* und *3.* nach Sachs.)

Fig. 139. Sporenträger von Boletus bovinus (Kuhpilz).

glatten Fläche des keulen- oder strauch- bis korallenförmigen Körpers. Das Hymenium der Hydneen überzieht stachel- bis warzenartige Vorsprünge des oft „hut-“ (besser schirm-) förmigen Trägers. Die ebenfalls oft hutförmige Sporenträger besitzenden Polyporeen, Fig. 139, zeigen kleine, meist zu besonderen Schichten verbundene Röhren, welche vom Hymenium ausgekleidet werden. *Merulius* (*Serpula*) *lacrymans*, Hausschwamm. Bei den gleichfalls gewöhnlich hutförmigen Agaricineen, den Blätterschwämmen, Fig. 138, bekleidet das Hymenium Lamellen *l*, Blätter, welche auf der Unterseite des Schirmdaches verlaufen. *Psalliota* (*Agaricus*) *campestris* = Champignon, Fig. 138, *Amanita* (*Ag.*) *muscarius* = Fliegenpilz, *Armillaria* (*Ag.*) *mellea* = Hallimasch, auf Bäumen schmarotzend und hierdurch oft sehr schädlich: Rothfäule.

Fam. Gastromycetes, Bauchpilze.

Hymenium im Innern der sich bei der Reife meist öffnenden Körper gewöhnlich besondere Kammern auskleidend.

Die Hymenogastreen wachsen wie die Trüffeln unterirdisch und sind diesen ähnlich; ihre Körper bleiben geschlossen und zerfallen. Bei den Lycoperdeen, den Staubpilzen, öffnet sich die Aufsenwand, Peridie, um die Sporen als Staubwolke zu entlassen (*Lycoperdon*, *Bovista*, *Geaster* Fig. 140). Die Hymenialkammern der Nidularieen isolieren sich zu besonderen kleinen Körpern, die nach Öffnung der Aufsenwandung des ganzen Pilzkörpers frei werden. Bei den Phalloïdeen, z. B. der nach Leichen riechenden Giftmorchel, *Phallus impudicus*, reifst die Peridie, und die zerfliefsenden Kammern werden durch einen Träger emporgehoben.

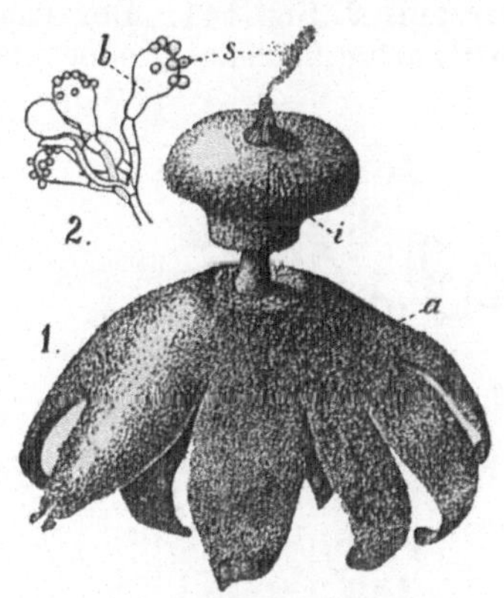

Fig. 140. 1. = Geaster mit äufserer *a* und innerer Peridie *i*, die äufsere reifst sternförmig auf und schlägt sich zurück, die innere entläfst durch eine Öffnung am Gipfel die Sporen *s*; *2.* = ein Stückchen des Hymeniums, *b* = Basidien mit je acht Sporen *s*. — *1.* natürl. Gröfse, *2.* stark vergr. (*1.* Original, *2.* nach De Bary.)

Anhang zu der V. Unterabteilung, den Pilzen: Lichenes, Flechten.

Die Flechten sind Pyreno- und Discomyceten, selten Basidiomyceten, die auf Algen schmarotzen oder vielmehr mit diesen zusammenleben und Nutzen aus dem Assimilationsprozefs der Algen ziehen. Die Flechtenkörper umschliefsen die meist den Abteilungen der Schizophyceen und Protococcales angehörenden Algen, welche gewissermafsen als besondere, Kohlendioxyd assimilierende Organe des Flechtenkörpers, „Gonidien", erscheinen, *2* Fig. 141. Fortpflanzung wie bei den genannten Pilzgruppen, aufserdem durch Soredien *3*, das sind vegetativ entstehende, aus Hyphen und Gonidien zusammengesetzte Körnchen.

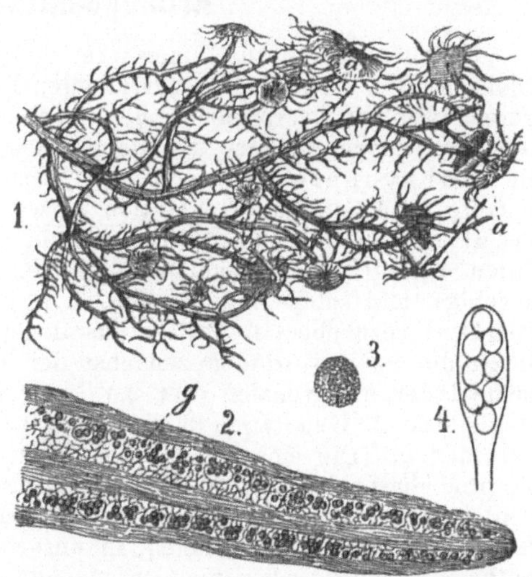

Fig. 141. Usnea barbata. *1.* = Tracht der Pflanze, *a* Apothecien: *2.* = Längsschnitt durch ein Thallus-Ende, *g* Gonidienschicht mit kugeligen chlorophyllgrünen Algen-Zellen; *3.* = Soredie, im Zentrum mehrere Algen-Zellen, umgeben von Hyphengeflecht; *4.* = Ascus mit acht Sporen. — *1* natürl. Gr., *2*, *3* vergr., *4* stark vergr. (*2* nach Sachs.)

Die Flechten leben auf Steinen, auf der Erde, an Rinden u. s. w.

Die Sporen sitzen bei verhältnismäfsig wenigen Arten an Basidien: Basidiolichenes, meist in Asci: Ascolichenes

Fig. 141. Letztere teilt man ein in Homoeomerici, bei denen die Gonidien gleichmäfsig zwischen den Hyphen zerstreut und Heteromerici, bei denen dieselben in besonderen Schichten des Thallus auftreten, *2* Fig. 141. Der Thallus der Flechten ist fädlich, gallertig, krustenartig, flachlaubig oder strauchig. — *Peltigera*, *Parmelia* Fig. 143, *Usnea* Fig. 141, *Cladonia rangiferina* = Rentier-Flechte oder (obwohl falsch) -Moos, *Roccella tinctoria*, zum Färben benutzt, *Cetraria islandica* = isländisches „Moos" Fig. 142.

Fig. 142. Cetraria islandica. *a* = Apothecien. — Natürl. Gröfse.

Fig. 143. Physcia (Parmelia) parietina auf einem Stück Borke.

III. Abteilung Zoïdiogamae (Embryophyta zoïdiogama, Archegoniatae).

Selten thalloïdische, meist in Stengel und Blätter gegliederte Pflanzen. Im Verlaufe der individuellen Entwickelung der Zoïdiogamen treten zwei ganz verschieden von einander gestaltete „Generationen" auf, von denen die eine als die proëmbryonale, die andere als die embryonale Generation bezeichnet wird. Die einfacher gebaute proëmbryonale Generation entwickelt Behältnisse (Antheridien) mit Spermatozoïden, d. h. also mit kleinen, frei durch Cilien beweglichen „männlichen" Zellen (daher „zoïdiogam" = tierehig), und solche mit Eizellen, d. h. in den Behältnissen (Archegonien) verbleibenden Zellen, aus denen nach erfolgter Befruchtung durch die Spermatozoïden zunächst der Embryo, d. h. der Jugendzustand der embryonalen (der 2.) Generation durch Zellteilung hervorgeht. Die 2. Generation bleibt zunächst mit der proëmbryonalen in Verbindung. Die embryonale Generation erzeugt Sporen, aus denen die proëmbryonale Generation ohne weiteres hervorgeht. Es wechseln also, wie wir dies schon bei den Uredinaceen kennen gelernt haben, verschiedenartige Generationen, in unserem Falle eine geschlechtliche, Antheridien und Archegonien erzeugende, mit einer ungeschlechtlichen, Sporen erzeugenden, Generation ab: Generationswechsel.

I. Unterabteilung Bryophyta (Muscineae), Moose.

Chlorophyllgrüne Pflanzen mit echten Geweben, die, äufserlich betrachtet, thalloïdisch sind oder in Stengel, Blätter und Wurzelhaare

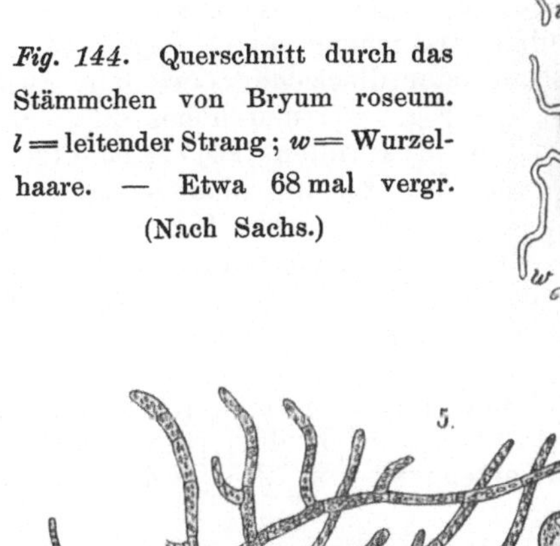

Fig. 144. Querschnitt durch das Stämmchen von Bryum roseum. *l* = leitender Strang; *w* = Wurzelhaare. — Etwa 68 mal vergr. (Nach Sachs.)

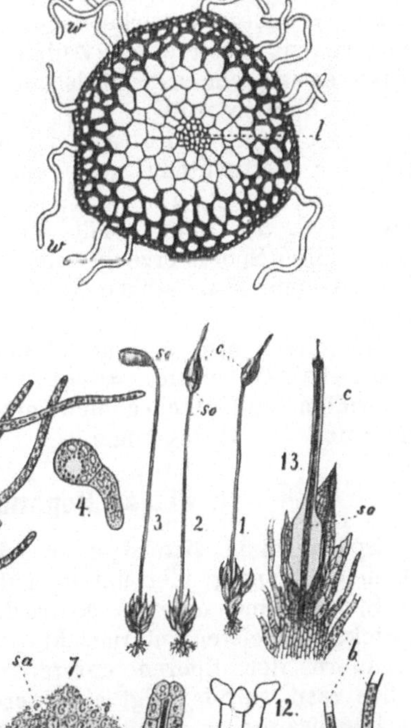

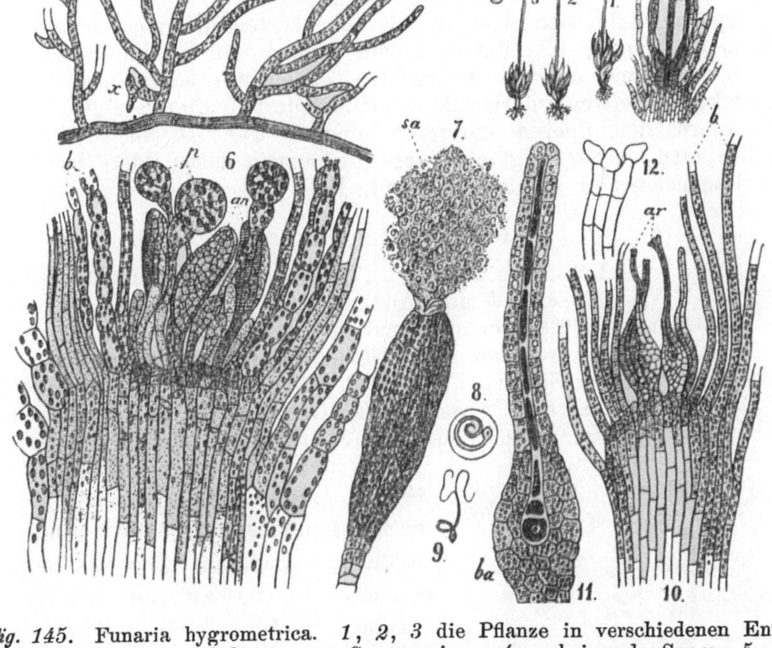

Fig. 145. Funaria hygrometrica. *1, 2, 3* die Pflanze in verschiedenen Entwickelungsstadien, *c* Calyptra, *so* Sporogonium; *4* = keimende Spore; *5* = Protonema, bei *x* die Anlage eines Sprosses; *6* = Längsschnitt durch den Gipfel einer männlichen Pflanze, *an* Antheridien, *p* Paraphysen, *b* Blätter; *7* = reifes Antheridium, die Spermatozoïden *sa* entlassend; *8, 9* = Spermatozoïden; *10* = Längsschnitt durch den Gipfel einer weiblichen Pflanze, *ar* Archegonien, *b* Blätter; *11* = Archegonium mit noch geschlossener Mündung, *ba* Bauch mit Eizelle; *12* = Archegonien-Mündung geöffnet; *13* = weiblicher Sprofsgipfel einige Zeit nach der Befruchtung, *so* Sporogon, *c* Calyptra, *b* Blätter. *1, 2, 3* stellen die auf Zustand *13* folgenden Entwickelungsstadien dar. — *1—3* natürl. Gröfse, alle übrigen Fig. vergr. (*1—3* Original, *4—13* nach Sachs.)

gegliedert erscheinen, vergl. *1—3* Fig. 145, ferner Fig. 149. — Wenn leitende Gewebezüge vorkommen, so werden diese aus ganz einfachen, gleichartigen, gestreckten Zellen zusammengesetzt, Fig. 144. Die Sprosse entwickeln in monöcischer oder diöcischer Verteilung Antheridien mit Spermatozoïden (*6*, *7*, *8*, *9* Fig. 145) und höher differenzierte weibliche Organe: Archegonien mit Eizellen (*10*, *11*, *12* Fig. 145). Nach der Befruchtung geht aus der Eizelle eine meist gestielte Kapsel, das Sporogonium, mit Sporen hervor (Fig. 145 *so* in *13*, ferner *1*, *2*, *3*), welches mit dem beblätterten Sprofs in Verbindung bleibt. Die Spore erzeugt unmittelbar oder als Seitensprofs eines hyphenartigen, also fädigen Gebildes, Protonema *5*, die beblätterte Pflanze.

Man kann also 2 Generationen unterscheiden: 1. die „proëmbryonale“ Generation = Protonema + Thallus resp. Sprofs, die Antheridien und Archegonien erzeugend, 2. die „embryonale“ Generation = Sporogonium.

I. Klasse Hepaticae, Lebermoose.

Sporogonium sitzend oder mit sehr zartem vergänglichen Stiel, sich meist klappig oder unregelmäfsig öffnend oder einfach zerfallend. Die Sporen sind oft mit gestreckten Zellen mit schraubenförmigen Verdickungs-Leisten untermischt, welche federnde Apparate zum Fortschleudern der Sporen darstellen und Elateren heifsen. Der Thallus resp. Sprofs zeigt eine verschiedenartig ausgebildete Rückenund Bauchseite: er ist dorsiventral.

1. Reihe Marchantiales.

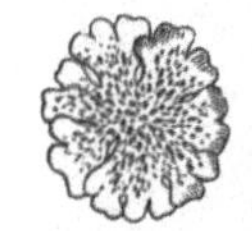

Leib, Fig. 146 u. 147, flach-blattartig, unterseits mit Wurzelhaaren *h* und Andeutungen von Blättern, oberseits mit eingesenkten oder auf besonderen Trägern, Receptakeln *mr* und *wr*, sitzenden Geschlechts-Organen.

Fig. 146. Riccia crystallina.

Die Gattung *Riccia*, Fig. 146, lebt auf feuchtem Boden oder auf dem Wasser; ihre Geschlechts-Organe sind eingesenkt; die elateren-losen Sporogonien zerfallen. — *Mar-*

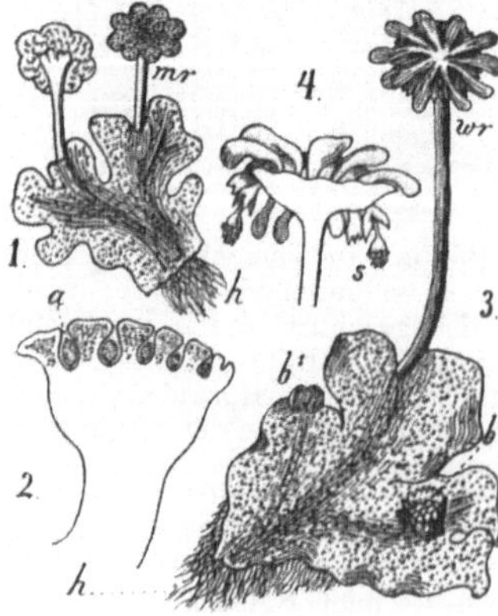

Fig. 147. Marchantia polymorpha. *1.* = Stück einer männlichen Pflanze; *2.* = Längsschnitt durch den Gipfel eines männl. Receptaculums; *3.* = Stück einer weiblichen Pflanze; *4.* = oberer Teil des weibl. Receptaculums mit weggeschnittener vorderer Hälfte. *mr* = männliches, *wr* = weibliches Receptaculum, *a* = Antheridien, *b* = Becher mit Brutkörpern, *s* = Sporogonien, *h* = Wurzelhaare. — *1.* und *3.* natürliche Gröfse, *2.* und *4.* schwach vergr.

chantia, Fig. 147, häufig auf feuchtem Boden, trägt männliche *mr*, gestielte Scheiben darstellende, und weibliche *wr*, gestielte vielstrahlige Sterne vorstellende Receptakeln. Die Oberfläche des laubigen Körpers trägt kleine Becher *b* mit mehrzelligen vegetativen Brutkörpern. Die Sporogonien *s* öffnen sich durch Zähnchen und besitzen Elateren.

2. Reihe Anthocerotales.

Ganz blattlos, rein thallös. Die Geschlechts-Organe im Innern des Thallus. Sporogonien gestielt, sich zweiklappig öffnend, mit Elateren, Fig. 148.

3. Reihe Jungermanniales.

Die Frondosae thallös, andere mit Blattansätzen, die Foliosae mit deutlichen Blättern und verzweigten, kriechenden Stengeln, deren nach oben gewendete Blätter gröſser und meist anders gestaltet sind als die nach unten gewendeten, welche letzteren zuweilen ganz fehlen. Sporogonien gewöhnlich langgestielt, sich vierklappig öffnend, mit Elateren.

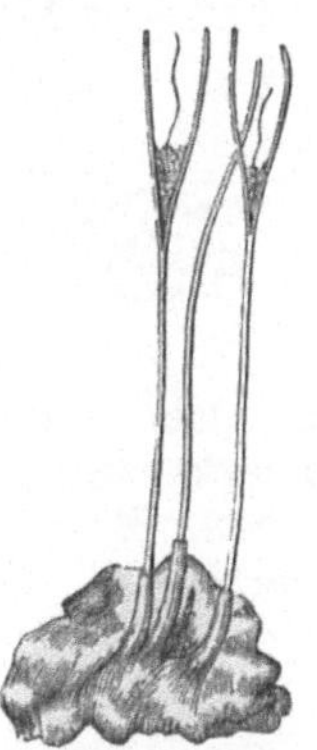
Fig. 148. Anthoceros laevis.

2. Klasse Musci (Musci frondosi), Laubmoose.

Sporogon, wenn gestielt, mit gewöhnlich kräftigem Stiel (Seta), sich mit Deckel öffnend, selten mit seitlichen Längsrissen aufspringend oder einfach zerfallend, gewöhnlich mit einem Mittelsäulchen (Columella), um welche die Sporen ohne Elateren liegen. Nach der Befruchtung wird durch die sich streckende Seta die Archegonwandung an ihrem Grunde losgetrennt und als eine die Kapsel bedeckende Haube, Calyptra, *c* in *1*, *2* und *13* der Fig. 145, emporgehoben. Die Stengel sind allseitig mit gleichartigen Blättern besetzt. — Vergl. Fig. 145 und ihre Erklärung.

1. Unterklasse Sphagnales, Torfmoose.

Sporogon mit Deckel und mit einem aus dem Stengel, nicht aus der Eizelle erzeugten Stiel: Pseudopodium. Die Blätter werden aus zweierlei Zellen zusammengesetzt: 1. aus Chlorophyllkörner führenden, also assimilierenden, und 2. aus Wasserzellen mit Löchern in den Membranen und ring- bis spiralförmigen Verdickungsleisten. — Die Torfmoose (*Sphagnum*) bilden die Hauptmasse des Torfs.

2. Unterklasse Andraeales.

Sporogon deckellos, sich mit vier seitlichen Längsrissen öffnend, mit Pseudopodium.

3. Unterklasse Bryales.

Bei der 1. Reihe Cleistocarpae das Sporogon zerfallend oder unregelmäſsig aufreiſsend, bei der 2. Reihe Stegocarpae

Sporogon sich mit Deckel öffnend, die Mündung gewöhnlich mit einem Zahnbesatz: Peristomium. Bei den Acrocarpae stehen die Sporogonien endständig an den Sprossen, Fig. 145, bei den Pleuro-

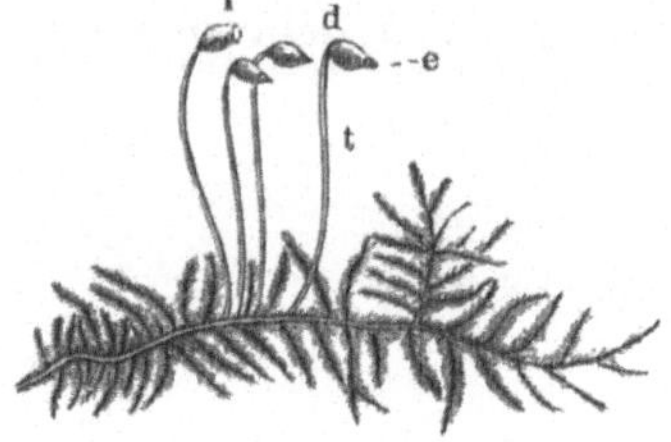

Fig. 149. Brachythecium (Hypnum) velutinum. *t* = Stiel (Seta) des Sporogoniums *d*; *e* = Deckel des Sporogons; *i* = Sporogon nach Entfernung des Deckels.

carpae seitenständig, Fig. 149. — Sehr viele Arten. Einige bemerkenswertere Gattungen sind: *Hypnum* Fig. 149, *Polytrichum*, *Bryum*, *Mnium*, *Funaria* (Fig. 145), *Orthotrichum*, *Barbula*, *Ceratodon*, *Leucobryum*, *Dicranum*.

II. Unterabteilung Pteridophyta.

Die hierher gehörigen Pflanzen erzeugen aus vegetativ entstehenden Sporen ein kleines, grünes, mehrzelliges Gebilde, den Vorkeim, das Prothallium, Fig. 150 III, meist in Form eines Läppchens, auf welchem Antheridien *an* und Archegonien *ar* einhäusig oder zweihäusig entstehen. Dieser Vorkeim stellt die erste, die proëmbryonale Generation dar. Nach der — wie immer bei beweglichen Spermatozoïden durch Wasser vermittelten — Befruchtung geht aus der Eizelle des weiblichen Organes eine zweite (die embryonale)

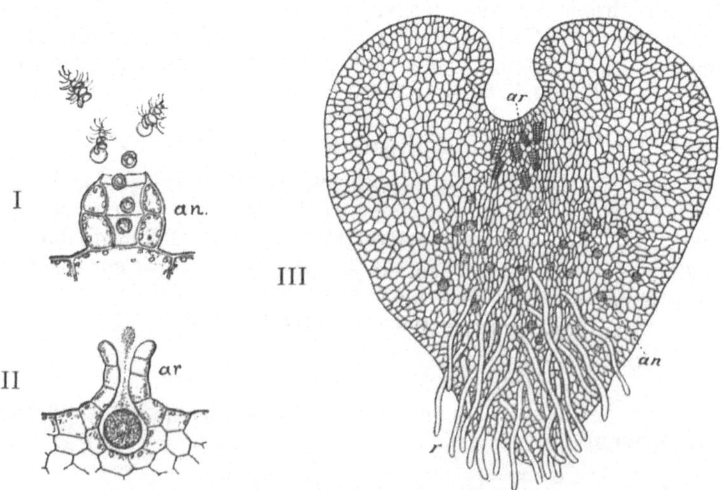

Fig. 150. III. = Prothallium eines Farn von der Unterseite. *r* = Rhizoïden, *an* = Antheridien, *ar* = Archegonien. — Vergr. — I = Antheridium mit Spermatozoïden und II = Archegonium mit der Eizelle stärker vergr.

Generation hervor, die sich durch besondere Gröſse und daher Auffälligkeit hervorthut und die Sporen in Behältern, Sporangien, erzeugt.

Während sich die proëmbryonale Generation der Bryophyten meist in Stämmchen und Blätter sondert (vergl. S. 141 ff.), ist es bei den Pteridophyten die embryonale Generation, welche Blätter entwickelt, während hier die proëmbryonale Generation thalloïdisch bleibt. Daſs aber trotzdem die gleichnamigen Generationen beider Unterabteilungen homolog sind, geht nach Goebel unter anderem aus dem Bau weniger differenzierter Moose, z. B. der Laubmoosgattung Buxbaumia hervor, bei welcher die proëmbryonale Generation sich dadurch den Pteridophyten sehr nähert, dass das Antheridien erzeugende Protonema keine Stämmchen entwickelt, während freilich das weibliche Protonema minimale Stämmchen mit je einem Archegonium erzeugt. Bryophyten und Pteridophyten müssen von gemeinsamen Vorfahren abgeleitet werden, nicht die Pteridophyten direkt aus den Moosen: die embryonale Generation der einen Unterabteilung hat sich in der einen Richtung entwickelt und ist zum Sporogonium geworden, die der anderen Unterabteilung in einer anderen Richtung, indem sie sich in Blätter und Stengelteile gegliedert hat.

Die Pteridophyten besitzen Wurzeln, Stengel und Blätter mit hoch differenzierten Leitbündeln (vergl. z. B. Fig. 69).

Die Blätter tragen die Sporangien, und zwar können 1. entweder alle Blätter solche erzeugen und dann a) entweder an allen Teilen der Spreite oder b) an bestimmten Teilen der Spreite jedes Blattes, oder aber es findet 2. eine Arbeitsteilung in solche Blätter statt, welche ausschlieſslich der Assimilation dienen, und solche, welche vorwiegend oder ausschlieſslich der Sporenbildung gewidmet sind, bei denen dann die assimilierenden Flächen mehr oder minder zurücktreten oder fehlen. Geht die Arbeitsteilung so weit, daſs sich ein Sproſs in einen assimilierenden und einen spitzenständigen sporenbildenden Teil unterscheidet, oder daſs sich assimilierende und sporenbildende Sprosse individualisieren, so bezeichnet man die sporenbildenden Sproſs-Endigungen resp. Sprosse als Blüten.

I. Klasse Filicales.

Blätter gross, meist reich zerteilt und meist in der Jugend spiralig eingerollt, entweder der Funktion der Assimilation und Sporenbildung gleichmäſsig dienend, oder assimilierende und sporenbildende Blätter gesondert, die letzteren jedoch nicht besondere, einheitlich abgegrenzte Sprosse oder Sproſsteile bekleidend, also noch keine Blüten vorhanden. Die Sporangien sitzen meist in Gruppen, Sori Fig. 151. Die Stengel sind meist Rhizome, bei aufrechter Stammbildung sind sie meist einfach.

1. Unterklasse Filices, Farne.

Die Sporen erzeugen mono- oder dicline Prothallien. Sporangienwand meist mit einem Streifen besonders hervortretender, verdickter Zellen (Fig. 151[2]) (Ring, Annulus), welche durch mechanische Wirkung die Öffnung des Sporangiums bewirken. Sori auf der Unterseite oder am Rande der Blätter (Wedel), oder besondere Sorusstände (äufserlich ähnlich den Blüten- und Fruchtständen) als Teile der Blätter zusammensetzend; häufig werden die Sori von einem von der Blattfläche ausgehenden Häutchen: Schleierchen, Indusium, bedeckt, *i* Fig. 151. — Etwa 4000 Arten.

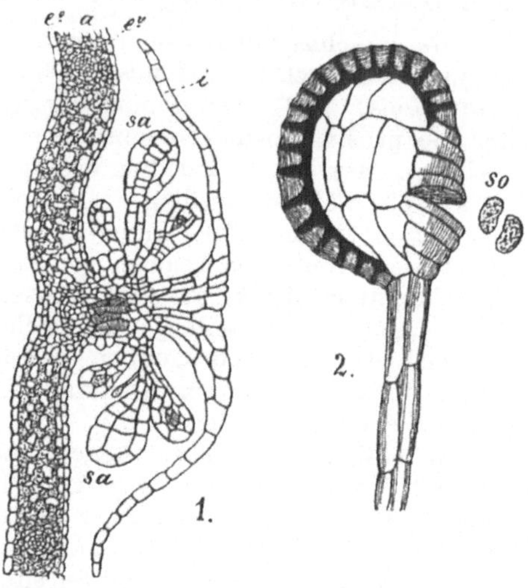

Fig. 151. Polystichum Filix mas. *1.* = Durchschnitt durch einen Sorus, *a* Assimilations-Parenchym der Blattspreite, e^o obere, e^u untere Epidermis, *sa* Sporangien, *i* Indusium; *2.* = Sporangie, geöffnet zum Austritt der Sporen *so*. — Vergr. (Vergl. hierzu Fig. 156.)

Bei der Fam. der Hymenophyllaceen sitzen die von taschenförmigen Indusien eingeschlossenen Sori auf dem Rande der meist nur einzellschichtigen Blätter, Fig. 152. Die Sporangien sind ungestielt und besitzen einen schief- oder horizontal verlaufenden Ring.

Fig. 152. Blattzipfel mit Sporangienbehälter (Indusium) von Hymenophyllum tunbridgense. — Schwach vergr.

Die Polypodiaceen haben gestielte Sporangien, die meist auf der Unterseite, aber auch am Rande, äufserst selten auf der Oberseite der mehrzellschichtigen Blätter verschieden gestaltige Sori bilden. Sporangien mit unvollständigem Ring (Fig. 151²), durch Querrifs aufspringend. — Hierher gehören die meisten unserer einheimischen Farne: z. B. *Pteris aquilina* Adlerfarn (Fig. 153), *Scolopendrium vulgare* Hirschzunge (Fig. 154), *Polypodium vulgare* Engelsüfs (Fig. 155), *Polystichum (Aspidium) spinulosum* (Fig. 157), *Polystichum Filix mas* (Fig. 151 und 156), *Asplenium Filix femina* (Fig. 158).

Die Cyatheaceen, in wärmeren und tropischen Ländern zu Hause, sind meist baumförmig. Sori randständig und unterseits, Ring vollständig und schief verlaufend. Den Polypodiaceen im übrigen sehr ähnlich.

Die Gleicheniaceen, ebenfalls meist tropisch, haben meist wiederholt-gabelig geteilte Blätter, mit gefiederten Teilen und einer knospenförmigen, entwickelungsfähigen Blattanlage im Gabelwinkel. Sporangien nur zu zwei bis vier (selten mehr). Ring vollständig, horizontal oder schief, die Sporangien mit Längsrifs aufspringend.

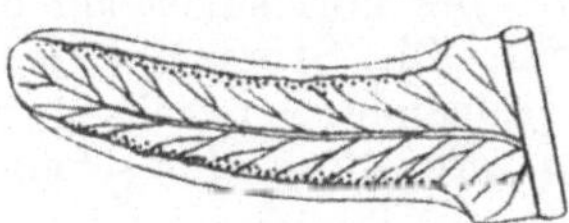

Fig. 153. Fiederchen von Pteris aquilina. Sori auf der Unterseite am Rande der Blattzipfel, von dem umgerollten, häutigen Blattrande bedeckt. Die Punkte stellen die Sporangien dar. — Schwach vergr.

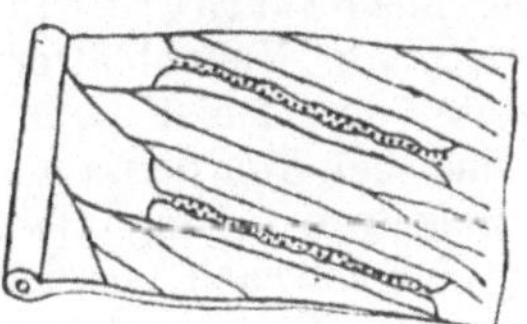

Fig. 154. Blattstück von Scolopendrium vulgare mit vier linealen Sori mit einseitig angeheftetem Schleier. Punkte = Sporangien. — Schwach vergr.

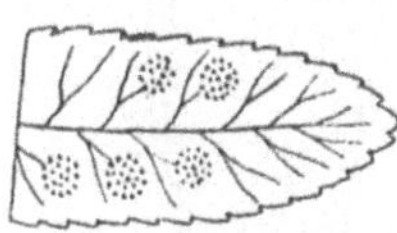

Fig. 155. Blattzipfel von Polypodium vulgare mit fünf Sori. Die Punkte stellen die Sporangien dar. — Schwach vergr.

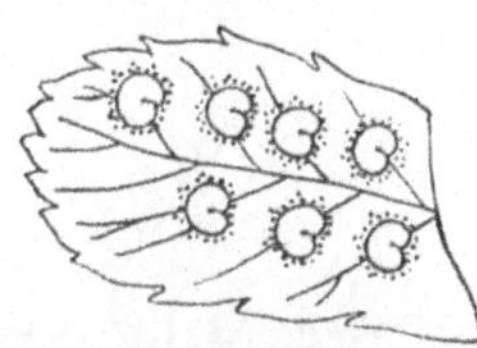

Fig. 156. Blattzipfel von Polystichum Filix mas mit sieben Sori. Punkte = Sporangien. Schleierchen nierenförmig. — Schwach vergr.

Fig. 157. Polystichum spinulosum. Rechts oben ein Fiederchen mit acht Sori, links unten ein Schleierchen.

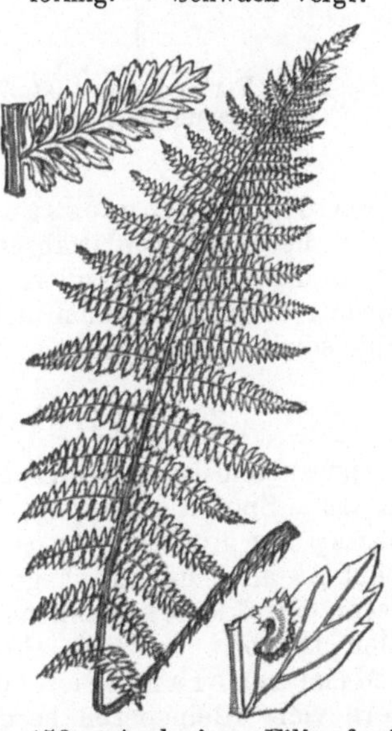

Fig. 158. Asplenium Filix femina. Links oben ein Fiederchen mit 12 Sori, rechts unten ein Zipfel mit einem Sorus.

Bei den Schizaeaceen, wiederum meist tropisch, stehen die Sporangien einzeln (oder — wie man sich auch ausdrückt — die Sori sind einsporangig [monangisch]) am Rande der Blätter; sie besitzen einen scheitelständigen Ring, besser eine Kappe, öffnen sich durch einen Längsrifs und sitzen meist an besonderen Blattteilen.

Die Marattiaceen, in den Tropen einheimisch, sind durch den Besitz von Nebenblättern ausgezeichnet. Die Sori sitzen auf der Unterseite der meist sehr grofsen Blätter. Die Sporangien jedes Sorus sind bei *Kaulfussia* und *Marattia* untereinander verwachsen, bei *Angiopteris* frei. „Ring" fehlend (*Kaulfussia, Marattia*) oder scheitelständig und schwach entwickelt.

Bei den Osmundaceen sind die Sori monangisch, allseitig (*Osmunda* Fig. 159, wo sie besondere Blattteile einnehmen) oder unterseits (*Todea*) ansitzend. „Ring" nur als kleine, dickzellwandige Zellgruppe seitwärts vom Scheitel entwickelt, gegenüber von demselben springt das Sporangium der Länge nach auf. — Meist tropisch, der Königsfarn Fig. 159 einheimisch.

Fig. 159. Verkleinertes Blattstück von Osmunda regalis.

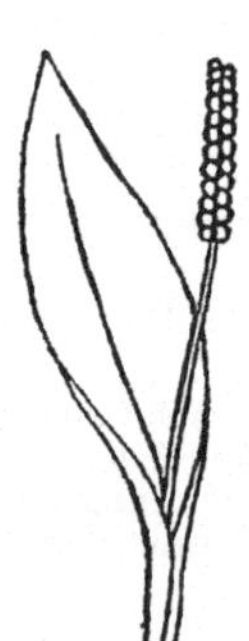

Fig. 160. Verkl. Blattspreite nebst Sporangienstand von Ophioglossum vulgatum.

Bei den Ophioglossaceen sitzen die monangischen Sori ebenfalls an besonderen Blattabschnitten und zwar am Rande derselben. Die Sporangien sind ringlos. Die Blätter sind in der Jugend nicht eingerollt. Das Prothallium nicht wie bei den anderen Familien flächenförmig, sondern körperlich und unterirdisch. — *Ophioglossum* Fig. 160.

2. Unterklasse Hydropterides.

Sporangien in besonderen Behältern, Conceptakeln, eingeschlossen. Sporen zweierlei: Grofssporen (Makrosporen) und Kleinsporen (Mikrosporen); aus den ersteren gehen nur weibliche, also nur Archegonien erzeugende Prothallien, aus den letzteren nur kleine männliche, also nur Antheridien erzeugende Prothallien hervor. Je nach ihrem Inhalt unterscheidet man Makro- und Mikrosporangien, von denen erstere nur eine Grofsspore, letztere viele Kleinsporen bergen. Pflanzen mit zweierlei Sporen, wie die Hydropterides, bezeichnet man als heterospor im Gegensatz zu denjenigen mit nur einerlei Sporen, den isosporen Pflanzen.

Bei der Familie der Salviniaceen stellen die Conceptakeln je einen Sorus dar, der entweder nur Makro- oder nur Mikrosporangien enthält. — An der Oberfläche des Wassers schwimmende Pflanzen, Fig. 161.

Bei den Marsiliaceen umschliefsen die am Grunde der Blätter befindlichen, sitzenden (Fig. 162, *Pilularia*) oder gestielten (*Marsilia*) Conceptakeln mehrere Sori, die sowohl Makro- als auch Mikrosporangien bergen. — Sumpfpfl. oder auf dem Boden der Gewässer wurzelnde Pflanzen.

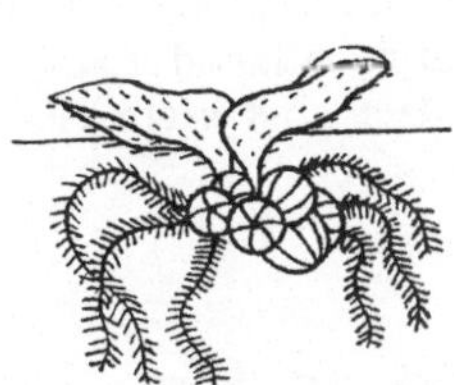

Fig. 161. Salvinia natans. (Etwas verkl.) Der gerade Strich deutet den Wasserspiegel an.

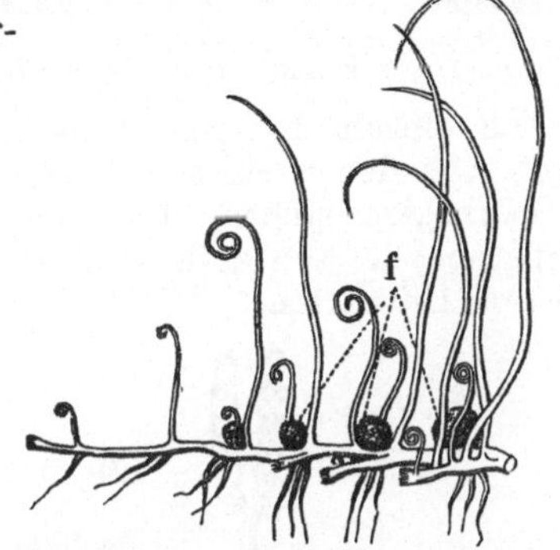

Fig. 162. Pilularia globulifera. *f* = Conceptacula. (Natürl. Gr.)

2. Klasse Equisetales.

Die Sporangien finden sich bei der Familie der Equisetaceen (den Schachtelhalmen) zu mehreren an der Unterseite schildförmiger, quirlständiger Blätter, *2* Fig. 163, welche an der Spitze des Stengels ährenförmig angeordnet sind, *1* Fig. 163, also dort eine endständige Blüte bilden. Man bezeichnet Blätter, deren Hauptfunktion die Erzeugung und das Tragen von Sporangien ist, als Sporophylle. Stengel an den Knoten intercalar wachsend, an diesen Stellen von zu Scheiden verwachsenen, quirlständigen Blättern umgeben (vergl. Seite 10 u. 50). Die Membran der Sporen teilt sich in eine äufsere, sich in Form von Schraubenbändern, Elateren (vergl. auch Seite 140), abspaltende Schicht, die an einem Punkte mit der ganz verbleibenden inneren Schicht verbunden bleibt. Die Schraubenbänder tragen durch ihre hygroskopischen Bewegungen zur Verbreitung der Sporen bei. — Die genannte Familie besteht nur aus der einen Gattung *Equisetum* (Fig. 163) mit etwa 40 Arten.

Fig. 163. Equisetum arvense.

1. Oberer Teil eines eine Blüte tragenden Stengels. (Natürliche Gröfse.)

2. Ein Sporangienträger (Sporophyll) von der Seite gesehen. (Vergr.)

3. Klasse Lycopodiales.

Laubblätter einfach, spiralig gestellt. Die Sporangien meist einzeln auf der Oberseite oder in den Winkeln von Blättern. Wurzeln dichotom verzweigt.

1. Unterklasse Isosporae.

Isospor. Blätter ohne Ligula.

Fam. Lycopodiaceae, Bärlappe.

Die einzeln in den Blattachseln sitzenden Sporangien erzeugen Sporen, aus denen ein monoclines Prothallium hervorgeht. Die Blätter mit Sporangien stehen oft ährenförmig, Blüten bildend, zusammen; die Sporophylle, sowie die sporangienlosen Blätter sind klein, Fig. 164. — Etwa 100 Arten.

Fig. 164. Zweigstück von Lycopodium clavatum mit zwei Blüten. (Verkl.)

Fam. Psilotaceae.

Vier Arten der warmen Zone mit zweilappigen Sporophyllen und ganzen Laub-Blättern.

2. Unterklasse Heterosporae (Ligulatae).

Heterospor. Blätter mit einer Ligula.

Fam. Selaginellaceae.

Sporangien ebenfalls in den Winkeln ährig zusammenstehender kleiner Blätter. Fig. 169 *I.* Die einen Sporangien der Blüten umschliefsen nur wenige (je vier) Makrosporen, die anderen viele Mikrosporen. Aus den Makrosporen geht ein kleines Prothallium mit Archegonien hervor, welches die aufplatzende Spore nicht verläfst, aus den Mikrosporen ein einzelliges Antheridium mit Spermatozoïden und ein einzelliges Prothallium. Die einfachen, kleinen Blätter stehen spiralig, meist aber in vier Längszeilen an einem dorsiventralen, kriechenden Sprofs, indem die beiden oberen Zeilen aus kleineren Blättern gebildet werden als die nach unten hin gewendeten. — Nur eine Gattung *Selaginella* mit etwa 300 Arten.

Fam. Isoëtaceae.

Stengel knollenförmig mit langpfriemlichen, einfachen Blättern besetzt, von denen die innersten an ihrem Grunde gekammerte

Mikrosporangien und die mittleren gekammerte, vielsporige Makrosporangien tragen, Fig. 165. Die Sporen entwickeln sich wie bei den Selaginellen. Vgl. Fig. 166. — Meist unter dem Wasser; es sind etwa 50 Arten bekannt.

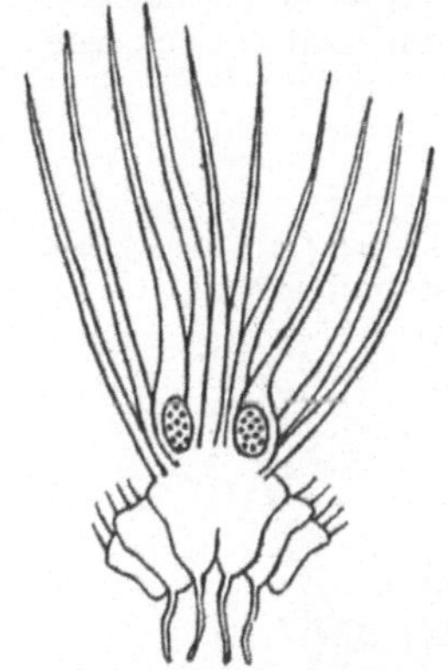

Fig. 165. Längsdurchschnitt durch eine ganze Pflanze von Isoëtes lacustris, in den Blattachseln zwei Sporangien zeigend. — (Etwa um 1/2 verkl.)

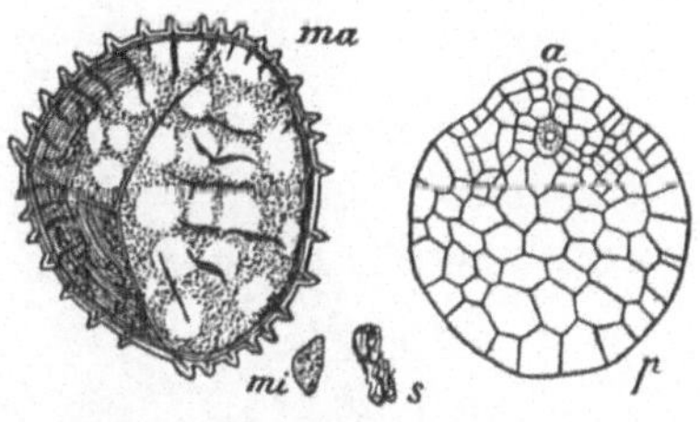

Fig. 166. Isoëtes lacustris. *ma* = Makrospore; *p* = Längsschnitt durch das Prothallium in der Makrospore; *a* = Archegonium; *mi* = Mikrospore; *s* = Spermatozoid. — Vergr. (*ma* und *p* nach Hofmeister, *mi* und *s* nach Millardet.)

IV. Abteilung Siphonogamae (Embryophyta siphonogama, Phanerogamae).

In älteren Pflanzensystemen wurden die Siphonogamen als „Phanerogamen" den drei im vorausgehenden abgehandelten Abteilungen, die dann als „Kryptogamen" zusammengefaſst wurden, gegenüber gestellt. Jedoch zeigen die III. und IV. Abteilung, wie aus unseren Beschreibungen im vorausgehenden hervorgeht, weit übereinstimmendere Verhältnisse als die I. und II. Abteilung mit der III. Die Organe der III. Abteilung sind mit denjenigen der IV. Abteilung so einleuchtend und leicht homolog zu setzen, daſs viel besser und einzig richtig diese beiden Abteilungen als Embryophyta zusammenzufassen und den beiden ersten gegenüberzustellen sind. Die älteren Namen „Kryptogamae" (verborgen-ehige) und „Phanerogamae" (offen-ehige) drücken nach jetziger Erkenntnis nicht das Richtige aus.

Zu den Siphonogamen gehören vor allen Dingen alle Pflanzen mit auffallenden Blumen, aber auch viele, die Wind- (selten Wasser-) Blüten besitzen, die Befruchtung erfolgt aber niemals zoïdiogam.

Die in dem Nucellus (= Makrosporangium) der Samenanlagen sich bildende groſse Zelle (der Keimlingssack, Embryosack), in welcher der Keimling entsteht, ist homolog einer Groſsspore, die in den Pollensäcken (= Mikrosporangien) gebildeten Pollenzellen der Staubblätter sind homolog den Kleinsporen der Pteridophyten. Der aus den Pollenkörnern — wenn ein Griffel vorhanden — durch diesen wachsende Pollenschlauch (daher siphonogam = schlauchehig) befruchtet die in dem

Embryosack entstehende Eizelle. Während in den überwiegenden Fällen der Pollenschlauch durch die Mikropyle zum Embryosack gelangt, Fig. 167, ist neuerdings von Treub an Casuarina und von Nawaschin an Betula, Fig. 168, der Durchtritt des Schlauches durch den Funiculus beobachtet worden. Er sucht hier zunächst die Chalaza auf und dringt erst von dieser aus zum Embryosack vor.

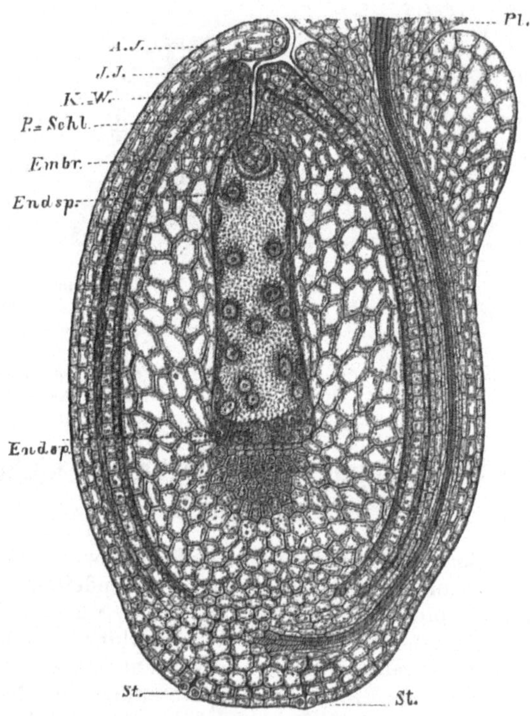

Fig. 167. *I* = Längsschnitt durch die gegenläufige Samenanlage von Viola tricolor. *A. J.* = äuſseres Integument; *J. J.* = inneres Integument; *K.-W.* = Scheitel des Knospenkernes (Kern-Warze); *Pl* = Placenta; *Embr.* = Embryoanlage; *Endsp.* = Embryosack in Zellbildung begriffen (Endosperm); *P.-Schl.* = Pollenschlauch. *St.* = zwei intercellulare Öffnungen, Stomata, in der Epidermis der Chalaza. Stark vergr. (Nach Kny.)

Die Siphonogamen leiten sich also von den heterosporen Pteridophyten ab; wie bei diesen entstehen bei den Siphonogamen durch Zellbildungen in den Mikrosporen (Pollenzellen) und in den Makrosporen (Embryosäcken) mehr oder minder deutlich entwickelte Prothallien oder Andeutungen solcher, welche die proëmbryonale Generation vorstellen. Nach der Befruchtung geht aus der in der Makrospore (im Embryosack) gebildeten Eizelle die embryonale Generation hervor, die als Embryo zunächst in der Makrospore verbleibt. Da auch die letztere nicht aus dem zugehörigen Makrosporangium (Nucellus) heraustritt, so verbleibt also der Embryo durch Vermittelung der wenig-zelligen proëmbryonalen Generation noch eine Weile in Zusammenhang mit der vorausgehenden embryonalen Generation. Der Embryo mitsamt dem Sporangium gliedert sich dann als „Same" ab und entwickelt, unter günstige Bedingungen gebracht, den Embryo zu einer vollkommenen, neuen embryonalen Generation.

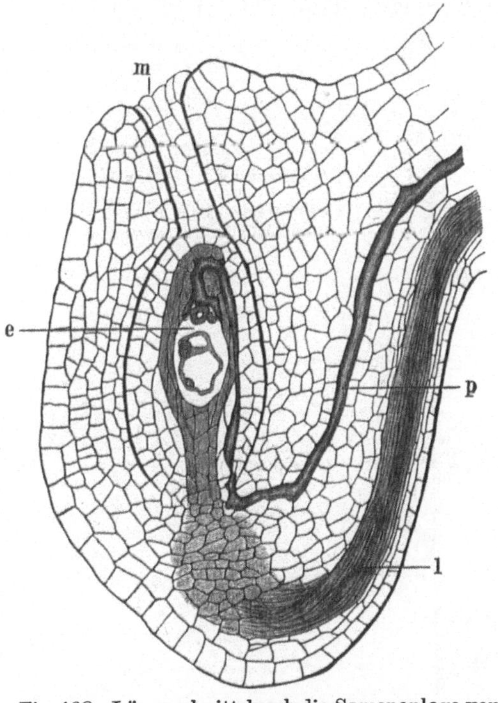

Fig. 168. Längsschnitt durch die Samenanlage von Betula. m = Mikropyle, l = Leitbündel, e = Embryosack, p = Pollenschlauch. — Vergr. (Nach Nawaschin.)

Die schon bei den Pteridophyten S. 143 bei Besprechung des Begriffes der Blüte angedeuteten und vorstehend auseinandergesetzten Homologieen zwischen den einzelnen Teilen der Geschlechtsorgane finden in den Fig. 169 gebotenen Schemata eine anschauliche Darstellung, indem ich in *I* das Schema einer Selaginellaceen-Blüte, in *II* schematische Ansichten einer männlichen *M* und einer weiblichen *W* Gymnospermen-Blüte mit einander vergleiche. Bei der Wichtigkeit, die in Rede stehenden Verhältnisse genau zu durchschauen, wollen wir mit Zuhülfenahme dieser Schemata die homologen Organe nebeneinander aufführen. — Es sind homolog bei den

	Pteridophyten:		Gymnospermen:
die	Mikrospore	dem	Pollenkorn,
das	Mikrosporangium	„	Pollensack,
„	männl. Sporophyll	„	Staubblatt,
die	Makrospore	„	Embryosack,
das	Makrosporangium	„	Nucellus,
„	Indusium	„	Integument?,
„	weibl. Sporophyll	„	Fruchtblatt,
„	weibl. Prothallium	„	Prothallium (unechtem Endosperm),
die	Archegonien	den	Archegonien („Corpuscula"),
„	Eizelle	der	Eizelle.

Eine Samenanlage kann man mithin als einen Sorus mit nur einem einzigen und zwar nur einsporigen Sporangium: einen monangischen Sorus bezeichnen. Monangische Sori kommen auch bei den Pteridophyten vor (vergl. S. 146). Die mehrsporangischen Sori heifsen im Gegensatz dazu polyangisch.

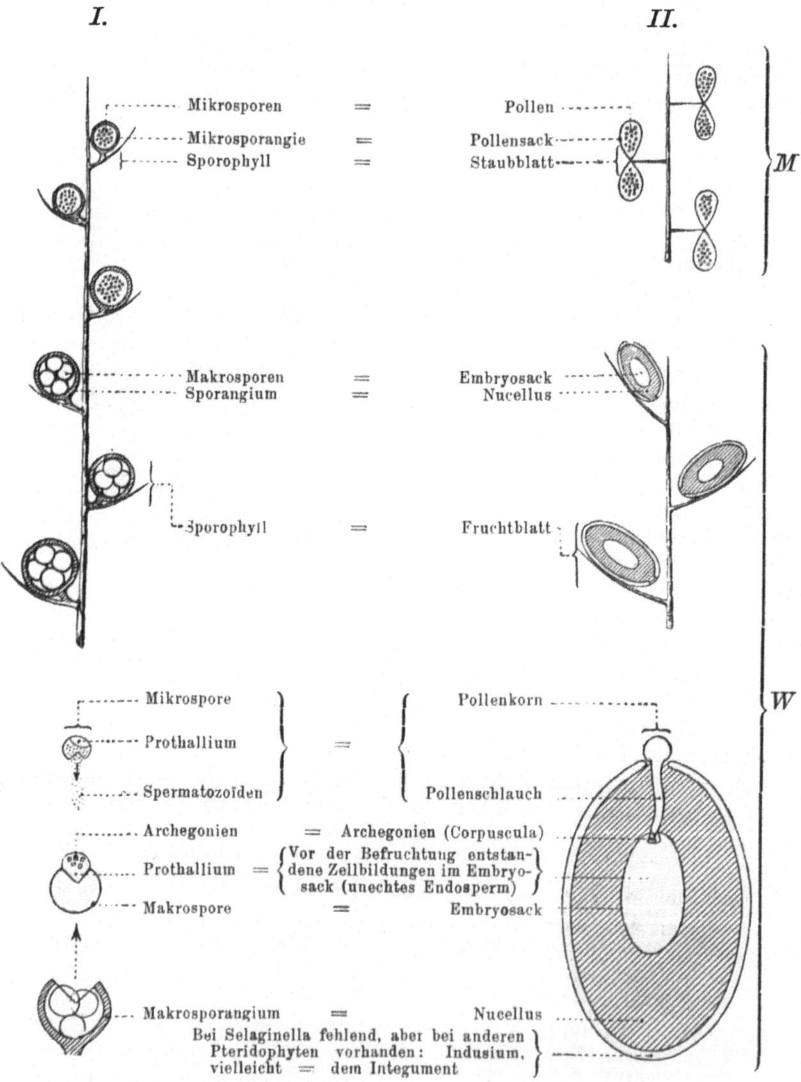

Fig. 169. Schemata zur Erläuterung der Homologieen zwischen der Zoïdiogamen- und der Siphonogamen-Blüte. (Original.)

I. Unterabteilung Gymnospermae, Nacktsamige.

Die Samenanlagen resp. Samen dieser Windblütler werden nicht von den Fruchtblättern umschlossen, sondern sitzen denselben von aufsen sichtbar an *1* Fig. 170, oder sie befinden sich in der direkten Fortsetzung des Stengels. Die Blüten sind getrennt-geschlechtig. Die Staubblätter besitzen zwei bis viele Pollensäckchen. Der Embryosack teilt sich vor der Befruchtung und wird zu einem als Speicher-, später als Nährgewebe (unechtes „Endosperm") für den Embryo dienenden Vorkeim mit mehreren Archegonien am Gipfel; auch die Pollenkörner bilden einen — allerdings nur 1—3 zelligen — Vorkeim und eine befruchtende Zelle. Bei der Nacktsamigkeit, infolgedessen dem Fehlen von Narben- und Griffelbildungen, bei den Gymnospermen gelangt die Pollenzelle direkt auf den Nucellus, der von dem Pollenschlauch durchwachsen wird, um zur Makrospore, zu dem Embryosack, zu gelangen. Keimling selten nur mit einem, meist mit zwei, bei den Coniferen auch mit mehr Cotyledonen. — Meist Bäume.

Klasse Cycadales.

Die zweihäusigen Blüten sind spiralig beblätterte Achsen und entweder nur aus Staub- oder nur aus Fruchtblättern gebildet. Die Staubblätter haben schuppenförmige Gestalt, *2* in Fig. 170, und tragen an ihrer Unterseite viele, oft gruppenweis zusammenstehende Mikrosporangien: Pollensäcke. Die zuweilen wie die Laubblätter gefiederten Fruchtblätter, *1* Fig. 170, tragen an ihrem Rande zwei bis mehr Eichen. Der meist unverzweigte, einfache Stamm trägt eine Krone grofser Laubblätter, Fig. 172. Bei den meisten Arten besitzen die Stämme Wechselzonen-Beblätterung (vergl. Seite 17). In der dicken Rinde und dem stark entwickelten Mark, beide im wesentlichen aus Speichergewebe gebildet, verlaufen Gummi-Gänge *g* Fig. 171.

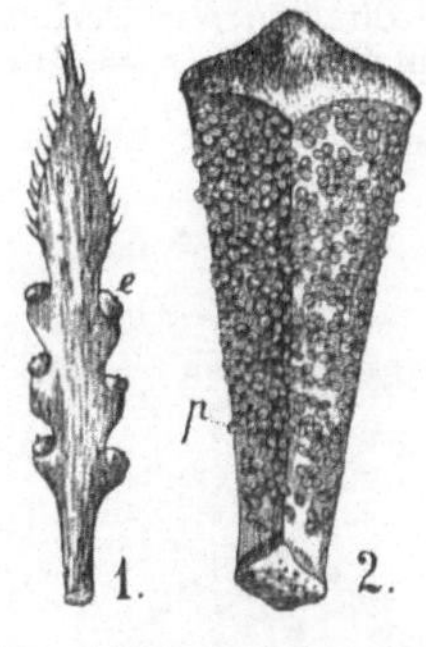

Fig. 170. Cycas circinalis. 1. = Fruchtblatt mit sechs Eichen *e*; 2. = Staubblatt, von der Unterseite gesehen, mit vielen zu Gruppen vereinigten Pollensäcken *p*. — Verkl. (1. nach Eichler, 2. nach Richard.)

Bemerkenswert ist das Dickenwachstum der Stämme der Gattungen Cycas und Encephalartos, worauf wir schon auf Seite 13 aufmerksam gemacht haben. Die Struktur der Stämme erscheint hierdurch von dem Bau anderer Stämme auffallend abweichend. Vgl. hierzu Fig. 171 mit Fig. 237 und ihre Erklärungen.

Über 80 Arten in der warmen Zone. Laubblätter von *Cycas revoluta* werden bei Begräbnissen als „Palmenwedel" verwendet. Die Stärke in den Stämmen, namentlich im Mark dieser und anderer Arten, z. B. von *C. circinalis*, Fig. 172, wird zur Sago-Bereitung (vgl. Metroxylon) benutzt.

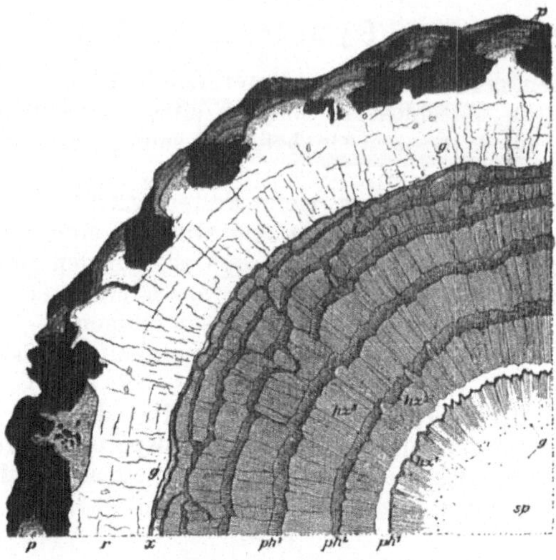

Fig. 171. Ein Viertel des Stammquerschnittes von Cycas revoluta. *sp* = Speicherparenchym des Markes; hz^1, hz^2, hz^3 u. s. w. sind die nacheinander gebildeten Holzteile; ph^1, ph^2, ph^3 u. s. w. sind die nacheinander gebildeten Phloëmanlagen; zwischen ph^1 und hz^2 eine besonders breite Zone von Grundparenchym; *x* = jüngstes noch thätiges Cambium; *r* = Rindenparenchym, in demselben radial und tangential verlaufende Bündel; *p* = Periderm (die schwarzen Stellen desselben liegen unter der Schnittfläche); *g* = Gummigänge. — Etwa um $^2/_3$ verkl. (Original.)

Fig. 172. Cycas circinalis. Am Gipfel des Stammes hängen zwischen den Laubblättern einige Fruchtblätter herab.

Klasse Coniferae, Nadelhölzer.

Die monöcischen oder diöcischen Blüten entweder nur aus zwei bis mehr Pollensäckchen tragenden Staubblättern oder nur aus Fruchtblättern zusammengesetzt. Fig. 173 bis 176. Die Fruchtblätter oft holzig und dichtgedrängt spiralig die Blütenachse bedeckend: zapfenförmig, tragen auf ihrer Oberseite oder einem Auswuchs derselben: Fruchtschuppe, ein bis mehrere, oft zwei, gewöhnlich geradläufige Samenanlagen. Besitzt ein Fruchtblatt eine Fruchtschuppe, so bezeichnet man den Träger derselben, also den Rest des Fruchtblattes, fälschlich als Deckschuppe. Besitzt die weibliche Blüte nur wenige Fruchtblätter, so werden diese oft fleischig und verwachsen zu einer Beere. Selten stehen die Samen ganz nackt, *1* in Fig. 173, und lassen kein dazu gehöriges Fruchtblatt erkennen; sie scheiden an einer besonders vorgebildeten Stelle zur Zeit ihrer Empfängnisfähigkeit Flüssigkeit ab, welche den etwa vom Winde hingebrachten Pollen festhält.

Stengelteile meist mit Harzgängen. Stamm reich-, meist quirligverzweigt. Blätter gewöhnlich klein und nadelförmig („Nadeln“).

Fam. Taxaceae.

Samen meist die wenigen Fruchtblätter überragend, letztere zuweilen ganz abortiert, oder einzeln und endständig mit drupa-artiger Schale.

Bei den Gingkoëae und Taxeae Pollen mit, bei den Podocarpeae ohne Flugblasen. — Etwa 74 Arten. Die Eibe *Taxus baccata* Fig. 173; *Gingko biloba* ein Zierbaum aus China und Japan mit breitspreitigen Laubblättern; nirgends wild bekannt. Fig. 174.

Fig. 173. Taxus baccata. 1. Eine Zweigspitze mit zwei reifen Samen mit fleischigem Arillus. 2. Eine männl. Blüte, deren Spitze einen Kopf vier- oder fünffächriger Staubbeutel trägt, und deren Grund von schuppigen Hochblättern umgeben wird. — 1. etwas verkl., 2. wenig vergr.

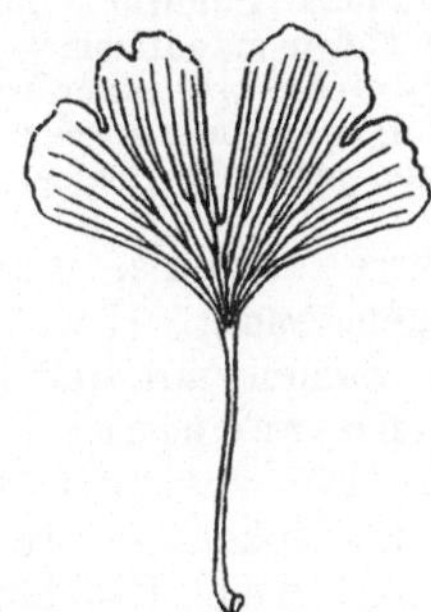

Fig. 174. Laubblatt von Gingko biloba.

Fam. Araucariaceae.

Blüten immer aus mehreren Blütenblättern gebildet. Samen zwischen den sich gegenseitig deckenden Fruchtblättern versteckt mit lederiger bis knochenharter Schale, fast stets mit der Mikropyle nach der Zapfenachse hingewendet.

Bei den Araucarieae die Fruchtblätter einfach, jedes mit nur einem Samen. — 14 Arten der heifsen Zonen, z. B. die Chiletanne = *Araucaria imbricata*; Norfolktanne = *A. excelsa.*

Abietineae. Fruchtblätter in Deck- und Fruchtschuppe geteilt, jedes mit zwei Samen. — Etwa 120 Arten meist der gemäfsigten Zonen. Allbekannte Bäume sind die Rot-Tanne oder Fichte = *Picea excelsa*; die Weifs-Tanne, Edel-Tanne = *Abies pectinata*;

die Kiefer, Föhre = *Pinus silvestris*; das Knieholz, die Legföhre = *Pinus Pumilio*, Fig. 175; die Lärche *Larix europaea*.

Taxodieae. Fruchtblätter mehr oder minder deutlich in Deck- und Fruchtschuppe gesondert, jedes mit zwei bis acht Samen. — 12 Arten. Hierher: *Sequoia gigantea* der Mammutbaum Kaliforniens; die Virginische Sumpf-Cypresse *Taxodium distichum*, ein Baum, dessen beblätterte Zweigstücke (Kurztriebe) alljährlich zum Teil abgeworfen werden.

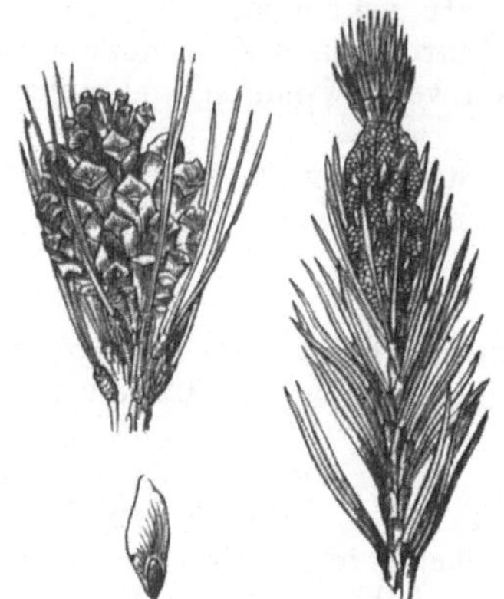

Fig. 175. Pinus Pumilio. Rechts ein Zweig mit vielen männlichen, links ein solcher mit einem aus einer weiblichen Blüte hervorgegangenen Zapfen, darunter ein geflügelter Same.

Fig. 176. Juniperus communis. Oben ein Staubblatt, links eine Beere von aufsen und im Querschnitt.

Cupressineae. Laub- und Blütenblätter meist quirlig gestellt oder gegenständig (bei den vorerwähnten Gymnospermengruppen spiralig). Samen mit der Mikropyle nach aufsen gewendet. — Bei den Actinostrobinae Fruchtblätter holzig, „klappig", d. h. mit ihren Rändern aneinanderstofsend, ohne sich dachziegelig mit den Rändern zu decken. — 18 Arten. *Callitris quadrivalvis*. — Bei den Thujopsidinae Fruchtblätter holzig, sich mit ihren Rändern deckend: „dachig". Blätter gegenständig. — 13 Arten. *Thuja occidentalis* und *orientalis* = Lebensbaum. — Bei den Cupressinae Fruchtblätter holzig, im Zentrum gestielte Schilder darstellend. Blätter gegenständig. – 16 Arten. *Cupressus funebris* die Trauer-Cypresse. — Bei den Juniperinae Früchte beerig oder steinfruchtartig. — Etwa 10 Arten. Der Wacholder *Juniperus communis*, Fig. 176.

II. Unterabteilung Angiospermae, Bedecktsamige.

Die Blüten pflegen mit einer Blütendecke versehen zu sein und die Samen werden allseitig von den Fruchtblättern umschlossen. Meist sind die Laubblätter flächenförmig. In dem Embryosack entstehen durch freie Zellbildung vor der Befruchtung nur einige Zellen als Andeutung eines weiblichen Vorkeimes, von denen die eine als Eizelle funktioniert, d. h. nach der Befruchtung zum Embryo wird (vergl. Fig. 167). Nach der Befruchtung bildet der Inhalt der Makrospore ein dieselbe ausfüllendes (echtes) Endosperm, das aber häufig von dem Embryo während seiner Entwickelung im Samen wieder resorbiert wird. In anderen Fällen wird das Endosperm zum Nährgewebe der keimenden Pflanze, ebenso wie das aus dem Nucellus (der Sporangium-Wandung) hervorgehende „Perisperm". Die Pollenzelle (die Mikrospore) gelangt wegen der Bedecktsamigkeit der Angiospermen nicht direkt auf den Nucellus, sondern auf die Narbe des Fruchtblattes resp. Fruchtknotens, von welcher aus der Pollenschlauch zum Nucellus wächst. Aufser dem Pollenschlauch bildet die Pollenzelle eine bald verschwindende vegetative Zelle als Andeutung des männlichen Vorkeims.

I. Klasse Monocotyledoneae.

Nur ein Cotyledon. Die Blüten besitzen gewöhnlich ein Perigon; die gleichnamigen Organe derselben sind meist in der Dreizahl oder in Multiplen der Dreizahl (d. h. in 2 × 3, 3 × 3 u. s. w.), seltener in der Zwei- oder Vierzahl vorhanden, Fig. 177. Die Laubblätter sind meist parallelnervig und einfach, selten geteilt oder lappig.

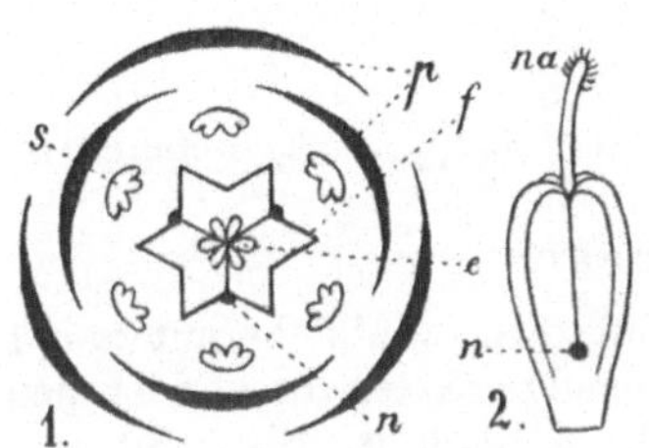

Fig. 177. 1. Grundrifs der Blume und 2. Gynaeceum von Ornithogalum umbellatum. *p* = Perigonblätter, *s* = Staubblätter, *f* = Fruchtknoten, *n* = Nektarien, *e* = Eichen, *na* = Narbe. — Etwas vergr. (Original.)

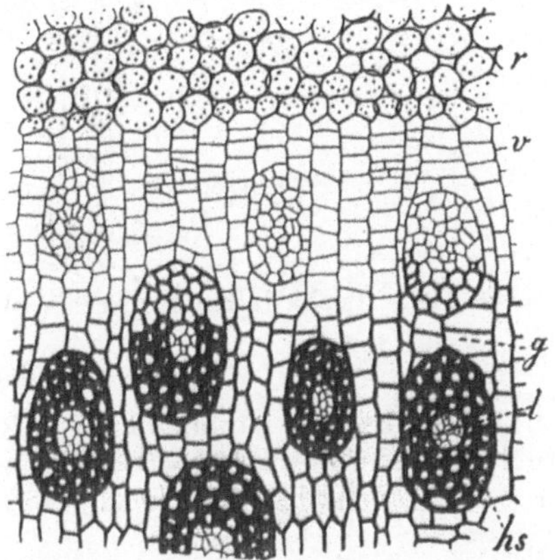

Fig. 178. Stückchen des Querschnittes durch einen Dracaena-Stamm. *r* = Rinde, *v* = Verdickungsring, *hs* = Hydrostereiden, *l* = Leptom, *g* = Grundparenchym. — Vergr. (Nach Haberlandt.)

Das Phloëm und Xylem der Leitbündel wird auch bei den nachträglich in die Dicke wachsenden Monocotylen (Dracaena, Fig. 178), nicht durch einen Verdickungsring getrennt, sondern dieser *v* erzeugt nach innen zahlreiche verhältnismäfsig schwache Leitbündel *l* + *hs* nebst Grundparenchym und nach aufsen parenchymatische Rinden-Elemente *r* (vgl. Seite 11).

Reihe Pandanales.

Blüten nackt oder mit hochblattartiger Hülle, eingeschlechtig, männliche mit 1—∞ Staubbättern, weibliche mit 1—∞ Fruchtblättern. Blütenstände kugelig bis kolbig.

Fam. Typhaceae.

Schmalblättrige Sumpfpflanzen mit Windblüten, die in kolbigen Blütenständen stehen, von denen die unteren weiblich, die oberen männlich sind. Blüten nackt, ein- bis fünfmännig, resp. einweibig. Die weibliche Blüte steht auf einer behaarten Achse, welche letztere an der Frucht verbleibt und als Flugorgan für die Verbreitung der einsamigen, kleinen Schliefsfrüchte von Vorteil ist. — Hierher der Rohrkolben = *Typha*, Fig. 179.

Fig. 179. Typha latifolia. Rechts oben weibl., darunter männl. Blüte.

Fam. Pandanaceae.

Blüten nackt, männliche mit ∞ Staubblättern, weibliche mit ∞—1 Fruchtblättern. — Etwa 60 meist baumförmige Arten in den Tropen der östlichen Halbkugel (vergl. Seite 49). *Pandanus*, Fig. 180.

Fig. 180. Pandanus candelabrum.

Fam. Sparganiaceae.

Perigon- und Staubblätter 3—6, Fruchtblätter 1—2. — Igelskolben = *Sparganium*, Fig. 181.

Fig. 181. Sparganium ramosum. Die kleineren, oberen Blütenstände sind die männlichen, die anderen die weiblichen.

Reihe Helobiae.

Die zwitterigen oder eingeschlechtigen, actinomorph gebauten Blüten mit Kelch und Krone oder Perigon; wenn ein Perigon vorhanden ist, so erscheint es oft sehr zart, oft unscheinbar und hinfällig. Fruchtknoten ober- oder unterständig, ein- bis mehrsamig. — Sumpf- und Wasserpflanzen.

Fam. Potamogetonaceae.

Wasserpflanzen. Blüten meist in Ähren, über oder unter dem Wasser blühend, windblütig, seltener wasserblütig. Blüten gewöhnlich

Fig. 182. Potamogeton lucens. Links eine Blüte; die vier perigonblattartigen Schuppen sind Anhänge der Staubblätter. Rechts eine Frucht von aufsen, darüber im Längsschnitt den Keimling zeigend.

nach der Vierzahl gebaut; Perianth oft fehlend. Bei Potamogeton sind die ein Perigon vortäuschenden Lappen Anhängsel der Staubblätter. — Laichkraut = *Potamogeton*, Fig. 182; Seegras = *Zostera*.

Fam. Juncaginaceae.

Sumpfpflanzen; die Blüten der einheimischen mit 3 + 3 Perigonblättern, 3 + 3 Staubblättern und drei bis sechs Fruchtblättern, die sich bei der Reife als Früchtchen voneinander lösen. — Hierher *Triglochin*, Fig. 183.

Fig. 183. Triglochin palustris. Links Blüte, rechts Früchte.

Fam. Alismaceae.

Fig. 184. Alisma Plantago. Links Blume, rechts Frucht.

Sumpf- und Wasserpflanzen, einhäusig, oder die Blumen, welche drei Kelch- und drei Kronenblätter besitzen, sind zwitterig; sechs bis viele Staubblätter; drei bis viele eingrifflige, einfach-narbige, oberständige Fruchtknoten, die zu trockenen Schliefsfrüchten werden. Bei *Butomus* ist der äufsere Perianthkreis mehr kronenähnlich, weshalb man hier von einem Perigon sprechen kann. — Hierher der Froschlöffel = *Alisma Plantago*, Fig. 184, mit zwitterigen und das Pfeilkraut = *Sagittaria sagittifolia* mit eingeschlechtigen Blumen.

Fam. Hydrocharitaceae.

Wasserpflanzen mit drei Kelch- und drei (auch 0) Kronenblättern und drei bis vielen Staubblättern; Fruchtknoten unterständig, einfächerig, vieleiig, beerig werdend. — Hierher der Froschbiſs = *Hydrocharis Morsus ranae*, die Wasserpest = *Elodea canadensis* Fig. 185, und *Vallisneria* Fig. 98 und 186.

Fig. 185. Elodea canadensis. Rechts unten die weibliche Blüte, links oben ein Laubblatt.

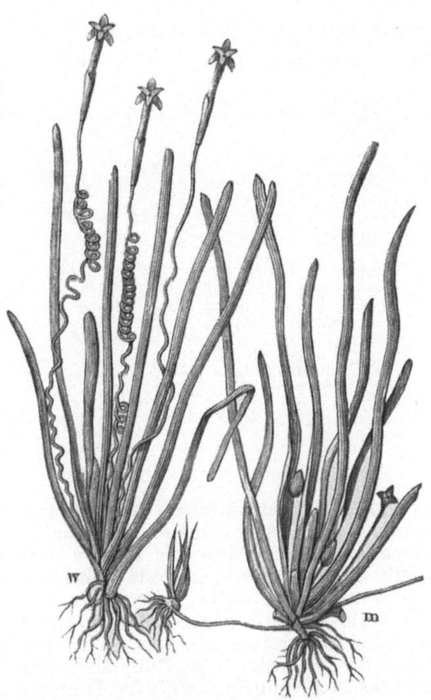

Fig. 186. Vallisneria spiralis. *m* Pflanze mit männlichen, *w* mit weiblichen Blüten.

Reihe Glumiflorae.

Meist landbewohnende Windblütler, deren zwitterige oder eingeschlechtige Blüten mit oberständigen, einsamigen Fruchtknoten von gewöhnlich kahnförmigen Hochblättern, Spelzen, umgeben werden und oftmals Ährchen bilden, welche wiederum ähren- oder rispenförmige Blütenstände zusammensetzen. Wenn ein Perigon vorhanden ist, so erscheint es äuſserst unansehnlich. Laubblätter schmal.

Fam. Gramineae, (echte) Gräser, Süſsgräſser.

Die Gräser sind sämtlich echte Windblütler, weshalb ihre Blütendecken und Hüllen auch unscheinbar sind. Entweder sind die Stiele unterhalb der kleinen Blütengruppen (Ährchen, welche den oft rispigen Blütenstand zusammensetzen, auſserordentlich dünn, wie z. B. bei dem Zittergras, Briza media (Fig. 201), oder die Staubfäden sind sehr lang, zart und daher herabhängend, sodaſs der Wind den stäubenden Pollen mit Leichtigkeit davonzutragen vermag, um denselben den groſsen, oft federigen, jedenfalls lang-behaarten beiden Narben zuzuführen.

Der Bau der Ährchen ist bei allen Arten in den wesentlichsten Punkten übereinstimmend; er wird in allen Fällen leicht übersehen werden können, wenn man den Bau einmal begriffen hat. Wir wählen auch nur bei einer einzigen Art als Beispiel das in Fig. 187[1] abgebildete Ährchen eines sehr häufigen Wiesengrases, Poa pratensis. Die Blüten stehen hier in Ährchen, welche, wie Fig. 202 zeigt, eine Rispe zusammensetzen. Die Ährchenachse *a* Fig. 187, ist mit Hochblättchen *h*, *d* besetzt, von denen nur die oberen in ihren Achseln Sprosse und zwar Blütensprosse tragen und daher als Deckblätter, Deckspelzen, zu bezeichnen sind. Die Hochblätter *h* heifsen Hüllspelzen. Die Blüten werden von einem der Deckspelze gegenüberstehenden Vorblatt *v*, der Vorspelze, eingeleitet, auf welche zwei kleine Schüppchen *p* folgen, die zur Blütezeit durch Quellung die Spelzen auseinandertreiben und so die Geschlechtsorgane freilegen. Diese kleinen Gebilde *p* sind nach theoretisch-morphologischer Auffassung Homologa von Perigonblättern. Bei manchen Arten fehlt das Perigon, bei anderen ist es in der Dreizahl vorhanden; das Androeceum kann auch ein- oder zwei-, selten 3 + 3- oder

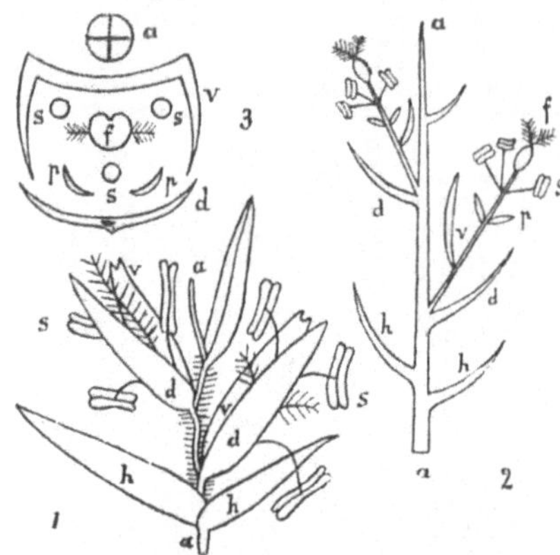

Fig. 187. *1.* Vergröfsertes zweiblütiges Ährchen von Poa pratensis; *2.* dasselbe schematisch mit verlängerten Achsen dargestellt, um die einzelnen Teile deutlicher zu zeigen. *3.* Grundrifs einer Blüte mit ihrer Hülle, um die gegenseitige Stellung der Teile zu veranschaulichen. — In den drei Figuren bedeuten *a* die Hauptachse des Ährchens, *h* die Hüllspelzen, *d* die Decksp., *v* die Vorsp., *p* Perigonblätter, *s* Staubblätter, *f* Fruchtknoten. (Original.)

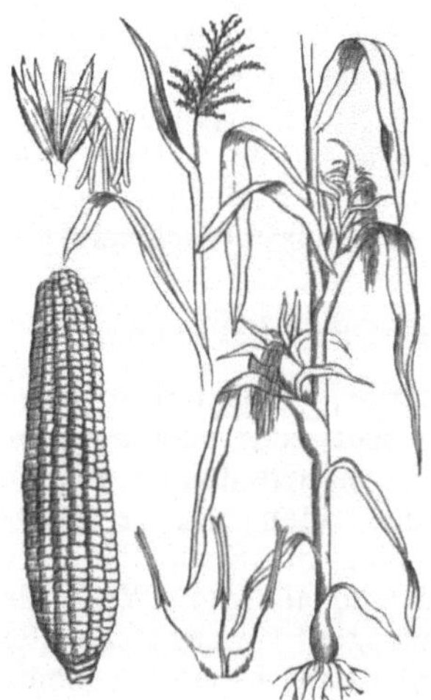

Fig. 188. Zea Mays. Links oben männliches Ährchen, darunter Fruchtstand, rechts unten davon männl. Blüte.

Fig. 189. Panicum miliaceum. Rechts oben Hüllspelze; links Blüte, darunter Ährchen.

vielzählig sein. Das Gynaeceum wird immer zu einer einsamigen Schliefsfrucht.

Fig. 190. Saccharum officinarum.

Fig. 191. Phalaris arundinacea.

Fig. 192. Anthoxanthum odoratum.

Fig. 193. Avena sativa. Rechts unten die begrannte Deckspelze, links davon die Vorspelze.

Die Stengel sind stielrund und meist hohl (Halme).

Die Laubblätter besitzen eine den Stengel umfassende, röhrige Scheide, an deren Gipfel die Spreite und zwischen Spreite und

Scheide ein häutiges, kleines Gebilde, das Blatthäutchen, die Ligula, abgeht (siehe z. B. Fig. 205). — Etwa 3500 Arten.

Fig. 194. Triticum sativum. Links oben ein grannenloses Ährchen, darunter der Fruchtknoten, darunter ein begranntes Ährchen von einer anderen Rasse.

Fig. 195. Secale cereale. Links oben Fruchtknoten, darunter das Perigon, darunter Ährchen.

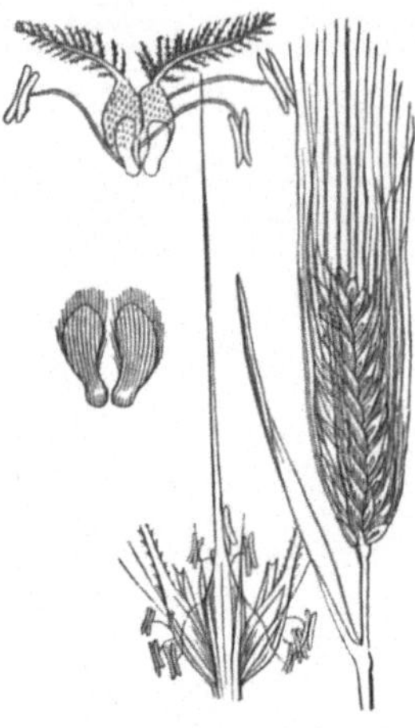

Fig. 196. Hordeum sativum. Links oben vollständige Blüte, darunter das Perigon, darunter ein Ährchen.

Fig. 197. Alopecurus geniculatus.

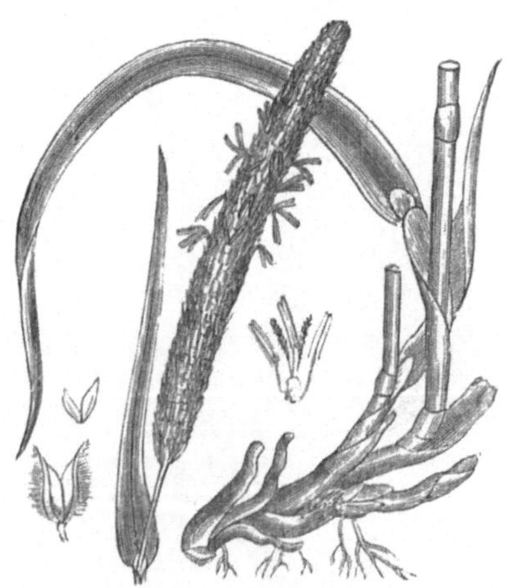

Fig. 198. Phleum pratense.

Die Panicoïdeen haben Ährchen mit 3—6 Hüllspelzen. — Hierher der Reis = *Oryza sativa;* der Mais oder türkische Weizen = *Zea Mays*, Fig. 188; die Hirse = *Panicum miliaceum* Fig. 189; das Zuckerrohr = *Saccharum officinarum*, Fig. 190; gute Futtergräser sind z. B.: *Phalaris arundinacea*, Fig. 191; das Ruchgras = *Anthoxanthum odoratum*, Fig. 192.

Die Poaeoïdeen-Ährchen besitzen zwei Hüllspelzen, von denen eine oder beide verkümmern können. — Hierher die meisten Gräser, wie vor allen Dingen unsere Getreide-Arten. Hafer = *Avena sativa*, Fig. 193; Weizen = *Triticum sativum*, Fig. 194; Roggen = *Secale cereale*, Fig. 195; Gerste = *Hordeum sativum*, Fig. 196. Als Viehfutter haben bei uns besondere Bedeutung: *Alopecurus pra-*

Fig. 199. Agrostis vulgaris.

Fig. 200. Arrhenatherum elatius.

Fig. 201. Briza media.

Fig. 202. Poa pratensis.

tensis und *geniculatus*, Fig. 197; das Liesch- oder Timotheegras = *Phleum pratense*, Fig. 198; *Agrostis vulgaris*, Fig. 199; *Agrostis alba*; das französische Raygras = *Arrhenatherum elatius*, Fig. 200; Zittergras = *Briza media*, Fig. 201; Rispen- oder Viehgras = *Poa pratensis*, *Poa annua* u. a. Poa-Arten, Fig. 187 u. 202; das Manna- oder Schwadengras = *Glyceria fluitans*, Fig. 203; *Catabrosa aquatica*, Fig. 204; das Knäuelgras = *Dac-*

tylis glomerata, Fig. 205; Kammgras = *Cynosurus cristatus* Fig. 206; die Schwingelgras-Arten: *Festuca distans*, *F. arundinacea*, *F. pratensis*, *F. ovina*, Fig. 207; *F. rubra*; englisches Raygras = *Lolium perenne.* Weiter sind bemerkenswert: der Bambus =

Fig. 203. Glyceria fluitans.

Fig. 204. Catabrosa aquatica.

Fig. 205. Dactylis glomerata.

Fig. 206. Cynosurus cristatus.

Bambusa, sowie die als Strandhafer oder -roggen zum Binden von Flugsand benutzten *Ammophila arenaria*, Fig. 208, und *Elymus arenarius*, Fig. 209, ferner das Rohr = *Phragmites communis* und die dem Landwirt als Unkraut lästige Quecke oder Päde = *Agropyrum* (*Triticum*) *repens*, Fig. 210 u. s. w.

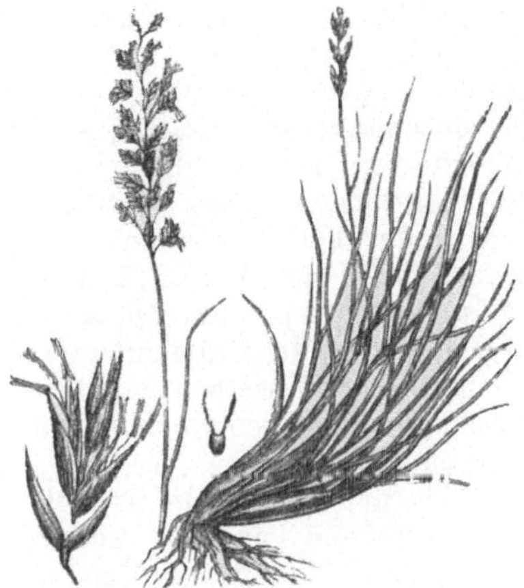

Fig. 207. Festuca ovina.

Fig. 208. Ammophila arenaria.

Fig. 209. Elymus arenarius.

Fig. 210. Agropyrum repens.

Fam. Cyperaceae, Sauer-, Halb-, Scheingräser.

Stengel meist dreikantig. Blüten drei-, seltener wenigermännig, in den Winkeln von Deckspelzen. — Etwa 3000 Arten.

Cariceae, Riedgräser, Seggen. Blüten getrennt-geschlechtig, und zwar sind die Pflanzen meist einhäusig, Fig. 212, seltener zweihäusig, Fig. 213; männliche Blüten in Ähren oder Ährchen, weibliche resp. der Fruchtknoten von einem schlauchförmigen, allseitig geschlossenen Gebilde umgeben (*s* in *2* Fig. 211), an dessen Spitze eine Öffnung zum Durchtritt des Griffels vorhanden ist. Die Frucht mit ihrem „Schlauch“ steht in der Achsel eines schuppenförmigen Deckblattes *d.* — Die Vergleichung aller Carex-Arten untereinander und mit den zunächst verwandten Gattungen hat die theoretischen Morphologen zu der Ansicht geführt, dafs der fragliche Schlauch *s* im Laufe der Generationen aus einem Deckblatt der Blüte hervorgegangen sei, dessen Muttersprofs *b* in der Achsel der vorerwähnten Deckschuppe *d* stand und später abortierte. Die weiblichen Geschlechtsorgane der Vorfahren dieser Gattung hätten daher etwa den Bau haben können, wie ihn die schematische Abb. *1* der Fig. 211 veranschaulicht. In *1* und korrespondierend auch in *2* bedeuten *a* die Hauptachse des Blütenstandes, *b* einen Zweig desselben mit seinem schuppenförmigen Deckblatt *d* (Deckschuppe), *f* die weibliche Blüte, hier nur aus einem Fruchtknoten bestehend, in der Achsel ihres zum Schlauch werdenden Deckblatts *s*, welches als Hochblatt zu *b* gehört. Hiernach wäre der Fruchtknoten mit seinem Schlauch homolog einem einblütigen Ährchen. — *Carex*, Fig. 212 und 213.

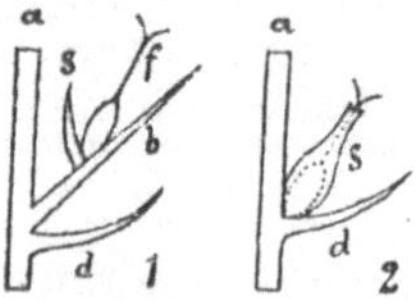

Fig. 211. Erklärung im Text.

Scirpeae. Blüten meist zwitterig mit oft borstenförmigem Perigon, Fig. 214, in mehrblütigen Ähren oder Ährchen. — Hierher die Gattungen *Scirpus*, Fig. 214; *Cyperus*, Fig. 215; *Eriophorum* = Wollgras, Fig. 216.

Fig. 212. Carex dioica. Rechts weibliche Pflanze nebst weibl. Ährchen (Schlauch und Deckschuppe), links männl. Pflanze nebst männl. Blüte und ihrer Deckschuppe.

Fig. 213. Carex arenaria. Rechts ein weibliches Ährchen mit zweizähnigem Schlauch und Deckschuppe, links davon eine männl. Blüte mit ihrer Deckschuppe.

Fig. 214. Scirpus maritimus. In der Mitte eine Blüte mit borstenförmigem Perigon, daneben Deckschuppe.

Fig. 215. Cyperus fuscus. Rechts Blüte mit Deckschuppe, links Frucht.

Fig. 216. Eriophorum vaginatum. Links Blüte mit haarförmigem Perigon nebst Deckschuppe, rechts Frucht mit dem zu einem Flugapparat ausgewachsenen Perigon.

Reihe Principes.

Fam. Palmae, Palmen.

Meist baumförmige Holzpflanzen mit einfachem Stamm und grofsen finger- oder fiederförmig zerteilten Blättern, deren einzelne Abschnitte sich durch Einreifsen der ursprünglich ganzen Spreite

Fig. 217. Phoenix dactylifera. Ein Blatt und zwei Bäume.

sondern. Perigon sechsblättrig, unterständig. Blüten meist eingeschlechtig, in einfachen oder zusammengesetzten kolbigen Ähren stehend, an deren Grunde je ein oft durch helle Färbung auffallendes Hochblatt. Staubblätter 9 — ∞, auch 6, selten 3; Fruchtblätter 3. — Hierher die Cocos-Palme = *Cocos nucifera;* Zwergpalme = *Chamaerops humilis*; Dattelpalme = *Phoenix dactylifera,* Fig. 217; Ölpalme = *Elaïs guineensis;* Sago-Palme = *Metroxylon Rumphii,*

Fig. 218; „spanisches“ Rohr = *Calamus*-Arten; *Phytelephas macrocarpa* liefert die Elfenbeinnufs bezeichneten Samen, vergl. S. 74.

Fig. 218. Metroxylon Rumphii. Baum, Blütenstand und Frucht.

Reihe Synanthae.

Blüten, männliche und weibliche, die ganze Oberfläche saftiger Kolben bedeckend. Pflanzen Palmen-ähnlich. — Fam. Cyclanthaceae.

Reihe Spathiflorae.

Blüten klein und unansehnlich, meist diklinisch, zahlreich zu kolbigen Ähren vereinigt, welche an ihrem Grunde von einem grofsen, auffallenden Hochblatt, der „Spatha“, behüllt werden, bei den Lemnaceen Blüten und Blütenstände sehr einfach. Fruchtknoten oberständig.

Fam. Araceae.

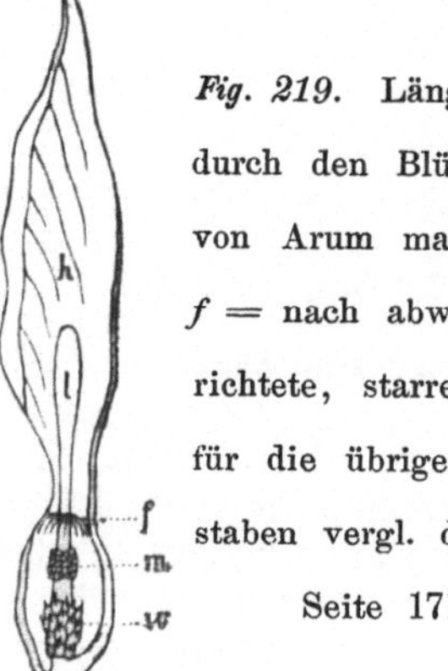

Fig. 219. Längsschnitt durch den Blütenstand von Arum maculatum. *f* = nach abwärts gerichtete, starre Fäden; für die übrigen Buchstaben vergl. den Text Seite 171.

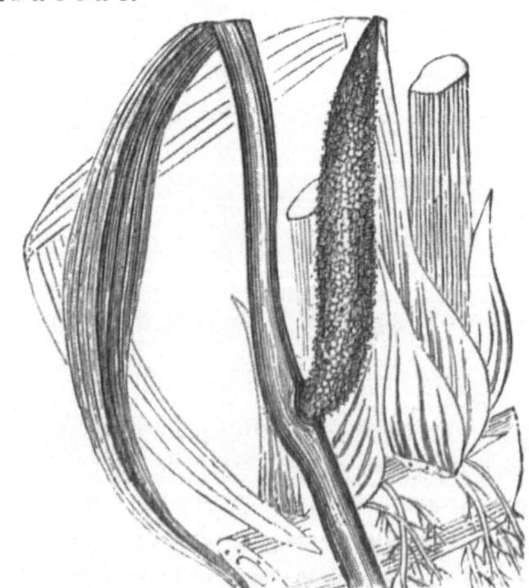

Fig. 220. Acorus Calamus.

Perigon fehlend oder sechszählig, ein bis neun Staubblätter und ein bis sechs Fruchtblätter. Die Blüten sitzen gewöhnlich an einer kolbig verdickten Achse, *l* Fig. 219, mit Spatha *h*. Blätter breit, oft spiefsförmig. — Bei den Areen sind die Blüten eingeschlechtig, die weiblichen *w* nehmen den unteren, die männlichen *m* den oberen Teil des Kolbens ein. Hierher der Aronstab = ***Arum maculatum***, Fig. 219 (vgl. Seite 38/39 und 96); Tarropflanze = ***Colocasia antiquorum*** mit efsbaren Wurzelknollen. — Die Orontieen haben zwitterige Blüten. Hierher *Calla* und der Kalmus *Acorus Calamus*, Fig. 220.

Fam. Lemnaceae.

Die Blüten sind sehr einfach gebaut; in seitlichen Ausbuchtungen des sonst blattlosen Körpers, Fig. 221, erblickt man zur Blütezeit nur zwei Staubblätter und zwischen diesen einen einfachen Fruchtknoten, resp. nur ein Staubblatt neben einem Fruchtknoten; die theoretischen Morphologen betrachten je ein Staubblatt und je ein Fruchtblatt jedes als eine einzelne Blüte. — Wasserpflanzen. Entengrütze, Wasserlinsen = *Lemna*, Fig. 221.

Fig. 221. Lemna trisulca. Die Wurzeln des oberen Exemplares die hier deutlich abgesetzte Wurzelhaube zeigend. Unteres Exemplar blühend. — Natürl. Gröfse.

Reihe Farinosae.

Aus dieser Reihe ist die zu der Familie der Bromeliaceen gehörige Ananas (*Ananas sativus*) dadurch bemerkenswert, dafs die Gipfel der Fruchtstände Laubsprosse bildend vegetativ weiterwachsen.

Reihe Liliiflorae.

Blüten meist aktinomorph und zwitterig, mit deutlichem Perigon.

Fam. Juncaceae.

Windblütler, daher mit unscheinbarem Perigon. Blätter schmal, grasblattähnlich oder cylindrisch. Sonst wie die Liliaceen gebaut. —

Binsen und Simsen = *Juncus*, Fig. 222, *Luzula*.

Fig. 222. Juncus effusus. Rechts Blüte, links davon Frucht mit Perigon.

Fam. Liliaceae.

Gynaeceum oberständig, meist dreizählig. Staubblätter meist sechs. Meist Stauden, oft mit Zwiebeln, seltener Holzgewächse.

Fig. 223. Fritillaria Meleagris.

Fig. 224. Allium Schoenoprasum = Schnittlauch.

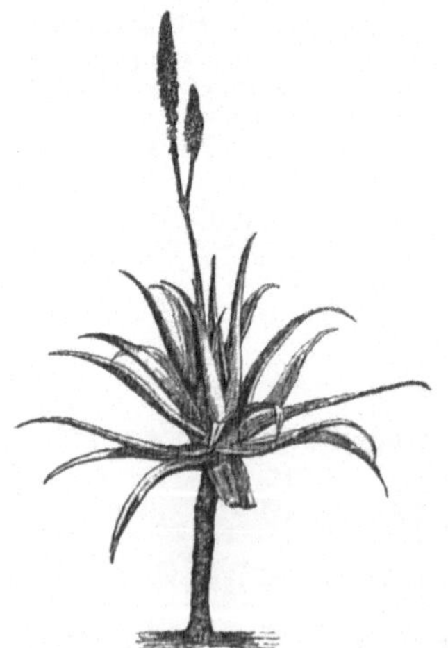

Fig. 225. Aloë vulgaris.

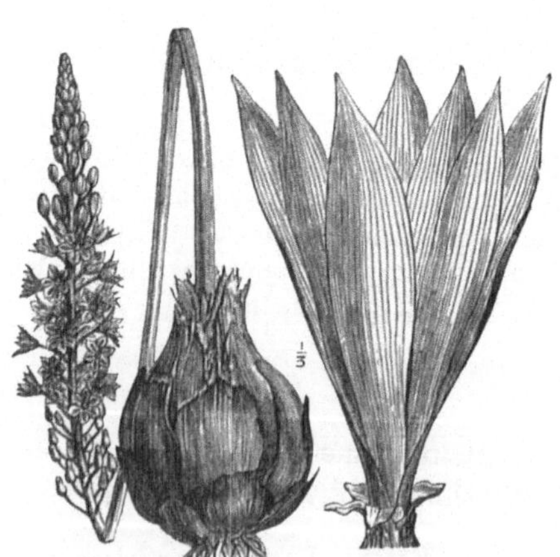

Fig. 226. Urginea maritima.

Bei den Lilieen öffnen sich die Früchte der Länge nach in de Mittellinie eines jeden der drei Fruchtblätter (Fächer). — Hierhe die Lilien = *Lilium*; Tulpen = *Tulipa;* Kaiserkronen = *Fritillaria*, Fig. 223; Lauch-Arten = *Allium*, Fig. 224; Hyacinthen = *Hyacinthus;* Aloë = *Aloë*, Fig. 225; Meerzwiebe = *Urginea (Scilla) maritima*, Fig. 226.

Die Früchte der Melanthieen öffnen sich, indem die dieselben zusammensetzenden drei Fruchtblätter an der Frucht durch Spaltung der trennenden Scheidewände frei werden. — Die Herbstzeitlose = *Colchicum autumnale*, Fig. 227.

Bei den Smilaceen sind die Früchte Beeren. — Hierher der Spargel *Asparagus*; die Maiblume *Convallaria*; der Drachenblutbaum *Dracaena draco*.

Fig. 227. Colchicum autumnale. Rechts Gynaeceum, links Frucht.

Fam. Amaryllidaceae.

Gynaeceum unterständig. Sonst wie bei den Liliaceen. Hierher die Schneeglöckchen = *Leucoïum*, Fig. 228 und *Galanthus*, Narcissen = *Narcissus*, die Agave oder sog. amerikanische Aloë = *Agave americana*, Fig. 229.

Fig. 228. Leucoïum vernum.

Fig. 229. Agave americana.

Fam. Taccaceae.

Tropen, kleine Familie, welche namentlich einerseits an die Araceen, andererseits an die Amaryllidaceen erinnert.

Fam. Dioscoreaceae.

Blüten dioecisch, klein. Gynaeceum unterständig. — Yams oder Ignamen, Yamsknollen = Rhizomknollen von *Dioscorea sativa*, *alata*, *Batatas* u. a. Dioscorea-Arten, werden in den Tropen, letztere in China und Japan, massenhaft kultiviert und entsprechen als Nahrung der Kartoffel bei uns, Fig. 230.

Fig. 230. Yamspflanze.

Fam. Iridaceae.

Gynaeceum unterständig. Meist drei Staubblätter. — Hierher die Schwertlilien *Iris*; *Crocus* Fig. 231.

Fig. 231. Crocus sativus.

Reihe Scitamineae.

Blüten zygomorph oder ganz unsymmetrisch. Gynaeceum unterständig. Kräuter mit fiedernervigen Blättern.

Fam. Musaceae.

Androeceum sechszählig; ein Staubblatt abortiert meist. — Bananen oder Paradiesfeigen, Fig. 232 = *Musa sapientum* und *paradisiaca.*

Fig. 232. Banane. *1* = Frucht, *2* dieselbe im Querschnitt.

Fam. Zingiberaceae.

Androeceum einmännig. — Ingwerpflanze = *Zingiber officinale,* Fig. 233.

Fig. 233. Zingiber officinale. Links eine Blume.

Fam. Cannaceae und Fam. Marantaceae.

In den Blüten ebenfalls nur ein Staubblatt, welches jedoch nur eine halbe Anthere entwickelt. — *Maranta.*

Reihe Microspermae.

Früchte mit sehr vielen kleinen Samen.

Fam. Orchidaceae.

Zygomorphe Blumen, deren einfächeriger Fruchtknoten die vielen, sehr kleinen Samen an drei Längsleisten der Innenseite seiner Wandung trägt; meist einmännig, selten zweimännig. Staubblätter mit dem Griffelteile des Fruchtknotens verwachsen.

Der unterständige und, wie der Querschnitt im Grundrifs *2* der Fig. 234 zeigt, einfächerige, mit vielen, an drei Leisten der Aufsenwand ansitzenden Eichen versehene Fruchtknoten pflegt wie *f* in *1* spiralig gedreht, resupiniert, zu sein, und zwar derartig, dafs in

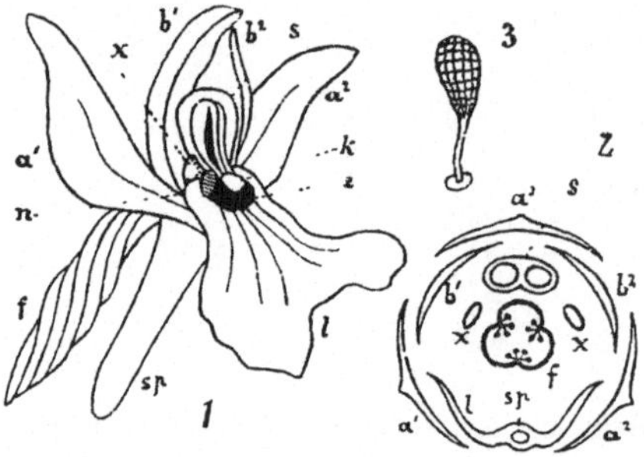

Fig. 234. *1.* Eine vergröfserte Blume von Orchis maculata; *2.* der Grundrifs derselben. — *3.* Eine Pollinie. — Beschreibung im Text. (Original.)

den meisten Fällen beim Zurückdrehen die an der entwickelten Blüte nach unten gewendeten Teile nach oben gerichtet erscheinen würden. An seinem Gipfel trägt der Fruchtknoten das Perianth: *a*, *b*, *l*, in *1* und *2* und das gewöhnlich in der Einzahl vorhandene Staubgefäfs *s*. Das Perianth ist ein sechsblättriges Perigon, dessen äufsere drei Blätter jedoch oft einen einfachen, übereinstimmenden Bau zeigen, der von dem der drei inneren Blätter und namentlich des einen gröfseren, als Lippe *l* bezeichneten Blattes abweicht; in diesen Fällen könnte man von Kelch und Krone reden. Die nach der Resupination meist nach unten gewendete Lippe, den Beute suchenden Insekten als Sitz dienend, trägt häufig an ihrem Grunde ein Nektarium in Form eines hohlen Spornes *sp*, während in anderen Fällen — bei fehlendem Sporn — ein besonderer, saftiger Gewebeteil am Grunde der Lippe den Insekten nach dem Anstechen den willkommenen Nektar liefert. Auch der Sporn enthält nur selten freie Honigflüssigkeit, die erst durch Anstechen oder Anbeifsen dem fleischig-saftigen Gewebe entzogen werden kann. In der Nähe der Eingangsöffnung zum Sporne *e* liegt die Narbe *n*. Das zweifächerige Staubgefäfs besitzt keinen Staubfaden und ist entweder nur mit seinem Grunde oder auch — wie in unserer Abbildung — vollständig mit einem an der Spitze des Fruchtknotens, oberhalb der Narbe befindlichen Fortsatz, dem Säulchen, Gynostemium *s*, verschmolzen. Der Pollen jeder Staubbeutelhälfte ist zusammenhängend und bildet ein gestieltes Pollenpäckchen, ein Pollinium *3*, seltener krümelige oder pulverige Pollenmassen. Die aus vielen zusammenhängend verbleibenden Pollenkörnern gebildeten Päckchen besitzen einen elastischen Stiel, der am Grunde ein klebriges Scheibchen, Klebscheibchen, aufweist; häufig endet der Stiel der beiden Pollinien in einem gemeinsamen Klebscheibchen. Die eine oder die zwei

Fig. 235. Platanthera bifolia.

Fig. 236. Vanilla. — Etwa 1/4 der nat. Gr.

Klebscheibchen sind dicht oberhalb der klebrig-feuchten Narbe zu suchen und liegen entweder frei oder werden von einem Schüppchen *k* bedeckt. An der durch Zusammenneigen der Perianthblätter gegenüber von der Lippe zustande kommenden Helmbildung können sich mit Ausnahme der Lippe alle Perigonblätter beteiligen. Die in der Abbildung angegebenen Gebilde *x* sind Rudimente je eines Staubblattes. — Befruchtungsvorgang vgl. auf Seite 98.

Auf der Erde oder auf Baumstämmen lebende Kräuter, bei uns oft mit Wurzelknollen. Etwa 5000 Arten. — *Orchis; Platanthera bifolia* = Orant, Nachtschatten, Fig. 235; Vanille, Fig. 236 = *Vanilla*; Frauenschuh = *Cypripedium.*

2. Klasse Dicotyledoneae.

Zwei Cotyledonen, selten mehrere oder nur ein Cotyledon.

Blüten mit Kelch und Krone oder mit Perigon. Die gleichnamigen Organe meist in der Vier- oder Fünfzahl oder in Multiplen dieser Zahlen, also z. B. 2×5 u. s. w. vorhanden. Laubblätter mit fiederig oder fingerig verzweigten Hauptnerven. Nerven oft ein Maschennetz bildend.

Bei den in die Dicke wachsenden Dicotylen wird das Phloëm und Xylem der — auf dem Querschnitt des Stengels — in einem Kreise angeordneten Leitbündel durch einen Verdickungsring getrennt, der nach innen sekundäres Xylem, nach aufsen sekundäres Phloëm erzeugt. Vgl. Fig. 237 und Seite 68 u. folg.

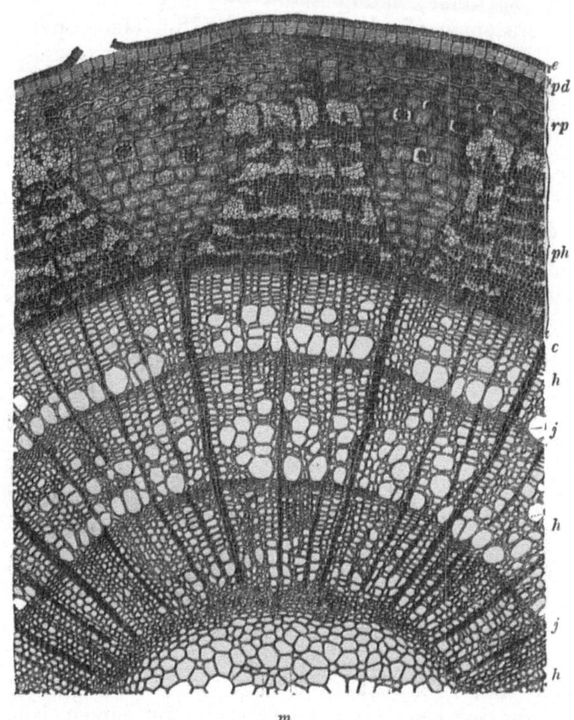

Fig. 237. Stück des Querschnittes durch einen dreijährigen Zweig von Tilia platyphyllos. *e* = Epidermis, *pd* = Periderm, *rp* = Rindenparenchym, *ph* = Phloëm, *c* = Cambiumring, *h* = Holz, *j* = Grenze der Jahresringe, *m* = Mark. — Vergr. (Nach Kny.)

I. Reihengruppe Archichlamydeae.

(Choripetalae und Apetalae.)

Pflanzen im allgemeinen mit freien, nicht verwachsenen Kronenblättern, oder apetal, d. h. Krone ganz fehlend oder die Blütendecke fehlend. Blüten meist in „Kätzchen" angeordnet, d. h. Blütenstände meist dichtblütig und ährig oder ährenförmig.

Reihe Verticillatae.

In ihrem vegetativen Aufbau schachtelhalm-ähnliche Gewächse mit monöcischen Blüten. — Nur eine Familie: Casuarinaceae mit nur einer etwa 20 Arten umfassenden Gattung: *Casuarina*.

Reihe Piperales.

Fam. Piperaceae.

Blüten ohne Blütendecke, meist eingeschlechtig und nur aus sechs bis zwei Staub- und vier bis ein Fruchtblättern gebildet, welche letzteren zu einsamigen Beeren werden; Samen mit Perisperm und Endosperm (vgl. Seite 73). — Die Pfefferkörner sind die Früchte von *Piper nigrum*, Fig. 238.

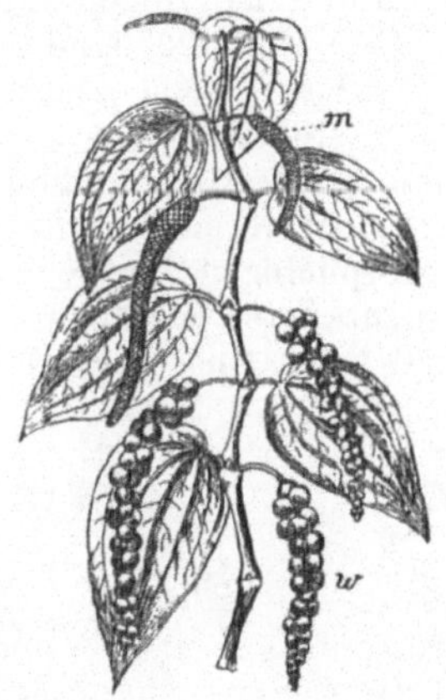

Fig. 238. Piper nigrum. *m* = männl. Ähren, *w* = Fruchtähren.

Reihe Juglandales.

Fam. Juglandaceae.

Einhäusig. Die Blüten einzeln in den Achseln von Deckblättern, mit zwei Vorblättern. Perigon 0- bis vier-, Androeceum drei- bis vielzählig. Schliefsfrüchte mit rindenartiger Cupula (vergl. Seite 181). Blätter gefiedert, ohne Nebenblätter. — Hierher die Walnufs *Juglans regia*, Fig. 239.

Fig. 239. Juglans regia. Zweig mit einem männl. Kätzchen; am Gipfel eine weibl. Blütengruppe. Links unten weibl. Blüte mit Cupula; rechts Frucht, ihre Cupula im Längsschnitt.

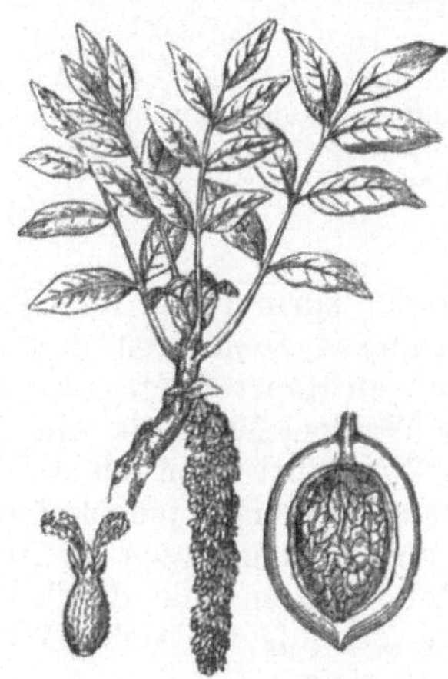

Fam. Myricaceae.

Sträucher oder Halb-Sträucher mit kleinen, meist einfachen Blättern. — *Myrica Gale.*

Reihe Salicales.

Fam. Salicaceae.

Die Salicaceen sind diöcische Holzgewächse mit dichtblütigen ährigen Blütenständen. Ihre Blätter sind spiralig gestellt, ungeteilt; am Grunde mit (zuletzt meist abfallenden) Nebenblättern. Die dicht gedrängten Blüten stehen in den Winkeln schuppenförmiger Deckblätter. Bei Populus sind die weiblichen resp. männlichen Blütenteile auf einer kurzbecherförmigen, fleischigen Scheibe eingefügt, die von manchen Morphologen Perigon genannt wird. Staubblätter 2—30-zählig. Fruchtknoten einfächerig, mit einem, zuweilen fast fehlenden Griffel und zwei (bis vier) Narben. Die vielsamige

Fig. 240. Salix herbacea. Oben weibl., unten männl. Exemplar, nebst weibl. und männl. Blüte und zugehöriger Deckschuppe.

Fig. 241. Populus tremula. Links männliches Kätzchen, darunter männl. Blüte (nebst ihrer Deckschuppe), rechts weibl. Kätzchen, darunter weibl. Blüte (nebst Deckschuppe).

Kapselfrucht springt mit zwei (selten vier) Klappen auf. Den kleinen, endospermlosen Samen ist in Gestalt eines an ihrem Grunde befindlichen langen Haarschopfes ein wirksames Flugorgan gegeben.

Die Weiden, Fig. 240, sind Insektenblütler, die Pappeln, Fig. 241, dagegen Windblütler. Auch die Weiden haben zwar keine besonderen „Wirtshausschilder“; jedoch finden sich hier am Grunde der Staubblätter und Fruchtknoten Nektarien in Form kleiner Höcker, und die Blüten machen sich durch ihr dicht gedrängtes Zusammenstehen und dadurch, dafs sie sich im allgemeinen vor dem Erscheinen des

Laubes entwickeln, dennoch leicht bemerkbar. Es ist überdies zu beachten, dafs die Achsen der Ähren steif und unbeweglich im Vergleich zu den Kätzchen der Cupuliferen und der Pappeln erscheinen und so den Insekten einen festeren Halt gewähren. — Vgl. Seite 94.

Die Knack- oder Bruch-Weide = *Salix fragilis*; Silberweide = *S. alba*; Korbweide = *S. viminalis*; Sohlweide = *S. Caprea*; *S. herbacea* Fig. 240; Silberpappel = *Populus alba*; Zitterpappel oder Espe = *P. tremula* Fig. 241; italienische oder Pyramiden-Pappel = *P. pyramidalis*; Schwarzpappel = *P. nigra*.

Reihe Fagales.

Apetale, windblütige, einhäusige Holzgewächse, die im allgemeinen ihre Blüten vor dem Erscheinen des Laubes entwickeln. Die Achsen der männlichen Blütenstände sind meist sehr zart und aufserordentlich biegsam, sodafs die Kätzchen herabhängen und vom Winde leicht bewegt werden. Eine genauere Untersuchung des Baues der Blütenstände ergiebt, dafs derselbe ziemlich kompliziert ist. An den Hauptachsen sitzen nämlich nicht einzelne Blüten, sondern meist dreiblütige Gruppen, welche nach Ansicht der theoretischen Morphologen metamorphosierte Sprosse mit Hochblättern darstellen. Der beigegebene Grundrifs (Fig. 242) des typischen (theoretischen) Baues einer solchen Gruppe zeigt uns die Andeutung der Hauptachse *A* mit einem Deckblatt *D*, in dessen Achsel die dreiblütige Gruppe sitzt. Der Achselsprofs trägt die mittlere Blüte *B* mit den zwei Vorblättern *a* und *b*, welche Deckblätter der beiden, je eine Blüte tragenden seitlichen Spröfschen *B* und *B* sind, die wiederum je zwei Vorblätter *a'* und *b'* besitzen. Im speziellen können nun einzelne dieser Teile verkümmern oder abortieren, wie z. B. die Mittelblüte und verschiedene von den Hochblättern. An der Ausbildung der Früchte beteiligen sich die erwähnten Hochblättchen der Blütengruppen oft in der mannigfaltigsten Weise und bilden die „Cupula“.

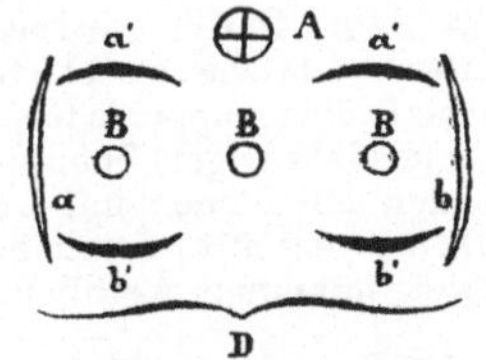

Fig. 242. Typischer Grundrifs der Blütengruppe eines Cupuliferen-Kätzchens. — Beschreibung im Text.

Perigon drei- bis achtzählig, öfters auch rudimentär. Androeceum zwei- bis zwanzigzählig. Gynaeceum unterständig zu einer einfächerigen, einsamigen Schliefsfrucht werdend. Blätter einfach, mit Nebenblättern.

Fam. Betulaceae.

Die Betuleen besitzen keine Cupula; die Deck- und Vorblätter der Blütengruppen verwachsen zu einer Schuppe. Nur die männlichen Blüten mit Perigon, bei den weiblichen ist dasselbe verkümmert. — Hierher die Birken (*Betula verrucosa* Weifsbirke, Fig. 243, *B. nana* Zwergbirke), und Erlen (*Alnus glutinosa* Roterle, Fig. 244, *A. incana* Weifserle).

Fig. 243. Betula verrucosa. Links unten weibliche, rechts unten männliche Blütengruppe, jede mit dreilappiger (dreiblättriger) Schuppe; zwischen beiden ein Samen mit zwei Flügeln. Oben Zweig mit männlichen, darunter Zweig mit einem weiblichen Kätzchen.

Fig. 244. Alnus glutinosa. Links weibliche zweiblütige Gruppe mit Schuppe aus Deck- und Vorblättern, die holzig wird. Rechts viermännige Blüte mit Perigon.

Fig. 245. Corylus Avellana. Rechts oben Zweig mit zwei männl. Kätzchen und zwei knospenförmigen weibl. Blütenständen, darunter Zweig mit Früchten. Links unten männl. Blütengruppe, rechts daneben weibl. Blütenstand, daneben Querschnitt durch den Fruchtknoten und rechts unten weibl. Blüte.

Fig. 246. Carpinus Betulus. Links Frucht mit dreizipfeligem (dreiblättrigem) Flugorgan, welches aus drei Hochblättern der Blütengruppen gebildet wird, also die Cupula vorstellt. Rechts davon männl., ganz rechts weibl. Blütengruppe. Vorn männl. Blütenstand, hinten Fruchtstand.

C o r y l e a e. Die Deck- und Vorblätter der Blütengruppen verwachsen zu einer Fruchthülle, die immer nur je eine Frucht umgiebt. Den männlichen Blüten fehlt ein Perigon, bei den weiblichen ist es rudimentär. — Hierher der H a s e l s t r a u c h *Corylus Avellana*, Fig. 99 und 245, die H a i n- oder W e i ſ s b u c h e *Carpinus Betulus*, Fig. 246.

Fam. F a g a c e a e.

Cupula ein- bis mehrfrüchtig, aus den vier Vorblättern *a' b'* Fig. 242 hervorgehend. Sowohl männliche als auch weibliche Blüten mit Perigon. — Hierher die R o t - B u c h e *Fagus silvatica*, Fig. 247, die e c h t e K a s t a n i e *Castanea vulgaris*, Fig. 248, die E i c h e n (*Quercus pedunculata* S t i e l- oder S o m m e r e i c h e, Fig. 249, *Q. sessiliflora* S t e i n- oder W i n t e r e i c h e, *Q. suber* K o r k e i c h e).

Fig. 247. Fagus silvatica. Links unten Cupula mit Früchten, daneben einzelne Frucht von auſsen und im Querschnitt. Rechts oben Zweig mit zwei männlichen Köpfen.

Fig. 248. Castanea vulgaris. Links oben weibl. Blütengruppe im Längsschnitt, rechts Cupula mit Früchten. Links unten ein Same, rechts unten männl. Blüte.

Fig. 249. Quercus pedunculata. Rechts unten Frucht mit Cupula.

Reihe Urticales.

Blüten meist diclin mit Perigon, in meist dichten Blütenständen. Der oberständige Fruchtknoten zu einer einsamigen Schliefsfrucht werdend.

Fam. Ulmaceae.

Blüten meist zwitterig, mit vier bis sechs Perigon- und vier bis zwölf Staubblättern. Früchte geflügelt oder Drupen. Holzpflanzen. — Hierher die Ulmen oder Rüstern = *Ulmus*, Fig. 250.

Fig. 250. Ulmus campestris. Links unten Fruchtstand, rechts eine Blüte.

Fam. Moraceae.

Fig. 251. Morus alba. Rechts oben weibl., links unten männl. Blüte. Rechts unten Fruchtstand.

Blüten diclin mit vier- bis fünfzähligem Perigon und Androeceum. Früchte einfach. Blätter mit Nebenblättern.

Moreae. Filamente in der Knospenlage eingekrümmt. Narben meist zwei. Pflanzen öfters milchend. — Hierher die Maulbeerbäume = ***Morus***, Fig. 251.

Artocarpeae. Filamente in der Knospenlage gerade. Meist zwei Narben. Milchende Holzpflanzen. — Hierher der Feigenbaum = ***Ficus carica***, Fig. 252; Gummibaum = ***Ficus elastica***; ***Artocarpus incisa*** u. a. ***Artocarpus***-Arten = Brotfruchtbaum; Kuhbaum = ***Brosimum Galactodendron***; Upas-Baum = ***Antiaris toxicaria***, Fig. 253.

Cannabineae. Filamente und Narben wie vorher. Milchsaftlose Kräuter. — Hierher der Hanf = *Cannabis sativa*, Fig. 254; der Hopfen = *Humulus Lupulus*, Fig. 255.

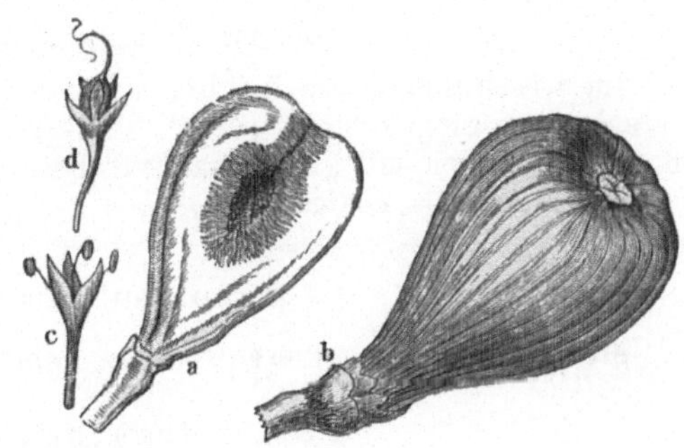

Fig. 252. Ficus Carica. *a* Längsdurchschnitt durch den Blütenstand, um die Höhlung mit den Blüten zu zeigen; *b* derselbe zur Frucht gereift (nat. Gr.); *c* männliche, *d* weibliche Blüte, beide vergröſsert.

Fig. 253. Antiaris toxicaria. *1.* Baum; *2.* blühender und Früchte tragender Zweig; *3.* weibl. und *4.* männl. Blüte.

Fig. 254. Cannabis sativa. Links oben weibliche, unten männliche Blüte.

Fig. 255. Humulus Lupulus. Unten links geflügelter Same, in der Mitte männliche, rechts davon weibliche Blüte. Darüber vorn Fruchtzweig, dahinter männlicher Blütenstand.

Fam. Urticaceae.

Im wesentlichen wie bei der vorigen Familie. Filamente in der Blütenknospe eingekrümmt (vergl. Seite 91). Fruchtknoten einnarbig. Pflanzen zuweilen mit „Brennhaaren“ besetzt. — Hierher die Brennnessel-Arten = *Urtica*.

Reihe Santalales.

Meist aus Schmarotzergewächsen gebildete Familien.

Fam. Loranthaceae.

Blüten actinomorph, meist getrennt-geschlechtig (zweihäusig), mit zwei bis sechs Perigon- und Staubblättern. Gynaeceum unterständig, zwei- bis dreiblätterig, zu einer Beere werdend. Auf Bäumen schmarotzende grüne Pflanzen. Vergl. Seite 84. — Mistel = *Viscum album*, Fig. 256.

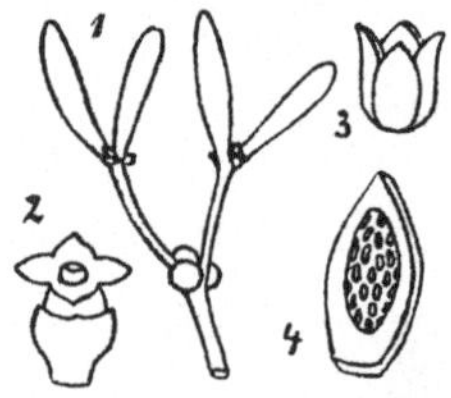

Fig. 256. *1.* Zweigstück von Viscum album mit vier Laubblättern und drei reifen Beeren. *2.* Weibliche, *3.* männliche Blüte, *4.* ein von innen gesehenes Perigonblatt der letzteren mit dem ansitzenden, viellöcherig aufspringenden Staubbeutel.

Fam. Santalaceae.

Blüten actinomorph, meist zwitterig. Perigon- und Staubblätter vier bis fünf. Gynaeceum einfächerig, mit Centralplacenta, aber aus zwei bis drei unterständigen Fruchtblättern zusammengesetzt. Grüne, jedoch oft auch auf Wurzeln schmarotzende Pflanzen. Vergl. Seite 84. — *Thesium*, Fig. 257.

Fig. 257. Thesium intermedium. Links oben Blüte, darunter Perigon mit Staubblatt; rechts Frucht mit zwei (kleineren) Vorblättern und einem (gröfseren) Hochblatt, welches als das im Laufe der Generationen hinaufgerückte Deckblatt des Blütenstieles gilt.

Reihe Aristolochiales.

Blüten zwitterig mit Perigon, welches aus drei im Verlaufe der Generationen verwachsenen Blättern gebildet wird und kronenartig entwickelt ist; Staubblätter 6—36; Gynaeceum unterständig; vier- bis sechsfächerig (-blätterig), mit mehrsamigen Fächern.

Fig. 258. *1.* Blume der Aristolochia Clematitis in natürl. Gröſse. *2.* Längsschnitt durch dieselbe. *n* Narbe, *s* Staubblätter, *f* Fruchtknoten.

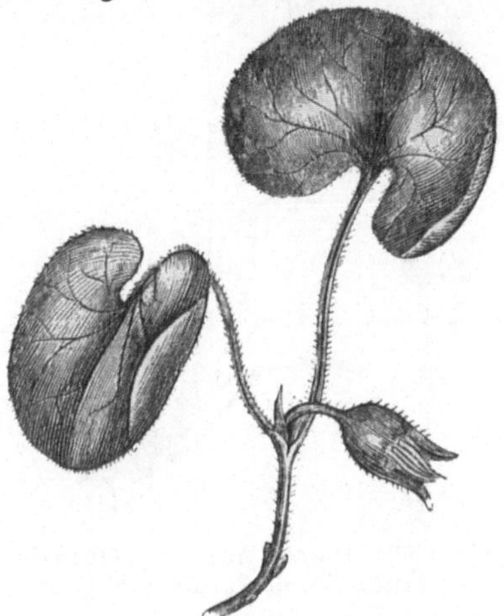

Fig. 259. Asarum europaeum.

Fam. Aristolochiaceae.

Aristolochieae. Perigon zygomorph. Staubblätter *s* meist sechs, mit dem Griffel verwachsen. — Osterluzei = *Aristolochia Clematitis*, Fig. 258.

Asareae. Perigon actinomorph. Staubblätter zwölf, frei. — *Asarum europaeum* = Haselwurz, Fig. 259.

Reihe Polygonales.

Die Blüten werden „apetal" genannt, obwohl das Perianth häufig in zwei verschieden ausgebildeten Kreisen auftritt — vergl. Fig. 260 —, die dann zweckmäſsiger als Kelch und Krone geschieden werden. Blüten meist zwitterig, mit sechs bis 0 Perigonblättern, neun bis zwei Staubblättern. Fruchtknoten oberständig, eineiig.

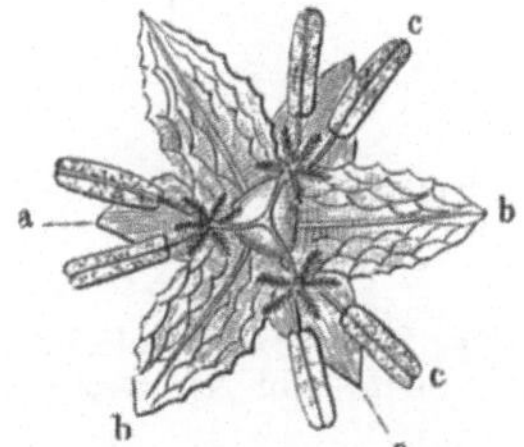

Fig. 260. Blüte von Rumex obtusifolius. *a* = äuſserer, *b* = innerer Kreis des Perianths, *c* = Staubblätter. Im Zentrum Fruchtknoten mit 3 Narben.

Fam. Polygonaceae.

Perigon sechs- bis vier-, Androeceum neun- bis vierzählig. Trockenfrucht einsamig. Samen nur mit Endosperm. Am Grunde der Blattstiele umgeben den Stengel scheidenartig sog. „Tuten", welche nach theoretisch-morphologischer Auffassung metamorphosierte Nebenblätter sind. — *Rumex Acetosa* =

Sauerampfer, Fig. 261; *Rumex Patientia* = Ewiger Spinat; *Polygonum*, Fig. 262; *Polygonum Fagopyrum* und *tataricum* = Buchweizen; *Rheum* = Rhabarber.

Fig. 261. Rumex Acetosa. Oben in der Mitte Blüte, darunter Frucht.

Fig. 262. Polygonum Bistorta. Rechts Blüte, links davon Stempel.

Reihe Centrospermae.

Blüten apetal oder mit Kelch und Krone, die gleichnamigen Organe meist fünf- bis dreizählig. Das meist aus mehreren Fruchtblättern gebildete, oberständige Gynaeceum einfächerig, mit ein- bis vielsamiger, central oder am Grunde des Fruchtknotens gelegener Placenta. Samen mit Perisperm. Pflanzen meist krautig.

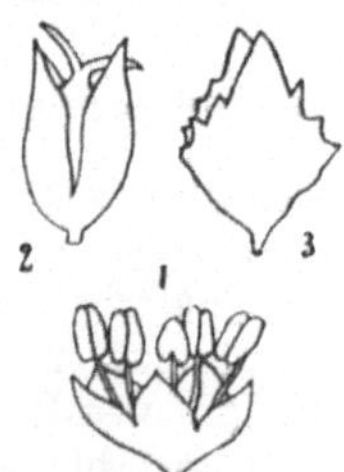

Fig. 263. 1. Männliche Blüte, 2. weibliche Blüte mit ihrer „Hochblatthülle", beide von Atriplex patulum. — 3. Hochblatthülle von Atriplex roseum.

Fam. Chenopodiaceae.

Blüten eingeschlechtig oder zwitterig, mit drei- bis fünfspaltigem oder -teiligem oder auch fehlendem Perigon, welches sich an der Frucht oft vergröfsert; ein bis fünf Staubblätter; Fruchtknoten eineiig, mit zwei bis vier Narben. Laubblätter ohne Nebenblätter. Vergl. Fig. 263. — *Atriplex*; *Beta vulgaris* = Runkelrübe; *Chenopodium*; *Salsola*, Fig. 264; *Spinacia oleracea* = Spinat, Fig. 265.

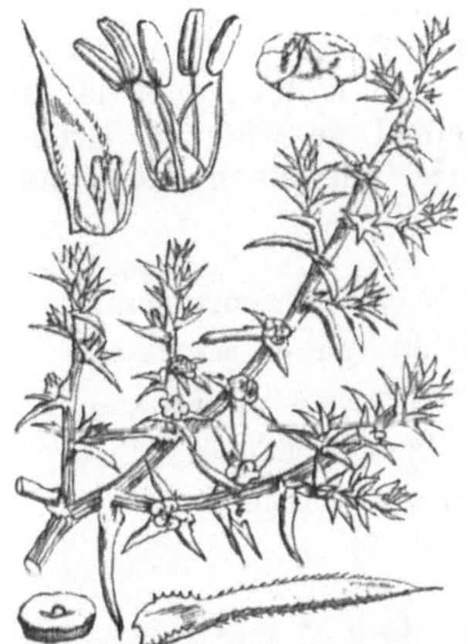

Fig. 264. Salsola Kali. Oben links eine Blüte mit ihrem Deckblatt, rechts die Frucht mit den fünf verbleibenden Perigonblättern, in der Mitte eine Blüte nach Entfernung der Perigonblätter. Unten rechts ein Laubblatt, links Querschnitt durch die Frucht.

Fig. 265. Spinacia oleracea. Links Zweig einer männl., rechts einer weibl. Pflanze; darunter männl. Blüte und ein Staubblatt-Gipfel.

Fam. Amarantaceae.

Trockenhäutiges, drei- bis fünfblätteriges Perigon und Hochblätter meist übereinstimmend bunt gefärbt. Im übrigen im grofsen und ganzen wie bei der vorigen Familie. — *Amarantus* = Fuchsschwanz.

Fam. Nyctaginaceae.

Gynaeceum einblätterig. Perianth vereintblätterig. Eine oder mehrere Blumen von einer kelchartigen Hochblatthülle umgeben. — *Mirabilis.*

Fam. Phytolaccaceae.

Gynaeceum ein- bis vielblätterig, die Fruchtblätter im Kreise stehend. — *Phytolacca.*

Fam. Portulaceae.

Kelch meist zwei-, Krone und Staubblätter fünfzählig. Kapsel mehrsamig. Blätter fleischig. — *Portulaca* = Portulak; *Montia*, Fig. 266.

Fig. 266. Montia minor. Links oben Stempel, unten Blüte, rechts davon die beiden Kelchblätter die Frucht umschliefsend.

Fam. Caryophyllaceae.

Blüten vier- bis fünfzählig, mit Kelch und Krone, oder letztere abortiert. Staubblätter so viele oder zweimal so viele als Kronenblätter, oder weniger. Früchte einfächerig mit einem oder vielen

Fig. 267. 1. = Blumengrundriſs, 2. = Staubblatt von Cerastium arvense. *k* = Kelch, *b* = Krone, *s* = Staubblätter, *n* = Nektarien, *f* = Fruchtknoten, *e* = Eichen. (O.)

Fig. 268. Herniaria glabra. Links unten Blüte mit fünf groſsen Kelch- und fünf fadenförmigen Kronenblättern. Rechts davon Frucht.

Fig. 269. Spergula arvensis.

Fig. 270. Moehringia trinervia.

Fig. 271. Stellaria glauca.

Samen auf einer mittelständigen Placenta. Vergl. Fig. 267. Laubblätter meist lineal und gegenständig.

Paronychieae. Krone öfters abortiert. Frucht meist einsamig. — *Scleranthus*, *Herniaria*, Fig. 268.

Fig. 272. Saponaria officinalis.

Fig. 273. Viscaria vulgaris.

Fig. 274. Coronaria flos cuculi.

Fig. 275. Agrostemma Githago.

Alsineae. Kelch aus freien Blättern bestehend. Krone meist vorhanden. Frucht mehrsamig. — *Spergula arvensis* = (Acker-) Spörgel Fig. 269, *Sagina*, *Arenaria*, *Moehringia* Fig. 270, *Holosteum*, *Stellaria* Fig. 271, *Malachium*, *Cerastium* Fig. 267.

Sileneae. Kelch röhrig oder Blätter desselben am Grunde miteinander verbunden; Krone immer vorhanden, oft jedes Blatt derselben zwischen Nagel und Platte mit einem blatthäutchenähnlichen Anhängsel Fig. 272. Zusammen bilden diese Anhängsel die „Nebenkrone“ oder das „Krönchen“. Androeceum zehnzählig. Frucht vielsamig. — *Dianthus* = Nelke, *Saponaria officinalis* = Seifenkraut Fig. 272, *Silene*, *Viscaria vulgaris* = Pechnelke Fig. 273 (vergl. Seite 92), *Melandryum album* = Lichtnelke, *Coronaria flos cuculi* = Kuckucksblume Fig. 274, *Agrostemma Githago* = (Korn-)Rade Fig. 275.

Reihe Ranales (Polycarpicae).

Fruchtblätter oft frei und zahlreiche Fruchtknoten bildend, meist oberständig, ein- bis mehrsamig. Krone zuweilen fehlend.

Fam. Nymphaeaceae.

Wasserpflanzen mit drei bis fünf Kelch-, drei bis vielen Kronen-, sechs bis vielen Staub- und drei bis vielen Fruchtblättern. Ovar-Fächer meist vielsamig. Samen meist mit Peri- und Endosperm.

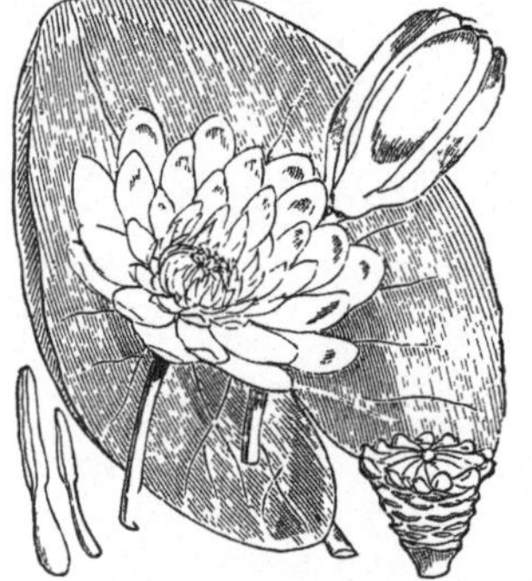

Fig. 276. Nymphaea alba.

Nymphaeae. Fruchtblätter verwachsen. — Wasserlilie oder weifse Mummel resp. Seerose = *Nymphaea alba*, Fig. 276; Nixblume oder gelbe Mummel resp. Seerose = *Nuphar luteum*; *Victoria regia*.

Bei den Nelumboneen sind die Fruchtblätter in Gruben des kreiselförmigen Torus eingesenkt. — Lotusblume = *Nelumbium speciosum*.

Fam. Ceratophyllaceae.

Blüten einhäusig, mit sechs bis 12 Perigon- und 10 bis 20 Staubblättern. Blätter quirlig stehend, zerteilt. — Wasserpflanzen. Wasserzinke = *Ceratophyllum*.

Fam. Magnoliaceae.

Grofse Blumen mit drei Kelch-, 3 + 3 oder vielen Kronen- und vielen Staubblättern. Holzpflanzen. — Tulpenbaum = *Liriodendron tulipifera*; Magnolien = *Magnolia*.

Fam. Anonaceae.

Sehr ähnlich voriger Fam., aber Endosperm zerklüftet. — *Anona*.

Fam. Myristicaceae.

Blüten diöcisch, apetal. Tropische Holzpfl. — *Myristica*.

Fam. Ranunculaceae.

Gewöhnlich fünf (drei bis sechs) Kelch-, fünf (0 bis viele) Kronen-, viele Staub- und ein bis viele Fruchtblätter. Vergl.

Fig. 278. Die Krone ist zuweilen in Nektarien metamorphosiert, dann wird der Kelch (das Perigon) zum „Wirtshausschild“, d. h. nimmt auffallende Färbung an. Meist Kräuter.

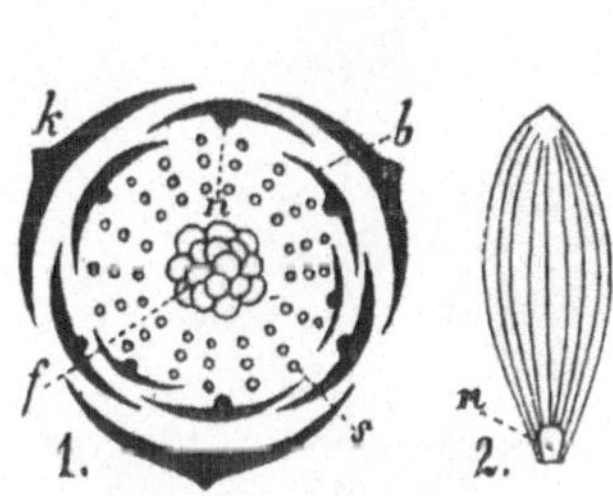

Fig. 277. Ficaria verna. *1.* = Grundrifs der Blume, *2.* = ein Blumenblatt von innen gesehen. *k* = Kelch, *b* = Blumenblätter mit Nektarien *n*, *s* = Staubblätter, *f* = Fruchtblätter. (O.)

Fig. 278. Clematis Vitalba.

Clematideae. Mit Perigonblättern, welche die Blütenknospen derartig aufsen umgeben, dafs sie „klappig“ mit ihren Rändern aneinanderstofsen, ohne sich dachziegelig mit den Rändern zu decken. Strauchige oder kletternde Gewächse mit gegenständigen Blättern. — *Clematis* = Waldrebe Fig. 278.

Anemoneae. Die äufseren Blütenblätter sich in der Knospenlage dachziegelig mit den Rändern deckend. Krone zuweilen vorhanden. Blätter wechselständig. — Wiesen- oder Waldraute = *Thalictrum* Fig. 279; Anemonen = *Anemone* Fig. 280; *Hepatica*

Fig. 279. Thalictrum minus.

Fig. 280. Anemone nemorosa. Rechts oben ein Früchtchenstand, links unten ein Früchtchen, oben ein Staubblatt.

triloba = Leberblümchen; Küchen- oder Kuhschellen = *Pulsatilla* Fig. 281; Teufelsauge = *Adonis* Fig. 282.

Ranunculeae. Kelch grün. Kronenblätter am Grunde mit Nektargrübchen: *2* in Fig. 277. Früchtchen einsamig. Kräuter. —

Fig. 281. Pulsatilla pratensis.

Fig. 282. Adonis autumnalis.

Fig. 283. Ranunculus acer. Links Früchtchen, rechts Blumenblatt mit Nektarium.

Fig. 284. Batrachium aquatile.

Fig. 285. Ficaria verna. Rechts oben Früchtchenstand, links unten ein Früchtchen, rechts Blumenblatt mit Nektarium.

Hahnenfufs = *Ranunculus* Fig. 283; Haarkraut = *Batrachium aquatile* Fig. 284; Scharbock = *Ficaria verna* Fig. 277 und 285.

Helleboreae. Äufsere Blütenblätter fünf, kronenartig entwickelt und gefärbt. Kronenblätter fünf bis viele, oft jedoch fehlend oder in Nektarien metamorphosiert. Blumen zuweilen zygomorph.

Fig. 286. Caltha palustris. Rechts ein aufspringendes mehrsamiges Früchtchen, links ein Staub- und ein Fruchtblatt.

Fig. 287. Aquilegia vulgaris. Blumenblätter mit gespornten Nektarien.

Fig. 288. Aconitum Napellus. Das oberste Perigonblatt helmartig gewölbt, zwei eigentümliche, sehr lang gestielte Nektarien bedeckend, die rechts unten nebst dem Androeceum abgebildet sind.

Früchtchen kapselig, mehrsamig. Staubbeutel nach aufsen aufspringend. — Nieswurz = *Helleborus* Fig. 25; Butter-, Dotter- oder Kuhblume = *Caltha palustris* Fig. 286; *Nigella*; Akelei = *Aquilegia* Fig. 287; Rittersporn = *Delphinium*; Sturmhut, Eisenhut oder Venuswagen = *Aconitum* Fig. 288.

Paeonieae. Kronenblätter fehlend oder einfach. Früchte resp. Früchtchen beerig oder kapselig, mehrsamig. Staubbeutel nach innen aufspringend. — Pfingstrosen = *Paeonia*; Christophskraut = *Actaea* Fig. 289.

Fig. 289. Actaea spicata.

Fam. Berberidaceae.

Blumenblätter und Staubblätter sechs oder vier. Jede Staubbeutelhälfte meist mit einer Klappe aufspringend. Frucht einfächerig, ein- bis mehrsamig und meist zur Beere werdend. — Berberitze = *Berberis vulgaris* Fig. 290.

Fig. 290. Berberis vulgaris.

Fam. Menispermaceae.

Blüten diöcisch. Meist tropische Schlingpfl. — *Jatrorrhiza.*

Fam. Lauraceae.

Blüten apetal, Perigon und Staubblätter vier- bis sechszählig. Antheren mit zwei oder vier Klappen aufspringend. Einsamige Beeren- oder Steinfrucht. Meist immergrüne Holzpflanzen mit lederigen Blättern. — Lorbeer = *Laurus nobilis* Fig. 291; Zimmtbaum = *Cinnamonum* Fig. 292.

Fig. 291. Laurus nobilis.

Fig. 292. Cinnamomum zeylanicum.

Reihe Rhoeadales.

Meist Blüten mit zwei bis vier Kelch- und Kronenblättern, vier und mehr Staubblättern, oberständigen zwei bis vielen verwachsenen Fruchtblättern mit Placenten, welche der Aufsenwand ansitzen. Frucht meist klappig aufspringend, seltener Schliefsfrüchte.

Fam. Papaveraceae.

Blumen mit zwei bis dreiblätterigem Kelch, vier bis sechsblätteriger Krone, zahlreichen Staubblättern und einem einfächerigen,

Fig. 293. Papaver Rhoeas.

Fig. 294. Chelidonium maius.

vieleiigen, aus zwei bis vielen Fruchtblättern zusammengesetzten Fruchtknoten. Samen mit Eiweifs. Pflanzen oft mit Milchsaft. — Klatschrosen = *Papaver* Fig. 293; Mohn = *Papaver somniferum*; Schellkraut = *Chelidonium maius* Fig. 294.

Fam. Fumariaceae.

Blumen meist zygomorph, mit zwei meist hinfälligen Kelch-, 2 + 2 Kronen- und 6 in zwei je dreimännigen Bündeln erscheinenden oder vier freien Staubblättern. Fruchtknoten einfächerig, ein- bis

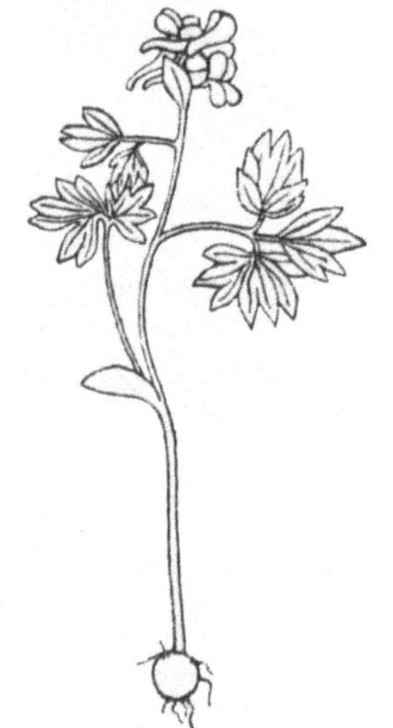

Fig. 295. Corydalis intermedia. In der Mitte des Stengels ein Niederblatt.

Fig. 296. Fumaria officinalis.

mehreiig, zu einer einsamigen Schliefsfrucht oder zu einer mehrsamigen Kapsel werdend. Samen mit Eiweifs. — *Corydalis* Fig. 295, manche Arten dieser Gattung besitzen nur einen (!) Cotyledon; *Fumaria* = Erdrauch Fig. 296.

Fam. Cruciferae.

Kelch und Krone vierblätterig; (meist) vier längere und zwei kürzere Staubblätter; zwischen Blumen- und Staubblättern oder zwischen diesen und den Fruchtblättern finden sich zwei bis mehr Honigdrüsen. Frucht eine Schote darstellend, d. h. durch eine fast wie Seidenpapier dünne Scheidewand in zwei ein- bis mehreiige Fächer der Länge nach geteilt. Jede Klappe entspricht einem Fruchtblatt, welches an seinen Rändern die Samenleisten trägt. Vergl. Fig. 297. Die Scheidewand entsteht durch eine Verschmelzung häutiger Auswüchse der Leisten. Solche Scheidewände, wie überhaupt alle diejenigen, die nicht durch eine Verwachsung der Fruchtblattränder selbst zu stande kommen, werden als falsche Scheidewände bezeichnet. Samen eiweifslos. Blätter wechselständig; Hochblätter (Blüten-Deckblätter) fehlen meist.

Die Cruciferen teilt Linné ein in S i l i q u o s a e: Schoten mehrmal länger als breit und in S i l i c u l o s a e: Frucht höchstens zweimal länger als breit und zuweilen nicht aufspringend. Bei manchen Siliquosen zerfällt die Schote durch Quergliederungen in einzelne

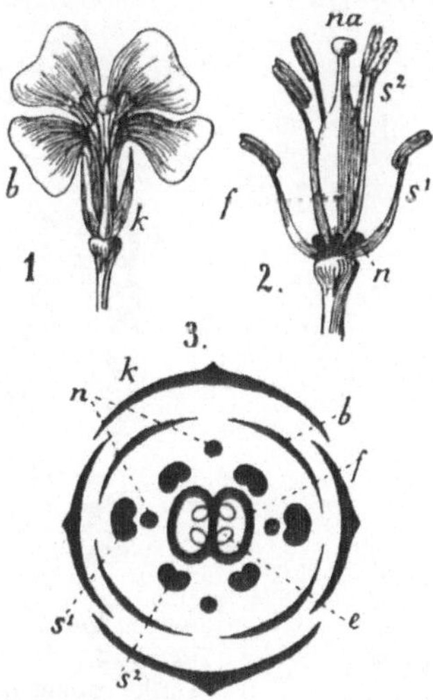

Fig. 297. *1.* = Blume von Brassica. *2.* = dieselbe nach Wegnahme des Perianths. *3.* = Grundriſs derselben. k = Kelch, b = Krone, s^1 = kurze s^2 = lange Staubblätter, n = Nektarien, f = Fruchtknoten mit den Eichen e, na = Narbe. (Original.)

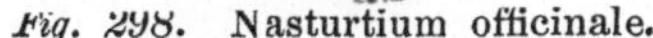

Fig. 298. Nasturtium officinale.

Fig. 299. Brassica oleracea.

Stücke, Fig. 301. De Candolle teilt die Cruciferen nach der verschiedenen Art ein, in welcher der Keimling im Samen gekrümmt ist. — *Cheiranthus Cheiri* = G o l d l a c k; *Matthiola annua* = L e v k o j e; *Nasturtium officinale* = B r u n n e n k r e s s e Fig. 298; *Carda-*

mine pratensis = Wiesenschaumkraut; *Brassica oleracea* = Kohl Fig. 299; *Br. campestris* = Rübenkohl, weiſse Rübe, Rübsen Fig. 300; *Br. Napus* = Raps; *Br. nigra* (schwarzer)

Fig. 300. Brassica campestris.

Fig. 301. Raphanistrum Lampsana. Links oben quergliederige Schote.

Fig. 302. Sinapis alba. Links oben Blumenblatt, unten Frucht.

Fig. 303. Erophila verna. Links der Same von auſsen und im Querschnitt, letzterer das Würzelchen und die zwei dicken (speichernden) Cotyledonen zeigend.

Senf; *Raphanus sativus* = Rettig, Radieschen; *Raphanistrum Lampsana* = Hederich Fig. 301; *Sinapis alba* = weiſser Senf Fig. 302; *Sinapis arvensis* = Hederich; *Cochlearia Armoracia* = Meerrettich; *C. officinalis* = Löffelkraut; *Erophila verna* = Hungerblümchen Fig. 303; *Camelina sativa* = Leindotter

Fig. 304; *Capsella bursa pastoris* = Hirtentäschel Fig. 305; *Isatis tinctoria* = Waid Fig. 306.

Fig. 304. Camelina sativa. Rechts unten Querschnitt durch den Samen, das Würzelchen und die zwei dicken Cotyledonen zeigend.

Fig. 305. Capsella Bursa pastoris.

Fig. 306. Isatis tinctoria.

Fam. Capparidaceae.

Vier Kelch- und Kronen-, vier bis viele Staub-, zwei bis viele zu einem gestielten, scheidewandlosen Ovar verbundene Fruchtblätter. Samen eiweifslos. — *Capparis.*

Fam. Resedaceae.

Kelch und zerschlitzte Krone der zygomorphen Blüte fünf- (vier-) bis achtzählig. Staubblätter 10—24. Fruchtknoten einfächerig, vieleiig, mit meist offenem Gipfel, aus drei bis sechs Blättern zusammengesetzt, mit ebenso vielen wandständigen Samenleisten an den Verbindungsnäthen der Fruchtblätter. — *Reseda odorata* = Reseda; *R. luteola* = Wau.

Reihe Sarraceniales.

Kräuter mit insekten-fressenden Blättern.

Fam. Sarraceniaceae.

Blattstiele schlauchförmig zur Aufnahme von Insekten behufs Verdauung derselben. — Amerika.

Fam. Nepenthaceae.

Mit kannenförmigen Blattspitzen, in denen die Tiere gefangen werden, Fig. 307. — Meist indisch-malayische Arten.

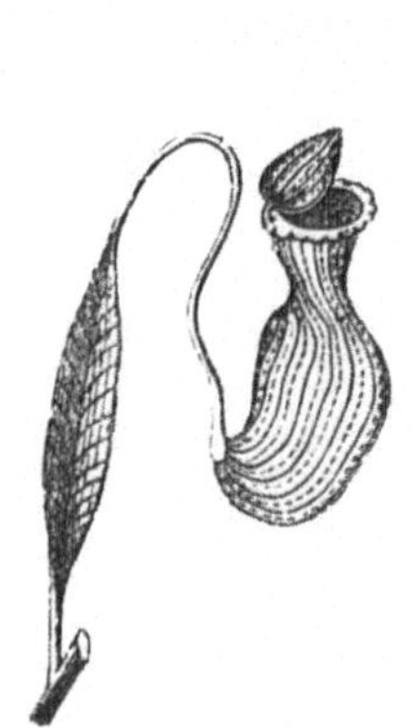

Fig. 307. Blatt von Nepenthes.

Fig. 308. Drosera intermedia.

Fam. Droseraceae.

Meist Blüten actinomorph, mit fünf Kelch-, fünf Kronen-, 5—20 Staubblättern, und drei Fruchtblättern, die zu einer Kapsel mit wandständigen oder am Grunde befindlichen Placenten verbunden sind. — Vergl. Seite 84. — *Dionaea muscipula* = Fliegenfalle; *Drosera* = Sonnentau Fig. 308; *Aldrovandia.*

Reihe Rosales.

Blüten mit Kelch und Krone oder apetal, hypogyn bis epigyn, actinomorph oder zygomorph. Carpelle frei oder verwachsen. Die meisten Familien der Rosales gehen sehr allmählich ineinander über.

Fam. Crassulaceae.

Blumen in allen Organen 3- bis 30-zählig, mit meist zweimal soviel Staubblättern als Kronenblättern. Fruchtblätter meist frei, zu

Kapselfrüchtchen werdend. Pflanzen mit dickfleischigen, meist ungeteilten Blättern. — *Sedum maximum* = Fetthenne; *Sedum reflexum* Fig. 309; *Sedum acre* = Mauerpfeffer; *Sempervivum tectorum* = Hauslauch, Hauslaub Fig. 310.

Fig. 309. Sedum reflexum.

Fig. 310. Sempervivum tectorum. Rechts unten ein Früchtchen.

Fam. Saxifragaceae.

Blüten vier- bis fünfzählig, Krone zuweilen fehlend. Staubblätter oft zweimal soviel als Kronenblätter oder mehr. Fruchtknoten unter-, mittel- oder oberständig, meist zwei- oder drei- bis fünffächerig, gewöhnlich kapselig, seltener zu einer Beere werdend.

Saxifrageae. Staubblätter doppelt so viele wie Kronenblätter. Krautige Pflanzen. — *Saxifraga* = Steinbrech Fig. 311.

Fig. 311. Saxifraga granulata. Links Blüte nach Entfernung der Krone.

Fig. 312. Parnassia palustris. Links ein Nektarium, rechts eine Frucht.

Parnassieae. Staubblätter fünf, so viele wie Kronenblätter; zwischen Kronen- und Staubblattkreis ein Kreis gewimperter Nektarien. Fruchtknoten oberständig. Krautige Pflanzen. — *Parnassia palustris* = Herzblatt Fig. 312.

Hydrangeae. Staubblätter 8—12. Blätter gegenständig. Sträucher. — *Hydrangea* = Hortensie.

Philadelpheae. Staubblätter doppelt so viele als Kronenblätter oder unbestimmt viele. Blätter gegenständig. Sträucher. — Pfeifenstrauch (gewöhnlich fälschlich als Jasmin bezeichnet) = *Philadelphus coronarius.*

Fig. 313. Ribes Grossularia.

Ribesieae. Androeceum und Krone fünfblätterig. Gynaeceum unterständig, zu einer Beere werdend. — *Ribes Grossularia* = Stachelbeere Fig. 313; *Ribes rubrum* = Johannisbeere; *Ribes nigrum* = schwarze Johannisbeere, Aal- oder Gichtbeere.

Fam. Hamamelidaceae.

Blüten oft diclin, apetal. — *Liquidambar.*

Fam. Platanaceae.

Blütenstände monöcisch, kopfig. Perigon rudimentär. Fruchtknoten eineiig. Bäume. — *Platanus* = Platane.

Fam. Rosaceae.

Die Blüten meist actinomorph, zwitterig, mit fünf Kelch-, fünf Kronen- und 20, auch ein bis vielen (etwa 30) Staubblättern; ein bis viele Fruchtblätter Fig. 314; die Blüten perigyn oder epigyn. Nebenblätter vorhanden.

Pomeae. Die zwei bis fünf unterständigen Fruchtblätter (-fächer) untereinander und mit dem Blütenboden, namentlich zur

Fruchtreife, seitlich vollständig verwachsen, sodafs die anderen Blütenorgane auf der Spitze am Rande des Fruchtknotens stehen und an der Spitze der Frucht vertrocknend bemerkbar bleiben. Holz-

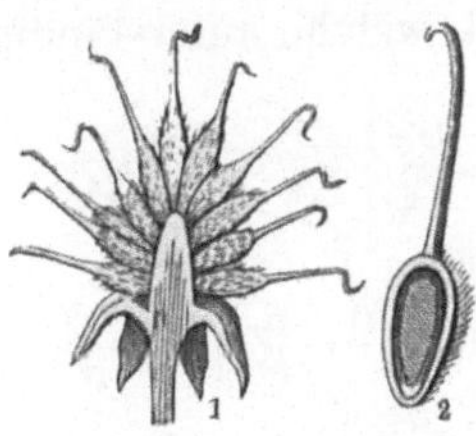

Fig. 314. Fruchtstand der Nelkenwurz (Geum urbanum). 1. Vertikaldurchschnitt. 2. Durchschnitt eines einzelnen Früchtchens. Vergr.

Fig. 315. Pirus Malus.

Fig. 316. Pirus communis.

Fig. 317. Pirus aucuparia.

Fig. 318. Mespilus germanica.

pflanzen. — Apfelbaum = *Pirus Malus* Fig. 315; Birnbaum = *Pirus communis* Fig. 316; Eberesche, Vogelbeerbaum = *Pirus aucuparia* Fig. 317; Quitte = *Cydonia vulgaris*; Mispel

= *Mespilus germanica* Fig. 318; Weiſsdorn = *Crataegus Oxyacantha* und *C. monogyna.*

Roseae. Viele einsamige Fruchtblätter zu Schlieſsfrüchtchen werdend, welche unterständig in den fleischigen Blütenboden eingesenkt erscheinen. Sträucher mit gefiederten Blättern. — *Rosa* = Rose.

Fig. 319. Fragaria vesca. Rechts oben Längsschnitt durch die Blume mit Weglassung der Krone; darunter ein Früchtchen, links eine Frucht.

Potentilleae. Viele einsamige, oberständige Fruchtblätter meist zu einer Trockenfrucht lose vereinigt. Viele der hierher gehörigen Arten besitzen zwei Kelchkreise. Den Auſsenkelch denken sich die Morphologen entstanden durch paarweise Verwachsung der Nebenblätter des Innenkelches. — Erdbeere = *Fragaria* Fig. 319; Fingerkraut = *Potentilla* Fig. 320; Benediktenkraut = *Geum* Fig. 314 u. 321.

Rubeae. Frucht aus Steinfrüchtchen gebildet. — Brombeere = *Rubus.*

Poterieae. Gynaeceum ein- bis dreiblätterig von einem erhärtenden Receptaculum umschlossen. — Wiesenknopf, Bibernelle = *Sanguisorba officinalis* Fig. 322; Odermennig = *Agrimonia.*

Fig. 320. Potentilla argentea. Rechts Blume von unten gesehen mit Kelch und Auſsenkelch.

Fig. 321. Geum rivale. Links unten ein Früchtchen, darüber ein Kronenblatt.

Spiraeeae. Gynaeceum meist fünfblätterig, zu mehrsamigen Kapselfrüchtchen werdend. Blüten perigyn. — *Spiraea; Ulmaria* Fig. 323; Geiſsbart = *Aruncus silvester.*

P r u n e a e. Gynaeceum nur aus einem Fruchtblatt gebildet, welches zu einer ein- (selten zwei-) samigen Steinfrucht wird. Blüten perigyn. Holzgewächse mit einfachen Blättern. — P f i r s i c h = *Prunus Persica* Fig. 324; M a n d e l b a u m = *Prunus Amygdalus*;

Fig. 322. Sanguisorba officinalis.

Fig. 323. Ulmaria Filipendula.

Fig. 324. Prunus Persica.

Fig. 325. Prunus Padus.

A p r i k o s e = *Prunus Armeniaca*; S c h w a r z d o r n, S c h l e h e = *Prunus spinosa*; P f l a u m e = *Prunus domestica*; S a u r e K i r s c h e = *Prunus Cerasus*; S ü f s e K i r s c h e = *Prunus avium*; W e i c h s e l - k i r s c h e = *Prunus Mahaleb*; T r a u b e n k i r s c h e, F a u l b a u m = *Prunus Padus* Fig. 325; K i r s c h l o r b e e r = *Prunus Laurocerasus* Fig. 326.

Fig. 326. Prunus Laurocerasus.

Fam. Leguminosae.

Meist die Blüten zygomorph und zwitterig, mit fünf Kelch- und Kronen- und gewöhnlich doppelt so vielen, sonst auch ein bis vielen Staubblättern. Gynaeceum einblätterig, es stellt ein längliches an seinen Rändern Samen tragendes Blatt dar, welches derartig in seiner Mittelrippe geknifft erscheint, dafs die Ränder zusammenstofsen und die Samen im Inneren der so entstehenden, oben und unten verschlossenen Röhre zu liegen kommen. Die aus einem derartig gebauten Fruchtblatt entstehende Frucht wird Hülse (legumen) genannt, sie springt zweiklappig auf. Blätter zusammengesetzt, oft gefiedert oder doppelt-gefiedert, mit Nebenblättern.

Unter-Fam. Mimosoideae.

Kelch und Krone der meist actinomorphen Blüten meist verwachsenblätterig, vier-, auch drei- bis fünfzählig. Staubblätter soviel oder doppelt so viele wie Kronenblätter oder unbestimmt viele. Gynaeceum selten zwei- bis fünf-, sonst wie bei den Leguminosen typisch nur einblätterig. Keim gerade. Blätter gewöhnlich zweifach-gefiedert, bei manchen Arten die Spreite verkümmert und die Blattstiele spreitenartig verbreitert und dann Phyllodien genannt. — (Echte) Akazie = *Acacia; Mimosa* (vergl. Seite 87).

Unter-Fam. Caesalpinioideae.

Kronenblätter mit „aufsteigender“ Deckung, also gerade umgekehrt wie bei den Papilionaten, zuweilen unvollständig oder ganz fehlend. Staubblätter oft weniger, selten mehr als zehn, frei oder auch verwachsen. Keim gerade. Blätter sehr oft zweifach-gefiedert. — Johannisbrodbaum = *Ceratonia Siliqua* Fig. 327; Campecheholz (Blauholz) von *Haematoxylon campechianum;* Judasbaum = *Cercis Siliquastrum; Tamarindus indica* Fig. 328.

Fig. 327. Ceratonia Siliqua. *Fig. 328.* Tamarindus indica.

Unter-Fam. Papilionatae.

In den bei weitem meisten Fällen besitzen die zygomorphen Blumen, Fig. 329—331, dieser artenreichen Unt.-Familie einen gewöhnlich fünfzipfeligen Kelch *k*, fünf Kronenblätter, zehn Staubblätter *s* und ein Fruchtblatt *f*. Das obere grofse Kronenblatt, die F a h n e *fa*, steht zweien, mehr oder minder zu einem schiffchenförmigen Gebilde

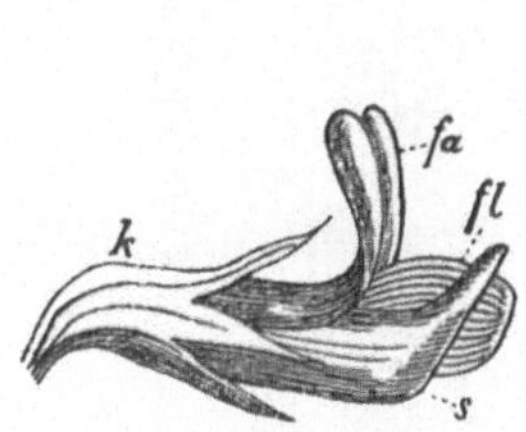

Fig. 329. Blume von Lotus corniculatus. *k* = Kelch, *fa* = Fahne, *s* = Schiffchen, *fl* = Flügel (der vordere Flügel ist fortgenommen worden, um das Schiffchen besser zu zeigen). — Mehreremal vergr.

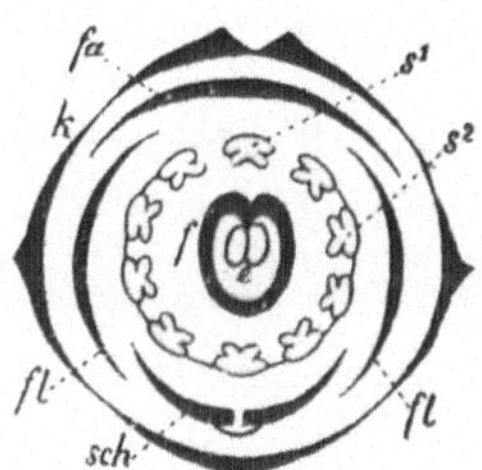

Fig. 330. Grundrifs einer Papilionaten-Blume mit neunmänniger Röhre s^2 und einem freien Staubblatt s^1; *k* = Kelch, *fa* = Fahne, *sch* = Schiffchen, *fl* = Flügel, *f* = Fruchtblatt mit den Eichen *e*.

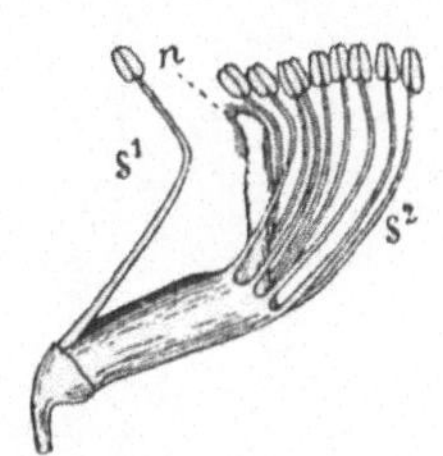

Fig. 331. Geschlechtsorgane von Pisum sativum. s^1 = einzelnes Staubblatt, s^2 = neunmännige Röhre, *n* = Narbe. — Etwa zweimal vergr.

verwachsenen Blumenblättern, dem S c h i f f c h e n *s* in Fig. 329 und *sch* in Fig. 330, gegenüber; rechts und links von der Blume, also beiderseits zwischen Schiffchen und Fahne, finden sich zwei als F l ü g e l *fl* bezeichnete Kronenblätter, welche die Fünfzahl vervollständigen. Kronenblätter sich „absteigend" deckend, d. h. die Fahne greift über die Flügel, diese über das Schiffchen hinweg. Die Staubblätter sind entweder mit ihren Fäden sämtlich zu einer, das Fruchtblatt umgebenden Röhre verwachsen, oder ein Staubblatt s^1 — und zwar das der Fahne zugewendete — ist frei, sodafs die neunmännige Röhre s^2 einseitig aufgeschlitzt erscheint. Keim im Samen gekrümmt. Laubblätter meist einfach-zusammengesetzt. — Ginster = *Genista*;

Fig. 332. Trifolium repens.

Fig. 333. Vicia sepium.

Fig. 334. Pisum sativum. Links oben die Blumenkrone (oben Fahne, zu beiden Seiten die Flügel, unten Schiffchen), unten Samen-Durchschnitt.

Fig. 335. Phaseolus vulgaris. Links unten Fruchtknoten.

Goldregen = *Cytisus*; Lupine = *Lupinus*; Luzerne = *Medicago sativa*; Klee = *Trifolium*, Fig. 332; (falsche) Akazie = *Robinia*; Serradella = *Ornithopus sativus*; Esparsette = *Onobrychis viciaefolia*; Wicke = *Vicia*, Fig. 333 (vergl. Seite 93); Futterwicke = *Vicia sativa*; Linse = *Lens esculenta*; Erbse,

Schote = *Pisum sativum*, Fig. 331 und 334; Bohne = *Phaseolus*, Fig. 335; Kichererbse = *Cicer arietinum*, Fig. 336; Indigo von *Indigofera*-Arten; Erdnüsse sind die unterirdisch reifenden Früchte von *Arachis hypogaea*; *Glycyrrhiza* = Süfsholz; *Melilotus officinalis* = Honigklee, Fig. 337; *Trigonella foenum graecum* = Bockshornklee.

Fig. 336. Cicer arietinum.

Fig. 337. Melilotus officinalis. Links unten Kelch, rechts Krone und zwar zu oberst Fahne, dann Schiffchen, dann ein Flügel, darunter die Frucht.

Reihe Geraniales.

Blüten mit Kelch und Krone oder apetal, selten ganz ohne Blütendecke, meist nach der Fünfzahl gebaut. Carpelle meist 5—2, 2—1 samig.

Fam. Geraniaceae.

Die actinomorphen oder zygomorphen Blumen besitzen fünf Kelch- und fünf Blumenblätter, auf welche fünf Nektarien am Grunde von fünf Staubblättern folgen. Das Androeceum ist fünf- oder zehnmännig, die Fäden sind unten verbunden und das Gynaeceum besteht aus fünf zweieiigen Fruchtblättern, aus denen fünf einsamige Schliefsfrüchtchen werden, indem je ein Eichen unentwickelt bleibt. Vergl. Fig. 338. Die Früchtchen lösen von ihrem gemeinschaftlichen Griffel (sodafs eine „Griffelmittelsäule" stehen bleibt), vom Grunde beginnend bis zur Spitze, eine Granne los (Fig. 339 rechts oben), welche ver-

Fig. 338. 1. = Blumengrundrifs und 2. = Staubblatt von Geranium. *k* = Kelch, *b* = Krone, *s* = Staubblätter, *n* = Nektarien, *f* = Fruchtknoten mit den Eichen *e*. (Original.)

möge ihrer Hygroskopicität nicht nur zur Verbreitung der Früchtchen beiträgt, sondern dieselben auch unter den Erdboden befördert. — *Geranium* = Storchschnabel, Fig. 339; *Erodium*, Fig. 340; *Pelargonium*.

Fig. 339. Geranium sanguineum.

Fig. 340. Erodium cicutarium.

Fam. Oxalidaceae.

Blumen mit fünf Kelch- und fünf Blumenblättern, zehn unten verbundenen Staubblättern und fünf Fruchtblättern, welche letztere zu einer länglichen, vielsamigen Kapsel werden. Blätter zusammengesetzt. — *Oxalis acetosella* = Sauerklee, Fig. 341. (Vergl. Seite 87.)

Fig. 341. Oxalis acetosella.

Fam. Tropaeolaceae.

Blumen zygomorph, mit fünf Kelch-, fünf Kronen- und acht freien Staubblättern. Gynaeceum aus drei Fruchtblättern. — Kapuziner-Kresse = *Tropaeolum maius*.

Fam. Linaceae.

Blüten actinomorph, mit vier oder fünf Kelch-, Kronen-, monadelphischen Staub- und fünf bis zwei Fruchtblättern. Jedes der Kapselfächer wird durch (sog. falsche) Scheidewände (vergl. Seite 198) in zwei einsamige Abteilungen geschieden. — *Linum*, Fig. 342.

Fig. 342. Linum usitatissimum.

Fam. Erythroxylaceae.

Blüten actinomorph, mit zehn kurzröhrig verwachsenen Staubblättern. Steinfrüchte. — *Erythroxylon Coca.*

Fam. Zygophyllaceae.

Meist fünf Kelch-, Kronen- und Fruchtblätter, 10 Staubblätter. Blätter gegenständig, gefiedert.

Fam. Rutaceae.

Blumen vier- bis fünfzählig, mit vier bis zehn Staubblättern und zwei bis fünf Fruchtblättern. Meist Holzpflanzen.

Ruteae. Kapselfrüchte. — *Ruta graveolens* = Raute.

Diosmeae. Kapselfrüchte, deren Schale sich in eine innere (Endocarp) und äufsere (Exo- oder Epicarp) Schicht teilt. — Diptam = *Dictamnus albus.*

Aurantieae. Frucht eine Beere. — Citrone = *Citrus Limonium*; Apfelsinen, Pomeranzen, Orangen, Bergamotten sind Varietäten von *Citrus Aurantium*, Fig. 343; Pompelmuse = *C. decumana.*

Fig. 343. Citrus Aurantium.

Fam. Simarubaceae.

Blüten zwitterig oder diklin. Frucht meist Steinfrucht oder aus Steinfrüchtchen gebildet.

Fam. Burseraceae.

Zwei bis fünf verwachsene Fruchtblätter resp. Fächer mit je mehreren Eichen.

Fam. Meliaceae.

Staubblätter zu einer Röhre verwachsen.

Fam. Polygalaceae.

Blumen, Fig. 344, zygomorph mit fünf Kelchblättern, *1—5*, von denen die zwei seitlichen (inneren), *4* und *5*, grofs und kronenartig ausgebildet sind. Krone dreiblätterig; man nimmt an, dafs zwei

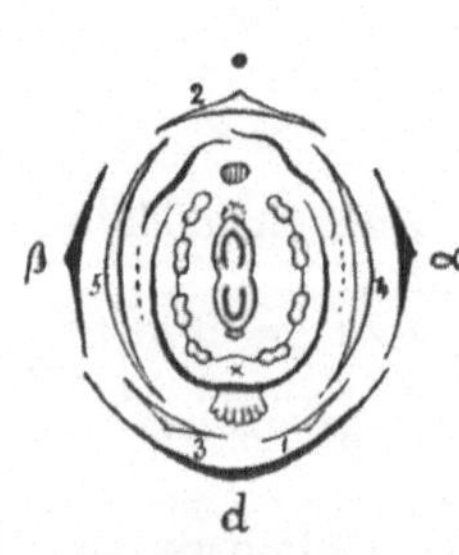

Fig. 344. Grundrifs der Polygala-Blume. *d* = Deckblätter, *α* u. *β* = Vorblätter, 1—5 = Kelch.

Fig. 345. Polygala vulgaris.

Kronenblätter abortiert seien. Staubblätter acht, mit den Blumenblättern und untereinander in zwei Bündel mit je vier Staubblättern verwachsen. Von diesen sollen ursprünglich zehn vorhanden gewesen sein, wovon jedoch zwei, nämlich ein vorderes und ein hinteres, abortiert wären. Kapsel zweifächerig, Fächer eineiig. — *Polygala*, Fig. 344, 345.

Fam. Euphorbiaceae.

Staubblätter ein bis viele, oft verwachsen. Fruchtknoten drei-, selten zweifächerig, zu Früchtchen werdend, die sich von einer bleibenden Mittelsäule lösen.

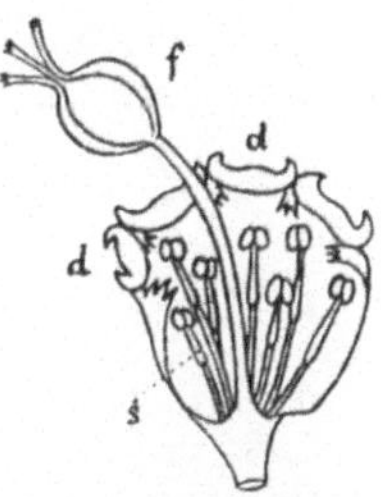

Fig. 346. Vergröſserter Blütenstand von Euphorbia Cyparissias. — Beschreibung im Text.

Bei Euphorbia speziell ist der Blütenbau der folgende:

Die Geschlechtswerkzeuge, nämlich ein dreifächeriger, gestielter Fruchtknoten mit eineiigen Fächern, umgeben von zahlreichen Staubblättern, werden von einer gemeinschaftlichen, wie ein Perigon erscheinenden Hülle umgeben. Schneiden wir diese der Länge nach auf und breiten sie auseinander, so erhalten wir das in Fig. 346 wiedergegebene Bild. Die Hülle wird von den Morphologen als ein Kreis aus verwachsenen Hochblättern angesehen, in deren Achseln Blütenstände von ausschlieſslich einmännigen Blüten *s* stehen, während die Mitte des gemeinschaftlichen Blütenstandes von einem Fruchtknoten *f* eingenommen wird, der dann als weibliche Blüte anzusprechen ist. Die Staubwerkzeuge zeigen an ihrem Stiel eine Gliederung; der untere Teil wird als Blütenstiel, der darüber befindliche als Staubfaden betrachtet. Zwischen den Zipfeln der Röhre der Hochblatthülle finden sich in den Buchten — auf unserer Abbildung sichelförmige — Nektardrüsen *d*; einer Bucht fehlt meist die Drüse, sodaſs dann der fünfblättrige Hochblattkreis nur

Fig. 347. Euphorbia Esula.

Fig. 348. Ricinus communis. 1. weibliche, 2. männliche Blüte, 3. Samen, am Gipfel mit Caruncula.

vier Drüsen besitzt. Die Samen der Euphorbiae, Fig. 348[3], zeichnen sich durch eine Funiculus-Wucherung (= Caruncula) aus. — Wolfsmilch = *Euphorbia*, Fig. 346 und 347; *Mercurialis*; *Ricinus*, Fig. 348.

Fam. Callitrichaceae.

Die zweiblätterige Hülle der Blüten wird zu den Vorblättern gerechnet. Perianth fehlt. Männliche Blüten einmännig, weibliche zweifächerig mit zweisamigen Fächern. Jedes Fach durch eine „falsche Scheidewand" geteilt. Wasserpflanzen mit gegenständigen, einfachen Blättern. — *Callitriche*, Fig. 349.

Fig. 349. Callitriche aquatica.

Reihe Sapindales.

Im Ganzen wie die vorige Reihe, aber die Orientierung der Eichen verschieden.

Fig. 350. Mangifera indica.

Fam. Buxaceae.

Blüten in monöcischen Ähren oder Trauben. Buchsbaum = *Buxus sempervirens*.

Fam. Anacardiaceae.

Gynaeceum ein- bis mehrfächerig und ein- bis mehreiig, aber immer nur ein Eichen zum Samen werdend, die anderen fehlschlagend. — Giftsumach = *Rhus Toxicodendron*; *Pistacia*; Mango = Früchte von *Mangifera indica*, Fig. 350.

Fam. Celastraceae.

Blüten in allen ihren Organen vier-, seltener fünfzählig, mit Discus, d. h. zwischen den Staub- und Fruchtblättern ein Wulst, welcher Honigsaft absondert. Kapselfrüchte. — Spindel-, Spillbaum = *Evonymus europaea*, Fig. 351.

Fig. 351. Evonymus europaea.

Fam. Aquifoliaceae.

Krone oft kurzröhrig verwachsen. Discus fehlend. Mehrsamige (-kernige) Steinfrüchte. — Stechpalme = *Ilex Aquifolium*, Fig. 352.

Fig. 352. Ilex Aquifolium.

Fam. Aceraceae.

Blüten actinomorph, mit fünf (selten mehr oder weniger) Kelch- und Blumenblättern, vier bis fünf, häufiger acht bis zehn Staubblättern und zwei, später zur Flügelfrucht sich entwickelnden Fruchtblättern. *Acer* zeigt alle Mittelstufen von zweigeschlechtlichen Blüten bis zur völligen Trennung der Geschlechter. Discus vorhanden. — Ahorn = *Acer*, Fig. 353.

Fig. 353. Acer Pseudoplatanus.

Fam. Hippocastanaceae.

Blüten zygomorph, mit fünf Kelch-, Kronen-, meist sieben bis acht Staub- und drei Fruchtblättern. — Roſskastanie = *Aesculus Hippocastanum* Fig. 354.

Fig. 354. Aesculus Hippocastanum. Links oben Blüte, rechts Frucht, darunter Samen.

Fam. Balsaminaceae.

Die zygomorphen Blumen mit drei Kelch- und drei Blumenblättern. Während beim Kelch nach Ansicht der Morphologen zwei

Blätter abortiert sind, werden bei der Krone die vier oberen Kronenblätter als paarweise miteinander verwachsen angesehen. Staub- und Fruchtblätter fünf; Kapsel elastisch aufspringend und die Samen davonschleudernd. — *Impatiens*, Fig. 355; *Balsamina*.

Fig. 355. Impatiens Noli tangere.

Reihe Rhamnales.

Blüten actinomorph, mit Kelch und Krone, zuweilen apetal. Ein Kreis von Staubblättern, diese vor den Blumenblättern stehend. Carpelle fünf bis zwei, mit je ein bis zwei Eichen.

Fam. Rhamnaceae.

Sträucher mit peri- oder epigynen Blüten mit vier- bis fünfzähligem Kelch und vier- bis fünfzähliger kleiner Krone, vier bis

Fig. 356. I Grundriſs der Blüte von Rhamnus cathartica, II von Rh. Frangula. (Nach Eichler.)

fünf Staubblättern und einem zwei- bis fünffächerigen, zur Stein- oder Trockenfrucht werdenden Fruchtknoten, Fig. 356. — Kreuzdorn = *Rhamnus cathartica*, Fig. 356 I u. 357; (echter) Faulbaum, Pulverholz = *Rh. Frangula*, Fig. 356 II u. 358.

Fig. 357. Rhamnus cathartica.

Fig. 358. Rhamnus Frangula.

Fam. Vitaceae.

Fünf Kelch-, Kronen- und Staubblätter. Fig. 359. Fruchtknoten aus zwei, zuweilen vier Fruchtblättern gebildet, zu einer Beere werdend. Meist mit Ranken kletternde Sträucher. — *Vitis vinifera* = Weinstock, Fig. 14 u. 359; *Ampelopsis hederacea* = wilder Wein.

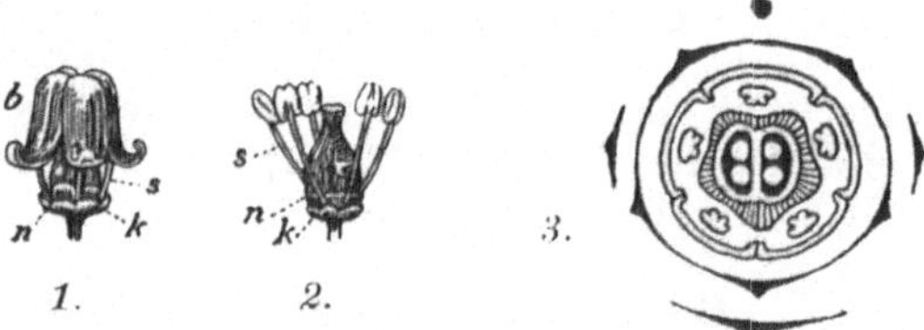

Fig. 359. Blüte von Vitis vinifera. *1.* vollständig, *2.* nach dem Abfallen der an ihren Gipfeln zusammenhängend verbleibenden Blumenblätter *b*; *k* = Kelch, *s* = Staubblätter, *n* = Nektarien, im Zentrum der Stempel. Etwas vergr. *3.* Grundrifs.

Fig. 360. Tilia ulmifolia.

Reihe Malvales.

Blüten mit klappigem Kelch und Krone, meist beide fünfgliederig, selten apetal, zwitterig, seltener eingeschlechtig, actinomorph, seltener zygomorph. Staubblätter zahlreich. Frucht aus 2—∞ Carpellen mit je 1—∞ Samen.

Fam. Tiliaceae.

Meist Holzpflanzen mit aus fünf Kelch- und fünf Kronenblättern zusammengesetzten Blüten. Die vielen Staubblätter frei oder zu fünf Bündeln verwachsen. Fruchtknoten fünffächerig. — *Tilia* = Linde, Fig. 360.

Fam. Malvaceae und Bombaceae.

Blumen mit fünf Kelch- und fünf Kronenblättern. Die vielen Staubblätter sind unten zu einer Röhre verwachsen, welche Fäden mit je einem halben Staubbeutel trägt. Fruchtknoten mehrfächerig. Aufserhalb des Kelches oft ein Kreis von kelchartig zusammengestellten Hochblättern: Aufsenkelch *a* Fig. 361. — *Gossypium* Fig. 361 = Baumwolle; *Althaea rosea* = Stockrose; *Al. officinalis* = Eibisch, Fig. 362; *Malva silvestris*, Fig. 363 = Käsepappel; *Adansonia digitata* = Affenbrotbaum.

Fig. 361. Gossypium herbaceum. *a* = Aufsenkelch, *f* = Frucht.

Fig. 362. Althaea officinalis. Links unten Kelch mit Aufsenkelch. Rechts oben Frucht.

Fig. 363. Malva silvestris. Rechts unten Frucht mit Kelch und Aufsenkelch.

Fam. Sterculiaceae.

Kelchblätter verwachsen. Krone zuweilen abortiert.

Reihe Parietales.

Blüten mit Kelch und Krone, selten apetal, hypogyn bis epigyn; Staubblätter und Carpelle meist ∞, letztere mehr oder minder miteinander verbunden, häufig mit der Aufsenwand ansitzenden Placenten.

Fam. Theaceae (Ternstroemiaceae zum Teil).

Kelch und Hochblätter nicht scharf gesondert. Staubblätter zahlreich. Fruchtknoten mehrfächerig. Blätter ganz, meist lederig, wechselständig. — Kamellie = *Thea* (*Camellia*) *japonica;* chinesischer Thee = *Th. chinensis.*

Fam. Guttiferae.

Unt.-Fam. Hypericoideae. — Blumen actinomorph, mit fünf Kelch- und Kronenblättern. Staubblätter viele, in drei, seltener in fünf mehr oder minder deutliche Bündel verwachsen. Kapsel mit

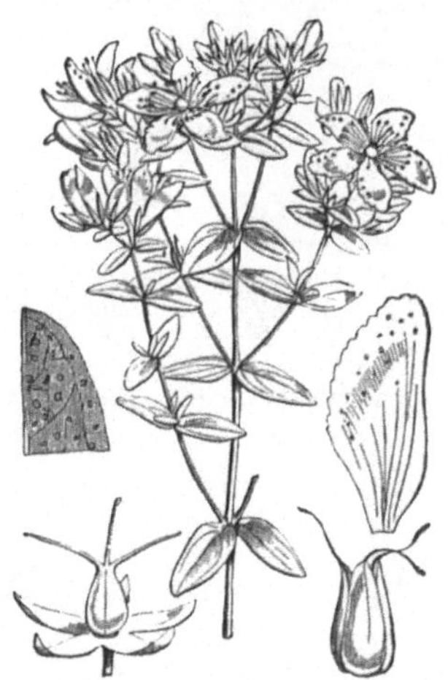

Fig. 364. Hypericum perforatum.

ein bis fünf vielsamigen Fächern, klappig aufspringend, mit drei bis fünf Griffeln. — *Hypericum* = Hartheu, Johanniskraut, Fig. 364.

Unt.-Fam. Clusioideae. — Holzgewächse mit diclinischen Blüten. — *Garcinia.*

Fam. Cistaceae.

Blumen actinomorph, mit fünf Kelchblättern, von denen die zwei äufseren, die auch fehlen können, kleiner als die übrigen sind. Blumenblätter fünf. Staubblätter viele. Kapsel eingriff lig, einfächerig, vielsamig, drei- bis fünfklappig, mit drei in der Mitte der Klappen befindlichen Samenleisten. — *Helianthemum* = Sonnenröschen, Fig. 365; *Cistus.*

Fig. 365. Helianthemum Chamaecistus.

Fam. Violaceae.

Die zygomorphen Blumen mit fünf Kelch-, Kronen- und Staubblättern und drei Fruchtblättern, welche einen einfächerigen, eingriffligen Fruchtknoten zusammensetzen. Frucht dreiklappig; Placenten in der Mitte der Klappen, Fig. 366. Vgl. Seite 96. — *Viola altaica* = Pensée, Stiefmütterchen; *Viola tricolor* = (wildes) Stiefmütterchen, Fig. 367; *V. odorata* = (wohlriechendes) Veilchen.

Fig. 366. Grundriſs der Blume von Viola. *k* = Kelch, *b* = Blumenblätter, *sp* = Sporn des vorderen Blumenblattes, *s* = Staubblätter, *n* = Nektarien, *f* = Fruchtknoten mit den Eichen *e*. (Original.)

Fig. 367. Viola tricolor. Rechts Fruchtknoten, umgeben von den Staubblättern, von denen zwei an ihrem Grunde je ein Nektarium tragen; darunter Querschnitt der Frucht. Links unteres (vorderes) Blumenblatt mit Sporn.

Fam. Begoniaceae.

Fruchtknoten zwei- bis dreifächerig, Placenten in der centralen Achse gelegen. — *Begonia* = Schiefblatt.

Reihe Opuntiales.

Fam. Cactaceae, Kaktuspflanzen.

Blumen actinomorph und zwitterig. Kelch-, Kronen- und Staubblätter zahlreich; Fruchtblätter drei bis viele, zu einem unterständigen, einfächerigen, vieleiigen Fruchtknoten mit wandständigen Placenten verwachsen. Dickfleischige, gewöhnlich blattlose mit Stacheln besetzte Gewächse aus den warmen Regionen Amerikas. — *Opuntia*, Fig. 368; *Cereus grandiflorus* = Königin der Nacht.

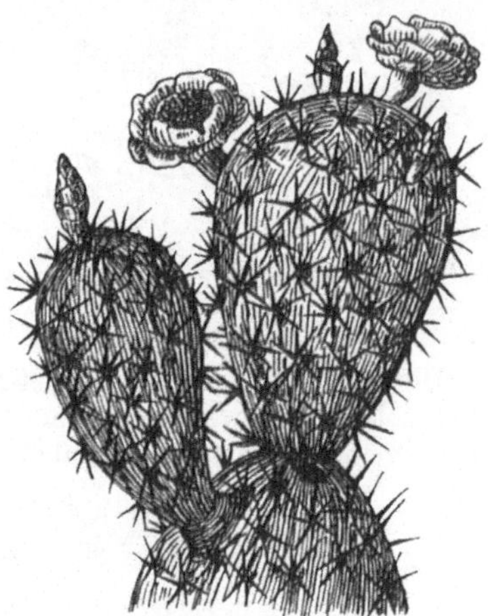

Fig. 368. Opuntia coccinellifera.

Reihe Thymelaeales.

Meist die Blüten actinomorph, zwitterig und nach der Vierzahl gebaut, und zwar der Kelch meist kronenartig entwickelt und die Krone gewöhnlich fehlend. Staubblätter vier oder in zwei Kreisen, also acht. Gynaeceum einblätterig, fast immer eineiig. Blüten perigyn. Holzpflanzen mit nebenblattlosen Laubblättern.

Fig. 369. Daphne Mezereum.

Fam. Thymelaeaceae.

Der Kelch (resp. das Perigon) vierblätterig; Krone fehlend, wenn vorhanden 4-zählig; Staubblätter acht, zuweilen vier oder zwei. Eichen hängend. — Seidelbast = *Daphne Mezereum*, Fig. 369.

Fam. Elaeagnaceae.

Perigonröhre zwei-, vier- oder fünfzipfelig, vier- oder fünfmännig. Eichen aufrecht. — Strand- oder Sanddorn = *Hippophaë rhamnoïdes*; Ölweide = *Elaeagnus*.

Reihe Myrtiflorae.

Blüten actinomorph und zwitterig, meist vier bis fünf Kelch- und Kronenblätter, erstere in der Knospenlage klappig. Staubblätter meist acht bis zehn oder viele. Ovar vielblätterig resp. -fächerig, mit meist nur einem Griffel, unterständig oder die Blüten perigyn. Blätter gewöhnlich gegenständig.

Fam. Lythraceae.

Blüten mit sechs Kelch-, sechs Kronen- und zwölf Staubblättern, aber auch drei- bis 16-zählig. Gynaeceum aus ein bis sechs verwachsenen Fruchtblättern, oberständig, zu einer Kapsel werdend. Meist Kräuter. — *Lythrum Salicaria* = Weiderich, Fig. 101 und 370; vgl. den Befruchtungsvorgang auf Seite 95.

Fig. 370. Lythrum Salicaria. Links der aufgeschlitzte Kelch mit sechs Haupt- und sechs Nebenzähnen und 12 Staubblättern.

Fam. Punicaceae.

Kelch und Krone fünf bis siebengliederig, Staubblätter ∞, Carpelle viele, eine unterständige, aus zwei übereinander liegenden Kreisen von Carpellen bestehende Frucht bildend. — Granatapfel = *Punica*.

Fam. Myrtaceae.

Meist vier Kelch-, vier Kronen- und viele Staubblätter, sonst auch fünf- oder sechszählig. Gynaeceum zwei- bis vierblätterig (meist auch fächerig); Fächer ein- bis vielsamig, Frucht eine Kapsel oder Beere. Holzgewächse. — Paranüsse sind die Samen von *Ber-*

tholletia excelsa; Myrte = *Myrtus communis*; Nelkenpfeffer, Piment = unreife Früchte von *Pimenta officinalis*, Fig. 371; *Eucalyptus globulus* zur Entwässerung sumpfigen Bodens benutzt.

Fig. 371. Pimenta officinalis. *1.* = Blühender Zweig, *2.* = Früchte.

Fam. Oenotheraceae (Onagraceae).

Blumen meist vierzählig mit acht Staubblättern, auch in allen Organen zweizählig oder anders. Fruchtknoten unterständig, vier- resp. zweifächerig u. s. w., meist zu einer Kapsel mit vielsamigen Fächern werdend. Vorwiegend Kräuter. — *Epilobium*, Fig. 372; *Oenothera biennis* = Nachtkerze, Fig. 373; *Fuchsia*.

Fig. 372. Epilobium obscurum. Links eine aufspringende Frucht.

Fig. 373. Oenothera biennis.

Fam. Halorrhagidaceae.

Der unterständige Fruchtknoten mit so vielen freien Griffeln, als Fruchtblätter vorhanden sind. Fächer eineiig, sonst wie bei der vorigen Familie. Wasserpflanzen oder an sehr feuchten Orten lebende Kräuter. — *Myriophyllum*, Fig. 374; *Hippuris* = Tannwedel, Fig. 375.

Fig. 374. Myriophyllum spicatum.

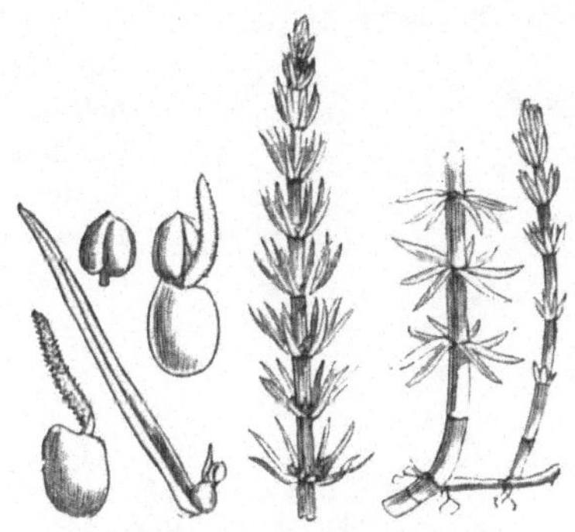

Fig. 375. Hippuris vulgaris. Links von der Habitusabbildung die sehr einfache Blüte: Perigonblatt, ein Staubblatt, ein Fruchtblatt mit einer Narbe; links davon das Staubblatt, dann Deckblatt mit Blüte, dann Fruchtblatt mit dem verwachsenen Perigonblatt.

Reihe Umbelliflorae.

Blüten gewöhnlich actinomorph und zwitterig, mit meist vier oder fünf Kelch-, Kronen- und Staubblättern; die Kelchblätter meist nur schwach angedeutet. Fruchtknoten zwei- (selten mehr-) fächerig (-blätterig), unterständig. Fächer einsamig. Die einzelnen Blüten dieser Reihe sind meist klein und daher nicht sehr auffallend, aber sie stehen dicht beisammen und bilden meist deutliche und den Insekten von weitem sichtbare Gesellschaften von doppel-doldiger, seltener einfach-doldiger oder köpfchenartiger Form.

Fam. Araliaceae.

Kelch, Krone und Androeceum fünf- bis zehnblätterig, Gynaeceum zwei- bis zehnblätterig resp. -fächerig und zur Beeren- oder Steinfrucht werdend. Blüten meist in Trauben- oder Rispendolden. Meist Holzgewächse. — *Hedera Helix* = Epheu.

Fam. Umbelliferae.

Der Kelch ist mehr oder minder deutlich an der Spitze des Fruchtknotens als Saum oder fünfzähnig bemerkbar. Blumenblätter fünf, meist weifs, ungeteilt oder ausgerandet, oft mit einer nach innen gebogenen Spitze. Staubblätter fünf. Fruchtknoten zweifächerig; Griffel zwei, jeder nach unten in eine Nektarium-Scheibe verbreitert, unter der ein Fach des Fruchtknotens liegt. (Vgl. zum vorausgehenden und folgenden Fig. 376.)

Fruchtfächer bei der Reife sich von einander trennend (als zwei Teilfrüchtchen); die Teilfrüchtchen noch einige Zeit durch den

Fig. 376. Blütengrundriſs einer orthospermen Umbellifere. *k* = Kelch, *b* = Blumenblätter, *s* = Staubblätter; an dem Querschnitt des Fruchtknotens bedeuten *m* das Mittelsäulchen, *fu* die Fugenfläche, *e* die beiden Eichen, *sr* die Striemen, *hr* die Haupt- und *nr* die Nebenrippen. (Orig.)

Fig. 377. Hydrocotyle vulgaris. Links unten Frucht, oben Querschnitt durch dieselbe. Rechts oben Blüte.

Fig. 378. Cicuta virosa.

Fig. 379. Peucedanum graveolens. Rechts unten Frucht.

Fig. 380. Carum Petroselinum. Oben links Frucht, rechts davon Blüte. Rechts unten Querschnitt durch die Frucht.

dünnen, meist zweiteiligen Fruchtträger (das stehenbleibende Mittelsäulchen *m*) an der Spitze zusammengehalten (Fig. 391). Das Teilfrüchtchen ist fünfrippig; die eine Rippe verläuft auf seiner Mitte, je eine an jedem Rande und je eine zwischen Mittelrippe und Randrippe. Die Rippen *hr* Fig. 376 entsprechen zur Hälfte den Mitten

Fig. 381. Aegopodium Podagraria. Rechts unten Frucht.

Fig. 382. Aethusa Cynapium. Links oben zygomorphe Randblume. Rechts Frucht, darunter Querschnitt durch ein Früchtchen.

Fig. 383. Angelica silvestris. Rechts Blüte, links Frucht und Querschnitt durch ein Früchtchen.

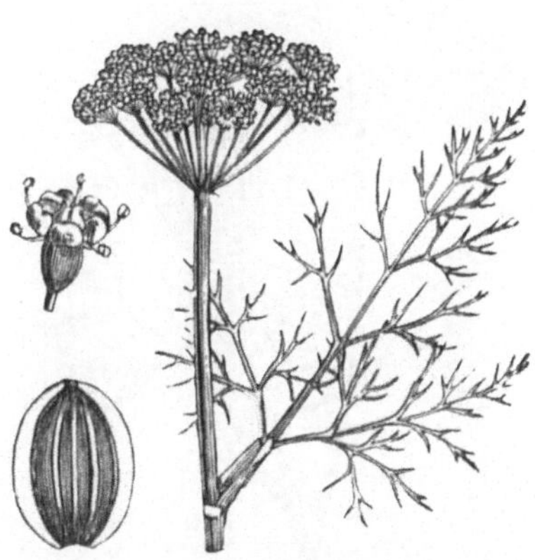

Fig. 384. Anethum graveolens. Links Blüte, darunter Frucht.

der Kelchblätter, zur Hälfte der Grenze je zweier derselben. Die Vertiefungen zwischen je zwei Rippen heifsen Thälchen; öfter werden die Thälchen durch eine Nebenrippe *nr* der Länge nach geteilt, und es können die Nebenrippen die Hauptrippen überragen. Als Fugenfläche *fu* bezeichnet man die Berührungsfläche der beiden Teilfrüchtchen. In den Thälchen, selten unter den Hauptrippen, sowie auf der Fugenfläche finden sich in der Fruchtschale eine oder mehrere Öl führende Behälter: die Striemen *sr*. Der Same ist mit der Fruchtschale verwachsen, zuweilen trennt sich indes

Fig. 385. Peucedanum sativum. Oben Blüte, unten Frucht und Querschnitt durch ein Früchtchen.

Fig. 386. Heracleum Sphondylium.

Fig. 387. Daucus Carota. Rechts unten Frucht.

Fig. 388. Carum Carvi. Links Frucht, rechts oben Querschnitt durch dieselbe, unten Blüte.

die äufsere Fruchtschale von der inneren, und es liegt dann der Same scheinbar frei. Der im Verhältnis zur Gröfse des Samens sehr kleine Keimling liegt am Gipfel des sehr reichlichen Eiweifses.

Nicht selten sind die den Rand des meist doppeldoldigen Blütenstandes einnehmenden Blumen zygomorph gebaut, indem die dem

Mittelpunkt des Blütenstandes zugewendeten Kronenblätter kleiner, die nach aufsen gerichteten jedoch gröfser sind. Man nennt einen solchen Blütenstand strahlend. Durch diese Eigentümlichkeit in der Ausbildung der Randblumen wird die Augenfälligkeit der ganzen Genossenschaft gesteigert.

Fig. 389. Pimpinella Saxifraga. Oben Blüte, links unten Frucht.

Fig. 390. Torilis Anthriscus. Links unten Blüte, rechts oben Frucht.

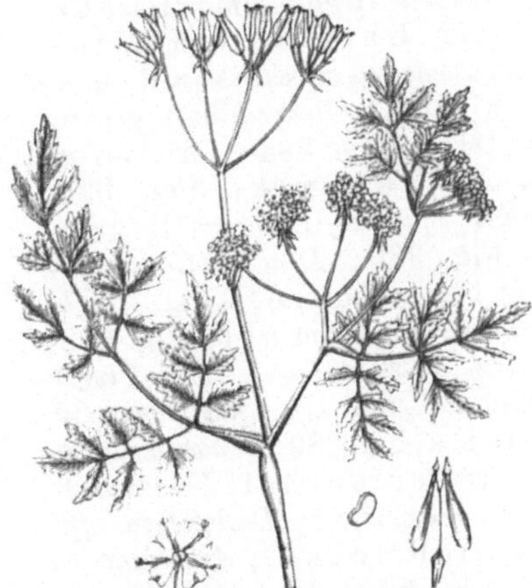

Fig. 391. Anthriscus Cerefolium. Links unten Blüte, rechts Frucht und Querschnitt durch ein Früchtchen.

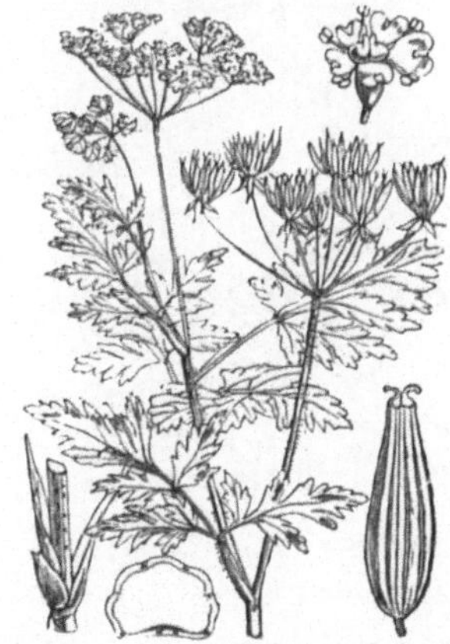

Fig. 392. Chaerophyllum temulum. Oben Blüte, rechts unten Frucht, links Querschnitt durch ein Früchtchen.

Die Deckblätter der Blüten sind meist ausgebildet, häufig auch die der Döldchenstiele; sie vereinigen sich am Grunde des Döldchens zu einem Hüllchen resp. am Grunde der Dolde zu einer Hülle.

Die Laubblätter besitzen Scheiden und sind meist mehrfach-gefiedert. Krautige Pflanzen.

Orthospermeae. Eiweiſs auf der Fugenseite flach. — *Hydrocotyle*, Fig. 377; *Cicuta virosa* = Wasserschierling, Fig. 378; *Peucedanum graveolens* = Sellerie, Fig. 379; *Carum* (*Petroselinum*) *sativum* = Petersilie, Fig. 380; *Aegopodium Podagraria* = Giersch,

Fig. 393. Myrrhis odorata. Links Frucht.

Fig. 394. Conium maculatum. Rechts eine Frucht.

Fig. 395. Coriandrum sativum. Links in der Mitte Frucht, unten Querschnitt durch ein Früchtchen, rechts davon Blüte.

Fig. 381; *Aethusa Cynapium* = Hundspetersilie, Garten-Schierling, Fig. 382; *Angelica silvestris* = Brustwurz, Fig. 383; *Peucedanum graveolens* = Dill, Fig. 384; *Peucedanum sativum* = Pastinak, Fig. 385; *Heracleum Sphondylium* = Bärenklau, Fig. 386; *Daucus Carota* = Mohrrübe, Möhre, Fig. 387; *Carum Carvi* = Kümmel, Fig. 388; *Pimpinella Anisum* = Anis; *Pimpinella magna* und *P. Saxifraga* = Bibernelle, Fig. 389; *Oenanthe aquatica* = Wasserfenchel; *Foeniculum vulgare* = Fenchel; *Levisticum officinale* = Liebstöckel; *Archangelica officinalis* = Engelwurz; *Imperatoria Ostruthium* = Meisterwurz.

Campylospermeae. Eiweiſs auf der Fugenseite mit Längsrinne. — *Torilis Anthriscus* = Klettenkerbel, Fig. 390; *Anthriscus vulgaris* = Heckenkerbel; *Anthriscus Cerefolium* = Kerbel, Fig. 391; *Chaerophyllum temulum* = Taumelkerbel, Fig. 392; *Myrrhis odorata* = Süſsdolde, Fig. 393; (gefleckter) Schierling = *Conium maculatum*, Fig. 394.

C o e l o s p e r m e a e. Eiweifs auf der Fugenseite halb-kugelförmig ausgehöhlt. — *Coriandrum sativum* = K o r i a n d e r, Fig. 395.

F a m. C o r n a c e a e.

Blumen mit vier Kelch-, Kronen- und Staubblättern. Fruchtknoten zweifächerig, zur Steinfrucht werdend. Meist Holzpflanzen mit Trugdolden. Blätter gegenständig, einfach. — *Cornus*, Fig. 396; *Cornus mas* = K o r n e l k i r s c h e, H e r l i t z e.

Fig. 396. Cornus sanguinea. Links unten Blüte, rechts davon Fruchtknoten mit Kelch. Rechts zwei Früchte.

II. R e i h e n g r u p p e S y m p e t a l a e.

Pflanzen mit im allgemeinen wenigstens am Grunde verwachsenen, also nicht freien Kronenblättern.

Reihe Ericales.

Blüten meist actinomorph und zwitterig mit meist vier oder fünf Kelch-, Kronen- und fünf oder zehn, meist mit je 2 Poren aufspringenden Staubblättern; in letztem Falle je fünf Staubblätter einen Kreis bildend, dessen erster meist vor den Kronenblättern, dessen zweiter vor den Kelchblättern zwischen dem ersten Kreis und den Fruchtblättern steht. Fruchtknoten aus zwei bis vielen Fruchtblättern (-fächern) gebildet. Pollenkörner oft zu je vier (in Tetraden) vereint. Die meisten Arten sind immergrüne Holzgewächse.

F a m. P i r o l a c e a e.

Kronenblätter meist frei. — *Pirola*, Fig. 397; F i c h t e n s p a r g e l = *Monotropa Hypopitys*, Fig. 398 (vergl. Seite 84).

Fig. 397. Pirola rotundifolia.

Fig. 398. Monotropa Hypopitys. Rechts Frucht und zwei Perianthblätter.

Fam. Ericaceae.

Kronenblätter meist verwachsen.

Vaccinieae. Das Gynaeceum unterständig, zu einer Beere werdend. — Heidel- oder Blaubeere = *Vaccinium Myrtillus*, Fig. 399; Preifsel- oder Kronsbeere = *Vaccinium Vitis Idaea*, Fig. 400; Moosbeere = *Vaccinium Oxycoccos*.

Fig. 399. Vaccinium Myrtillus. Links unten ein Staubblatt.

Fig. 400. Vaccinium Vitis Idaea. Rechts ein Staubblatt.

Ericeae. Das Gynaeceum oberständig. Kapsel sich in der Mitte der Aufsenwandungen der einzelnen Fächer öffnend, d. h. fachspaltig. Frucht selten beerig. — Heidekraut = *Calluna vulgaris*, Fig. 401: Moorheide = *Erica Tetralix*; *Arctostaphylos Uva ursi*, Fig. 402.

Rhodoreae. Das Gynaeceum oberständig. Kapsel sich an den Scheidewänden der Fächer öffnend, d. h. wandspaltig. — Azalie = *Azalea*; Alpenrose u. s. w. = *Rhododendron*; Porst, Mottenkraut = *Ledum palustre*.

Fig. 401. Calluna vulgaris. Links oben ein Staubblatt, rechts unten ein Laubblatt.

Fig. 402. Arctostaphylos Uva ursi. Rechts unten ein Staubblatt.

Reihe Primulales.

Blüten actinomorph und zwitterig, meist mit fünf Kelch-, Kronen- und Staubblättern, sonst die Blüten auch vier- bis achtzählig. Die Staubblätter stehen vor den Kronenblättern. Fruchtknoten einfächerig, ein- bis vieleiig, Placenta am Grunde desselben.

Fam. Primulaceae.

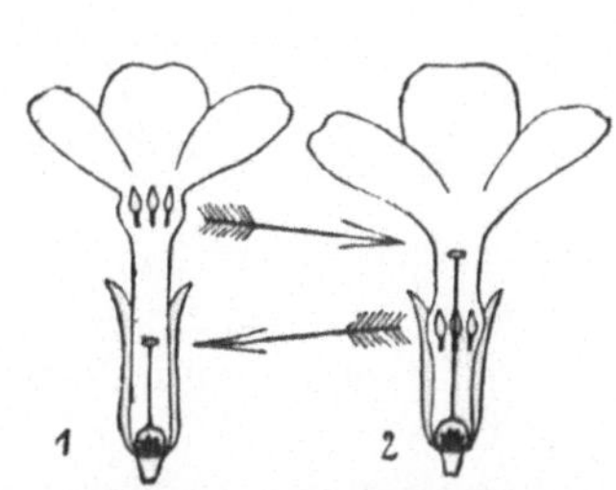

Fig. 403. Zwei Blumen (*1* = kurzgrifflige, *2* = langgrifflige) von Primula elatior. Staubblätter vor den Kronenzipfeln der Kronenröhre angefügt. Ovar mit grundständiger, vieleiiger Placenta.

Fig. 404. Primula officinalis.

Fruchtknoten eingrifflig, zu einer vielsamigen Kapsel werdend. Fig. 403. Vergl. Bestäubungs-Verhältnisse auf Seite 94. Kräuter. — Schlüsselblume, Aurikel = *Primula*, Fig. 403 und 404; *Lysimachia*, Fig. 405; Gauchheil, rote Miere = *Anagallis arvensis*, Fig. 406; *Hottonia*; Alpenveilchen, Saubrot = *Cyclamen europaeum*.

Fig. 405. Lysimachia vulgaris.

Fig. 406. Anagallis arvensis. Rechts unten geöffnete Frucht, Stempel nebst Kelch und ein Staubblatt.

Fam. Plumbaginaceae.

Fruchtknoten fünfgrifflig, eineiig. Kräuter und Holzgewächse. — Grasnelke = *Armeria vulgaris*, Fig. 407.

Fig. 407. Armeria vulgaris.

Reihe Ebenales.

Fruchtknoten gefächert, sonst alles im allgemeinen wie bei der vorigen Reihe. Holzgewächse.

Fam. Sapotaceae.

Gynaeceum oberständig, mit eineiigen Fächern. — *Palaquium*, Fig. 408.

Fig. 408. Palaquium Gutta.

Fam. Ebenaceae.

Gynaeceum oberständig mit zweieiigen Fächern, die oft durch „falsche Scheidewände" geteilt sind. — *Diospyros Ebenum.*

Fam. Styracaceae.

Gynaeceum halb- oder ganz unterständig, mit ein- bis mehreiigen Fächern. — *Styrax.*

Reihe Contortae.

Blüten actinomorph, mit vier oder fünf, seltener vielen Kelch-, Kronen- und Staubblättern, seltener die letzteren in der Zweizahl

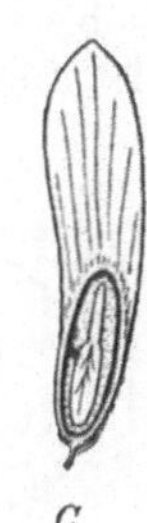

Fig. 409. Fraxinus Ornus. *A* = Blüte in $^8/_1$, *B* u. *C* Früchte in $^1/_1$, *C* der Länge nach aufgeschnitten, um den Embryo im Endosperm zu zeigen.

Fig. 410. Fraxinus excelsior. Links oben eine zweigeschlechtige Blüte (zwei Staubblätter und ein Stempel), darunter zwei männliche Blüten, jede zweimännig.

vorhanden. Staubblätter der Krone angewachsen. Gynaeceum oberständig, aus zwei Fruchtblättern gebildet. Fig. 411 II. Blätter gegenständig.

Fam. Oleaceae.

Kelch und Krone zwei- bis vierblätterig. Androeceum zweimännig. Frucht eine zweifächerige (-blätterige) Kapsel, Flügelfrucht oder Beere mit ein- bis mehrsamigen Fächern, Fig. 409 bis 411. Holzpflanzen. — Liguster, Rainweide = *Ligustrum vulgare*; Flieder = *Syringa*; (gemeine) Esche = *Fraxinus excelsior*, Fig. 410; *Fr. Ornus* = Manna-Esche, Fig. 409; (echter) Jasmin = *Jasminum*; *Olea europaea* = Olive, Ölbaum, Fig. 411; *Forsythia*.

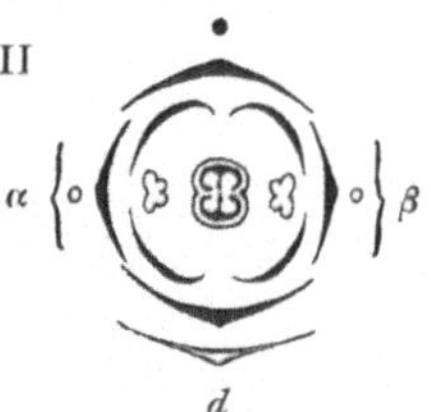

Fig. 411. Olea europaea. I = Blüte; II = Grundriſs derselben; *d* = Deckblatt, *α* und *β* = Vorblätter; III = Frucht; IV = blühender Zweig. — (II nach Eichler.)

Fam. Loganiaceae.

Fruchtknoten zwei- bis vierfächerig; Fächer mit ein bis mehreren Eichen, Fig. 412. Meist Bäume. — *Strychnos nux vomica.*

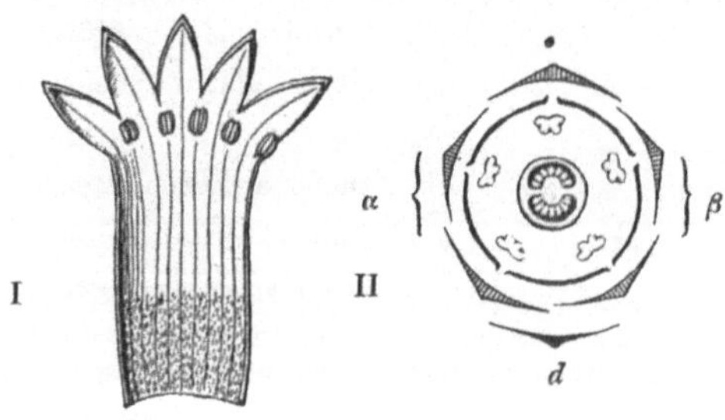

Fig. 412. Blüte von Strychnos nux vomica. I = Krone der Länge nach aufgeschlitzt und ausgebreitet. (Nach Luerssen.) II = Grundriſs; *d* = Deckblatt, *α* und *β* = Vorblätter. (Nach Eichler.) — Schwach vergr.

Fam. Gentianaceae.

Kelch, Krone und Androeceum meist vier bis fünfzählig. Kapsel meist deutlich einfächerig, mit zwei wandständigen, vielsamigen Placenten, sich zweiklappig öffnend. Fig. 413. Kräuter. — Enzian = *Gentiana*; *Erythraea Centaurium* = Tausendgüldenkraut, Fig. 414; *Menyanthes trifoliata* = Bitter- oder Fieberklee, Fig. 413 u. 415.

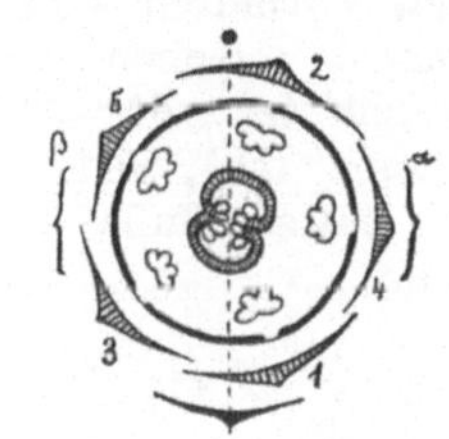

Fig. 413. Grundriß der Blume von Menyanthes trifoliata. Unten Deckblatt, α und β = Vorblätter, 1—5 = Kelch. (Nach Eichler.)

Fig. 414. Erythraea Centaurium.

Fig. 415. Menyanthes trifoliata.

Fam. Apocynaceae.

Kelch, Krone und Androeceum meist je fünfblätterig. Fruchtblätter zwei, zu Kapselfrüchtchen werdend. Kräuter oder Sträucher. — Immergrün, Singrün = *Vinca*, Fig. 416; Oleander = *Nerium Oleander*.

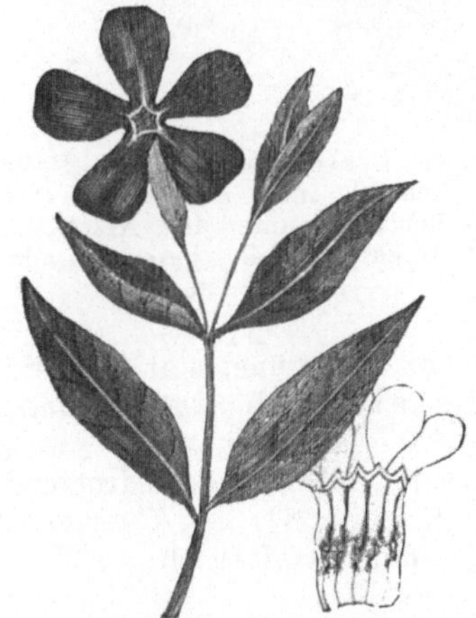

Fig. 416. Vinca minor.

Fam. Asclepiadaceae.

Im allgemeinen wie bei den Apocynaceen, aber die Staubblätter mehr oder weniger verwachsen und der Pollen einer jeden Staubbeutelhälfte zu einem Pollenpäckchen verklebt. — *Asclepias*; *Cynanchum*; *Stapelia* = Aaspflanze (die Blumen nach Aas riechend).

Reihe Tubiflorae.

Blüten aus 4 Quirlen gebildet, von denen das oberständige Gynaeceum meist minderzählig, die übrigen gleichzählig (meist fünfzählig) sind, Staubblätter der Krone angewachsen. Actinomorph oder zygomorph, in letzterem Falle meist mit minderzähligem Staubblattquirl. Bei den Vorfahren wird hier das Androec um ebenfalls fünfzählig angenommen, jedoch verkümmern in den meisten Fällen ein oder drei Staubblätter, die als Rudimente noch sichtbar sind, oder sie schlagen ganz fehl, sodafs wir vier- resp. zweimännige Blüten erhalten. Im ersten Falle sind zwei Staubblätter kürzer als die beiden anderen.

Fam. Convolvulaceae.

Kapseln meist zweifächerig, mit zwei- (auch ein-) samigen Fächern. Keim im Samen gekrümmt. Meist windende Pflanzen. Wegen des Blütenbaues vergl. Fig. 417.

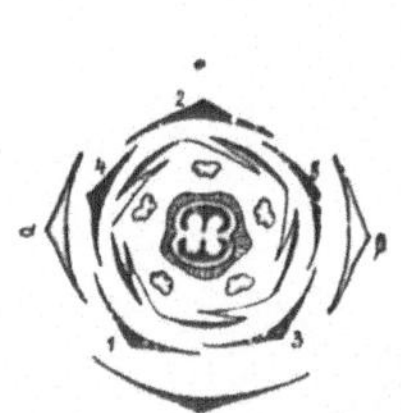

Fig. 417. Grundrifs einer Convolvulaceenblüte. Unten Deckblatt, α und β = Vorblätter, 1—5 Kelch. (Nach Eichler.)

Fig. 418. Convolvulus sepium. Rechts unten Stempel, links davon zwei Vorblätter der Blüte unter dem Kelch, der weiter links ebenfalls besonders dargestellt ist.

Convolvuleae. Nicht schmarotzend, mit grünen Laubblättern; *Convolvulus* = Winde, Fig. 418; Batate = *Ipomoea Batatas*, Fig. 419.

Cuscuteae. An den Stengeln fremder Pflanzen schmarotzende Pflanzen ohne grüne Laubblätter. Vergl. Seite 84. — *Cuscuta* = Teufelszwirn, Fig. 420; *Cuscuta Epilinum* = Flachsseide.

Fig. 419. Ipomoea Batatas.

Fig. 420. Cuscuta europaea, eine Wiesenpflanze umschlingend. Rechts Frucht.

Fam. Polemoniaceae.

Ovar dreifächerig. Samen mit geradem Keim. — *Phlox*; Jacobs- oder Himmelsleiter = *Polemonium coeruleum*, Fig. 421.

Fig. 421. Polemonium coeruleum.

Fam. Asperifoliaceae (Boraginaceae).

Fruchtknoten zweiblätterig, zweifächerig, mit zweisamigen Fächern, unter demselben ein Nektarium-Wulst. Die Fächer teilen sich durch Einschnürung in je zwei einsamige Schliefsfrüchtchen. Fig. 422. Unberufene Gäste werden oft durch hohle Aussackungen der Krone, Hohlschuppen, welche den Schlund mehr oder minder verschliefsen, abgehalten. Die ganze Pflanze meist stark rauhhaarig. — Heliotrop = *Heliotropium*; Hundszunge = *Cynoglossum officinale*; Borretsch = *Borago officinalis*; Ochsenzunge = *Anchusa officinalis*; Schwarzwurzel = *Symphytum officinale*, Fig. 423; Natterkopf = *Echium vulgare*, Fig. 424; Lungenkraut = *Pulmonaria*; Vergifsmeinnicht = *Myosotis*.

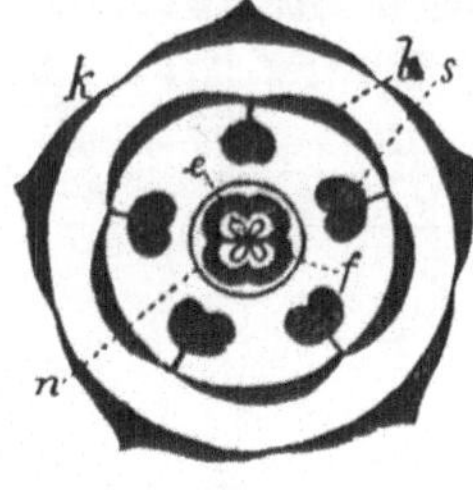

Fig. 422. Blumengrundrifs einer Asperifoliacee. k = Kelch, b = Krone, s = Staubblätter, n = Nektarium, f = Fruchtknoten, e = Eichen. (Original.)

Fig. 423. Symphytum officinale. Rechts ein Staubblatt mit einer Hohlschuppe. Die aufgeschlitzte Krone in der Mitte unten zeigt fünf Hohlschuppen und mit diesen abwechselnd fünf Staubblätter.

Fig. 424. Echium vulgare. Links oben die aufgeschlitzte Krone mit den anhaftenden Staubblättern, rechts unten Kelch mit Stempel.

Fam. Verbenaceae.

Gynaeceum meist steinfruchtartig werdend, mit ein bis vier Stein(Schliefs-)früchtchen, äufserlich ungeteilt, sonst den Labiaten ähnlich. — Eisenkraut = *Verbena officinalis*, Fig. 425.

Fam. Labiatae.

Die Frucht der Lippenblütler, wie diese Gewächse wegen der eigenartigen Ausbildung der Kronen genannt werden, besteht in der Jugend aus zwei zweisamigen Fächern f, Fig. 426, welche durch allmähliche Einschnürung in vier einsamige Schliefsfrüchtchen f, Fig. 427, übergehen. Die in der Vier- oder Zweizahl vorhandenen Staubblätter, Fig. 428—430 und 431 rechts unten, von denen im ersten Falle zwei länger und zwei kürzer sind, werden oft durch die dann einen Schirm bildende, helmartige Oberlippe vor Regen geschützt. Die Unterlippe dient bei geeigneter Ausbildung als Sitz für das Honig suchende, die Blume befruchtende Insekt. Der unterhalb der Frucht befindliche Teil des Torus ist zum Nektarium metamorphosiert. Fig. 105, 426, 427. Vergl. auch Seite 97. Blätter gegenständig. — Basi-

Fig. 425. Verbena officinalis. Links Kelch mit Frucht und ein Früchtchen.

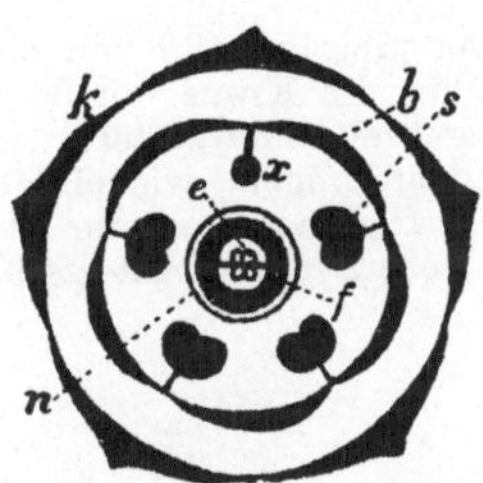

Fig. 426. Grundriſs einer viermännigen Labiaten-Blume, deren beide Fruchtblätter noch nicht eingeschnürt sind. *k* = Kelch, *b* = Krone, *s* = Staubblätter, *x* = Rudiment eines Staubblattes, *n* = Nektarium, *f* = Fruchtknoten mit Eichen *e*. (O.)

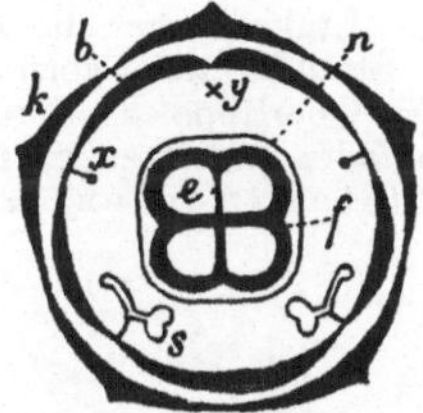

Fig. 427. Blumengrundriſs von Salvia. *k* = Kelch, *b* = Krone, *s* = Staubblätter, *x* = rudimentäre Staubblätter, *y* = abortiertes Staubblatt, *n* = Nektarium, *f* = Fruchtknoten mit den vier Eichen *e*. (O.)

likum = *Ocimum Basilicum*; Wolfstrapp = *Lycopus europaeus*, Fig. 431; *Salvia*, Fig. 105, 427, 430, 432; Majoran, Mairan = *Origanum Majorana*; Pfeffer- oder Bohnenkraut = *Satureja hortensis*; Ysop = *Hyssopus officinalis*; Katzennessel = *Nepeta Cataria*; Gundermann = *Glechoma hederacea*, Fig. 433; Bienensaug, Taubnessel = *Lamium*, Fig. 434; *Stachys*; *Ajuga*, Fig. 435; Rosmarin = *Rosmarinus officinalis*; Lavendel = *Lavandula officinalis*, Fig. 428; (Citronen-) Melisse = *Melissa officinalis*;

Thymian = *Thymus vulgaris*; Quendel = *Thymus Serpyllum*; Pfefferminze = *Mentha piperita*, Fig. 429; Krauseminze = *Mentha crispa.*

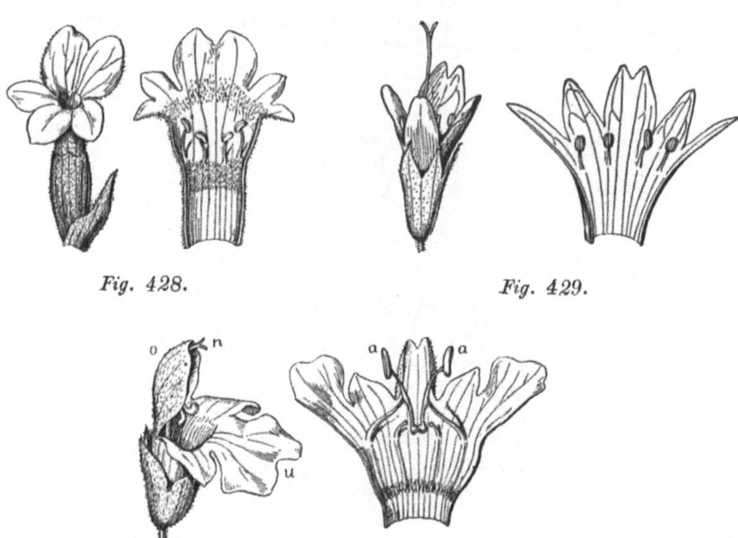

Fig. 428. *Fig.* 429.

Fig. 428 Blume von Lavandula vera, 429 von Mentha piperita, 430 von Salvia officinalis. Links immer die Blume von aufsen, rechts die Krone mit den ansitzenden Staubblättern vorn aufgeschlitzt und ausgebreitet dargestellt. *u* = Unter-, *o* = Oberlippe, *a* = Staubbeutel, jeder mit fadenförmigem, wie ein Hebel dem Staubfaden aufsitzenden Connectiv, darunter die Rudimente zweier Staubblätter (Staminodien), *n* = Narbe. Schwach vergr. (Nach Luerssen.)

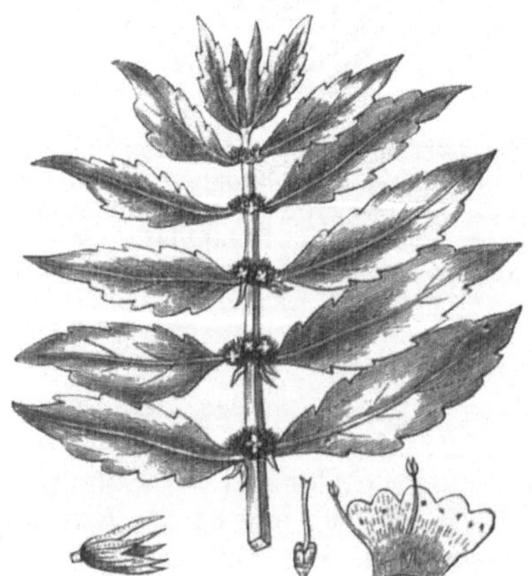

Fig. 431. Lycopus europaeus.

Fig. 432. Salvia pratensis.

Fig. 433. Glechoma hederacea.

Fig. 434. Lamium purpureum.

Fig. 435. Ajuga reptans.

Fig. 436. Solanum nigrum. Links oben Frucht, darunter Kelch mit Fruchtknoten, darunter ein Staubblatt.

Fam. Solanaceae.

Fruchtknoten meist zwei-, aber auch bis fünffächerig, zu einer vielsamigen Kapsel oder Beere werdend. — Nachtschatten = *Solanum nigrum*, Fig. 436; Kartoffel = *Solanum tuberosum*; Tomate, Liebesapfel = *Solanum Lycopersicum*; *Atropa Belladonna* = Tollkirsche, Belladonna, Fig. 437; *Datura Stramonium* = Stechapfel, Fig. 438; *Nicotiana Tabacum* = Tabak, Fig. 439; *Hyoscyamus niger* = Bilsenkraut, Fig. 440.

Fig. 437. Atropa Belladonna. Rechts Querschnitt durch die Beere.

Fig. 438. Datura Stramonium.

Fig. 439. Nicotiana Tabacum.

Fig. 440. Hyoscyamus niger. In der Mitte die Frucht nach Entfernung der vorderen Kelchhälfte, rechts davon Stück der aufgeschlitzten Kronenröhre mit den ansitzenden Staubblättern.

Fam. Scrophulariaceae.

Frucht kapselig und meist vielsamig. Blätter wechsel- oder gegenständig. Fig. 441 bis 445.

Antirrhineae. Deckung der Kronenzipfel meist „absteigend“. Bei Verbascum fünf fruchtbare Staubblätter. Fig. 442. — Königskerze, Wollkraut = *Verbascum*, Fig. 442; Löwenmaul =

Antirrhinum; *Linaria* = Leinkraut; *Gratiola officinalis* = Gottes-Gnadenkraut; *Veronica Chamaedrys* = Männertreu, Fig. 443; *Digitalis purpurea* = Fingerhut, Fig. 444.

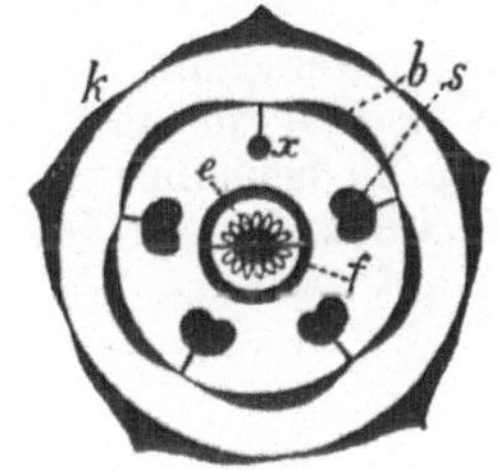

Fig. 441. Blumengrundriſs einer Scrophulariacee. *k* = Kelch, *b* = Krone, *s* = Staubblätter, *x* = Rudiment eines Staubblattes („Staminodium"), *f* = Fruchtknoten mit den Eichen *e*. (Original.)

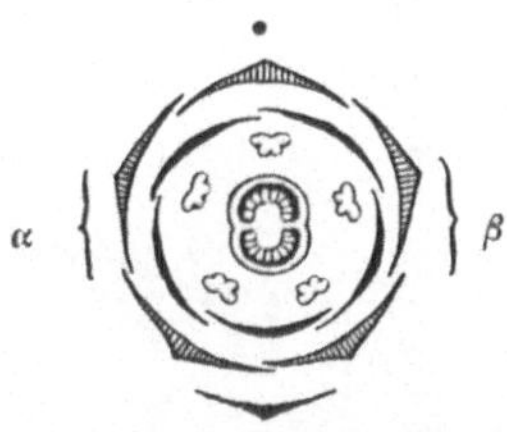

Fig. 442. Grundriſs der Verbascum-Blume. α und β = Vorblätter, unten Deckblatt. (Nach Eichler.)

Fig. 443. Veronica Chamaedrys.

Fig. 444. Digitalis purpurea.

Fig. 445. Lathraea Squamaria.

Rhinantheae. Deckung der Kronenzipfel meist „aufsteigend". Pflanzen oft schmarotzend. — *Melampyrum* = Wachtelweizen; *Pedicularis* = Läusekraut; *Euphrasia officinalis* = Augentrost;

Alectorolophus; Schuppenwurz = *Lathraea Squamaria*, Fig. 445 (vergl. Seite 84).

Fam. Lentibulariaceae.

Der Hauptunterschied dieser Familie von den Labiaten und Scrophulariaceen besteht in dem Besitz einer im Mittelpunkt der einfächerigen Frucht befindlichen, mehrsamigen Placenta. — *Pinguicula*, Fig. 446; *Utricularia*, Fig. 447. (Vergl. auch Seite 85.)

Fig. 446. Pinguicula vulgaris.

Fig. 447. Utricularia minor.

Fam. Orobanchaceae und Gesneraceae.

Gynaeceum zuweilen unterständig, zu einer einfächerigen, vielsamigen Kapsel werdend, welche wandständige Placenten besitzt. — Sommerwurz, Würger = *Orobanche*, Fig. 448. (Vergl. auch Seite 84.)

Fig. 448. Orobanche caryophyllacea, auf einer Rubiacee schmarotzend.

Reihe Plantaginales.

Fam. Plantaginaceae.

Blüten actinomorph, mit vier Kelch-, Kronen- und Staubblättern. Frucht meist kapselig und mit Deckel aufspringend. — Wegerich, Wegebreit, Wegeblatt = *Plantago major*, Fig. 449, *media* und *lanceolata*.

Fig. 449. Plantago major.

Reihe Rubiales.

Blüten meist actinomorph, mit meist vier bis fünf Kelch- (oft unscheinbar oder fehlend), Kronen- und Staubblättern; letztere der Krone angefügt. Gynaeceum unterständig. Blätter gegenständig.

Fam. Rubiaceae.

Fruchtknoten zweifächerig. Blätter mit Nebenblättern, die meist verwachsen sind.

Stellatae. Jedes der zwei Fruchtfächer einsamig; bei der Reife lösen sie sich als trockene, seltener steinfruchtartige Schliefsfrüchtchen von einander.

Aus theoretisch-morphologischen Gründen ist anzunehmen, dafs die einen Quirl bildenden, ungeteilten, ganzrandigen Blätter (Fig. 450) teils Haupt-, teils Nebenblätter sind, welche letztere bei den Rubiaceen ebensogrofs erscheinen wie die Hauptblätter. Oft sind die sich berührenden, zu zwei verschiedenen Hauptblättern gehörigen Nebenblätter im Laufe der Generationen miteinander verwachsen, sodafs bei vielen der heutigen Arten zwischen den Hauptblättern Blätter stehen, von denen angenommen wird, dafs zu ihrer Bildung zwei Nebenblätter beigetragen haben. Erblicken wir also bei einer Galium-Art einen vierblätterigen Quirl, so müfsten wir nach dem Gesagten zwei dieser Blätter, welche sich gegenüberstehen und in ihren Achseln Sprosse tragen können, als Hauptblätter ansehen; die zwei anderen wären dann homolog vier paarig verwachsenen Nebenblättern. Man könnte jedoch auch annehmen, dafs in diesem Falle je ein Nebenblatt abortiert und das andere erhalten worden sei. Es fragt sich nur, für welche

Fig. 450. Galium Aparine. Links Frucht, rechts Blattspitze, darunter Blüte.

Fig. 451. Coffea arabica. *f* = Frucht, *s* = Same.

Fig. 452. Cinchona. Rechts unten Frucht und Blüte.

Ansicht sich in jedem Einzelfalle die meisten und triftigsten Gründe beibringen lassen. — (Echte) Färberröte, Krapp = *Rubia tinctorum*; Labkraut = *Galium*, Fig. 450; Waldmeister = *Asperula odorata.*

Coffeae. Fruchtfächer einsamig. Nebenblätter klein, schuppenförmig. — Kaffee = *Coffea arabica*, Fig. 451.

Cinchoneae. Fruchtfächer vielsamig. Nebenblätter wie bei den Coffeen. — Fieberrindenbaum = *Cinchona*, Fig. 452.

Fam. Caprifoliaceae.

Fruchtknoten drei- bis fünffächerig. Fig. 453. Nebenblätter fehlen oft oder sind frei. Blüten zuweilen zygomorph. — Schneeball = *Viburnum Opulus*; Geifsblatt = *Lonicera*; *Sambucus nigra* = Holunder, Fig. 453, 454.

Fig. 453. Grundrifs der Blüte von Sambucus nigra. *d* = Deckblatt, *α* und *β* = Vorblätter. (Nach Eichler.)

Fig. 454. Sambucus nigra.

Reihe Aggregatae.

Meist Kelch- und Kronenblätter fünfzählig; Staub- und Fruchtblätter minderzählig; erstere der Krone angefügt; Gynaeceum unterständig zu einer einsamigen Frucht werdend.

Fam. Valerianaceae.

Kelch unscheinbar, bei Valeriana, Fig. 455 *D*, an der Frucht zu einem als Flugapparat dienenden Haargebilde (Pappus) auswachsend.

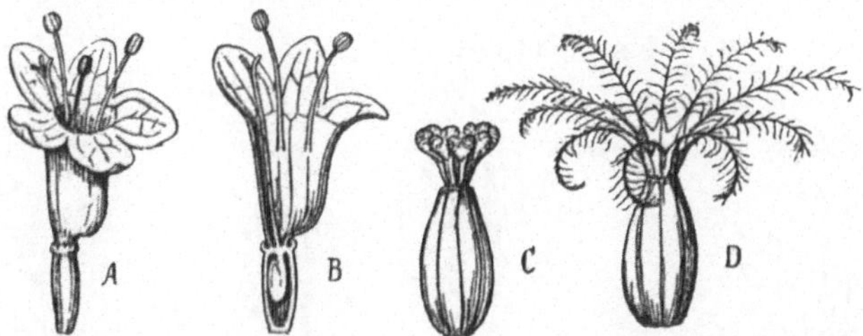

Fig. 455. Valeriana officinalis. *A* = Blüte, *B* dieselbe der Länge nach halbiert, *C* = junge Frucht mit noch eingerolltem, *D* reife Frucht mit ausgebreitetem Pappus.

Die röhrige, mehr oder minder zygomorphe Krone fünfzipfelig. Blumen ein- bis viermännig. Fruchtknoten unterständig, ein- bis dreifächerig, aber nur in einem Fach ein Eichen; zu einem trockenen Schliefsfrüchtchen werdend. Fig. 455. — Rapunzel = *Valerianella olitoria*; *Valeriana officinalis* = Baldrian, Fig. 455.

Fam. Dipsacaceae.

Blumen meist in Köpfen. Kelchsaum unscheinbar, oft in Borste form. Krone oft etwas zygomorph, zweilippig. Androeceum vie blätterig. Fruchtknoten einfächerig, zu einem trockenen einsamige Schliefsfrüchtchen werdend. Jede einzelne Blume wird von einem au Vorblättern gebildeten Aufsenkelch umgeben. — Weberkarde = *Dipsacus Fullonum*, Fig. 456; *Knautia*; *Succisa*; *Scabiosa*.

Fig. 456. Dipsacus Fullonum.

Reihe Campanulatae.

Kelch-, Kronen- und Staubblätter meist fünf; letztere oft ve wachsen, aber meist frei von der Krone. Gynaeceum unterständi ein- bis fünffächerig (-blätterig).

Fam. Cucurbitaceae.

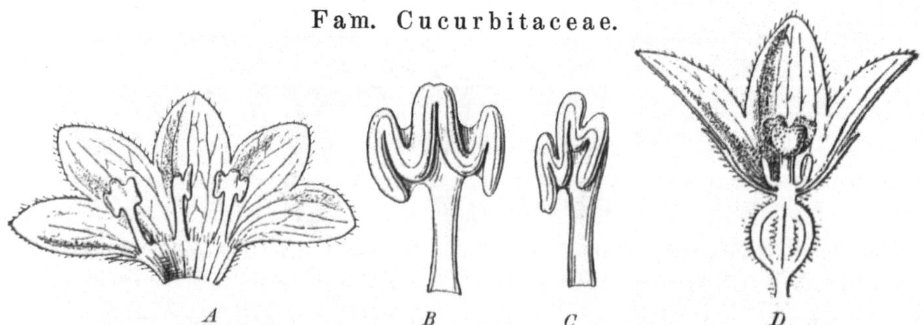

Fig. 457. Citrullus Colocynthis. *A* = Krone der männlichen Blume der Läng nach aufgeschlitzt und ausgebreitet, die ansitzenden drei Staubblätter zeigen *B* und *C* = Staubblätter, *B* mit zwei, *C* mit einer Antheren-Hälfte. *D* = weil liche Blume; unter der 3lappigen Narbe Staminodien. — *A* und *D* nat. G (Nach Berg und Schmidt.)

Krautige, vermittelst Ranken kletternde Pflanzen mit actinomorphen, meist eingeschlechtigen und zwar monoecischen Blumen. Fig. 457. Kelch und Krone meist fünfzipfelig. Das Androeceum wird meist aus fünf, S-, U-, N-förmig oder anders gekrümmte, miteinander verwachsene Staubbeutelhälften zusammengesetzt, welche nach Auffassung gewisser Autoren zwei und einem halben Staubblatt entsprechen, nach anderen aber fünf Staubblättern entsprechen, von denen jedes nur $^1/_2$ Anthere besitzt. Das Organ *B* wäre hiernach als aus zwei Staubblättern verwachsen vorzustellen, während das Organ *C* ein einziges Staubblatt vorstellen würde, in den zur Darstellung gebrachten Blumen als das unpaare Staubblatt zu bezeichnen wäre gegenüber den paarigen beiden anderen. Beere meist vielsamig und gewöhnlich dreifächerig. – Kürbis = *Cucurbita Pepo*, Fig. 458; Flaschenkürbis = *Lagenaria vulgaris*; Gurke = *Cucumis sativus*, Fig. 459; Melone = *Cucumis Melo*; Wassermelone = *Citrullus vulgaris*; Zaunrübe = *Bryonia*, Fig. 460; *Citrullus Colocynthis* = Koloquinte, Fig. 457.

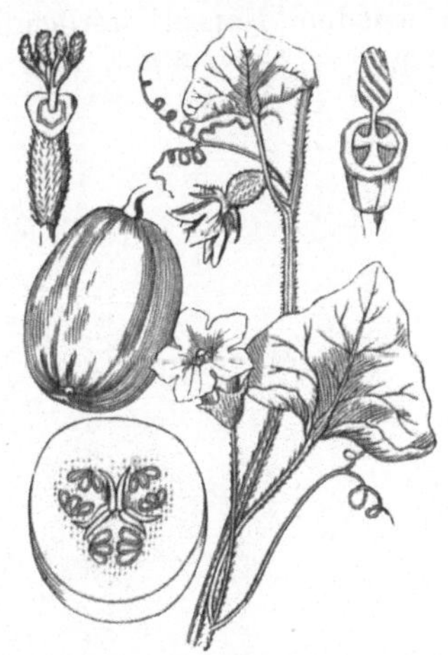

Fig. 458. Cucurbita Pepo. Links oben Gynaeceum, rechts oben Androeceum.

Fig. 459. Cucumis sativus. Rechts oben Androeceum, darunter männliche Blume.

Fig. 460. Bryonia dioica.

Fam. Campanulaceae.

Campanuloideae. Blüten actinomorph. Fruchtknoten zwei- bis fünffächerig, vielsamig, zu einer durch Ritzen und Löcher aufspringenden Kapsel werdend. — *Jasione*; *Phyteuma*; Glockenblume = *Campanula*, Fig. 461.

Fig. 461. Campanula rotundifolia.

Lobelioideae. Die zygomorphen Blumen resupinieren. Krone röhrig, an der nach oben gewendeten Seite (vor der Resupination also an der unteren, vorderen Seite) der Länge nach gespalten, wie der Kelch fünfzipfelig. Die fünf Staubblätter mit röhrig verwachsenen Beuteln. Vielsamige Kapsel zwei- bis dreifächerig. Fig. 462. — *Lobelia*, Fig. 463.

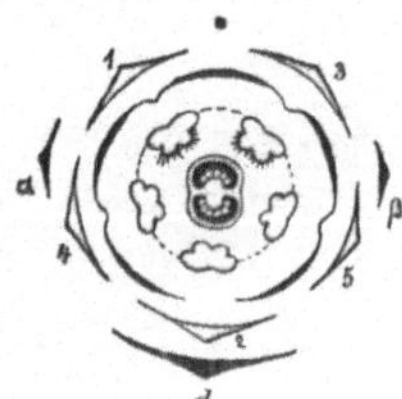

Fig. 462. Grundriſs der Lobelia-Blume vor der Resupination. (Nach Eichler.)

Fig. 463. Lobelia Dortmanna.

Fam. Compositae.

Von den Ausnahmen abgesehen, bilden die meist zweigeschlechtigen Insektenblüten (z. B. bei Artemisia: Windblüten) kopfige Gesellschaften, hier speziell — wegen des mehr oder minder flach ausgebildeten Blütenstandbodens, des Receptaculums, welches entweder nackt oder mit schuppenförmigen Blütendeckblättern besetzt ist — als Körbchen bezeichnet, Fig. 464. Die Körbchen werden von Hochblättern kelchartig umgeben, die wir zusammengenommen kurz Hülle *h* nennen wollen, während als Aufsenhülle die oft sehr kleinen Hochblättchen, welche nicht selten in oft ganz geringer Anzahl die Hülle aufsen bekleiden, zusammengefafst werden. An den Einzelblüten ist ein Kelchsaum kaum bemerkbar, oder der Kelch entwickelt sich schuppig; oftmals erscheint er haarig bis federig und wird dann Pappus *p* genannt. In diesen Fällen dient er, da er gewöhnlich an der Frucht stehen bleibt, bei der Verbreitung der einsamigen, unterständigen, trockenen Schliefsfrüchte als Flugorgan. Die meist fünfzipfelige Krone ist entweder actinomorph oder zygomorph. Im letzteren Falle ist sie entweder zweilippig oder zungenförmig, d. h. die Krone bildet, wie es z. B. die Einzelblüte Fig. 465 *3* zeigt, eine kurze Röhre, welche an einer Seite einen zungenförmigen, langen Lappen *b* trägt. Nicht selten besitzen die Körbchen strahlende Randblüten: die Mittelblüten sind dann actinomorph, die randständigen zygomorph gebaut, und die letzteren übernehmen hier spezieller die Funktion als Wirtshausschild für die Insekten. Die Staubblätter (Fig. 465) in der Zahl von fünf besitzen gewöhnlich freie Staubfäden, aber röhrig miteinander verwachsene Staubbeutel, welche den Griffel umschliefsen, dessen Narbe durch Streckung des Griffels *g* durch die Staubbeutelröhre hindurchwächst und endlich am Gipfel derselben hervorsieht, indem sie den in die Staubbeutelröhre entleerten Pollen vor sich her nach aufsen schiebt. Erst nachdem dies geschehen ist, entfernen sich die beiden Narbenschenkel *n* von einander und bieten

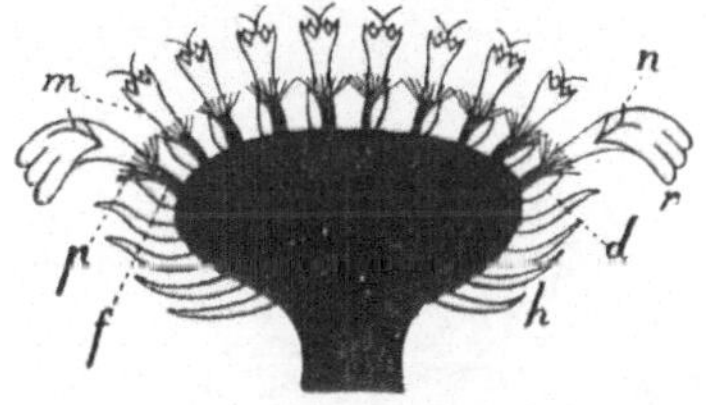

Fig. 464. Längsschnitt durch das Körbchen einer Composite. *h* = Hüllblätter, *d* = Deckschuppen der Blüten, *f* = Fruchtknoten, *p* = Pappus, *n* = Narbe, *m* = (actinomorphe) Mittelblüten, *r* = (zungenförmige) Randblüten.

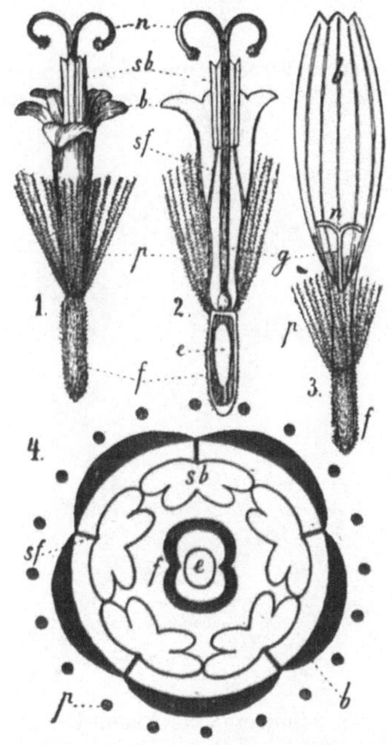

Fig. 465. Arnica montana. *1.* = Mittelblüte, *2.* = dieselbe im Längsschnitt, *3.* = zungenförmige Randblüte, *4.* = Grundrifs einer Mittelblüte. *p* = Pappus, *b* = Krone, *sf* = Staubfäden, *sb* = Staubbeutel, *f* = Fruchtknoten, *g* = Griffel, *n* = Narben, *e* = Eichen. — Vergr. (O.)

ihre zwischen denselben befindliche empfängnisfähige Stelle der Aufsenwelt dar.

Die Arten dieser grofsen Familie machen an Zahl (etwa 10 000) ungefähr den neunten oder zehnten Teil aller Siphonogamen aus.

Fig. 466. Eupatorium cannabinum. Links Frucht mit Pappus, rechts Blüte.

Fig. 467. Petasites officinalis. Rechts weibliche Blüte und aufgeschlitzte Krone der männlichen Blüte.

Fig. 468. Senecio Jacobaea. Rechts actinomorphe Blüte, links davon Zungenblume vom Rande des Körbchens.

Fig. 469. Anthemis arvensis. Links actinomorphe Blüte, rechts davon Deckschuppe derselben, rechts oben davon zungenförmige Blume des Randes.

Tubuliflorae. Körbchen mit lauter actinomorphen Röhrenblüten oder die Randblüten strahlend, mit zungenförmigen Kronen. — Hierher die meisten Arten. — *Eupatorium cannabinum*, Fig. 466;

Petasites officinalis = Pestilenzwurz, Fig. 467; *Aster*; *Bellis perennis* = Gänseblümchen; *Senecio vernalis* = Wucherkraut; *Senecio vulgaris*; *S. Jacobaea*, Fig. 468; *Artemisia vulgaris* = Beifufs; *Artemisia Dracunculus* = Estragon; *A. Absinthium* = Wermut;

Fig. 470. Achillea Millefolium. Links unten actinomorphe Blüte und zungenförmige Randblume.

Fig. 471. Lappa minor. Links Blüte, rechts Frucht mit Pappus.

Fig. 472. Cirsium arvense. Rechts unten Frucht mit Pappus.

Fig. 473. Centaurea Cyanus. Links Längsschnitt durch eine Mittelblüte, darüber Ende des Griffels; rechts oben Randblüte.

Chrysanthemum Leucanthemum = Wucherblume; *Anthemis arvensis* = Hundskamille, Fig. 469; *Pyrethrum roseum*, deren Körbchen zu persischem Insektenpulver; *Achillea Millefolium* = Schafgarbe, Fig. 470; *Helianthus annuus* = Sonnenblume; *Lappa* = Klette, Fig. 471; *Carduus* und *Cirsium* = Disteln, Fig. 472;

Centaurea Cyanus = Kornblume, Fig. 473; *Cynara Scolymus* = Artischocke, Fig. 474; *Carthamus tinctorius* = Saflor, Fig. 475; *Matricaria Chamomilla* = Kamille, Fig. 476; *Arnica montana* = Wohlverleih, Fig. 465.

Fig. 474. Cynara Scolymus.

Fig. 475. Carthamus tinctorius.

Fig. 476. Matricaria Chamomilla. Links oben Randblüte, daneben Narbe derselben, rechts unten Mittelblüte, darüber ihre Narbe, links unten Frucht.

Fig. 477. Leontodon hispidus. Rechts oben Blüte.

Labiatiflorae. Blüten zweilippig.

Liguliflorae. Alle Blüten zungenförmig. — *Leontodon*, Fig. 477; *Sonchus* = Saudistel, Fig. 478; *Scorzonera hispanica* = Schwarzwurzel; *Lactuca*, Fig. 479; *Lactuca sativa* = Lattich, Kopf-Salat; *Lactuca virosa* = Giftlattich, Fig. 480; *Tragopogon* =

Bocksbart, Fig. 481; *Cichorium Intybus* = Cichorie, Fig. 482; *Cichorium Endivia* = Endivie; *Crepis*, Fig. 483; *Hieracium*, Fig. 484; *Taraxacum officinale* = Löwenzahn, Fig. 485.

Fig. 478. Sonchus oleraceus. Rechts unten Frucht mit Pappus.

Fig. 479. Lactuca muralis. Links Frucht mit Pappus.

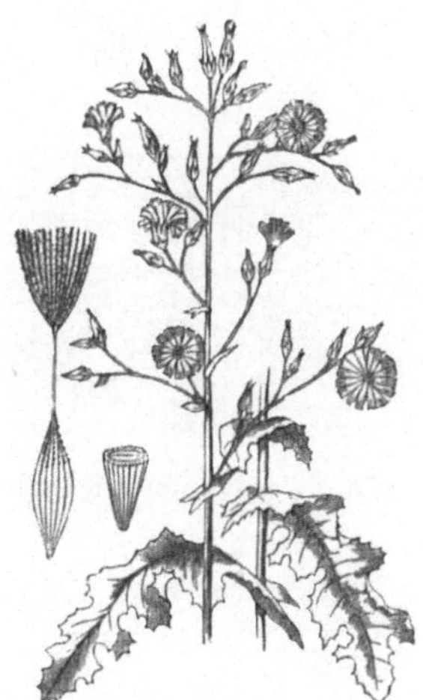

Fig. 480. Lactuca virosa.

Fig. 481. Tragopogon pratensis. Links Frucht mit Pappus.

Fig. 482. Cichorium Intybus.

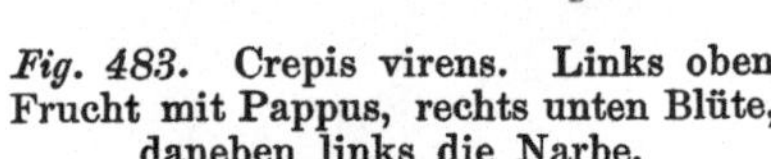

Fig. 483. Crepis virens. Links oben Frucht mit Pappus, rechts unten Blüte, daneben links die Narbe.

Fig. 484. Hieracium Pilosella. In der Mitte eine Einzelblüte.

Fig. 485. Taraxacum officinale.

Pflanzengeographie.*)

(Phytogeographie.)

Die Hauptursachen, welche das Vorkommen gerade der jetzt vorhandenen Arten und ihre augenblickliche Verteilung über die Erde zur Folge haben, sind zu suchen

1. in den Veränderungen, welche die Erde in vorhistorischen (geologischen) und historischen (recenten) Zeiten erlitten hat, also in geologischen und historischen Erscheinungen,
2. in den klimatischen Einflüssen und
3. in den chemischen oder physikalischen Eigenschaften des den Pflanzen als Untergrund dienenden Bodens.

Wir können an dieser Stelle diese Ursachen nicht näher besprechen, da dies den Rahmen der „Elemente“ weit überschreiten würde, und verweisen auf das citierte Werk von Ascherson und auf die „Illustrierte Flora von Nord- und Mitteldeutschland“ (4. Aufl.) des Verfassers, welche die in Rede stehenden Verhältnisse an der Pflanzenwelt eines begrenzten Gebietes eingehender auseinandersetzt. Hier, wo wir es mit der Vegetation der ganzen Erde zu thun haben, kann nur eine kurze Besprechung des Resultats jener Ursachen, also der jetzigen Verbreitung der Pflanzen, gegeben werden.

Die natürlichen Florengebiete.

1. Die arktische Flora.

Das Gebiet derselben (wie der anderen Florengebiete) wird durch die beigegebenen Kärtchen, Fig. 486 und 487, veranschaulicht.

Die bei weitem meisten Arten sind mit ihren unterirdischen Organen ausdauernd und zeichnen sich durch auffallend niedrigen Wuchs aus. Die Gründe für diese Erscheinung liegen darin, dafs eine einjährige Art, die doch erst die unterirdischen Organe ausbilden mufs, von der Keimung des Samens bis zur Fruchtbildung meist mehr Zeit

*) Ausführlicheres in: P. Ascherson, Pflanzengeographie (Leunis-Frank, Synopsis der Botanik. 1. Teil, 3. Aufl. 1883, p. 724—834).

gebraucht als eine ausdauernde, bei welcher mit dem Beginn der Vegetations-Periode die unterirdischen Teile — oft schon mit den Anlagen für Blätter und Blüten — bereits da sind. Die arktischen Arten müssen in etwa drei Monaten zur Fruchtreife gelangen, wenn sie überhaupt Nachkommen erzeugen sollen, da während der längsten Zeit im Jahre, etwa neun Monate hindurch, die Kälte und die Be-

Fig. 486. Pflanzengeographische Karte der östlichen Hemisphäre. (*St.* = Steppengebiet; *S.* = *Sah.* = Sahara.)

deckung des Erdbodens mit Schnee und Eis, welche höher gewachsene Pflanzen niederbrechen würde, das Pflanzenwachstum hemmen. Sie erzeugen daher nur eine kurze Sprofs-Unterlage und schreiten dann sofort zur Bildung der Blüten.

„Tundren“ sind weite mit Moos- resp. Flechten-Vegetation bedeckte Strecken des arktischen Floren-Gebietes.

Kulturpflanzen fehlen.

2. Das Waldgebiet des östlichen Kontinents.

Die Sommerwärme ist in diesem Gebiet mäfsig und es findet eine winterliche Unterbrechung der Vegetation statt. Die wässerigen Niederschläge sind in allen Jahreszeiten ausgiebig.

Wälder und Wiesen sind hier vornehmlich verbreitet. Im Norden und Osten des Gebietes herrschen Nadelhölzer vor, besonders Kiefern, Fichten und Lärchen, im Westen und Süden Laubhölzer, besonders Buchen und Eichen.

Die Hauptkulturpflanzen sind die Getreide-Arten, Kartoffel, Obstbäume und der Weinstock.

Fig. 487. Pflanzengeographische Karte der westlichen Hemisphäre. (*C.* = *Cisaeq. S. A.* = Cisaequatoriales Süd-Amerika.)

3. Das Mittelmeer-Gebiet.

Sommerwärme bedeutender und die Winter milde, sodafs viele Arten das ganze Jahr hindurch vegetieren. Die Hauptniederschläge finden im Winter statt, während der im allgemeinen heifse Sommer trocken bleibt.

Ein solches Klima begünstigt das Auftreten immergrüner Laubhölzer, wie Lorbeer, Myrte, Oleander, Ölbaum und immergrüne Eichen.

Kulturpflanzen: Weinstock, Ölbaum, Orangen, Citronen, Feige, Granatapfel, Johannisbrot, Safran, Weizen, Mais.

4. Das Steppengebiet.

Heifser und trockener Sommer und strenger Winter charakterisieren dieses Gebiet, sodafs sich die Vegetationsdauer fast ganz auf den Frühling beschränkt.

Das gemeinschaftliche Gepräge der Pflanzen zeichnet sich im allgemeinen durch ihren schlanken aber steifen Aufbau und durch die schmale, oft lineale, aufrechte und starre Gestalt der Blätter resp. Blattteile aus, welche bei dem Eintritt gröfserer Trockenheit verhältnismäfsig widerstandsfähig sind, da sie durch ihre eigentümliche festere Bauart besonders gegen Verschrumpfung und vollständiges Austrocknen geschützt sind. Unter den echten Steppengewächsen sind im Gegensatz zu den arktischen mehr einjährige als ausdauernde Arten anzutreffen. Aber auch Stauden sind charakteristisch, unter diesen Rhabarber und Zwiebelgewächse; Dornsträucher (Astragalus-Arten) sind häufig. Von Steppengräsern ist besonders die Gattung Stipa zu nennen.

Kulturpflanzen wie in den beiden vorigen Gebieten, ferner namentlich Cucurbitaceen und die Dattelpalme.

5. Das chinesisch-japanische Gebiet.

Sommer warm bis heifs; Winter milde bis strenge. Die Niederschläge erfolgen regelmäfsig und im Frühsommer ungemein reichlich.

Flora gemischten Charakters: Pflanzen von dem Ansehen derjenigen gemäfsigter Klimate und solche, die denen des Mittelmeergebietes sowie der Tropen gleichen, wachsen nebeneinander. In Nord-China mit seinen strengen Wintern fehlen natürlich die tropischen Typen.

Kulturpflanzen: Theestrauch, Reis, Zuckerrohr, Weizen, die in diesem Gebiet einheimischen Orangen und Citronen, Cycas revoluta (Sago liefernd), Baumwolle, Indigopflanze, Kampferbaum, Papiermaulbeerbaum, weifser Maulbeerbaum.

6. Das indische Monsun-Gebiet.

Klima heifs und nafs, aber zum Teil auch trocken.

Von den etwa 300 Palmen-Arten dieses Tropen-Gebietes (die Sunda-Inseln beherbergen ca. 200 Arten) sind etwa die Hälfte Lianen, d. h. kletternd. Bemerkenswert sind die immergrünen Tropenwaldungen und die „Djangle" oder „Dschungel", aus Bambusen oder dornigen Gehölzen gebildete undurchdringliche Dickichte. Savannen, d. h. Grasfluren mit hohen Gräsern, sind nicht selten. An den Küsten, wie in den ganzen Tropen finden sich Strecken bedeckt mit Leuchter- oder Mangrove-Bäumen, das sind hohe Holzgewächse, welche aus ihren Stengelteilen zahlreiche Wurzeln durch die Luft nach abwärts in das Wasser und den Boden entsenden, wodurch ein dichter Wurzelwald gebildet wird.

Nutzpflanzen (die meisten einheimisch) sind: Cocospalme, Sago-Palme, Bananen, Tarropflanze, Baumwolle, Banyanen, (Ficus religiosa und indica), Sandelholzbäume (Santalum album, eine Santalacee, und Pterocarpus santalinus, eine Papilionacee), Zimmet, Pfeffer, Ingwer,

Kardamomen (Elettaria Cardamomum), Muskatnufs, Gewürz-Nelken, Zuckerrohr, Reis, Weizen, Gerste, Bambus, Gurken, Melonen, Kürbisse, Indigo, Guttapercha, Gummigutt, Curcuma, Papiermaulbeerbaum.

Die Kultur des Kaffeebaumes besonders auf den Sunda-Inseln, der Fieberrindenbäume (Cinchona), der Yamswurzel ist bedeutend.

7. Das Gebiet der Sahara.

Fast regenlos und heifs.

Grofse Strecken ohne jede Vegetation, andere mit nur spärlicher Flora. Die Pflanzen sind dornig-stachlig, dickfleischig, auch filzig oder drüsig bekleidet; Laubblätter oft sehr klein oder ganz abortiert. Der Wuchs der Arten ist meist rasenförmig.

Bemerkenswert ist die hier heimische Dattelpalme.

8. Sudan.

Im Westen vorwiegend heifs und nafs, im Osten sowie Norden und Süden heifs und trocken.

In den trockenen Distrikten im Innern sind die weit mehr als im Monsungebiet vorwiegenden Savannen mit 6—7 m hohen Gräsern besonders bemerkenswert; mit ihnen wechseln lichte Waldungen von oft dornigen, laubabwerfenden Bäumen ab. Charakteristisch für das ganze Gebiet sind die Bambuspalme (Raphia vinifera), der Affenbrotbaum oder Baobab (Adansonia digitata), der Elephantenbaum (eine Bignoniacee), der Butterbaum (Butyrospermum Parkii, eine Clusiacee), der Rotwasserbaum (Erythrophloeum guineense, eine Caesalpiniacee). Bemerkenswert sind ferner die Papierstaude (Cyperus Papyrus), baumförmige und fleischige Liliaceen, cactusähnliche Wolfsmilcharten, die Sycomore (Ficus Sycomorus), die Banane, Musa Ensete, sowie (echte) Akazien.

Nutzpflanzen: Ölpalme (Elaeïs guineensis), Boswellia, Balsamea.

Die Kulturpflanzen sind zum grofsen Teile die gleichen wie die des Monsungebietes; aus dem Sudan selbst stammen die Wassermelone, die Ricinuspflanze, der Kaffeebaum, Indigo u. s. w., aus dem tropischen Amerika die oft gebaute Erdnuss (Arachis), der spanische Pfeffer, die Batate, die Maniokpflanze.

9. Das Kalahari-Gebiet.

Trocken, nur spärlicher Tropenregen.

Bemerkenswert ist Welwitschia mirabilis (eine Gnetacee); Akazien, Dorngestrüppe, Savannen, lichte Wälder; Palmen fehlen.

Kulturpflanzen sind dieselben wie die mitteleuropäischen, nur an wenigen Punkten Kaffee und andere tropische Arten.

10. Die Kapflora.

An der Küste warm mit Niederschlägen, im Inneren trocken.

Proteaceen, Heidekräuter, Pelargonium, Baumfarne, Cycadeen, strauchartige Compositen, Immortellen (Compositen); fleischige Arten: Aloë, Mesembryanthemum-Arten (Aïzoaceen), Crassulaceen, Euphorbien, Stapelien, Zwiebelgewächse, Orchideen.

Kulturpflanzen sind dieselben wie in Mittel- und Süd-Europa, besonders zu erwähnen ist unter diesen der Weinstock.

11. Australien.

Der Nordrand von Australien mit tropischem Klima, also heifs und nafs, die beiden Südzipfel mit einem Klima wie das des Mittelmeergebietes und zwischen dem Norden und Süden ein heifses, trockenes Gebiet vom Charakter der Wüste und Steppe.

Savannen, lichte Wälder namentlich von Eucalyptus und Gesträuchdickichte „scrubs“ wechseln miteinander ab. Aufserdem bemerkenswert Akazien mit Phyllodien, Proteaceen, „Grasbäume“ (Liliifloren), Zwiebelgewächse, Cycadeen und Immortellen, Baumfarne im Südosten u. s. w.

Kulturpflanzen: im Süden sind die europäischen, im Norden die tropischen eingeführt; jedoch tritt der Ackerbau wegen der Unregelmäfsigkeit des Wasserzuflusses hinter der Viehzucht weit zurück.

12. Das Waldgebiet des westlichen Kontinents.

In klimatischer Hinsicht entsprechend dem Waldgebiet des östlichen Kontinentes, nur im allgemeinen im Sommer wärmer und im Winter kälter wie in der alten Welt.

Im Norden vorwiegend Nadel-, im Süden Laubwälder (viele Quercus-Arten, Ulmus, Fraxinus, Acer, Juglandaceen, Magnolien), im südlichsten Teil immergrüne Laubhölzer untermischt mit tropischen Vertretern.

Kulturpflanzen: im Norden im ganzen wie in Europa, im Süden: Baumwolle, Reis, Zuckerrohr, Mais; einheimisch: Tabak.

13. Das Prairiegebiet.

Winter streng, Sommer heifs und trocken.

Prairien sind grofse, baumlose Strecken mit gleichmäfsiger Vegetation. Im Nordwesten Salzwüste mit Chenopodiaceen, im Nordosten Grassteppe. Im Süden Dorngebüsche, baumförmige Liliaceen, Agaven, Cactaceen, letztere sehr zahlreich.

14. Das kalifornische Küstengebiet.

Im ganzen Jahre eine mehr gleichmäfsige Temperatur mit regelmäfsigen Niederschlägen, dem Mittelmeergebiet entsprechend.

Coniferen (die Sequoia gigantea, Mammutbaum, von riesiger Gröfse) und immergrüne Laubhölzer, Eichen, Linden, Eschen, Weiden und artenreiche sowie schöne Staudenflora.

Kulturpflanzen: Weinstock, Pfirsich, Feige u. s. w., Getreide.

15. Das mexikanische Gebiet.

Klima warm bis heifs und nafs bis trocken.

Bei der Verschiedenartigkeit des Klimas und der topographischen Verhältnisse ist die Zusammensetzung der Vegetation an den verschiedenen Punkten sehr abweichend. In der Zone des Golfs finden sich immergrüne Laubhölzer, Farnbäume, Orchideen, Cycadeen. Nutzpflanzen: einheimisch die Ananas (eine Bromeliacee), die Vanille. Kultiviert werden viel Kaffee, Bananen, Zuckerrohr, auch andere Nutzpflanzen der Tropen. — Das Hochland zeichnet sich durch seine baumförmigen Liliaceen (namentlich Agaven), Fettpflanzen, Cactaceen, auch Nadel- und Eichen-Waldungen aus. Kultiviert werden Weinstock, Ölbaum, Maulbeere. — Die Zone am grofsen Ocean besitzt an der Küste einen tropischen Wald mit Cocospalmen und Blauholz, auch Savannen.

16. Westindien.

Klima heifs und nafs.

Früher bewaldet, unter anderem durch Mahagoni-Bäume; jetzt ist die Flora durch die Wirksamkeit des Menschen sehr verändert. Viele Farne.

Nutzpflanzen: Kaffee, Zuckerrohr u. s. w.

17. Das cisäquatoriale Südamerika.

Am Rande des Gebietes heifs und nafs, im Zentrum heifs und trocken.

Dementsprechend immergrüne Wälder mit vielen Palmen (auch Elfenbeinnufs), Passifloren, Kuhbaum u. s. w. und andererseits Savannen („Llanos“) mit geringer Baumvegetation.

18. Die Hylaea (Gebiet des Amazonen-Stromes).

Gleichmäfsig heifs und nafs im ganzen Jahre.

Urwald aus Laubhölzern, Palmen, Lianen.

Einheimische Nutzpflanzen: Bertholletia excelsa, Cacao und viele andere.

19. Das brasilianische Gebiet.

Im Osten heifs und nafs, in der gröfseren Westpartie heifs und trocken.

Dementsprechend einerseits Urwälder mit Palmen, Lianen, Brasilienholz zum Rotfärben (Caesalpinia-Arten), Maté-Thee u. s. w., andererseits Savannen („Campos“) mit Gräsern und Cactaceen, abwechselnd mit laubabwerfenden Wäldern („Catingas“). Im Süden grofse Wälder von Coniferen: Brasiltannen (Araucarien).

Besonders viel gebaut wird Kaffee.

20. Das Gebiet der tropischen Anden Südamerikas.

Zum gröfseren westlichen Teile heifs und trocken, zum kleineren, östlich von den Cordilleren, heifs und nafs.

Im Osten wird namentlich Kaffee und Zuckerrohr und die einheimische Kokapflanze (Erythroxylon Coca) kultiviert; weiter hinauf im Gebirge sind die Cinchonen charakteristisch, ferner Farnbäume, holzige Compositen u. s. w. Aus den trockenen Regionen stammt die Kartoffel und wohl auch die Bohne.

21. Das argentinische Pampas-Gebiet.

Im Ganzen heifs und trocken.

Im allgemeinen Grassteppen („Pampas“) mit nur spärlicher Verteilung von Holzgewächsen.

22. Das chilenische Übergangsgebiet.

Klima ähnlich dem des Mittelmeergebietes, aber mit längerer Periode der Dürre.

Dornige Sträucher, baumarm. Fuchsia.

23. Das antarktische Waldgebiet.

Im kleineren nördlichen Teil mehr warm und im gröfseren südlichen gemäfsigt, mit regelmäfsigen Niederschlägen.

Im Norden wie im ganzen Gebiet immergrün Wälder, Lorbeer-, Myrten-, Bambus-Arten, Lianen, in der Mitte Buchen, ganz im Süden waldlose Moorflächen.

Kulturpflanzen dieselben wie in Mitteleuropa.

24. Die oceanischen Inseln. (Madagascar und die übrigen Inseln des Indischen, Stillen und Atlantischen Oceans der warmen und tropischen Zone, mit Ausschlufs der Inseln des Monsun-Gebietes.)

Teils gemäfsigt, teils warm, teils heifs; trocken bis nafs. Vegetation sehr verschiedenartig.

25. Die Oceane.

In den Weltmeeren sind besonders bemerkenswert das sogenannte Sargasso-Meer zwischen Nord-Amerika und Europa (vergl. Seite 125 und Figur 487), sowie die „Tangwiesen“ (aus Fucaceen) der südlichen Erdhälfte: es handelt sich nur um von den Ursprungsstellen der Algen massenhaft losgerissene und von Strömungen fortgeführte Algenstücke.

Pflanzen-Palaeontologie.*)

(Palaeophytologie.)

Im folgenden soll von den sogenannten „vorweltlichen“ Pflanzen die Rede sein, d. h. von denjenigen, welche in früheren Epochen die Erde bewohnten und jetzt ausgestorben sind. Hiermit ist schon verraten worden, dafs das schöne, grüne Kleid, welches jetzt unsere Wälder, Wiesen und Felder ziert, nicht zu allen Zeiten dasselbe gewesen ist, sondern gewechselt hat, ebenso wie das Kleid des Menschen im Laufe seiner Entwickelung sich ändert. Ja, ebenso wie der Mensch einst ohne jegliche künstliche Bedeckung die Wälder durchstreifte, so nahm auch die Erde einst kahl und tot ihren Weg durch die Himmelsräume: keine Pflanze und kein Tier belebte ihre Einöden. Wir müssen dies annehmen, weil sich unter den Spuren, welche die sich abspielenden Vorgänge in jenen ältesten Zeiten hinterlassen haben, keine solche finden, die von lebenden Wesen herrühren. Erst später, als die Erde schon ungemessene Zeiten hinter sich hatte, begann sich auf derselben das Leben zu regen.

Das Studium der Palaeophytologie (Pflanzenvorwesenkunde) kann von zwei Gesichtspunkten aus betrieben werden: 1) vom rein botanischen und 2) vom geologischen aus, in letzterem Falle als Hilfsdisciplin der Geologie zur Unterstützung oder Ausführung geologischer Horizontbestimmungen, d. h. zur relativen Altersbestimmung der die Pflanzenreste bergenden Schichten, damit unter Umständen gleichzeitig der Praxis dienend, da sie den Bergmann bei Auffindung bestimmter Horizonte unterstützt. Im folgenden soll auch die geologische Seite der Disciplin in Betracht gezogen werden. Die Behandlung der

---

*) Für ein weiteres Studium empfiehlt sich:

1. H. Graf zu Solms-Laubach: Einleitung in die Paläophytologie vom botanischen Standpunkt aus bearbeitet. Leipzig 1887. — 2. A. Schenk: Die fossilen Pflanzenreste. Breslau 1888. — 3. Ich selbst bin mit der Vorbereitung eines Leitfadens „Elemente der Pflanzen-Palaeontologie“ (Ferd. Dümmler's Verlagsbuchhandlung in Berlin) beschäftigt.

Flora der ältesten Horizonte soll im Vergleich zu der der mittleren und jüngeren im Vordergrunde stehen, und zwar 1) wegen ihrer von der heutigen Flora wesentlich abweichenden Verhältnisse, weshalb sie für den Botaniker am meisten Interesse hat, und 2) deshalb, weil gerade diese Flora bei der Bestimmung geologischer Horizonte von besonderer Wichtigkeit ist.

Fossile Pflanzen-Produkte.

Dafs der **Torf** und die **Braunkohle** pflanzlicher Herkunft sind, ist ohne weiteres an ihrer Zusammensetzung zu sehen. **Steinkohle** ergiebt durch Behandlung z. B. mit Kaliumchlorat ($KClO_3$) und Salpetersäure (HNO_3) mikroskopisch untersuchbare Pflanzenpartikelchen, die noch zellige Struktur zeigen; aufserdem finden sich gelegentlich auch in der Steinkohle mit blofsem Auge sichtbare Oberflächen-Sculpturen von Pflanzenteilen. Die Steinkohle besteht nicht etwa im wesentlichen aus freiem Kohlenstoff (C), vielmehr handelt es sich um ein Gemenge von C-Verbindungen. Die Hauptelemente sind Kohlenstoff (C), Sauerstoff (O) und Wasserstoff (H), und zwar etwa in dem prozentischen Verhältnis von 82 C, 13 O, 5 H. Der pflanzliche Ursprung des **Anthracits** ist nicht anzuzweifeln; dafs auch der **Graphit** organischen Ursprunges sein, also als Endprodukt aus der Verwesung von Pflanzenresten hervorgehen kann, beweist das Vorkommen von Spuren solcher mit graphitischem Anflug als Rest der organischen Substanz. Hinsichtlich des Diamanten könnte man allenfalls auf die Krystalloïde der recenten Pflanzen (vgl. Seite 74) hinweisen.

Lassen wir die Aschenbestandteile unberücksichtigt, so würde sich der C-Gehalt der genannten Mineralien wie folgt verhalten

1. Torf ca. . . . . . . 59 %
2. Braunkohle ca. . . . 69 „
3. Steinkohle ca. . . . . 82 „
4. Anthracit ca. . . . . 95 „
5. Graphit über . . . . 99 „
6. Diamant . . . . . . 100 „

Aufser diesen festen Verkohlungszuständen nennen wir noch die Kohlenwasserstoffe (C_xH_y):

1. Erdöl (Petroleum), ein Gemenge von Kohlenwasserstoffen, das auch als Endprodukt der Verwesung animalischer Reste angesehen wird,
2. Erdwachs (Ozokerit) (aus welchem Paraffin gewonnen wird), welches, zusammen mit Kohle vorkommend, dann wohl pflanzlicher Herkunft sein dürfte, und
3. Asphalt, welcher, wie die beiden vorigen, als Produkt sowohl von Pflanzen wie von Thieren gilt.

Von fossilen Baum-Harzen sei nur der Bernstein (Succinit) genannt.

Auch Salze organischer Säuren müssen bei ihrem gelegentlichen Vorkommen in Stein- und Braunkohle und auch wegen ihrer chemischen Zusammensetzung von Pflanzen hergeleitet werden. Es sei nur der Mellit (Honigstein) genannt, eine Verbindung, welche

Aluminium (Al), C, O und H enthält; die Formel ist $Al_2 O_5$, $C_{12} O_9 + 18 H_2O$.

Fossile Pflanzen-Reste und -Spuren.

Dickere Organteile, wie z. B. Hölzer, können in seltenen Fällen eine nur oberflächliche Umwandlung erlitten haben; meist jedoch ist mit den Pflanzenteilen eine vollständige Veränderung vor sich gegangen. Entweder sind dann die Gewächse, wie wir gesehen haben, verkohlt, und zwar ist die Volumen-Reduktion bei der Umwandlung von Pflanzen-Material in Steinkohle abhängig von dem Bergmittel, in welchem die Verwesung der Reste vor sich ging (man findet Reduktionsbrüche von gegen $^1/_0$—$^1/_{90}$); oder die Organe, namentlich dickere Teile — wie Stengel, Früchte u. dgl. — haben im Laufe der Zeiten eine vollständige Umwandlung erlitten. Bei diesen ist der ursprüngliche organische Stoff ganz oder fast ganz verloren gegangen und durch eine kieselige oder andere mineralische Masse ersetzt worden, sodafs wir echte Versteinerungen erhalten, die jedoch die organischen Formen oft getreu wiedergeben. Man hat sich vorzustellen, dafs die Pflanzenmaterialien von Wasser umgeben und durchtränkt waren, welches reichliche mineralische Bestandteile in Lösung enthielt. Da nun verwesende Pflanzensubstanzen die Neigung haben, solche mineralische Bestandteile niederzuschlagen (wie u. a. dadurch bewiesen wird, dafs die kohlig erhaltenen Blattreste u. s. w. des Steinkohlenhorizontes des Piesberges bei Osnabrück mit einem talkigen Mineral überzogen sind), so werden die Zellmembranen allmählich durch dieselben ersetzt. Sehr wichtige uns hinterbliebene Spuren sind Abdrücke von Pflanzenteilen in einer ursprünglich weichen und knetbaren, nach und nach steinfest gewordenen sandigen, thonigen oder kalkigen Schlammmasse, also ebenso entstanden wie die Abdrücke der Former und Giefser. Solche pflanzlichen Abdrücke wurden in den schlammigen Ablagerungen der Gewässer gebildet. Die z. B. im Herbst auf der Oberfläche eines Sees befindlichen, abgeworfenen Blätter verbleiben zuerst schwimmend oben, saugen sich jedoch voll Wasser und sinken alsbald zu Boden. Sie werden hier mit den bereits am Boden befindlichen anderen Pflanzen-Bruchstücken von den durch einen Wasserzuflufs herbeigeführten und abgesetzten schlammigen, erdigen Teilchen bedeckt, indem diese Schlammmassen sich allen Unebenheiten anschmiegend, ein getreues Abbild der Blätter liefern. Nach und nach erhärtet der Schlamm und wird zu festem Gestein, welches uns nun — wenn wir es zerschlagen — die schönsten Abdrücke und Modellierungen zeigt. Es brauchen nicht immer angeschwemmte Materialien zu sein, welche die Pflanzenreste umhüllen, zuweilen sind es Niederschläge (z. B. von Calciumcarbonat [$Ca C O_3$]), welche das Einbettungsmittel liefern. Wie wir Seite 83 gesehen haben, nehmen die grünen Pflanzenteile das Kohlendioxyd ($C O_2$) ihrer Umgebung als Nährsubstanz auf. Wachsen die Pflanzen im Wasser, so entnehmen sie das $C O_2$ aus diesem; hat ein an $C O_2$ reiches Wasser Gelegenheit, $Ca C O_3$ aufzulösen, so thut es dies in besonders reichlichem Mafse. Bei $C O_2$-Verlust, etwa durch den Assimilations-Procefs grüner Pflanzen, schlägt sich das in weniger CO_2-haltigem Wasser auch weniger leicht lösliche $CaCO_3$ auf der Pflanze nieder und bettet sie ein, inkrustiert sie.

Die vorerwähnten Abdrücke sind, wenn auch nicht durch chemischen Niederschlag von Substanzen, sondern durch einfache Einbettung ebenfalls auf dem Wege der Inkrustation entstanden. Fault der inkrustierte Pflanzenteil ohne Hinterlassung von Substanz vollkommen weg, so erhalten wir einen Hohlraum, dessen Fläche der Negativabdruck des eingehüllt gewesenen Pflanzenrestes ist. Wird, wie das meistens der Fall ist, der Hohlraum nachträglich von erhärtendem Schlamm, Sand u. s. w. ausgefüllt, so erhalten wir eine Nachbildung des ursprünglich eingebettet gewesenen Pflanzenrestes, einen Steinkern, dessen Aufsenfläche das positive Bild derjenigen des ursprünglichen Pflanzenrestes wiedergiebt. Meist sind an Steinkernen, die natürlich auch durch Ausfüllung ursprünglicher Hohlräume entstanden sind, noch kohlige Reste der Pflanzenmaterialien erhalten geblieben; namentlich sind es die widerstandsfähigeren Hautgewebe, welche in dieser Weise erhalten bleiben, und die Steinkerne, die dann natürlich verloren gegangenen Innenteilen der Pflanzen entsprechen, zeigen demgemäfs auf ihren Oberflächen Skulpturen innerer Flächen. Steinkerne treten begreiflicherweise vorwiegend als Erhaltungszustände dickerer Organteile auf. Flache Organe, wie Blätter, lassen allermeist einen ganz dünnen, kohligen Rest zwischen den inkrustierenden Mitteln zurück. Beim Aufspalten des solche Organe inkrustierenden Gesteins wird die eine Seite der Spaltfläche den Negativabdruck, nehmen wir einmal an, der Blattoberseite darstellen, während die andere Seite der Spaltfläche den kohligen Rest des Blattes selbst trägt. Dieser zeigt natürlich das Positiv der Blattoberseite; um auch die Oberflächenskulptur der Blattunterseite kennen zu lernen, wäre demnach die Entfernung der kohligen Bedeckung erforderlich. Man pflegt schlecht beide Seiten der Spaltfläche als Druck und Gegendruck zu unterscheiden.

Zur Entstehung der erwähnten Reste und Spuren gehören, wie man sich denken kann, besondere, günstige Bedingungen, und da diese nur hier und da zusammentreffen, so ist ersichtlich, dafs ihre Aufbewahrung in der beschriebenen Weise von Zufällen abhängig ist, und wir werden leicht begreifen, dafs uns im Vergleich zum Vorhanden-Gewesenen nur ein aufserordentlich verschwindend kleiner Teil erhalten bleiben konnte.

Dafs bei der geschilderten Sachlage sich Spuren und Reste der früher die Erde bewohnenden Pflanzen fast ausschliefslich in Gesteinen finden können, deren Bildung das Wasser veranlafst hat, also nur in neptunischen Bildungen, in Sedimenten, und ferner in solchen, deren Entstehung auf die Thätigkeit der Pflanzen selbst, wie z. B. Torf und Gesteine, die wie in der oben geschilderten Weise durch von Pflanzen veranlafste Niederschläge aus Lösungen entstanden, zurückzuführen ist, ist selbstverständlich. In vulkanischen (plutonischen) Gesteinen werden nur unter ganz ausnahmsweisen Bedingungen, und dann nur Spuren von Pflanzen nachweisbar sein können.

Die geologischen Zeitepochen.

Wie man von vornherein sieht, ist es für die Geschichte der Entwickelung des organischen Lebens auf unserer Erde von grofser Wichtigkeit, zu wissen, welche von den durch Ablagerungen des Meeres und der Gewässer überhaupt entstandenen Gesteinschichten der Erde, in denen die erwähnten Reste sich finden, die älteren und welche die jüngeren sind, kurz, das relative Alter derselben richtig zu beurteilen. Da nun die jüngeren Ablagerungen, wenigstens dort, wo keine vollständigen, nachträglichen Umwälzungen (Verwerfungen etc.) stattgefunden haben, natürlich den älteren auflagern, da also die oberen Schichten immer jünger sein müssen als die darunter befindlichen, so ist die Entscheidung hinsichtlich ihres Alters möglich, und wir können somit — mit den ältesten Gesteinen beginnend, indem wir die pflanzlichen Reste und Abdrücke in denselben einer sorgfältigen Betrachtung unterziehen — die ehemalige Gestaltung der nunmehr verschwundenen und von anderen Arten verdrängten Pflanzendecke in ihrer Entwickelung von Anbeginn bis jetzt in unserer Phantasie wieder erstehen lassen.

Die Geologen teilen die verschiedenen Zeitepochen nach den während derselben in der angedeuteten Weise entstandenen Gesteinablagerungen und ihren Fossilien ein, und in der folgenden Übersicht nennen wir die aufeinanderfolgenden geologischen Zeiten resp. Schichten (Formationen) mit ihren wissenschaftlichen Namen im Verhältnis zum Pflanzenreich. Wir beginnen mit den jüngeren Formationen, um ein der Natur entsprechendes Bild zu geben, in welcher ja auch — abgesehen also von etwaigen nachträglichen Störungen — die jüngeren Schichten die oberen, die älteren die unteren sind. Wir haben in dieser Übersicht durch das pflanzenähnliche Zeichen ♣ die relative Häufigkeit der in den Formationen beobachteten Pflanzenreste kenntlich gemacht.

Kaenolithische Epoche.

Quartär.

♣ { Alluvium. — Torf.
Diluvium (Eiszeit). — Ältere Torfmoore.

Tertiär (Braunkohlen-Gebirge).

Neogen.
♣ Pliocaen.
Miocaen.
♣♣♣ Eogen.
Oligocaen.
♣♣ Eocaen.
} — Braunkohle, namentlich im Miocaen und Oligocaen.

Mesolithische Epoche.

Kreide.

Obere K.
Senon. — Quaderkohle.
Turon.
♣ Cenoman. — Die ersten Dicotyledonen.
Untere K.
Gault.
Neocom.
♣♣ Wealden. — Wälderkohle.

Jura.

(♣) Oberer (weiſser) Jura (Malm).
♣ Mittlerer (brauner) Jura (Dogger). — Jurassische Kohle.
♣ Unterer (schwarzer) Jura (Lias). — Liaskohle, Alpenkohle z. T., Gagat (= Pechkohle), bituminöse Mergelschiefer.

Trias.

♣♣ Rhät.
♣ Keuper. — Lettenkohle.
(♣) Muschelkalk.
(♣) Buntsandstein.

Palaeolithische Epoche.

Perm (Dyas).

♣ Zechstein.
Oberer Z.
Mittlerer Z.
Unterer Z. (Kupferschiefer). — Vom Z. ab die Gymnospermen herrschend.
Rotliegendes.
(♣) Oberes R.
♣♣ Mitteres R. / Unteres R. — Steinkohle.

Carbon (Steinkohlenformation).

Oberes, produktives, Carbon.
♣♣♣♣ Ottweiler Schichten. / Saarbrücker (Schatzlarer) S. / Waldenburger (Ostrauer) S. — Steinkohle.
♣♣ Unteres, kohlenarmes, C. (= Culm und Kohlenkalk). — Culmkohle.

Devon. — Devonkohle.

♣ Ober-Devon. / Mittel-Devon. / Unter-Devon.

Silur. — Anthracit.

(♣) Ober-Silur. / Unter-Silur.

(♣) **Cambrium.**

(Unter-Devon, Silur: — Erste Landpflanzen.)
(Silur, Cambrium: — Submarine Tange.)

Archaeolithische Epoche.

Graphit, Diamant, sonst keine Spuren organischer Wesen.

Die Pflanzen-Reste und -Spuren.

Wenn wir nun, mit den ältesten Gesteinen beginnend zu den jüngeren aufsteigend, dieselben noch so fleiſsig durchsuchen, so ist es doch unmöglich, festzusetzen, wo denn nun das pflanzliche und organische Leben überhaupt beginnt. Die Morgenröte desselben ist für uns in tiefstes Dunkel gehüllt: wir wissen nicht, wann und wie es entstand. Vielleicht sind der Diamant, welcher krystallisierte Kohle ist, und der zu Bleistiften verwendete Graphit (Reiſsblei), aus Krystallschüppchen von Kohle bestehend, vielleicht sind diese beiden Mineralien, das letztere sogar zum gröſseren Teil sehr wahrscheinlich, Reste der ersten organischen Wesen. Beide finden sich schon in Gesteinen des Archaeolithicums, die sonst noch keine Spuren eines Lebewesens aufweisen.

Erst in den Gesteinen aus späteren Zeiten finden sich spärliche, zufällig erhaltene und obendrein recht kümmerliche Spuren von einfach gebauten Wasserpflanzen, von Meeres-Tang, Algen, während Reste von Landpflanzen später erscheinen.

Also die ersten Gewächse, die bei uns und überhaupt lebten, waren niedere Wasserpflanzen, während Landpflanzen erst vom Obersilur ab auftreten. Diese ersten und auch noch die in späteren Epochen erscheinenden Gewächse waren jedoch von denjenigen, welche jetzt bei uns leben, durchaus verschieden. Bevor wir es aber versuchen, uns ein allgemeines Bild der Landflora namentlich zur Steinkohlenzeit zu machen, wollen wir bei dem grofsen Interesse, welches die Steinkohlen für uns besitzen, einiges über die Entstehung dieses wichtigen Gesteins vorausschicken.

„Versetzen wir uns im Geiste — sagt de Saporta — in diese entfernte Vergangenheit (nämlich in die Steinkohlenzeit), so sehen wir von beweglichem, wasserdurchtränktem Boden gebildete Uferniederungen, die kaum erhaben genug sind, um den Meereswellen den Zugang zu den inneren Lagunen zu verwehren, über welche sanfte, von dicken Nebeln häufig verschleierte Hügel hervorragen, die sich in weiter Ferne verlieren und einen ruhigen Wasserspiegel von unbestimmter Begrenzung mit einem dichten Grün umgürten. Das war die Wiege der Steinkohlen; Tausende von klaren, durch unaufhörliche Regengüsse gespeisten Bächen flossen von allen benachbarten Gehängen und Thälern diesen Becken zu. Die Vegetation hatte damals auf weitem Umkreise alles überdeckt; wie ein undurchdringlicher Vorhang drang sie weit in das Innere des Landes vor und behauptete auch den überschwemmten Boden in der Nähe der Lagunen." Von der Gewaltigkeit der damaligen häufigen wässerigen Niederschläge können wir uns wohl kaum eine Vorstellung machen.

Es ist daher erklärlich, dafs unter solchen besonderen Bedingungen bei der grofsen Fülle pflanzlichen Materials das Wasser Trümmer von Stämmen, Stengeln, Blättern, Früchten u. dgl. ohne weitgehende Vermischung mit Gesteinsteilchen des Erdbodens in bedeutenden Ansammlungen zusammenzuhäufen vermochte, aus welchen dann also eine verhältnismäfsig reine Steinkohle hervorgehen konnte. Vieles deutet darauf hin, dafs ein solcher Transport meist nicht weit vom Ursprungsorte der Pflanzen weg stattgefunden haben kann; ja am häufigsten treten die Steinkohlen in einer Weise zwischen dem übrigen Gestein auf, welche die Erklärung erfordert, dafs die Steinkohle nur an der Stelle sich gebildet haben kann, wo auch das pflanzliche Material zu derselben gewachsen ist. Denn gewöhnlich erstrecken sich die Steinkohlenlager viele, in Amerika sogar Hunderte von Quadratmeilen weit in verhältnismäfsig reiner Beschaffenheit, ihre Unterlagen enthalten meist Wurzeln und Rhizome in einem Material, welches man versteinerten Humus nennen möchte, während sich die oberen Teile der baumförmigen Pflanzen — wie z. B. Blätter — vorzugsweise in den das Lager bedeckenden Schichten zeigen, und endlich findet man aufrechtstehende Stämme.

Die Steinkohle tritt keineswegs an den Orten, wo sie sich findet, in nur einem Lager auf, sondern es wiederholen sich übereinander die Schichten (Flötze) in verschiedener Dicke (Mächtigkeit), indem Schichten von Sandstein und Schieferthon mit ihnen abwechseln. Diese eigentümliche Erscheinung deutet offenbar auf mehrmalige Hebungen und Senkungen der betreffenden Strecken zur Zeit der Bildung der Steinkohlenformation, welche eine ebenso oftmalige Wiederkehr gleicher Existenz-Bedingungen zur Folge gehabt hätten. Nach jeder Senkung bis unter das Niveau des Gewässers wäre dann die Vegetation von später erhärteten Schlamm- und Sandmassen bedeckt worden.

Betrachten wir nun mit geistigem Auge die Flora der in Rede stehenden Formation, so wird uns das Fehlen eines jeglichen Blumenschmuckes am meisten auffallen. Die Organe, welche in Bezug auf ihre Lebensthätigkeit mit den Blüten vergleichbar sind, waren vermutlich unscheinbar insofern, als ihnen wahrscheinlich jede Farbenpracht fehlte. Die äufseren Gestalten dieser längst ausgestorbenen Gewächse erscheinen uns, verglichen mit denen, die wir zu sehen gewohnt sind, abenteuerlich und fremd; sie machen im ganzen einen düsteren Eindruck auf uns. Die vorherrschenden Arten, wie die Calamariaceen (z. B. die Gattung Calamites) und Lepidophyten (z. B. Lepidodendron, Sigillaria), hatten eine grofse Ähnlichkeit, erstere mit unseren Schachtelhalmen, letztere mit den Bärlappen, nur müssen wir uns — abgesehen von sonstigen Abweichungen — dieselben in Baumform vorstellen. Farnkräuter in vielen Arten waren häufig, und auch diese zeichneten sich durch besondere Gröfse aus. Bei den genannten Gewächsen wird der Befruchtungsakt durch Vermittelung des Wassers vollzogen, es sind also Zoïdiogamen. Es finden sich während der Steinkohlenzeit zwar auch schon einige Windblütler aus der Abteilung der Gymnospermen, aber zahlreicher treten diese erst später, nämlich in der Dyas, hinzu. Die Hauptentwicklung der Gymnospermen reicht bis zur unteren Kreide. Dicotyledonen, und zwar unter diesen, wie es scheint, zunächst vorherrschend ebenfalls Windblütler und erst später Insektenblütler, finden sich erst vom Cenoman, also von der mittleren Kreidezeit, ab.

Wie uns die erhaltenen Reste und Spuren der Pflanzen lehren, herrschte von der Steinkohlen- bis zur mittleren Kreidezeit bei uns ein tropisches Klima, denn wir finden während dieses gewaltig langen Zeitraumes eine Pflanzenwelt von dem Charakter derjenigen, wie sie heute nur noch die heifsesten Erdstriche bevölkert. Dies währte auch noch bis zur Braunkohlenzeit, während welcher z. B. Deutschland immer noch fast halbtropisches Klima zeigte, d. h. seine Gewächse besafsen mehr oder minder ein subtropisches Gepräge. Die Braunkohlen sind Reste jener Flora, und der Bernstein (Seite 270), welcher besonders im Samlande in Ostpreufsen gewonnen wird, ist das damals von ausgestorbenen Coniferen reichlich ausgeschwitzte, erhärtete Harz. Während nun die Arten, welche vorher lebten, die mit der Erde vorgegangenen Wandlungen nicht zu überdauern vermochten und wohl alle vom Erdboden verschwunden sind, sodafs sie uns — wie wir gesehen haben — nur durch kümmerlich erhaltene Reste bekannt geworden sind, helfen manche Arten der Braunkohlenzeit, z. B. die Conifere Taxodium distichum, von der sich zahlreiche Stammstücke in den Braunkohlen finden, noch heute die Erde beleben. Wir rücken eben unserer Jetztzeit näher, und in ihrem äufseren Ansehen erscheinen uns auch die in dieser Epoche vorhandenen Arten nicht mehr so fremd, indem auch die ausgestorbenen oft auffallend an jetzt lebende Gewächse erinnern.

Wir wollen im Folgenden eine gedrängte Übersicht des Systemes der fossilen Pflanzen geben, mit besonderer Berücksichtigung der von den jetzt lebenden Pflanzen in ihrem Baue verschiedenen Haupttypon.

Thallophyta.

Thallophyten, namentlich Algen kommen vom Cambrium (Phycoden-Sandstein) an in allen Formationen vor; auch auf anderen Pflanzen schmarotzende Pilze sind vom Palaeolithicum ab bekannt.

Bryophyta.

Moosartige Gewächse sind sicher nur aus den kaenolithischen Formationen bekannt, wenn auch moosähnliche Reste schon aus der Steinkohlenformation beschrieben worden sind.

Pteridophyta.

Pteridophyten sind namentlich in der Steinkohlenformation ungemein häufig und bilden in derselben den Hauptbestandteil der augenfälligen Flora. Wir heben hervor:

Filicales.

Echte Farne, Filices, sind namentlich aus der Steinkohlenformation in grofser Arten-Zahl bekannt; am allerhäufigsten finden sie sich in der oberen Abteilung. Vom Devon ab kommen Reste vor. — Die bisher gefundenen Blattstücke mit Sori haben sich in den überwiegenden Fällen als den Marattiaceen und überhaupt tropischen Familien zugehörig erwiesen, jedoch genügen die Funde noch lange nicht, um die Systematik der vorweltlichen Farne danach zu gestalten. Da uns die meisten nur in sterilen Blattstücken erhalten sind, mufs sich die Unterscheidung der Arten bis auf weiteres im allgemeinen auf die Form der Fiederchen und auf deren Nervatur stützen; eine „natürliche“ Gruppierung ist eben zur Zeit unmöglich. Manche Arten bieten die eigentümliche Erscheinung, dafs ihre Blätter aufser den Haupt-Fiederchen noch am Blattstiel resp. an der Hauptrippe oder am Grunde der Rippen zweiter Ordnung ihrer Gestaltung nach durchaus von den übrigen abweichende (z. B. unregelmäfsig-zerschlitzte) Fiederchen tragen (aphleboïde Bildungen), wie sie ebenfalls bei jetzt lebenden tropischen Farn, wie z. B. Mertensia u. a. bekannt sind. — Die Psaronien sind verkieselte Stammreste.

Von „Gattungen“ steriler Blattteile nennen wir:

A. *Sphenopteriden.* Fiederchen letzter Ordnung klein, am Grunde meist keilförmig bis eingeschnürt. — Charakteristisch für tiefere palaeolithische Horizonte bis Ottweiler Schichten.

1. Rhodea. Fiederchen letzter Ordnung fiederig angeordnet, lineal, schmal. — Besonders Culm und Waldenburger Schichten.

2. Palmatopteris. Fiederchen letzter Ordnung palmat (fächerig) zusammentretend, schmal. — Besonders Saarbrücker Schichten.

3. Palaeopteris und Adiantites. Fiederchen letzter Ordnung breiter, am Grunde verschmälert, Nerven in denselben etwa parallel verlaufend, ohne Mittelnerv. — Devon und Culm, auch Waldenburger Schichten.

4. Sphenopteris. Fiederchen letzter Ordnung sich der Kreisform nähernd, meist mit fiederig-verzweigtem Mittelnerv. — Besonders Saarbrücker Schichten.

5. Ovopteris. Fiederchen aller Ordnungen eiförmig, Nervatur wie bei 4. Oft (immer?) die am Grunde der Spindeln vorletzter Ordnung befindlichen, nach abwärts gerichteten Fiedern gröfser als die entsprechenden gleicher Ordnung und stärker zerteilt. — Vorwiegend im Rotliegenden.

6. Aloiopteris (nicht Heteropteris). Fiederchen letzter Ordnung auffallend unsymmetrisch, Fiederchen vorletzter Ordnung lineal. Nervatur wie bei 4. — Besonders Saarbrücker Schichten.

7. Mariopteris. Fiederchen letzter Ordnung im Ganzen dreieckig, gröfser als bei den vorigen Gattungen, oft breit-ansitzend. — Besonders Saarbrücker Schichten.

B. *Pecopteriden.* Fiederchen letzter Ordnung breit-ansitzend, niemals eingeschnürt, öfter mit aphleboïden Bildungen. — Besonders Saarbrücker und Ottweiler Schichten, vorwiegend im Rotliegenden.

Fig. 488. Zwei Fiederchen l. O. von Pecopteris hemitelioides mit Wassergruben. Vergr.: 4/1. (Orig.)

8. Pecopteris. Fiederchen letzter Ordnung mit fiederig-verzweigtem Mittelnerv. Bei manchen Arten, wie Pec. hemitelioides, die Enden der Nervchen unter auffallenden Wassergruben (vergl. S. 78) mündend. Fig. 488. — Vorkommen wie vorher, besonders Rotliegendes.

9. Alethopteris. Fiederchen letzter Ordnung meist länger gestreckt, am Grunde herablaufend und hier parallel dem Hauptmittelnerv Nervchen aus der Spindel aufnehmend. — Besonders Saarbrücker Schichten.

10. Callipteridium. Fiederchen letzter Ordnung wie Pecopteris, aber neben dem Mittelnerv kurze Nervchen heraustretend; Spindeln vorletzter Ordnung ebenfalls oft mit Fiederchen letzter Ordnung besetzt. — Besonders Ottweiler Schichten bis Rotliegendes.

11. Callipteris. Fig. 489. Im Gegensatz zu den vorigen Pecopteriden Rand der Fiederchen letzter Ordnung wie die ganzen Wedelstücke unregelmäfsig; Mittelnerv nur schwach oder kaum hervortretend, mehr oder minder parallel zu ihm andere Nerven aus

der Spindel entspringend; auch die Spindeln vorletzter Ordnung stets mit Fiederchen letzter Ordnung besetzt. — Rotliegendes.

12. Lonchopteris. Fiederchen letzter Ordnung pecopteridisch, aber netznervig. — Besonders Saarbrücker Schichten.

C. *Odontopteriden*. Fiederchen letzter Ordnung pecopteridisch, aber mittelnervlos, dafür viele dichtgedrängte parallele Nerven.

13. Odontopteris. — Besonders Ottweiler Schichten bis Rotliegendes.

D. *Neuropteriden*. Fiederchen letzter Ordnung gewöhnlich gröfser, im Ganzen eiförmig bis breit-lineal, am Grunde stark eingeschnürt, sodafs im typ. Falle (bei 15) der Unterrand der Spreite parallel der dazugehörigen Spindel verläuft; Mittelnerv mit fiederig ihm ansitzenden Nervchen. — Fast im ganzen Palaeolithicum verbreitet.

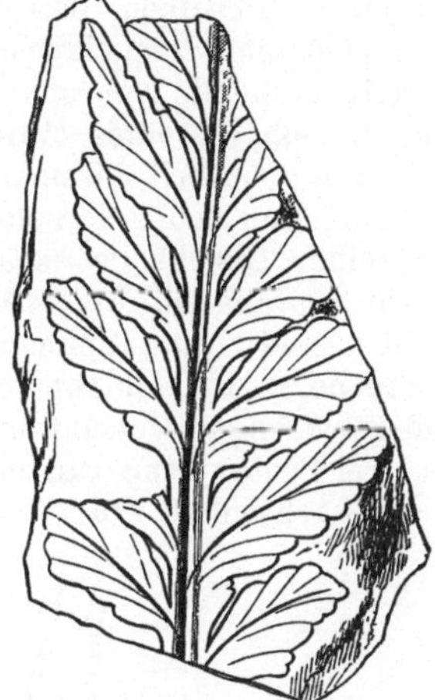

Fig. 489. Wedelstück einer Callipteris-Art in nat. Gr. (Nach E. Weifs.)

14. Neurodontopteris. Gleichzeitig eine gröfsere Zahl odontopteridischer und neuropteridischer Fiederchen letzter Ordnung. — Besonders Saarbrücker Schichten bis Rotliegendes.

15. Neuropteris. Vgl. Neuropteriden. Oft die Spindeln vorletzter und früherer Ordnungen mit cyclopteridischen Fiederchen (vgl. unter 17). — Besonders Saarbrücker Schichten.

16. Taeniopteris. Wie vorige, aber sehr langgestreckte Fiederchen letzter Ordnung mit mehr keilförmig-verschmälerter Basis. — Besonders oberes produktives Carbon und Rotliegendes.

17. Cyclopteris. Fiederchen letzter Ordnung kreisförmig, resp. sich der Kreisform nähernd, mit fächerig von ihrer Ansatzstelle ausstrahlenden Nerven (vgl. auch unter No. 15). — Besonders Saarbrücker Schichten.

18. Cardiopteris. Fiederchen letzter Ordnung wie vorige bis schwach-gestreckt, etwas breiter ansitzend. — Meist Culm.

19. Dictyopteris. Wie Neuropteris, aber mit Netznervatur. — Besonders Saarbrücker Schichten bis Rotliegendes.

20. Glossopteris. Ähnlich Taeniopteris, aber Netznerven. — In den den Indischen Ozean umgrenzenden Ländern (Glossopteris-Facies, entspricht unserem produktiven Carbon bis einschliefslich Jura).

E. *Aphlebien*. Mehr oder minder unregelmäfsig-gelappte bis zerteilte oder geschlitzte, gröfsere oft nervenlos erscheinende Blattreste.

Sphenophyllales.

Die Sphenophyllales sind namentlich in der mittleren und oberen Steinkohlenformation häufig. — Sie stellen dünne Stengel dar, deren Knoten Quirle von 6 oder Multipla von 3 Blättern tragen. Die Blätter sind mehr oder minder keilförmig, vorn stumpf, gezähnelt, gekerbt oder gabelig-eingeschnitten und von sich wiederholt-gabelnden Nerven durchzogen. Vgl. Fig. 490. Ährenförmige Blüten sind bekannt. Dieselben bestehen aus einer centralen Stengelachse, welche wirtelig stehende Sporophylle trägt. Die Sporophylle eines Wirtels sind am Grunde seitlich miteinander verwachsen, und jedes derselben trägt auf seiner Oberfläche mehrere gestielte Sporangien, Fig. 491. Vielleicht sind die Sphenophyllales heterospor. Im Centrum des dickrindigen Stengels verläuft ein auf dem Querschnitt dreieckiges Leitbündel mit drei Protoxylemsträngen, welches ähnlich wie die nachträglich in die Dicke wachsenden Wurzeln der recenten Pflanzen Sekundär-Holz erhält.

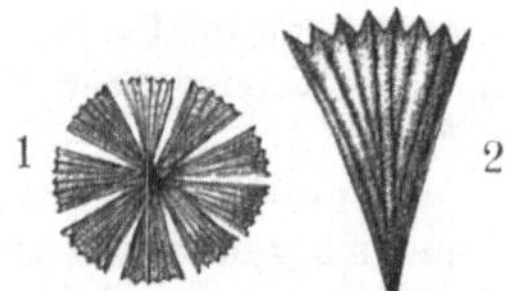

Fig. 490. 1 = Ein Blattwirtel von Sphenophyllum cuneifolium in $\frac{1}{1}$. — 2 = einzelnes Blatt in etwa $\frac{2}{1}$.

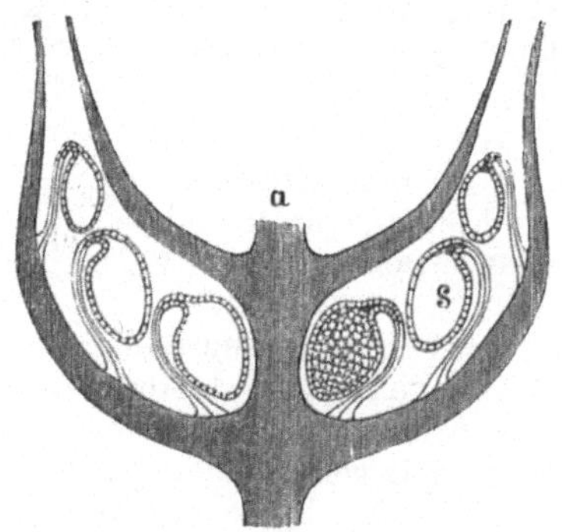

Fig. 491. Schematische Darstellung eines Stückchens des Längsschliffes der Blüte vom Sphenophyllum cuneifolium. *a* = Achse, *s* = Sporangium, durch dessen Stiel als einfache Linie angedeutet ein Leitbündel verläuft. In dem links von diesem Sporangium befindlichen Sporangium sind die Sporen angedeutet. — Vergröfsert. (Nach Williamson.)

Equisetales.

Equisetaceen sind in zum Teil hoch- und dickstämmigen Arten besonders in der Trias entwickelt. — Sie besitzen Scheiden aus vereinigt aufgewachsenen Blättern wie die noch jetzt lebenden Arten, denen die vorweltlichen Equiseten auch in anderen Beziehungen durchaus anzureihen sind.

Calamariaceen, besonders in der ganzen Steinkohlenformation, am reichlichsten in den obersten Schichten, in sehr zahlreichen Resten vertreten, sind baumförmige Equisetales, Fig. 492, deren Stämme, wenn solche die anatomische Struktur erhalten zeigen, sekundäres Holz ohne Jahrringbildung (wie die palaeozoischen Holzgewächse überhaupt) aufweisen: sie besafsen also ein nachträgliches Dickenwachstum. Fig. 493. Sehr häufig sind die Steinkerne der Markhöhlung: Calamiten. Die Blätter der Calamariaceen von dem Typus derjenigen des Calamites varians und vielleicht aller Arten sind in ihrer Jugend, solange die Stengelteile, denen sie ansitzen, nicht wesentlich in die

Dicke wachsen, scheidenbildend, durchaus wie die Scheiden der Equisetaceen, seitlich miteinander verwachsen. Nach Maſsgabe des Dickenwachstums der zugehörigen Stengelteile muſsten natürlich die Blätter auseinander rücken und sich längs der Commissuren voneinander trennen. Sie sind von linealer Form. Ährenförmige Sporangienstände,

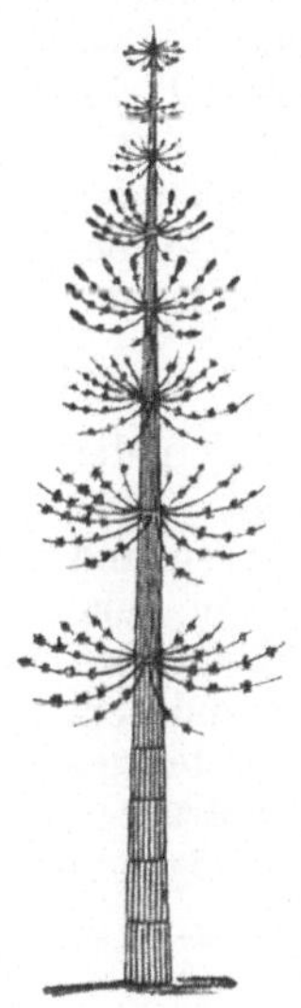

Fig. 492. Eine restaurierte Calamarie. An den Spitzen der oberen Zweigquirle sitzen Blüten. (Original.)

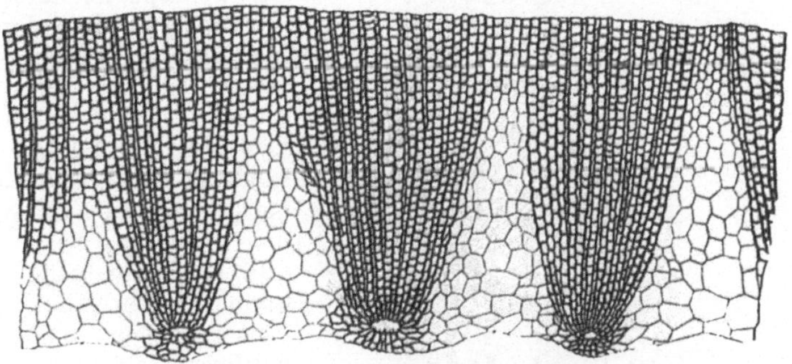

Fig. 493. Querschliff durch einen Teil des Holzcylinders eines Calamiten. — (Nach E. Weiſs.)

Blüten, von mannigfaltigstem Baue sind vielfach gefunden worden; in zwei Fällen konnten im unteren Teil der Blüten Macro-, im oberen Micro-Sporangien sicher nachgewiesen werden. Beblätterte Zweige der Calamariaceen sind 1. die Annularien, deren quirlig stehende, längliche Blätter am Grunde zu einer scheibenförmigen Scheide, Fig. 494, verbunden sind, und 2. die Asterophylliten, deren ebenfalls quirlige, lang-lineale Blätter frei sind. Beide kommen gelegentlich als Laubzweige in Zusammenhang mit Calamiten vor.

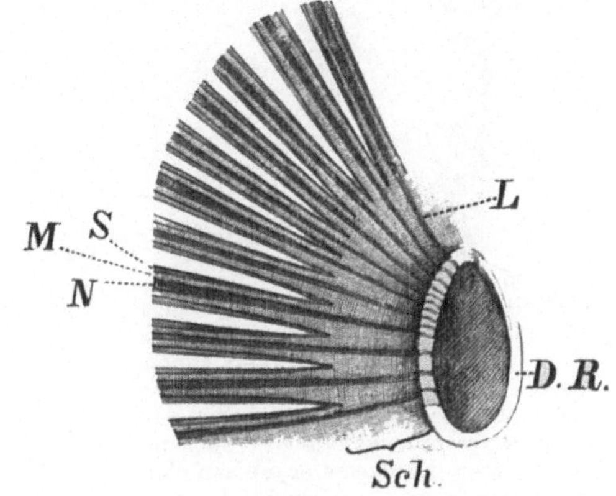

Fig. 494. Ein Teil der zentralen Partie eines Blattwirtels von Annularia stellata in cc. $\frac{3}{1}$. — *D.R.* = Diaphragma-Ring (= der verdickte Rand einer die Stengelhöhlen durchquerenden Wand). *Sch* = Scheide. *L* = Leitbündel der Scheide. *N* = Den Blattmittelnerven enthaltender Mesophyllstreifen. *M* = Hervorgewölbte Mesophyllstreifen zu beiden Seiten von *N*. *S* = Saum der Blätter. — (Original.)

Lycopodiales.

Von den fossilen Lycopodiales seien drei Familien berücksichtigt.

Psilotaceen. Im Rotliegenden kommt eine Pflanze vor, Fig. 495, mit nadelförmig beblätterten Zweigen, die sehr Walchia-ähnlich sind (vgl. Seite 287), mit grofsen endständigen, zapfenförmigen Blüten. Die Sporophylle derselben sind an ihrem Gipfel einmal-gegabelt, wie die Sporophylle der recenten Psilotaceen.

Die im folgenden genannten Lycopodiales werden zu einer besonderen Abteilung zusammengefafst, den Lepidophyten.

Lepidodendraceen, Fig. 496, sind vornehmlich wieder in der Steinkohlenformation, und zwar ganz besonders in den unteren und mittleren Schichten derselben sehr häufig; aber noch im Rotliegenden einerseits und Underdevon andererseits wurden spärliche Reste gefunden. — Die Lepidodendraceen sind meist gabelig sich verzweigende

Fig. 495. Gomphostrobus bifidus (E. G.) Zeiller et Pot. — 1. Sprofsstück mit endständiger Blüte nach Marion in $\frac{1}{1}$. 2. Ein Sporophyll von innen gesehen in $\frac{1}{1}$; *n* = Mittelnerv, *a* = Narbe der Ansatzstelle an die Stengelachse, *c* = Ansatzstelle des Sporangiums, *b* = Epidermaler Fetzen der Stengelachse. — (Original.)

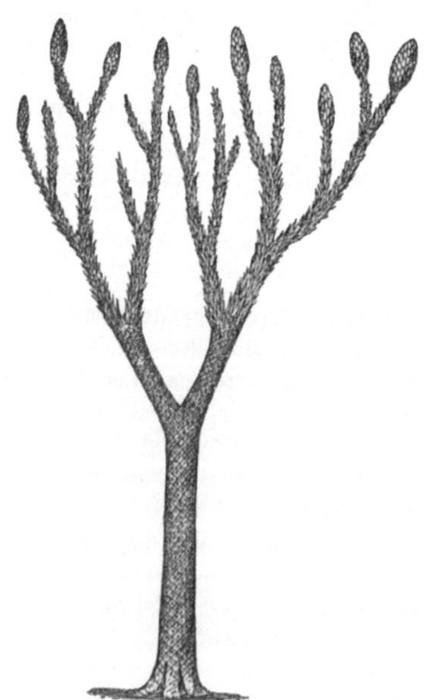

Fig. 496. Ein restauriertes Lepidodendron. (Original.)

Bäume, deren Stamm-Oberfläche in auffallender Weise in Schrägzeilen gestellte „Polster“ zeigt, von denen jedes eine Blattnarbe, Blattabbruchsstelle, trägt. Die Polster sind als die nach dem Blattabfall stehen gebliebenen Basalstücke der Blätter, Blattfüſse, anzusehen. Die Formen der Polster und Blattnarben, die uns meist allein als Abdrücke erhalten sind, geben die Merkmale für die „Arten“ ab. Die Blätter sind meist einfach und von länglich-lanzettlicher oder linealer Gestalt. Nicht selten finden sich an den Enden jüngerer, noch beblätterter Zweige, oft groſse tannenzapfenartige Blüten (Lepidostroben): einfache Achsen mit dicht-gedrängt stehenden Blättern (Lepidophyllen), an derem Grunde je ein Sporangium sitzt. Man kennt Macro- und Microsporen. Die Blüten sind auch oft stammbürtig. Die Stämme besitzen ein centrales, von einer mächtigen parenchymatischen Rinde umgebenes Leitbündel. Sie wachsen nachträglich in die Dicke, und zwar sind es Zellteilungen eines dem Phellogen entsprechenden Gewebes der Rinde, welche wie bei den Isoëtaceen die Dickenzunahme ganz oder vorzugsweise bedingen; jedoch wird auch ein aus einem Cambiumring hervorgegangener, zuweilen beträchtlicher Secundärholzkörper ohne Jahresringe beobachtet.

Bei Lepidodendron besitzen die sich hervorwölbenden Blattpolster, Fig. 497 *1*, eine rhombenförmige Basis; auf der höchsten Stelle der Polster, im unteren Teil der oberen Hälfte derselben, befindet sich die im ganzen rhombische Blattnarbe. In der unteren

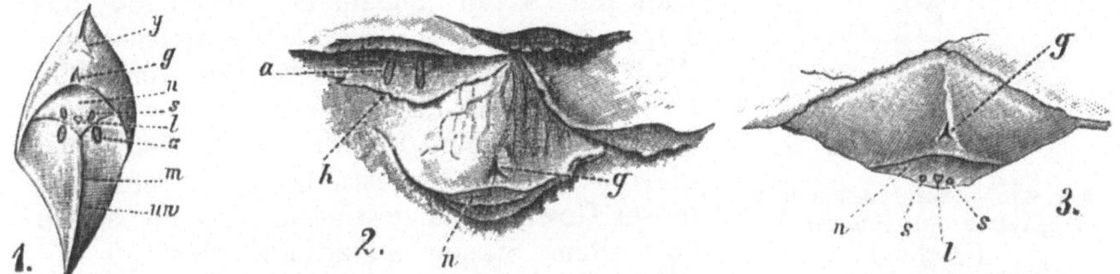

Fig. 497. *1.* = Blattpolster eines Lepidodendron. *2.* = Stammoberflächen-Stückchen von Lepidophloios macrolepidotus mit einem vollständigen und drei unvollständigen Blattfüſsen; der Blattfuſs links oben mit abgebrochener Spitze, jedoch ist das Hautgewebe *h* der sonst verdeckten Blattfuſsfläche zum gröſseren Teil stehen geblieben. *3.* = Blattfuſs derselben Art besser erhalten. — *n* = Narbe, *l* = Leitbündelnärbchen, *s* = Seitennärbchen, *a* = Transpirationsöffnungen, *m* = Längs-(Median-)Linie, welche das „untere Wangenpaar“ *uw* in zwei Hälften teilt, *g* = Ligulargrube, *y* = schwache Erhöhung, das Homologon der Stelle, wo bei den Sporophyllen das Sporangium sitzt. — Alles in $\frac{1}{1}$. (Original.)

Hälfte derselben erblickt man drei vertiefte „Närbchen“, von denen das mittlere den Querschnitt eines Leitbündels vorstellt, die beiden seitlichen Querschnitten von parenchymatischen, lacunenreichen Transpirationssträngen (?) entsprechen. Dicht unterhalb der Narbe sieht man zwei ellipsenförmige, rauhe Stellen: Öffnungen im Hautgewebe, Transpirationsöffnungen, an denen die beiden erwähnten Transpirationsgänge vorbei verlaufen. Dicht über der Blattnarbe befindet sich ein Grübchen, welches die Stelle andeutet, wo eine Ligula gesessen hat: Ligulargrube.

Bei Lepidophloios, Fig. 497 *2* und *3*, sind die Tannenzapfen-Schuppen ähnlichen Blattfüſse, sich gegenseitig deckend, nach abwärts gerichtet. Die Narben sitzen auf den Spitzen der Blattfüfse, sodafs also, von aufsen gesehen, die Stämme mit Polstern bedeckt erscheinen, deren Blattnarben an der untersten Grenze zu liegen scheinen. Im übrigen sind die Lepidophloios-Blattpolster denen der Lepidodendren ähnlich.

Auch die Sigillariaceen, Fig. 498, haben ihre reichste Entwickelung in der Steinkohlenformation, sind jedoch in den untersten Schichten derselben noch sehr selten und in den mittleren am häufigsten. Auch im Rotliegenden finden sich Sigillarien; eine Art ist aus dem oberen Buntsandstein bekannt geworden. — Die Sigillaria-Arten sind einfach- oder gabelig-stämmige Bäume mit charakteristischen, im ganzen hexagonalen Blattnarben auf der Stammoberfläche, die bei den typischen Arten deutliche Längsreihen bilden; bei vielen sind auch Polster vorhanden. Die Narben zeigen wieder drei Närbchen von demselben Charakter wie bei den Lepidodendraceen, auch die Ligulargrube fehlt nicht. Gebilde, die vielleicht Transpirationsöffnungen sind, sind erst in einem Falle gefunden und fehlen sonst. Die Oberflächenbeschaffenheit nähert sich überhaupt bei manchen Arten ungemein derjenigen der Lepidodendraceen. Da auch hier meist nur Abdrücke der Stamm-Oberflächen vorliegen, so ist man auf die Verwertung der Unterschiede derselben für die — selbstredend hierdurch ganz künstliche — Systematik dieser Gewächse angewiesen. Die nur selten noch dem Stamm anhaftend, aber oft abgefallen sich findenden Blätter sind lang-lineal; ähren- u. zapfenförmige Blüten hinterlassen an ihren Ansatzstellen auf den Stämmen besondere Narben zwischen den Blattnarben. Im Centrum des Stammes erblicken wir ein Markparenchym umgeben von Primärholz, dessen Protoxylem aufsen liegt. Aus einem Cambiumring hervorgegangenes sekundäres Holz ohne Jahresringe und eine starke Rinde kommen hinzu.

Fig. 498. Eine restaurierte Sigillarie mit Stigmaria. (Original.)

Die zahlreichen Sigillarien-Rindenoberflächen lassen sich nur in zwei Unterabteilungen bringen.

1. *Eusigillarien.* Vorwiegend in den Saarbrücker Schichten. — Die Narben stehen stets in deutlichen Orthostichen; sie werden seitlich durch gerade (Rhytidolepis-Skulptur) oder im Zickzack verlaufende (Favularia-Skulptur) Furchen voneinander getrennt; die einzelnen Blattnarben der Rhytidolepis-Skulptur können durch mehr oder minder deutlich entwickelte Querfurchen (Tessellata-Skulptur) voneinander getrennt sein, wodurch sich dann deutlich Polster markieren. Bei den Favularia-Oberflächen sind solche Querfurchen vollständig. An einem und demselben Stück können die drei verschiedenen Skulpturen miteinander abwechseln: Wechselzonen-Bildung, eine Erschei-

nung, die auf äufsere Einflüsse, namentlich wechselnde Ernährungsverhältnisse, zurückzuführen ist.

2. *Subsigillarien.* Vorwiegend in den Ottweiler Schichten (bis zum Buntsandstein). Die Narben stehen in mehr oder minder rhombischen Polstern, welche deutliche Parastichen bilden (Clathraria-, resp. Cancellata-Skulptur), oder sie erscheinen gleichmäfsig ohne Polsterabgrenzungen auf der epidermalen Rindenoberfläche verteilt (leioderme Skulptur, Fig. 499). Auch diese beiden Skulpturen kommen in Wechselzonen an denselben Stücken vor.

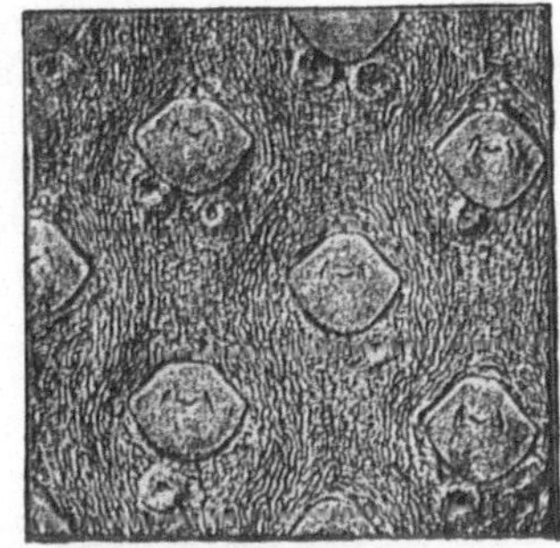

Fig. 499. Stückchen der epidermalen Stammoberfläche von Sigillaria Brardii Brongn. em. in $\frac{1}{1}$. Unter den Blattnarben je eine oder zwei Stigmaria-Narben. — (Original.)

Die Lepidophyten-„Gattungen" Knorria, Aspidiaria, Bergeria bezeichnen Oberflächen-Skulpturen zwischen der epidermalen Rindenoberfläche und der Holzoberfläche, es sind also Mittelrinden-Erhaltungs-Zustände nach mehr oder minder weitgehendem Verlust der Rindenteile. Die Knorrien besitzen auf der Oberfläche verteilte schuppenförmige Wülste, Fig. 500; Aspidiarien werden Oberflächen genannt mit

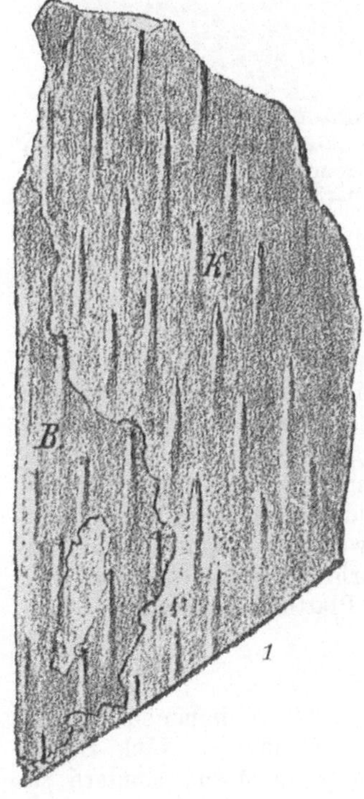

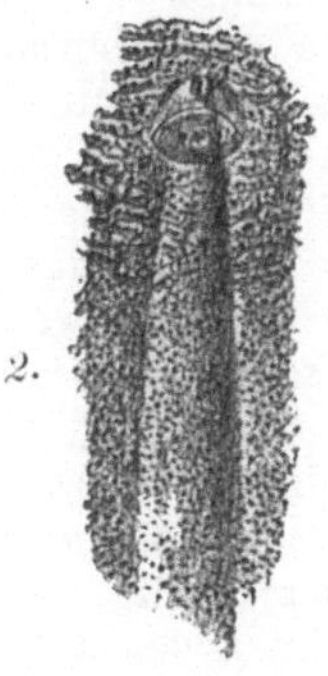

Fig. 500. *1.* Knorria (*K*) in $\frac{1}{1}$ noch zum Teil mit der kohlig erhaltenen Aufsenrinde bedeckt (*B*), von der in *2.* ein Stückchen in $\frac{4}{1}$ mit einer Blattnarbe, darüber Ligulargrube, zur Darstellung gelangt ist, welches zeigt, dafs die Knorrie zu der leiodermen Sigillaria minutifolia gehört. — (Original.)

vertikal-gestreckt-rhombischen, polsterähnlichen Feldern (natürlich ohne Blattnarben); Bergeria hat querrhombische Felder.

Die „Gattung“ Aspidiopsis bezeichnet meist Holzoberflächen, Fig. 501, was dann schon an der Holzstreifung zwischen den Aspidiaria-ähnlichen aber gestreckteren Wülsten der Reste zu bemerken ist. Natürlich können Aspidiopsis-Erhaltungszustände auch zu Gymnospermen gehören, wie wahrscheinlich im speziellen der Rest Fig. 501, ebenso zu Angiospermen.

Fig. 501. Aspidiopsis in $\frac{1}{1}$. — (Original.)

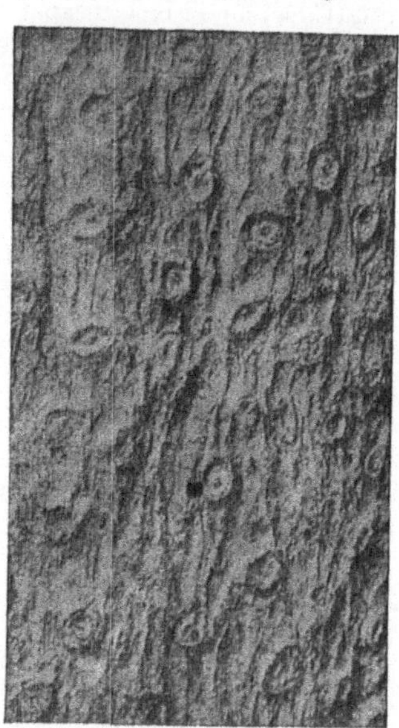

Fig. 502. Ein kleines Stückchen Rhizom-Oberfläche in $\frac{1}{1}$ mit Stigmaria-Narben. — (Original.)

Als Ulodendron bezeichnet man Stammoberflächen mit grofsen, flachschüsselförmigen Vertiefungen, deren Centrum die Abbruchsstelle je einer ungestielten Blüte zeigt, als Halonia von der Epidermis entblöfste Stamm- und Stengel-Teile von Lepidophloios mit wulstförmigen Hervorragungen, die an ihrem Gipfel je eine Blütenabbruchsstelle besitzen.

Stigmarien, Fig. 498 und 502, sind die Rhizome der Sigillarien und Lepidodendren. Ihre Oberfläche ist in etwa gleichen Abständen mit kreisförmigen Narben besetzt, in denen ein stark markierter Mittelpunkt hervortritt; den Narben (ähnlich den von den Wurzeln unserer Nymphaeaceen auf den Rhizomen hinterlassenen Narben) sitzen oftmals noch Anhänge von gestreckter Gestalt an, welche die Nahrung aus dem sumpfigen Boden aufgenommen haben. Die dichotom-verzweigten Hauptkörper der Stigmarien besitzen ein starkes Mark und eine dicke Rinde und zwischen beiden einen aus einem Verdickungsring hervorgegangenen Holzcylinder. Die Stigmarien sind wiederholt in Verbindung namentlich mit Sigillaria-Stämmen gefunden worden. Aufserdem kommt es als Ausnahme (Fig. 499) vor, dafs Sigillaria-Stämme, die wohl noch lebenskräftig umgefallen waren, unter den Blattnarben Stigmaria-Anhänge entwickeln.

Gymnospermae.

Bennettidales. Namentlich im Mesolithicum kommen Stammreste vor, die sehr an Cycadaceen-Stämme erinnern. Nach Solms scheinen sie aber nicht zu den Cycadaceen zu gehören, sondern zu einer mit diesen verwandten Familie, den Bennettidaceen, die einen komplizierteren Blütenbau besitzen als die Cycadaceen.

Cordaïtaceen, Fig. 503, zeigen viele Beziehungen einerseits zu den Cycadeen, andererseits zu den Coniferen, spezieller zu den Taxaceen; ihre Reste finden sich vom Devon bis zum Rotliegenden, in besonders grofser Menge in den oberen Schichten der Steinkohlenformation. — Die Cordaïtes-Arten waren schlanke, unregelmäfsig-verzweigte Bäume, die am Gipfel der Äste lang-bandformige, auch verkehrt-eiförmig bis länglich-elliptische und parallel-nervige Blätter trugen, die beim Abfallen längliche, querverlaufende Narben zurückliefsen. Die Anatomie der Stämme zeigt ein grofses, zuweilen verkieselt oder als Steinkern — mit querverlaufenden ringförmigen Furchen, welche queren, festeren Gewebe-Lamellen (Diaphragmen) entsprechen — vorkommendes Mark, das den „Gattungs"-Namen Artisia erhalten hat und welches von einem in die Dicke wachsenden Holzcylinder ohne Jahrringbildung von Coniferen-Holz-Struktur (Araucarioxylon, ein Sammelname, der fossile Hölzer von Araucarieen-Holz-Struktur bezeichnet) umgeben wird. Die Rinde ist dick. Auch die getrenntgeschlechtigen Blüten weisen in ihrem Bau auf die Gymnospermen.

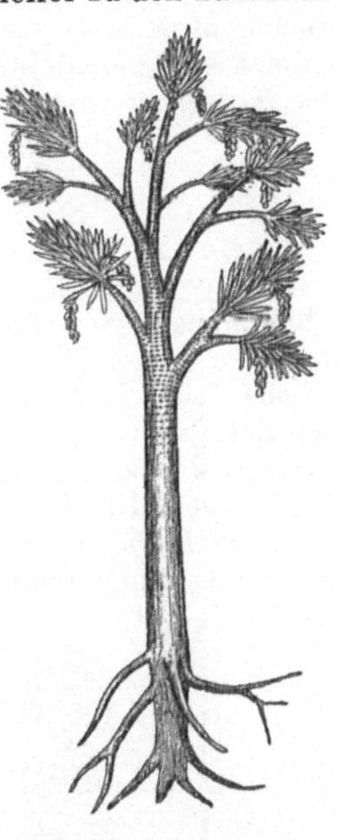

Fig. 503. Ein restaurierter Cordait. (Original.)

Coniferen kommen von Culm ab in allen Formationen vor. Verkieselte Hölzer besonders von Araucarieen-Holz-Struktur (Araucarioxylon) finden sich nicht selten namentlich in der Steinkohlenformation und in der Dyas; wenngleich ein Teil derselben zu den Cordaïten gehört (z. B. Araucarioxylon Brandlingii mit dicht-gedrängten, sich gegenseitig berührenden, sechseckigen gehöften Tüpfeln an den radialen Wandungen der Hydro-Stereïden), so sind doch auch echte Coniferen-Hölzer dabei. Manche der letzteren besitzen ein grofses Mark, das man zuweilen als Steinkerne oder verkieselte Stücke, die man bei besonderer Oberflächenbeschaffenheit (langgezogene rhombische, durch Furchen getrennte Felder, deren untere Hälfte durch einen Schlitz zweigeteilt ist, Fig. 504), welche dem Verlauf der Primärbündel entspricht, als Schizodendron und Tylodendron beschrieben hat. So besitzt die für das Rotliegende charakteristische Gattung Walchia mit zweizeilig (fiederig) verzweigten Zweigen mit kleinen nadelförmigen Blättern, also durchaus an die recente Araucaria excelsa erinnernd, solche Schizodendron-

Fig. 504. Erklärung im Text.

Markkörper, umgeben von einem Holz von dem Typus Araucarioxylon Rhodeanum mit locker stehenden, kreisförmigen gehöften Tüpfeln auf den radialen Wandungen der Hydro-Stereïden. Bemerkenswert ist, dafs die fossilen Coniferen-Hölzer der ältesten und älteren Formationen oftmals — wie die Sekundär-Holz-Körper der Pflanzen, die mit ihnen zusammenlebten, überhaupt — keine Jahrringbildung zeigen. Diese Thatsache weist auf ein tropisches Klima in jenen Zeiten hin.

Angiospermae.

Monocotyledonen scheinen schon im Jura gefunden worden zu sein; gewisse Reste aus der jüngeren Kreide gehören zweifellos zu den Monocotyledonen, wie solche von Palmen. Auch in späteren Horizonten treten Monocotyledonen-Reste gegenüber denen der Dicotyledonen zurück, aber sie sind ja auch in der heutigen Flora an Arten-Zahl weit weniger zahlreich als die der letztgenannten Gruppe. — Die aus älteren Formationen als zu den Monocotyledonen gehörig beschriebenen Reste sind ihrer systematischen Stellung nach zum Teil zweifelhaft, zum Teil (z. B. die Cordaïten-Blätter S. 287) gehören sie anders wohin.

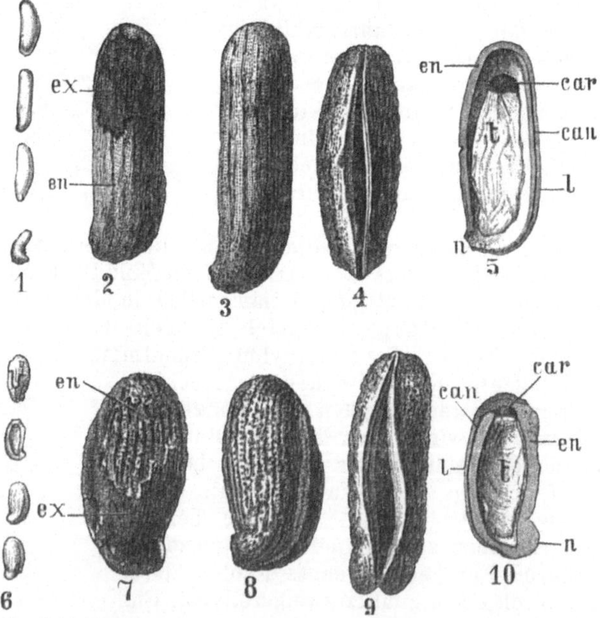

Fig. 505. 1—5 Folliculites carinatus. — 1 = Vier Früchte resp. solche nach Verlust der äufseren Fruchtschale in $\frac{1}{1}$, 2—5 in $\frac{4}{1}$, 2 u. 3 von der Seite gesehen, 4 die klaffende Leiste nach vorn gezeichnet, 5 das Innere einer Frucht-Hälfte. — 6—10 Folliculites Websteri. 6 = Vier Früchte in $\frac{1}{1}$, 7 u. 8 von der Seite, 9 die klaffende Leiste nach vorn gesehen, 10 das Innere einer Frucht-Hälfte. — In allen Figuren bedeuten *ex* = äufsere Fruchtwandung (Exocarp), *en* = innere, sklerenchymatische Fruchtwandung (Endocarp), *l* = Leiste, *can* = Kanal, in welchem ein Leitbündel verlief, *n* = Narbe, Ansatzstelle der Frucht, *t* = Samenhaut (Testa), *car* = Caruncula. — (Original.)

Dicotyledonen. Sichere Dicotyledonen-Reste finden sich erst von der jüngeren Kreide, dem Cenoman, ab; alle aus älteren Formationen angeführten Reste sind von zweifelhafter Verwandtschaft.

Wie die heutige Gesamtflora charakteristische Züge aufweist, so ist es — wie aus dem Vorausgehenden ersichtlich ist — auch mit der Flora der verschiedenen geologischen Horizonte. Die Floren verschwinden aber nicht plötzlich, um einer neuen Platz zu machen, sondern die einzelnen Arten sterben allmählich aus resp. verändern sich und erzeugen Epigonen, die als neue Arten erscheinen. Arten, die sich besonders lange in ihrer ursprünglichen Form erhalten oder die in Gebieten zurückbleiben, die von einer neuen Flora besetzt worden sind, die also charakteristische Elemente früherer Floren gewesen sind, bezeichnet man als Relikte. So mufs die Subsigillarie des Buntsandsteins (vgl. Seite 284 und 285) als Relikt aus der oberen Steinkohlenformation angesehen werden. Von Dicotyledonen erwähne ich als Beispiel die Samen einer ausgestorbenen zu der recenten Brasenia gehörigen oder mit dieser nahe verwandten Nymphaeacee, die im Mitteltertiär auftreten und sich noch im unteren Diluvium finden zusammen mit Arten, die noch heute leben. Dasselbe ist von der Gattung Folliculites (einer Anacardiacee?), die mit jenen Nymphaeaceen-Samen zusammen vorkommt, zu sagen, nur dafs hier die Früchte, die man von dieser Gattung allein kennt, verschiedenen, wenn auch nahe verwandten Arten angehören: im Tertiär Folliculites Websteri, im Diluvium F. carinatus, Fig. 505.

Pflanzen-Krankheiten.*)

(Phytopathologie.)

Die Krankheiten, abnormen Zustände, der Pflanzen können verschiedene Ursachen haben. Diese liegen hauptsächlich 1. in mechanischen Beschädigungen: Verwundungen, 2. in Einflüssen des umgebenden Mediums, z. B. der Luft, des Erdbodens (bei schädlicher Zusammensetzung), des Lichtes, der Temperatur und ferner 3. in Einflüssen der organischen Welt, seien es der Pflanzen oder der Tiere.

I. Verwundungen und ihre Folgen.

Verwundungen des Wurzelwerkes einer Pflanze — etwa durch Annagen seitens der Tiere oder Umsetzen (Umtopfen) seitens der Menschen — haben ein mehr oder minder starkes Welkwerden resp. Vertrocknen der oberirdischen Organe zur Folge, weil die Wasserzufuhr eine ungenügende oder ganz unterbrochene wird. Beim Umsetzen werden unvermeidlich die Wurzelhaare zerstört, die sich erst wieder neu bilden müssen, bevor die Pflanze ihren normalen Zustand erhält.

An den angefressenen oder sonst wie beschädigten Stellen der Wurzeln, Knollen (z. B. Kartoffelknollen) und überhaupt vieler parenchymatischer, fleischiger Pflanzenteile bildet sich durch gleichsinnige Teilungen der freigelegten Zellen ein neues schützendes Kork-Hautgewebe: W u n d k o r k.

Stauden können ihre oberirdischen Sprosse vollständig z. B. infolge des Abweidens oder Abmähens verlieren, ohne hierdurch getötet zu werden. Die zurückgebliebenen Teile bilden neue Knospen, welche die verlorenen Organe ersetzen. Auch manche einjährige Arten besitzen diese Fähigkeit.

---

*) Zu empfehlen: A. B. F r a n k, Die Krankheiten der Pflanzen. Breslau 1880.

Gehen durch Frost, „Verbeifsen“ durch das Wild, Insektenfrafs oder auch künstliches Abschneiden (bei „Formsträuchern und -Bäumen“) Hauptknospen oder junge Zweige von Holzgewächsen zu Grunde, so entstehen unterhalb der Wunde aus „schlafenden Knospen“, die sonst in Ruhe verblieben wären, Ersatzsprosse, die bei wiederholten Angriffen auf die Pflanze so zahlreich entstehen können, dafs schliefslich besenförmige Verzweigungen zustande kommen. Ein Verlust älterer Zweige kann statthaben durch Sturm, Schneebruch, Blitzschlag; auch hier wird oft Ersatz durch Austreiben neuer Sprosse unterhalb der geschädigten Stelle geschaffen, jedoch dann im allgemeinen durch Adventiv-Knospen, welche endogen, aus beliebigen Stellen des Cambiumringes ihren Ursprung nehmen, indem die Zellen zunächst einen meristematischen Hügel erzeugen, aus welchem der durch die überdeckenden Gewebe dringende neue Sprofs hervorgeht.

Bei manchen Holzpflanzen werden an den Wundstellen, zur Verstopfung derselben, Stoffe ausgeschieden, welche namentlich die Hydroïden anfüllen. Namentlich bei den Nadelhölzern tritt im ganzen Holz der Wundstelle Harzbildung ein: es wird zu Kienholz (vgl. auch Seite 78). Das Holz jeder Pflanze überhaupt nimmt, wenn es verletzt wird, an der Wundstelle bald eine dunklere Färbung an, ähnlich wie bei der Umwandlung in Kernholz (vgl. Seite 70). Diese Wandlung beruht in einer Gummi-Bildung in den Hohlräumen der Holzzellen — besonders auffallend bei Kirschen und Pflaumen — zum Verschlufs der entstandenen Öffnungen. — Ein weiteres Mittel, dasselbe zu erreichen, besteht in der Verstopfung der geöffneten Hydroïden durch Ausstülpungen, Thyllen, der benachbarten Holzparenchymzellen, welche in die Hydroïden hineinwachsen.

Geht der Hauptstamm bis auf den Grund verloren, so tritt bei Nadelhölzern, die keine Adventivknospen zu bilden vermögen, der Tod ein, während bei den Laubhölzern meist viele kräftige, adventive Sprosse: Stockausschläge, Wurzelausschläge, gebildet werden.

Verletzungen der Rinde der Stämme und Zweige können hervorgerufen werden durch Anfressen und durch „Schälen“ mit dem Geweih an Nadelbäumen, Annagen (seitens der Eichhörnchen und ähnlicher Tiere), Quetschungen bei starkem Hagelschlag, seitens des Menschen durch Einschneiden u. dergl. zur Gewinnung des Harzes (Terpentins) aus Nadelbäumen. Auch Insektenschäden sind zu erwähnen namentlich der Borkenkäferfrafs. Der Borkenkäfer bewohnt Gänge in den weichen Teilen der Rinde, die er und seine Larve hineinfrifst. Die Rinde stirbt und fällt zuletzt ab, und auch der ganze Baum kann schliefslich durch Austrocknen an „Wurmtrocknis“ zu Grunde gehen.

Die Heilung der ersterwähnten Verwundungen — falls diese nicht gar zu einschneidend waren und also den Tod im Gefolge hatten — findet durch „Überwallung“ statt, wenn die Wunde bis zum Cambium reicht, sodafs letzteres an der Wundfläche vertrocknet oder bei der Verwundung mit verloren gegangen ist. Der aus dem Cambium am Rande der Wunde hervorgehende Überwallungswulst besteht aus Holz, Cambium und Rinde, welche durch allmähliches Entgegenwachsen von den gegenüberliegenden Stellen aus schliefslich die Blöfse bedecken. Ein nachträgliches Zusammenwachsen des neu gebildeten Holzes mit dem alten findet an der beschädigt gewesenen Stelle nicht statt.

Übrigens verläuft der Heilungsprozefs nicht immer so normal, wie bisher geschildert; gelingt es der Pflanze nicht, die Wunde schnell genug vor den schädlichen direkten Einflüssen der Luft und des Wassers zu schützen, so tritt im Holz ein Zersetzungsprozefs, die Fäule, ein, wodurch das Holz schliefslich bröcklich und pulverig wird und zerfällt.

Was den Verlust aller Blätter z. B. durch Insektenfrafs anbetrifft, so ist dieser bei Kräutern meist gleichbedeutend mit dem Verlust der blatttragenden Sprosse. Es ist klar, dafs, je gröfser der Blattverlust ist, um so geringer auch die Produktion von Kohlehydraten sein mufs, somit die Ernährung, also der Ertrag an Früchten, Knollen u. s. w., beeinträchtigt wird.

Bei Laubholzgewächsen ist eine vollständige Entlaubung meist nicht tötlich; dieselben erzeugen aus den stehengebliebenen Achselknospen der Blätter im nächsten Jahre oder auch schon im Verlustjahr selbst neue Sprosse. Geschieht das letztere, so spricht man von einer proleptischen Entwickelung.

2. Einflüsse des Lichts, der Temperatur und des umgebenden Mediums.

a) Nicht nur für den Assimilationsprozefs ist Licht unentbehrlich (Seite 83), sondern in den weit überwiegenden Fällen auch zum Ergrünen der Chlorophyllkörper; die Pflanzen vermögen sich daher bei unzureichendem Licht nicht zu ernähren: sie haben ein bleiches Ansehen, die Blätter bleiben auffallend klein, und die Stengel nehmen eine ungewöhnliche Länge an (vgl. Seite 87). Es ist klar, dafs die Pflanzen bei dauerndem Lichtmangel zu Grunde gehen müssen.

b) Dafs eine ausnahmsweise hohe Temperatur in Verbindung mit Trockenheit zum Verwelken bringt, ist selbstverständlich. Über Gefrieren und Erfrieren ist auf Seite 87—88 nachzulesen.

c) Über die Einwirkung des umgebenden Mediums ist nicht viel zu sagen, denn es ist selbstverständlich, dafs die Luft (Seite 83 und 85) und der Erdboden (Seite 82) eine bestimmte chemische Zusammensetzung haben müssen, letzterer auch eine bestimmte physikalische Beschaffenheit, wenn die Pflanzen lebenskräftig bleiben sollen. Fehlen den Pflanzen z. B. Eisenbestandteile im Boden, so erscheinen sie bleich und sterben unter Gelb- oder Bleichsucht ab.

3. Durch Schmarotzer erzeugte Krankheiten.

a) Als Pflanzen-Parasiten sind z. B. zu nennen Viscum, Cuscuta-Arten, Orobanchen (Seite 83—84) und vor allen Dingen viele Pilze, namentlich aus den Reihen der Ustilaginaceen, Fig. 506, Uredinaceen und Ascomyceten; auch Myxomyceten und Peronosporaceen stellen ein Kontingent dieser Feinde. Näheres ergiebt sich aus dem Studium der bezüglichen Abteilungen, namentlich Seite 126 ff.; dort sind die wichtigsten Krankheiten wie Rost, Brand u. s. w. ausführlicher berücksichtigt. Über die Schädlichkeit der parasitären Krankheiten ist weiter kein Wort zu verlieren.

b) Die schädlichen Eingriffe der Tiere durch Befriedigung ihres Hungers wurden bereits mehrfach hervorgehoben; hier erübrigt noch die Besprechung der auf den Pflanzen parasitisch lebenden Tiere. Diese saugen oft die Pflanzenorgane aus und bringen sie zum Absterben; in den meisten Fällen jedoch werden die Pflanzen durch den von den Parasiten ausgeübten Reiz zu Neubildungen veranlafst, die den Tieren Schutz bieten, in denen sie wohnen: es sind das die Gallen der Pflanzen, Fig. 507.

Fig. 506. Ustilago carbo auf dem Blütenstand des Hafers. — (Original.)

Wenn wir die wichtigsten Parasiten in systematischer Reihenfolge durchgehen, so sind besonders folgende zu erwähnen:

1. Unter den Würmern ist das Weizenälchen zu nennen, welches zu vielen in den Weizenkörnern lebt; diese letzteren unterscheiden sich — wenn befallen — ihrer Form nach von gesunden Körnern deutlich und sind als Raden- oder Gichtkörner bekannt.

2. Unter den Milben leben die Milbenspinnen auf den Unterseiten der Blätter vieler Pflanzen, saugen dieselben aus und bringen sie zum Kränkeln. Die Gallmilben (Phytoptus), die sich auf den verschiedensten Pflanzenteilen aufhalten, erzeugen 1. die Filzkrankheit, als besonders reichliche Haarbildung auf der Epidermis vieler Blätter, 2. kleine kugelige bis kegelige Ausstülpungen zum Ablegen der Eier, die Beutelgallen, die von der Unterseite der Blätter aus einen Eingang haben, 3. Knospenanschwellungen, verbunden mit Vermehrung und Vergröfserung der Blätter, zwischen denen die Milben leben, 4. krause Beschaffenheit der Blätter und endlich 5. Pocken, welche einfache Anschwellungen in den Blattspreitenteilen vorstellen durch Bildung gröfserer Intercellularen zum Wohnen der Tiere in neu gebildetem Blattparenchym.

3. Unter den Halbflüglern erwähnen wir die Schildläuse (Coccus, Seite 313) und die Blattläuse (Aphiden), unter denen am bemerkenswertesten die Reblaus (Phylloxera vastatrix). Die Weibchen dieses vielbesprochenen Tieres leben saugend an den Wurzeln des Weinstockes, wo sie Anschwellungen hervorbringen; die Wurzel stirbt schliefslich ab und mit ihr natürlich der ganze Weinstock. Blattläuse sind es, welche den „Honigtau" auf den Blättern der Pflanzen veranlassen, auf denen sie leben. Es ist derselbe ein Ausscheidungsprodukt der Tiere, das sie fortschleudern, nicht der Pflanzen.

4. Viele Fliegen, und zwar besonders Gallmücken, legen ihre Eier auf oder durch Anbohren in Pflanzenteile, wodurch Gallen er-

zeugt werden, in denen die auskriechenden Larven leben. Sie erzeugen Einrollungen oder Faltungen von Blättern, Umbildungen von Sprofsspitzen, allseitig geschlossene abgegliederte Gebilde auf den Blättern: Galläpfel, Stengelanschwellungen u. s. w.

5. Die Gallwespen (Cynipiden) legen ihre Eier ebenfalls in bestimmte Pflanzenteile, wodurch diese zur Gallapfelbildung veranlafst werden. Besonders bemerkenswert sind die auf den Blättern

Fig. 507. Eichenblatt mit Galle, auf welcher die Gallwespe sitzt; links Querschnitt durch eine Galle, in der Mitte die Larve (Made) der Gallwespe zeigend.

der Eichen erzeugten Galläpfel, Fig. 507, von denen die gerbstoffreichsten als „Knoppern" u. dgl. zum Gerben Verwendung finden. Erwähnenswert sind auch die von Rhodites rosae herrührenden Gallen, die Schlafäpfel oder Bedeguare, welche grofse wie mit Moos bewachsene vielkammerige Anschwellungen an den Zweigen der Rosen darstellen.

4. Mifsbildungen.

Die Ursache derjenigen Mifsbildungen, Monstrositäten, die keine Gallen sind, läfst sich meistens nicht ermitteln; häufig haben ungewohnte Bodenverhältnisse einen merkbaren Einflufs auf die Entstehung derselben. Übrigens läfst sich in vielen Fällen eine Grenze zwischen dem, was Monstrosität und dem, was Variation (vgl. Seite 101) ist, absolut nicht ziehen. Eine besondere Disciplin, die Pflanzenteratologie, beschäftigt sich ausschliefslich mit der Morphologie der Mifsbildungen. Als Beispiel erwähnen wir die gefüllten Blumen z. B. der Rosen, bei denen sich an Stelle der Geschlechtswerkzeuge Blumenblätter entwickeln. Man wird hier von einer Monstrosität reden können, weil sich eine Abweichung vom normalen Bau bemerkbar macht, indem wesentliche Organe durch andere untergeordneter Bedeutung — die überdies, wenn die ersteren fehlen, ganz bedeutungslos sind — ersetzt erscheinen. Man kann allerdings auch mit vollem Recht von einer Kulturvarietät oder -Rasse sprechen, die allerdings im Naturzustande keinen Bestand haben kann.

Pflanzliche Warenkunde.

Bearbeitet von Dr. **Theodor Waage.**

I. Allgemeines.

Seit ältester Zeit hat der Mensch sich die Produkte der Pflanzenwelt zu Diensten gemacht. Ursprünglich war überhaupt die Botanik eine rein praktische Pflanzenkunde, was schon der Name βοτανη = Futter erkennen läſst. Groſs war bereits die Zahl derjenigen Pflanzen, welche Dioscorides und Plinius als nutzbar kannten. Immer mehr aber schwoll sie an, insbesondere mächtig gefördert durch die Erweiterung und Verbesserung der Verkehrswege, und so ist sie heute eine derart gewaltige geworden, daſs allein die Aufzählung der in der Pharmazie und Technik überhaupt verwendeten Produkte pflanzlicher Herkunft einen ungeheuren Umfang einnehmen würde. Indessen es vereinfacht sich die Materie ungemein, wenn wir uns wesentlich auf die gebräuchlicheren Stoffe beschränken. Wie groſs ist, um nur ein Beispiel anzuführen, die Zahl der bekannten Pflanzenfarbstoffe! Fragen wir aber nach ihrer thatsächlichen Verwendung, so schrumpft ihre Masse auf ein kleines Häuflein auserwählter zusammen.

Zu diesen Rohstoffen des Pflanzenreiches rechnet man aber nicht nur die einzelnen, meist getrockneten Pflanzenteile, wie Wurzeln, Rhizome, Hölzer, Rinden, Blätter, Blüten, Früchte und Samen, sondern auch gewisse Pflanzenprodukte, wie Balsame, Fette, Gummiarten, Harze, Kautschuk, Säfte, Stärkemehle, auch manche Extrakte etc., selbst wenn diese nicht direkt durch Ansammlung, vielmehr indirekt, jedoch mittelst relativ einfacher Verfahren aus den Pflanzen erhalten werden, wobei nicht zu vergessen ist, daſs ihre für die Zwecke der Verwendung hinreichende Reinigung oft sehr komplizierter Prozesse bedarf.

Die Mittel nun, durch welche die pflanzliche Rohstofflehre oder Warenkunde die Kenntnis der einschlägigen Materie zu erreichen sucht, sind mancherlei Art. Sie lehrt uns die Stammpflanze, deren Heimat, Standort und charakteristische äuſsere wie innere Eigenschaften kennen, auf Grund welcher wir Verwechselungen und Verfälschungen auszuschlieſsen vermögen, ferner ihre wertvollen Bestandteile, welche die spezifische Verwendung bedingen und den Einfluſs der Sammelzeit, sie giebt Anhaltspunkte für die Kultur wie für die handelsübliche Zurichtung und die Unterscheidung der Sorten; in Summa ermöglicht sie die Ermittelung der Identität und des Wertes einer Droge. Hieraus geht hervor, daſs die pflanzliche Rohstofflehre sich wesentlich auf den Elementen der Botanik aufbaut, wenn dabei naturgemäſs auch andere Wissensgebiete, wie namentlich Chemie, sodann Physik, Geographie etc. vielfach gestreift werden.

Zwecks Einführung in die pflanzliche Rohstofflehre kann man drei grundverschiedene Wege betreten. Entweder man geht von gewissen Bestandteilen aus und bespricht dabei die Pflanzen und Pflanzenteile, in welchen sie nachgewiesen wurden, sowie deren Charakteristica, oder aber man geht von den Pflanzen, meist in systematischer Anordnung, aus und erörtert dabei die von ihnen abgeleiteten Drogen nebst ihren Eigenschaften, Bestandteilen etc., oder endlich man reiht die Beschreibungen der Drogen selbst nach rein äuſserlichen Gesichtspunkten aneinander. So praktisch nun der letztgenannte Weg für eine mehr oder minder erschöpfende Darstellung der pflanzlichen Warenkunde sein mag, für die hier beabsichtigte gedrängte Übersicht ist derselbe aus naheliegenden Gründen unbrauchbar. Vielmehr erscheint es uns am zweckmäſsigsten, den zweitgenannten Weg in der gebotenen äuſsersten Kürze zu betreten, da auch der erste kaum in so beschränktem Raume fruchtbringend würde einzuschlagen sein. Zuvor dürfte es jedoch angebracht erscheinen, Vorkommen und Nachweis der verbreiteteren der hier in Frage kommenden Pflanzenstoffe bez. -Stoffgruppen kurz zu besprechen.

II. Die wichtigeren Pflanzenstoffe.

1. **Kohlenhydrate.** a) Zuckerarten fehlen wenigstens in jugendlichen Geweben nie; reducieren meist alkalische Kupfertartratlösung (Fehlingsche Lösung). b) Dextrin. Gleichfalls sehr verbreitet, indessen nur makrochemisch sicher nachzuweisen. c) Inulin ist im Zellsafte gelöst, besonders bei Compositen, auch bei einigen Campanulinen und der Violacee Jonidium Ipecacuanha als Stärkeersatz vorhanden. Scheidet sich durch kalten, starken Alkohol allmählich in kugelig-kristallinischen Aggregaten (Sphaerokristallen) ab. d) Stärke ist ungemein verbreitet und durch die verschiedenartige Körnerform, sowie die Blaufärbung mit Jod-Jodkaliumlösung charakterisiert. e) Lichenin, Moosstärke, kommt in vielen Flechten vor, quillt in Wasser gallertartig auf und färbt sich mit Jodlösung gelb. f) Schleime und Gummiarten treten teils als Zellinhalt, teils als Produkt metamorphosierter Membranen auf. Sie sind meist an der eigenartigen Quellung bei partiellem Wasser- und Alkoholzutritte erkennbar. g) Cellulose, Zellstoff, bildet den wichtigsten, wenn auch nicht immer vorwiegenden Bestandteil der meisten Zellmembranen. Wird durch Chlorzink-Jodlösung violett gefärbt, durch Kupferoxydammoniak unverändert gelöst.

2. **Lignin,** Holzstoff, ist eine nicht einheitliche Substanz von unbekannter Zusammensetzung. Dasselbe enthält Coniferin und Vanillin und ist mit diesbezüglichen Reagentien (Anilin-Schwefelsäure, Phloroglucin-Salzsäure, Phenol-Salzsäure, Thallin etc.) nachzuweisen.

3. **Suberin,** Korkstoff, besteht aus Cerin sowie den Glycerinestern der Phellon-, Phloion- und Suberinsäure. Verkorkte Membranen sind in concentrierterer Chromsäurelösung nicht oder doch erst nach längerem Liegen löslich.

4. **Eiweifskörper** bilden die plastische Substanz und kommen auch vielfach in geformten Körpern, Aleuronkörnern, vor. Sie sind kompliciert zusammengesetzt, N-u.S-haltig, speichern begierig Farbstoffe, und werden damit oder mittelst der durch Quecksilbernitratnitritlösung (Millons Reagens) hervorgerufenen ziegelroten Färbung nachgewiesen.

5. **Fette.** Sind meist Glycerinester der Fettsäuren, kommen als Öltropfen (fette Öle) oder formlose, weiche (Butter), beziehentlich kristallinische, feste (Talge) Massen vor, erscheinen vielfach glänzend, färben sich durch einprozentige Überosmiumsäurelösung schwärzlich und sind auch durch die Löslichkeitsverhältnisse nachweisbar. Stärker fetthaltige Pflanzenteile machen auf Papier einen bleibenden Fettfleck.

6. **Ätherische Öle,** vielfach aus flüssigen (Terpenen) und festen Anteilen (Stearoptenen) zusammengesetzt, zeichnen sich durch Flüchtigkeit aus, hinterlassen auf Papier nur vorübergehend einen Fettfleck und besitzen mehr oder minder starken Duft. Sie bilden Tropfen oder verharzte Massen, zuweilen sind ihre Stearoptene auskristallisiert (Menthol in den Drüsen der Pfefferminze). Alkannatinktur färbt sie intensiv rot. Physiologisch sind dieselben als Exkrete aufzufassen.

7. **Harze.** Chemisch wenig gekannte, z. T. den ätherischen Ölen nahe verwandte, aber nicht flüchtige Stoffe, Gemenge verschiedener Körper darstellend, durch die spezifischen Löslichkeitsverhältnisse charakterisiert. Sie begleiten vielfach die ätherischen Öle (Balsame) und sind teilweise noch mit Gummi emulgiert (Gummiharze). Sie stellen Ex- u. Sekrete dar.

8. **Gerbstoffartige Körper.** Es sind ungemein verbreitet vorkommende, oxyaromatische, meist nicht näher gekannte, gewöhnlich im Zellsafte gelöste, zuweilen jedoch in Körnchen oder Bläschen auftretende Verbindungen, welchen gewisse Reaktionen gemeinsam sind, so besonders die Blau- oder Grünfärbung, beziehentlich Fällung mit Eisensalzen und die Bildung rotbrauner Niederschläge mit Kaliumdichromat. Zu ihrer Unterscheidung pflegt man ihnen den Namen der Droge voranzusetzen, z. B. Eichenrindengerbsäure, Ratanhiagerbsäure u. s. w. Ihre Oxydationsprodukte sind vielfach braune Phlobaphene, die entsprechend bezeichnet werden, z. B. Eichenrot, Ratanhiarot. In der Hauptsache dürften sie als Exkrete aufzufassen sein.

9. **Phloroglucin** findet sich vielfach als Begleiter der gerbstoffartigen Körper, es ist durch Vanillin-Salzsäure (Rotfärbung) nachzuweisen.

10. **Farbstoffe** kommen teils im Zellsafte gelöst, teils an plasmatische Grundlagen gebunden (Chromoplasten) vor. Manche derselben stehen zu den gerbstoffartigen Körpern oder zum Phloroglucin in naher Beziehung. Vielfach treten sie in den Pflanzenteilen als ungefärbte Chromogene auf, erst sekundär z. B. durch Oxydation in Farbstoffe (Pigmente) übergehend. Die meisten besitzen eine höchst komplicierte Konstitution. Ihre Reaktionen sind sehr verschieden. Sie repräsentieren Exkrete. Hierhin rechnet man auch die bei 8. erwähnten Phlobaphene.

11. **Alkaloide**, Pflanzenbasen, sind stickstoffhaltige, basische Verbindungen von meist starker physiologischer Wirkung. Sie geben mit den sogenannten Alkaloidreagentien wie Phosphomolybdänsäure, Phosphowolframsäure, Jod-Jodkaliumlösung etc. Niederschläge, doch sind dieselben mikrochemisch nur selten charakteristisch. Die Alkaloide gelten als Ex- u. Sekrete und werden vielfach als Schutzmittel der Pflanzen gegen Tierfraſs angesprochen.

12. **Glucoside** nennt man eine groſse Anzahl der allerverschiedensten Verbindungen, denen die Eigenschaft gemeinsam ist, durch Einwirkung von verdünnten Säuren oder Alkalien, von Fermenten oder schon durch Kochen mit Wasser unter Wasseraufnahme Zucker abzuspalten. Sie zeigen vielfach Farbenreaktionen, von denen aber nur wenige mikrochemisch verwertbar sind.

13. **Bitterstoffe** sind stickstofffreie, bitter schmeckende, sehr wenig bekannte Verbindungen.

14. **Salze** anorganischer und organischer Säuren finden sich in den verschiedenen Pflanzenteilen teils im Zellsafte gelöst, teils auskristallisiert (besonders Calciumoxalat). Ihre Komponenten lassen sich teilweise mikrochemisch nachweisen, so Kalk durch Gipsnadelbildung mit Schwefelsäure, Kohlensäure durch Entwickelung von Gasblasen bei Zusatz von Salzsäure, Chrysophansäure mit Alkalien durch violettrote Farbung etc.

III. Übersicht der pflanzlichen Warenkunde.

Thallophyta.

Schizomycetes: *Bacillus typhi murium* [1]) zur Mäusevertilgung.

Bacillariales: Kieselguhr, Infusorienerde, die Kieselpanzer fossiler Diatomaceen, z. B. *Melosira distans* (Bilin), *Pinnularia maior* (Franzensbad), *Synedra ulna* (Lüneburg) etc. Verw. zu Platten gepreſst als Austrocknungsmaterial, mit Nitroglycerin getränkt als Dynamit, mit Brom vermischt zur Desinfektion.

Laminariaceae: Laminariastiele, Stipites Laminariae [1]), von *Laminaria Cloustoni* an den Küsten der nordischen Meere. Enthält Laminarsäure, Laminarin, Mannit, Jodsalze. Verw. zum Düngen, die Stiele gedrechselt als Quellstifte zum Offenhalten von Wunden; der Schleim zum Appretieren und Klären; die Laminarsäure zur Pastillenfabrikation. Andere Arten zur Jod- und Sodagewinnung.

Fucaceae: Viele Arten zu Kelp (Varec), Tangasche, woraus Jod und auch noch Soda gewonnen wird.

Rhodophyceae: ○ [2]) Carrageen, Irländisches „Moos", von *Chondrus crispus* (Fig. 127) und *Gigartina mamillosa*, an den Küsten Irlands und des östlichen Nordamerika gesammelt. Enthält Carragin (Pararabin?). Verw.

---

[1]) Die wissenschaftlichen Namen der Stammpflanzen der besprochenen Produkte sind stets *kursiv* gedruckt.

[2]) Das Zeichen ○ bedeutet, daſs die betreffende Droge in dem deutschen Arzneibuche, III. Aufl., enthalten ist. In die obige Übersicht sind sämtliche in diesem Arzneibuche vorhandenen Drogen pflanzlicher Herkunft aufgenommen worden, ebenso diejenigen der Pharmakopöen anderer Staaten.

als Schleimmittel, technisch zur Appretur, auch zum Klären des Bieres. — Agar-Agar, Gelatine diverser japanischer Algen, besonders von *Eucheuma spinosum.* — Lichen zeylanicus, Ceylon-(Jafna-)„Moos“ (*Gracilaria lichenoides* u. a.), liefert ein Agar-Agar. — Helmintochorton, Wurmtang, von *Alsidium Helmintochorton* u. a. Arten. Heimat: Mittelmeer, Atlantischer Ocean. Enthält Schleim und Salze. Wurmmittel. — Korallen-„Moos“, Muscus corallinus, von *Corallina officinalis.* Atlantischer Ocean, Nordsee. Volksmittel.

Tubereae: *Tuber*-Arten, Trüffeln, efsbar (Fig. 133).

Pyrenomycetes: *Claviceps purpurea* (Fig. 135). Befällt als „Honigtau“ den Fruchtknoten von Gramineen, besonders von Roggen und Weizen, und deformiert denselben zu den als ○ Mutterkorn, Secale cornutum, offizinellen Gebilden. Dasselbe enthält Cornutin, Ergotinin, Ecbolin, Pikrosclerotin, sowie Sclerotin- und Sphacelinsäure. Verw. gegen Blutungen, zu Uteruskontraktionen.

Helvelleae: Morcheln, *Helvella-* und *Morchella*-Arten (Fig. 136), efsbar.

Basidiomycetes: Hollunderschwamm, Fungus Sambuci von *Auricularia Auricula Judae.* Parasit auf Sambucus nigra. Enthält Schleim. Volksmittel zu Augenumschlägen. — Boletus Salicis, Weidenschwamm von *Polyporus suaveolens,* riecht frisch nach Anis. Obsolet. — Lärchenschwamm, Agaricum, Boletus Laricis, Fruchtkörper von *Polyporus officinalis.* Besonders an Larix sibirica in Nordrufsland gesammelt. Enthält Agaricol, Agaricinsäure, Harze. Verw. als Purgans, gegen Nachtschweifse. — Fungus Chirurgorum, Wundschwamm, die geklopften weichsten Teile von ○ *Ochroporus (Polyporus) fomentarius* an Buchen und Birken, das übrige, mit Salpeter imprägnirt, zu Feuerschwamm, Fungus igniarius, verwendet. — *Serpula lacrimans,* Hausschwamm, zerstört Holzteile. — Pfefferling, *Cantharellus cibarius,* Speisepilz. — *Psalliota campestris,* Champignon (Fig. 138), auch kult., Speisepilz. — Fungus muscarius, Fliegenschwamm von *Amanita muscaria.* Zu berauschenden Getränken, aber giftig. Enthält Muscarin.

Gastromycetes: Hirschbrunst, Boletus cervinus, von *Lycoperdon cervinum.* — Bovist, *Lycoperdon caelatum.* Blutstillungsmittel.

Saccharomycetes: Verschiedene Hefen, *Saccharomyces cerevisiae* (Fig. 132) und andere Arten stellen die Bierhefe dar, *S. ellipsoideus* die Weinhefe; *S. Mycoderma* ist der Essigpilz.

Lichenes: Lackmus und Orseille werden besonders aus *Ochrolechia tartarea, O. pallescens, Roccella tinctoria, R. fuciformis* (feinflechtige ostafrikanische O.) und anderen *Roccella*-Arten, sowie *Pertusaria communis* gewonnen. Best.: Azolitmin, Erythrolitmin, Erythroleïn und Spaniolitmin, womit Kalkstücke durchtränkt sind. — „Lungenmoos“, Lichen Pulmonarius (Herba Pulmonariae arboreae) von *Sticta Pulmonaria* mit lungenähnlichem Thallus. Enthält Stictinsäure. Volksmittel gegen Lungenleiden. — ○ Isländisches „Moos“, Lichen islandicus, von *Cetraria islandica* (Fig. 142). In Europa, Nordamerika und Sibirien gesammelt. Enthält Cetrar- und Lichenosterinsäure, sowie Lichenin. Verw. als Schleimmittel, auch mit Pottasche entbittert (Lich. island. ab amaritie liberat.).

Bryophyta.

Sphagnales: *Sphagnum*-Arten, Torfmoos, lose und geprefst als aufsaugendes Verbandmaterial verwendet. Bilden vermodert den Hauptbestandteil des Torfs.

Pteridophyta.

Polypodiaceae: Frauenhaar, Herba Capilli Veneris, von *Adiantum Capillus Veneris.* Enthält äth. Öl und einen Bitterstoff. Verw. gegen Katarrhe. In Nordamerika wird an dessen Stelle *A. canadense* verwendet. — ○ Farnwurzel, Rhizoma Filicis, von *Aspidium Filix mas* (Fig. 151 u. 156). Mufs grünbrechend sein und ist ungeschält aufzubewahren. Best.: äth. Öl, Filixsäure, Filixgerbsäure. Bandwurmmittel. — Uncomocomowurzel, Rhiz. Pannae, von *Aspidium athamanticum* in Südafrika. Enthält Pannasäure. Bandwurmmittel. — Rhiz. Polypodii, Engelsüfs-„Wurzel“ von *Polypodium vulgare* (Fig. 155). Enthält neben äth. Öle Glycyrrhizin. Ist Volksmittel als Diureticum.

Cyatheaceae: Penghawar Djambi, Pulu-Pulu und Paku Kidang stammen von *Cibotium-* und *Alsophila*-Arten, z. B. *C. Baromez, C. glaucescens,*

C. Schiedei (Mejiko), *A. lurida* etc. ab. Es sind Spreuhaare. Verw. als mechanisches Blutstillungsmittel und Polstermaterial.

Equisetaceae: Polierschachtelhalm, Herba Equiseti maioris, von *E. hiemale*. Verw. als Poliermittel wegen des hohen Kieselsäuregehaltes. — Herba Equiseti minoris von *E. arvense* (Fig. 163). Enthält einen Bitterstoff. Diureticum.

Lycopodiaceae: Bärlappsamen, Hexenmehl, Lycopodium, besonders von *L. clavatum* (Fig. 164) gesammelt. Bestandteile: fettes Öl, Lycopodin (?). Verw. zu Streupulvern, Blitzmehl, ferner gegen Blasenleiden.

Gymnospermae.

Taxaceae: Eibenblätter, Folia Taxi, von *Taxus baccata* (Fig. 173) in Europa, Asien, auch kult. Best.: Taxin, Milossin. Abortivmittel. Obsolet.

Araucariaceae: O Dammarharz, Resina Dammar, von *Agathis Dammara*, Südasien. Grofse helle Stücke. Best.: äth. Öl, Harze (Dammarylsäure). Verw. zu Pflastern, Lacken, Firnissen. — Brasil-Dammarharz, Resina Dammar brasiliensis, von *Araucaria brasiliensis* in Südamerika. Rötliche Klumpen. Best.: äth. Öl, Harze. Zu Lacken. — Kaurikopal, Resina Dammar australis, von *Agathis australis* in Neuseeland. Best.: äth. Öl, Harze. Verw. zu Lacken. — O Terpenthin, Terebinthina, von *Pinus Pinaster* (T. gallica, Galipot) (Südwesteuropa), *P. Laricio* (Österreich), *P. silvestris* (Rufsland), *P. australis* und *P. Taeda* (Nordamerika), sowie noch anderen Arten durch Einschnitte gewonnen. Auflösung von Harz in äth. Öl. Verw. als Hautreizmittel, zu Pflastern, Salben, technisch. Der gröfste Teil wird zwecks O Terpenthinöl- (Oleum Terebinthinae) Gewinnung destilliert, Rückstand O Colophonium. — Lärchen-Terpenthin, Terebinthina laricina (T. veneta), aus *Larix europaea* besonders in Südtirol und Steiermark dargestellt. — Strafsburger Terpenthin, Terebinthina argentoratensis, von *Abies pectinata* in den Vogesen erhalten. — Kanada-Balsam, Balsamum canadense, von *Abies balsamea*, auch *A. Fraseri* und *A. canadensis* in Nordamerika. Verw. technisch z. B. zum Einschliefsen mikroskopischer Objekte, auch Heilmittel. — Fichtenharz, Resina Pini, wird besonders von *Pinus Pinaster* und *Picea vulgaris* gewonnen. — Oleum Pini silvestris, Kiefernadelöl, ist das Destillat der Nadeln und jungen Triebe von *Pinus silvestris*, auch *P. nigra*, Oleum Pini Pumilionis, Krummholzöl, das Destillat der Spitzen und Zapfen von *P. Pumilio* (Fig. 175). Pix liquida, Theer, ist das Produkt der trockenen Destillation der genannten Arten; Pix navalis, Pech, der Rückstand davon. — Red wood, geschätztes Holz von *Sequoia sempervirens* in Kalifornien. — Sandarac-Harz, welches von den alten Ägyptern zur Einbalsamierung der Leichen benutzt wurde, von *Callitris quadrivalvis*, Atlasländer, bildet Thränen. Best.: äth. Öl, Harz, Bitterstoff. Zu Lacken, Zahnkitt, gegen Gicht. — Alerce-Sandarac, Harz von *Fitzroya patagonica* in Chile. — Herba Thujae, Lebensbaumblätter, von *Thuja occidentalis* in Nordamerika, bei uns kult. Best.: äth. Öl, Thujin, Thujigenin. Hautreizmittel, Abortivum. — O Wachholderbeeren, Fructus Juniperi, Beeren von *Juniperus communis* (Fig. 176) im nördlicheren Europa und Asien. Best.: äth. Öl, Harz, Juniperin. Diureticum, Räuchermittel, zu gegorenen Getränken. — Bleistift-, Cigarrenkistenholz liefert *Juniperus virginiana* (rote Ceder) und andere Arten. — Kadeöl, Oleum cadinum, von *Juniperus Oxycedrus* und auch *J. lycia*, Produkt der trockenen Destillation. — Sadebaumspitzen, Summitates Sabinae, von *Sabina officinalis* in Europa, Asien, auch kult. Best.: äth. Öl, Harz. Verw. als Hautreizmittel, Abortivum.

Angiospermae.

Potamogetonaceae: Seegras, *Zostera marina*, als Polstermaterial.

Gramineae: Teosinte, *Euchlaena mexicana*, Futterpflanze. — Mais von *Zea Mays* (Fig. 188) (Heimat Mejiko), Hauptbrotfrucht in Amerika, auch in Südeuropa, die ganzen Pflanzen Viehfutter. — Hiobsthränen, Früchte von *Coix Lacrima*. Diureticum, zu Schmucksachen. — Durrha, Getreide von *Andropogon arundinaceum*, besonders in Afrika kult. — Zuckerrohr, *Saccharum officinarum* (Fig. 190), zur Kolonialzuckergewinnung in den Tropen kult. — Hirse von *Panicum miliaceum* (Fig. 189) (Ostindien), Tropen kult. Nahrungsmittel. —

Negerhirse von *Pennisetum spicatum*, Afrika, auch Ostindien kult.; Nahrungsmittel. — Kolbenhirse von *Setaria italica*, Mittelmeergebiet.; Nahrungsmittel. — Wasserreis von *Zizania aquatica*, Nordamerika, Nordostasien.; Nahrungsmittel der Eingeborenen. — Reis von *Oryza sativa*, Ostindien, in allen wärmeren Ländern kult.; Nahrungsmittel, zu Stärke. — Espartofaser von *Stipa tenacissima*, Halfagras, Steppen des Mittelmeergebietes. Zu Geweben, Papier. — Timothee, *Phleum pratense* (Fig. 198), Fuchsschwanz, *Alopecurus pratensis*, ferner *Agrostis-*, *Holcus-*, *Aira-*, *Deschampsia-*, *Dactylis-*, *Arrhenatherum-*, *Poa-*, *Cynosurus-*, *Festuca-*, *Bromus-*, *Lolium*-Arten und andere sind Futtergräser. — Hafer, *Avena sativa* (Fig. 193), Pferdefutter, seltener als Brotkorn, besonders in Europa viel kult. — Italienisches Rohr, *Arundo Donax*, Mittelmeergebiet, dort und bei Ludwigshafen kult. Zu Flechtwerk und Papier. — Schilf, *Phragmites communis*, überall verbreitet. Zu Flechtwerk. — Korakan, *Eleusine Coracana*, in Afrika und Ostindien Brotfrucht, auch zur Bierbereitung. — Queckenwurzel, Rhiz. Graminis, von *Agropyrum repens* (Fig. 210). Enthält Triticin, Schleim, Zucker. Verw. als Blutreinigungsmittel, Diureticum. — Roggen, *Secale cereale* (Fig. 195), Hauptbrotfrucht Nordeuropas, viel kult. — Weizen, *Triticum sativum* (Fig. 194), in verschiedenen Varietäten einschliefslich Spelz, Emmer, Einkorn. Hauptbrotfrucht der romanischen Länder, in Deutschland zu Weifsbrot. Viel kult. Die Stärke, ○ Amylum Tritici, off. — Gerste von *Hordeum sativum* (Fig. 196) in verschiedenen Varietäten und Formen, 2-, 4-, und 6zeilig. Zur Bierbereitung, auch als Brotfrucht und Futtermittel. — Bambus, *Bambusa arundinacea* und andere Arten. Verw. als Baumaterial, zu Geräten, die Faser zu Papier, die Kieselsäure-Konkretionen in den Höhlungen der Internodien „Tabaschir" sind ein Heilmittel der Südostasiaten.

Cyperaceae: Papyrus, *Cyperus Papyrus*, im Mittelmeergebiete und dem trop. Afrika. Fasern des Stengels im Altertume zur Papierbereitung. — Erdmandeln, Knollen von *Cyperus esculentus*. Nahrungsmittel, geröstet auch Kaffeesurrogat. — Rietgras-, rote Queckenwurzel, Rhiz. Caricis, von *Carex arenaria* (Fig. 213). Best.: äth. Öl, Harz. Verw. als Blutreinigungsmittel und Diureticum.

Palmae: Datteln von *Phoenix dactylifera* (Fig. 217), besonders in Nordafrika. Nahrungsmittel. Die Faser des Stammes und der Blätter wird technisch verwertet. — Vegetabilisches Rofshaar (Crin végétal) von *Chamaerops humilis* und anderen Arten. Zu Seilen, auch Geweben. — Corypha-Faser von *C. umbraculifera* in Ostindien. Auch auf Sago verarbeitet. — Carnauba-Wachs von *Copernicia cerifera* in Brasilien. Verw. zu Kerzen und Lacken. — Palmyra-Faser von *Borassus flabelliformis* in Südasien, Afrika, in den Tropen kult. Liefert auch Palmwein „Toddy". — Meereskokosnüsse von *Lodoicea Sechellarum*. Seychellen. Die gröfsten Früchte der Welt. — Raphia-Bast von *R. vinifera*, *R. Ruffia* und anderen Arten. Blätter auch zu Zeugen. — Sago von *Metroxylon Rumphii* (Fig. 218) und *M. laeve* auf den südasiatischen Inseln. Es ist das Mark des Stammes. — Stuhlrohr, spanisches Rohr von *Calamus Rotang* und anderen Arten. — Drachenblut, Sanguis Draconis, von *Calamus Draco* in Südostasien. Es tritt zwischen den Zapfenschuppen aus und wird, in der Wärme erweicht, zu Stäbchen gerollt. Enthält neben Farbstoff Benzoësäure und dient zu Pflastern und Lacken. — Palmzucker von *Arenga saccharifera*, besonders auf Java dargestellt. Diese Palme liefert auch Palmwein u. Palmkohl, aus ihren Blättern wird die Gomuti-Faser gewonnen. — Kitool-Faser von *Caryota urens*, Südasien. — Palmwachs von *Ceroxylon andicola*, Anden. — ○ Areka-, Betelnüsse, Semen Arecae, von *Areca Catechu* in Südasien und dem trop. Ostafrika, viel kult. Best.: Arecan, Arecaïn, Arecolin, Guvacin, fettes Öl, Gerbstoffe. Verw. als Adstringens, zum Betelkauen, als Wurmmittel. — Palmöl. Das Fett des Fruchtfleisches der Ölpalme, *Elaeïs guineensis*, im trop. Afrika. Es ist gelb bis gelbrot, weich. Aufserdem geben auch die Kerne ein weifses, sonst ähnliches Fett, das im Gegensatze zu ersterem erst in Europa geprefst wird. Verwendung beider zu Seifen etc. — Piassave-Faser von *Attalea funifera*, Brasilien. Zu Besen, Bürsten und Matten. — Cocosnüsse von *Cocos nucifera*, in den Tropen sehr viel kult. Die Milch der unreifen Nüsse als Nahrungsmittel, das reife Endosperm „Koprah" zur Ölgewinnung (Cocosbutter); die Fasern der Nüsse „Coir" zu grobem Flechtwerk, Stricken,

Schnüren etc. — Steinnüsse, vegetabilisches Elfenbein, von *Phytelephas macrocarpa*. Zu Knöpfen gedrechselt, Abfall als Futtermittel.

Cyclanthaceae: Panamapalme, *Carludovica palmata*, junge Blätter zur Herstellung der Panamahüte.

Araceae: ○ Kalmuswurzel, Rhiz. Calami, von *Acorus Calamus* (Fig. 220). Enthält äth. Öl und Acorin. Aromatisch-bitteres Magenmittel. Auch geschält und kandiert im Handel. — Taroknollen von *Colocasia antiquorum*. Nahrungsmittel der Tropen; ähnlich verwandte Arten. — Aronknollen, Rhiz. Ari, von *Arum maculatum* (Fig. 219). Enthalten einen scharfen Stoff. Die grofsen Aronknollen stammen von *A. italicum* und *Dracunculus vulgaris*.

Bromeliaceae: Louisiana-„Moos“, *Tillandsia usneoïdes*, im wärmeren Amerika. Polstermaterial. — Ananas. Durchwachsene Fruchtstände von *Ananas sativus*, in den Tropen wie auch bei uns in Häusern viel kult. Die Fasern der Blätter dienen zu sehr feinen Geweben. — Chagual-Gummi von *Puya lanuginosa*, Chile, Peru.

Liliaceae: Sabadillsamen, Semen Sabadillae, von *Schoenocaulon officinale* in Mittelamerika, auch kult. Best.: Veratrin, Sabadin, Sabadinin, Sabadillin, Sabatrin, Cevadillin, Sabadillsäure. Verw. gegen Ungeziefer. — ○ Weifse Nieswurzel, Rhiz. Veratri, stammt von *Veratrum album* und *V. Lobelianum* in Europa und Asien. Enthält Jervin, Pseudojervin, Rubijervin, Protoveratrin, Protoveratridin und Veratramarin, aber kein Veratrin. Ableitungsmittel, gegen Ungeziefer. — Rhiz. Veratri viridis, grüne Nieswurz, von *V. viride* in Nordamerika. — ○ Zeitlosensamen und -Knollen, Semen und Bulbotuber Colchici, von *Colchicum autumnale* (Fig. 227) in Mittel- und Südeuropa. Best.: Colchicin, Colchicoresin. Gegen Gicht, Rheuma, Wassersucht. — Neuseeländer Flachs von *Phormium tenax*. Faserpflanze. — ○ Cap-Aloë. Extrakt der Blätter von *Aloe ferox*, *A. africana*, vielleicht noch weiteren Arten. Sie ist glänzend schwarz, muschelig brechend. Best.: äth. Öl, Aloïn, Harz. Abführmittel. Es giebt auch matte (kristallinische) Kap-Aloë. — Barbados-Aloë von *A. vulgaris* (Fig. 225) var. *barbadensis*. Enthält Barbaloïn. In Kürbissen oder Kisten im Handel. Sie ist meist matt, braun. — Curaçao-Aloë von *A. vulgaris*. Enthält Curaçaloïn. — Natal-Aloë von *A. succotrina* und *A. Barberae*. Enthält Nataloïn. Aufserdem werden noch Mekka-, Socotra- und Zanzibaraloësorten unterschieden. Die spezifischen Aloïne der beiden letzteren sind als Socaloïn und Zanzaloïn bezeichnet worden. — Akaroïd-, Black boy-Harz von *Xanthorrhoea hastilis* (gelbes) und *X. australis* (rotes) kommt in Stücken mit charakteristisch genarbter Aufsenseite zu uns aus Australien. Verw. zu Lacken. — Bollen von *Allium Cepa*. — Knoblauch von *A. sativum*, Bulb. Allii, Knoblauchzwiebeln, Volksmittel; die var. *Ophioscorodon* liefert die Perlzwiebeln. — Schnittlauch von *A. Schoenoprasum* (Fig. 224). — Schalotten von *A. ascalonicum*. — Porree von *A. Ampeloprasum*. Sämtliche genannten *Allium*-Arten sind als Küchengewürze geschätzt u. kult. — Bärenlauchzwiebel Bulb. Allii ursini von *A. ursinum*. Best.: äth. Öl. Verw. als Diureticum. — Bulb. Victorialis long., langer Allermannsharnisch, von *Allium Victorialis* in Süddeutschland, Schweiz. Enthält. äth. Öl. Verw. gegen Krämpfe, auch Wurmmittel. — Erythroniumstärke von *Erythronium Dens canis*. — ○ Meerzwiebel, Bulb. Scillae, von *Urginea maritima* (Fig. 226) im Mittelmeergebiete. Die Zwiebeln werden bis kopfgrofs. Die der Malteser Sorte sind weifs, die aus Algier rot. Best.: Scillitoxin, Scillipikrin, Scillin, Scillaïn, Sinistrin. Verw. als diuretisches, expektorierendes und Herzmittel; zur Rattenvertilgung. — Yucca-Faser von *Y. filamentosa*, *Y. aloifolia*, *Y. angustifolia* und anderen Arten im südlichen Nordamerika gewonnen und verarbeitet. — Kanarisches Drachenblut von *Dracaena Draco*, jetzt durch Palmen-Drachenblut (S. 300) ersetzt. — Spargel von *Asparagus officinalis*, als Gemüse viel kult. — Salomonssiegel, Rhiz. Polygonati, von *Polygonatum multiflorum*. Enthält äth. Öl, Harz, Glycyrrhizin. Dient als Diureticum, gegen Gicht und Leberleiden. — Maiglöckchen, Flor. Convallariae, von *Convallaria majalis*, viel kult. Enthalten äth. Ol, Convallarin, Convallamarin und Majalin. Diuretisches und Herzmittel. — Trilliumwurzel, Rhiz. Trillii, von *Trillium erectum*, Nordamerika. Enthält Saponin. Tonisches Mittel. — Bogenstranghanf von *Sanseviera zeylanica*,

S. guineensis und *S. cylindrica*; Südasien, Afrika. Blattfasern als Gespinstmaterial. — Sternwurzel, Rhiz. Aletris, von *Aletris farinosa*, Nordamerika. Tonisches und Wurmmittel. — Chinaknollen, Rhiz. Chinae, von *Smilax China* in Ostasien. Best.: Parillin, Harz. Blutreinigungsmittel. — ○ Sarsaparille, Radix Sarsaparillae, von *Smilax medica* (Mejiko), *S. officinalis* (Orinoko), *S. syphilitica* u. *S. papyracea* (Brasilien, Guiana). Als Sorten unterscheidet man Honduras- (die officinelle), Caracas-, Jamaïca-, Lima-, Maracaïbo-, Para-, Rio Negro- und Vera Crux-Sarsaparille. Meist in Bündel, „Puppen", verpackt. Enthält Parillin und Harz. Diuretisches und Blutreinigungsmittel.

Amaryllidaceae: Pite-, Sisal-Faser von *Agave americana* (Fig. 229), *A. vivipara*, *A. Sisalana* und anderen, auch *Fourcroya gigantea* im wärmeren Amerika, kult. Verwendung als grobes Fasermaterial. Die Blätter von *Fourcroya* enthalten auch Saponin und werden zum Waschen genommen.

Taccaceae: Tahiti-Arrowroot aus den Knollen von *Tacca pinnatifida*, in Polynesien viel kult. Nahrungsmittel.

Dioscoreaceae: Yams (Fig. 230), die Knollen von *Dioscorea sativa* (Ostasien), *D. japonica* (Japan), *D. villosa* (Amerika), *D. papuana* (Neu-Guinea) und anderen Arten. Wichtiges Nahrungsmittel der Tropen. — Hottentottenbrot von *Testudinaria Elephantipes* mit mächtigem, knolligem Rhizom.

Iridaceae: ○ Safran, Crocus, Narben von *Crocus sativus* (Fig. 231), aus dem Orient, bes. in Frankreich und Spanien kult. Enthält äth. und fettes Öl, Crocin, Pikrocrocin. Verw. als Färbemittel und Gewürz, auch arzneilich. — ○ Veilchenwurzel, Rhiz. Iridis, von *Iris germanica*, *I. pallida* und *I. florentina* im Mittelmeergebiet; in Italien, auch Marokko und Ostindien kult. Von der italienischen unterscheidet man Veroneser und Livorneser. Best.: äth. Öl, Harz. Verw. als Parfüm; die geglätteten Stücke zum Zahnen der Kinder. — Runder Allermannsharnisch, Bulb. Victorialis rotundus, von *Gladiolus palustris*. Best.: Schleim. Volksmittel.

Musaceae: Bananen (Fig. 232), Früchte von *Musa sapientum* und *M. paradisiaca*, in vielen Varietäten wegen der eſsbaren Früchte überall in den Tropen kult. — Manilahanf von *Musa textilis*, auch von den eben genannten beiden wie noch weiteren Arten. Zu Seilerwaren.

Zingiberaceae: Curcuma, Rhiz. Curcumae, von *C. longa*, auch *C. viridiflora* in Südostasien, nur kult. Enthält äth. und fettes Öl sowie den gelben Farbstoff Curcumin. Gewürz und Färbemittel. — Curcumastärke von *C. angustifolia* und *C. leucorrhiza*. — Weiſse Zittwerwurzel, Rhiz. Zedoariae, von *Curcuma Zedoaria*, Südasien, auch kult. Enthält äth. Öl und Harz. Aromaticum. Die groſse Zittwerwurzel stammt von *Zingiber Cassumunar*. — Costuswurzel, Rhiz. Costi, von *C. speciosus* in Ostindien. Enthält äth. Öl. Magenmittel. — ○ Galgantwurzel, Rhiz. Galangae, von *Alpinia officinarum*, in Südchina kult. Enthält äth. Öl, Kämpherid, Galangin, Alpinin. Gewürz. Die groſse Galgantwurzel, welche den eingemachten Ingwer liefert, stammt von *A. Galanga*. — ○ Ingwerwurzel, Rhiz. Zingiberis, von *Zingiber officinale* (Fig. 233), in vielen Tropenländern kult. Im Handel mehr oder weniger geschält, auch ungeschält. Enthält äth. Öl, Gingerol, Harz. Verw. als aromatisches Magenmittel, Gewürz. — Paradieskörner, Sem. Paradisi, Guineapfeffer von *Amomum Melegueta* und *A. granum Paradisi* Afzel. (nicht L.) im trop. Westafrika. Best.: äth. und fettes Öl, Paradol, Harz. Gewürz. — Siam- (runde) Cardamomen von *Amomum Cardamomum*. Enthalten äth. Öl, Harz. Gewürz. Die Bastard-Cardamomen, gleichfalls aus Siam, stammen von *A. xanthioides*. ○ Malabar-Cardamomen, Fructus Cardamomi, von *Elettaria Cardamomum* in Vorderindien. Best.: äth. Öl, Harz. Gewürz. Die Ceylon-C. stammen von einer Form mit etwas gestreckteren Früchten; beide oft gebleicht im Handel. Die langen C. aus Ceylon werden von *Elettaria major* abgeleitet, sie sind geringwertiger. Die Samen dieser letzteren Art sind auch als Ceylon-Paradieskörner im Handel.

Cannaceae: Queensland-Arrowroot von *Canna edulis*, hauptsächlich in Australien gewonnen.

Marantaceae: Westindisches Arrowroot von *Maranta arundinacea* (Pfeilwurzelstärke, Amylum Marantae), in Westindien und anderweit kult. Nahrungsmittel.

Orchidaceae: ○ Salepknollen, Tub. Salep, von *Orchis mascula*, *O. militaris*, *O. Morio*, *O. ustulata*, *Anacamptis pyramidalis*, *Platanthera bifolia* (Fig. 235), und noch weiteren Arten, namentlich des Mittelmeergebietes, letztere die gröſsere levantinische Sorte bildend. Enthalten Schleim. Einhüllendes Mittel. — ○ Vanille (Fig. 236), Fructus Vanillae, hauptsächlich von *V. planifolia* aus Mejiko, in den Tropenländern vielfach kult., besonders auf Bourbon. Enthält Vanillin, Balsam und Vanillasäure. Gewürz, auch Reizmittel (Aphrodisiacum). Vanillon, brasilianische Vanille, von *V. Pompona* ist geringer.

Casuarinaceae: *Casuarina equisetifolia* an den trop. Küsten der alten Welt, liefert Eisenholz.

Piperaceae: Piper, Pfeffer, von *Piper nigrum* (Fig. 238), in Südasien kult., unreif als schwarzer, reif und geschält als weiſser Pfeffer bezeichnet, doch wird letzterer vielfach in Europa aus dem schwarzen dargestellt. Enthält äth. Öl, Harz, Piperin, Piperidin und Chavicin. Als Gewürz, auch als Hautreizmittel verwendet. — ○ Cubeben, Cubebae, von *P. Cubeba* im südasiatischen Archipel, auch in Westindien kult. Enthält äth. Öl, Cubebin, Cubebensäure und Harz. Verw. insbesondere gegen Urethralkatarrhe. Die Java-C. stammen von *P. crassipes*, die Keboe-C. von *Cubeba mollissima*, die Congo-C. von einer unbekannten Piper-Art; andere Sorten von *P. Lowong* u. *P. ribesioides*. — Aschantipfeffer, von *Piper guineense*, in Westafrika. — Langer Pfeffer, Piper longum, Fruchtähren von *P. officinarum* und *P. longum*, aus dem indischen Archipel. Enthält äth. Öl, Piperin, Chavicin, Harz. Diuretisches und Reizmittel (Stimulans). — Maticoblätter, Folia Matico, von *P. angustifolium* im nördlichen Südamerika. Enthält äth. Öl. Verw. im Aufguſs gegen Urethralkatarrhe. — Kava-Kava, Rad. Kavae, von *P. methysticum* (Rauschpfeffer) auf den Südseeinseln. Enthält Kawahin, Yangonin, Harz. Narkotisches und Berauschungsmittel, auch gegen Hautkrankheiten. — Betelpfeffer, Folia Betel, von *P. Betle* im indo-malayischen Gebiete. Mit Arecanuſsstücken als Genuſsmittel gekaut. Enthält äth. Öl.

Juglandaceae: Walnüsse, Früchte von *Juglans regia* mit eſsbaren Kernen. Die Fruchtschalen als Färbemittel. ○ Walnuſsblätter, Folia Juglandis, als Blutreinigungsmittel. Sie enthalten äth. Öl, Juglandin und Juglon. — Hickorynüsse von *Carya*-Arten in Nordamerika. Eſsbar.

Myricaceae: Myrtenwachs, von *Myrica cerifera* (Nordamerika) und tropischen Arten wie *M. quercifolia* etc. Technisch verwendet.

Salicaceae: Pappelknospen, Gemmae Populi, von *Populus basamifera*. Best.: Äth. Öl, Populin, Chrysin, Methyl-Salicin. Volksmittel. — Weidenrinde, Cart. Salicis, von *Salix*-Arten. Enth. Salicin. Fiebermittel.

Betulaceae: Haselnüsse von Corylus Avellana (Fig. 245) Europa. Lambertsnüsse von *C. tubulosa*, Südeuropa. Beide viel kult., mit eſsbaren Samen. — Birkentheer von *Betula verrucosa* (Fig. 243) und *B. pubescens*.

Fagaceae: Buchentheer von *Fagus silvatica*, Europa, ihre Früchte, Bucheckern, Futtermittel. — Folia Castaneae, Kastanienblätter von *Castanea vulgaris* (Fig. 248), im Mittelmeergebiete, auch kult.; ihr Extrakt Keuchhustenmittel. Die Samen, Maronen, eſsbar. — ○ Eichenrinde, Cortex Quercus, von *Quercus sessiliflora* und *Q. pedunculata* (Fig. 249), in Europa, zum Gerben und zu Bädern. Enthält Quercin, Quercit und viel Eichengerbsäure. Die Samen geröstet als Kaffeesurrogat (Eichelkaffee). Quercitronrinde von *Q. tinctoria* in Nordamerika, enthält Quercitrin neben Gerbstoffen. Verw. als Färbe- und Gerbmaterial. Kork von *Q. Suber* und *Q. occidentalis* im westlichen Mittelmeergebiete kult. Technisch viel verwendet. — Wallonen, die Fruchtbecher von *Q. Vallonea* und *Q. macrolepis*, in Kleinasien bez. Griechenland. Gerbmaterial. Auch sind kleine Wallonen von anderen Arten im Handel. — Knoppern entstehen durch den Stich von Cynips Quercus calycis in Becher und Früchte der *Q. pedunculata* und *Q. sessiliflora*. — Gallen entstehen an Eichen durch den Stich verschiedener Cynipsarten; sie finden sich an Blättern und jungen Zweigen. Die besten dunklen und schweren ○ Aleppo-Gallen, Gallae, kommen von *Q. lusitanica var. infectoria*. Die deutschen Gallen unserer Eichen (Fig. 507) sind hell, leicht und geringwertig. Sie enthalten Gallussäure, Gallusgerbsäure und Ellagsäure. Zur Tannin- und Tintenfabrikation.

Moraceae: Maulbeeren, von *Morus nigra* und *M. alba* aus Persien bez. China stammend, bei uns und anderweit viel kult. Die Früchte eſsbar. Die Blätter Futtermittel der Seidenraupen. — Maulbeerfaser von *Broussonetia papyrifera* und *B. Kämpheri*, in Japan zur Papierbereitung. — Bezoarwurzel, Rad. Contrajervae, von *Dorstenia Contrajerva* im tropischen Amerika. Enthält äth. Öl, Harz, Bitterstoff, wird arzneilich verwendet. — Brotfrucht von *Artocarpus integrifolia* und *A. incisa*, durch Kultur in den Tropen weit verbreitet. Nahrungsmittel. — Castilloa-Kautschuk von *Castilloa elastica* in Mittelamerika (Angostura, Nicaragua) kult. — Upas-Pfeilgift von *Antiaris toxicaria* (Fig. 253) in Südasien (Inselgebiet). — Brosimum-Kautschuk von *Brosimum Alicastrum*, Brotnuſsbaum in Mittelamerika. *B. Galactodendron* (Milchbaum) in Venezuela liefert genieſsbare Milch. — Feigen, Caricae, von *Ficus Carica* (Fig. 252) im Mittelmeergebiet kult. Nahrungsmittel, geröstet Kaffeesurrogat. — Ficus-Kautschuk von *Ficus elastica* in Ostindien. *F. laccifera* und *F. religiosa* geben durch den Stich der Gummilack-Schildlaus Schellack. *F. Sycomorus* lieferte das Holz zu den Mumiensärgen. — Cecropia-Kautschuk von *Cecropia*-Arten im tropischen Amerika. — Hopfendrüsen, Glandulae Lupuli von *Humulus Lupulus* (Fig. 255), vielfach kult. Enthalten äth. Öl, Lupulit, Hopfenbittersäure, ein Alkaloid und Harz. Verw. als Bittermittel, gegen Urethralleiden. Zur Bierbereitung dienen die ganzen Zapfen, Strobili Lupuli. — Hanf, Faser von *Cannabis sativa* (Fig. 254), viel kult., wichtige Gespinstpflanze. Die Hanfsamen, Fructus Cannabis, dienen gegen Blasenleiden, als Futtermittel und zur Ölgewinnung. Herba Cannabis indicae, das Kraut der harzreichen indischen Form, dient als schlafmachendes und Berauschungsmittel (Haschisch), es enthält äth. Öl, Cannabin, Cannabinin und Harze.

Urticaceae: Nesselfaser von *Urtica dioica* (Europa) und *U. cannabina* (Persien, Sibirien) und anderen Arten. Zu Gespinsten. — Ramie-Faser von *Boehmeria nivea*, *B. tenacissima* und weiteren Arten im wärmeren Ostasien. Zu Gespinsten.

Loranthaceae: Vogelleim aus *Viscum album* (Fig. 256), Mistel, Stipites Visci. Europa und Asien.

Santalaceae: Santelholz, Lignum Santali, von *Santalum album* in Südasien. Als Räuchermittel verwendet. Enthält äth. Öl, welches gegen Urethralkatarrhe benutzt wird.

Aristolochiaceae: Haselwurzel, Rhiz. Asari, von *Asarum europaeum* (in Amerika von *A. canadense*). Enthält äth. Öl, Asarin und Harz und dient als purgierendes, brechen- und niesenerregendes Mittel. — Die Knollen von *Aristolochia longa* und *A. rotunda* liefern die langen und runden Osterluzeiknollen, wurden als bluttreibende Mittel angewendet; sie enthalten Bitterstoffe. — Schlangenwurzel, Radix Serpentariae, von *A. Serpentaria*, in Nordamerika. Enthält äth. Öl, Harz, Aristolochin. Tonisch-diuretisches Mittel.

Polygonaceae: Sauerampfer, *Rumex Acetosa* (Fig. 261), Gemüsepflanze, ebenso andere Arten. Rad. Lapathi acuti, Grindwurzel von *Rumex obtusifolius* und anderen Arten. Enthält Chrysophansäure, Gerbstoffe, Rumicin. Verw. gegen Hautausschläge. ○ Rhabarber, Radix Rhei von *Rheum officinale*. Im Handel 2 Sorten: Schensi- und Canton-Rh. unterschieden. Enthält Chrysophansäure, Emodin, Cathartinsäure, auch Aporetin, Phaeoretin, Erythroretin, sowie Rheumgerbsäure. Abführmittel. Der geringwertige englische und österreichische Rhabarber stammt von anderen Arten. — Blattstiele zu Compott. — Natterwurzel, Rhiz. Bistortae, von *Polygonum Bistorta* (Fig. 262). Enthält Gerbstoffe. Verw. als adstringierendes Mittel. — Buchweizen, *Fagopyrum esculentum* und *F. tataricum*. Nahrungsmittel.

Chenopodiaceae: Futterrübe, *Beta vulgaris*; var. *Rapa*, Zuckerrübe, zur Rübenzuckerfabrikation. Enthält 12 bis über 19 % Zucker. — Quinoa von *Chenopodium Quinoa* in Peru; dort Nahrungsmittel. — Jesuitenthee, das Kraut von *Chenopodium ambrosioïdes* in Mejiko. Enthält äth. Öl. Verw. als Nervenmittel, Theesurrogat. Spinat, *Spinacia oleracea* (Fig. 265), Gemüsepflanze.

Nyctaginaceae: *Mirabilis Jalapa*, Mejiko, bei uns kult., liefert die falschen Jalapenknollen.

Phytolaccaceae: Kermesbeeren von *Phytolacca decandra* in Nordamerika. Enthalten Phytolaccin, Phytolaccinsäure, Farbstoff. Verw. besonders als Färbemittel für Weine etc., auch arzneilich.

Caryophyllaceae: Kornradesamen von *Agrostemma Githago*, früher als expectorierendes und Wurmmittel benutzt, enthalten Saponin und sind im Brote schädlich. — Rote Seifenwurzel, Rad. Saponariae, von *Saponaria officinalis* (Fig. 272), in Europa. Enthält Saponin. Verw. als Blutreinigungsmittel und zum Waschen. Die weifse oder ägyptische Seifenwurzel stammt von *Gypsophila Arrostii* und *G. Struthium*. Waschmittel. — Spörgel, Futterpflanze, von *Spergula arvensis* (Fig. 269). — Bruchkraut, Herba Herniariae, von *Herniaria glabra* (Fig. 268) und *H. hirsuta*. Enthält Herniarin, Paronychin und Saponin. Verw. gegen Nieren- und Blasenleiden.

Nymphaeaceae: *Nelumbo nucifera*, Sem. Nelumbii, Pythagorasbohnen, Lotossamen, in Südostasien, auch kult. Arzneilich verwendet. Samen und Rhizome efsbar. — Wasserrosenwurzel von *Nuphar advena* in Nordamerika. Enthalt Nupharin. Verw. als adstringierendes Mittel.

Magnoliaceae: Sternanis, Fruct. Anisi stellati, von *Illicium verum* in China, auch kult. Enthält äth. und fettes Öl. Gewürz. Nicht zu verwechseln mit den sehr ähnlichen Sikimmifrüchten von *I. religiosum* (= *I. anisatum L.*) aus Japan. Diese enthalten Sikimmin und Sikimmipikrin neben äth. und fettem Öl und sind sehr giftig. Die Rinde zum Räuchern. — Wintersrinde, Cortex Winteranus, von *Drimys Winteri* in Mittel- und Südamerika. Enthält äth. Öl, Harz und Gerbstoffe. Verw. als Fiebermittel, gegen Skorbut.

Anonaceae: Ilang-Ilangöl aus den Blüten von *Cananga odorata* in Südasien (Philippinen). Parfüm. — Mohrenpfeffer, Früchte von *Xylopia aethiopica* und *X. aromatica* im trop. Afrika (Pfefferküste). Gewürz. — Früchte verschiedener *Anona*-Arten geschätztes Obst. — Macisbohnen, Samen der *Monodora Myristica* im trop. Afrika, von muskatähnlichem Arom. Gewürz.

Myristicaceae: ○ Muskatnufs, Semen Myristicae, Samenkerne von *Myristica fragrans*, von den Molukken, dort und anderweit kult. Meist gekalkt im Handel. Enthalten äth. und fettes Öl (geprefst = ○ Muskatbutter, Balsamum Nucistae). Verw. als aromatisches Mittel, besonders Gewürz. Ihr Samenmantel bildet die als Gewürz benutzte Macis, welche gleichfalls äth. und fettes Öl enthält. Diese Macis wird viel verfälscht mit dem nicht aromatischen Samenmantel von *M. malabarica*, Bombaymacis genannt. Die Papua-Muskatnüsse stammen von *M. argentea* aus Neu-Guinea, sie sind gleichfalls aromatisch, aber geringwertiger. Die sog. männlichen Muskatnüsse von *M. fatua*, welche früher mit den Papuanüssen verwechselt wurden, sind kaum aromatisch, dagegen stark gewürzig noch die von *M. speciosa* sowie die von *M. succedanea*, beide auf den Molukken. — Virolatalg ist das Fett der Früchte von *Virola surinamensis*, *V. bicuhyba*, *V. sebifera*, *V. guatemalensis* und anderen, namentlich südamerikanischen Arten. Technisch verwertet.

Ranunculaceae: Päoniensamen, Semen Paeoniae, von *Paeonia peregrina*, bei uns kult. Enthalten fettes Öl, Harz, Farbstoffe. Volksmittel (zu Zahnhalsbändchen). Die Wurzel, Pfingstrosenwurzel, wurde vordem gegen Epilepsie benutzt. Gegen nervöse Leiden überhaupt steht in Japan die Wurzel von *P. Moutan*, Botan, in hohem Ansehen; sie enthält Paeonol. — ○ Goldsiegelwurzel, Rhiz. Hydrastis, von *Hydrastis canadensis* in Nordamerika. Enthält Hydrastin, Berberin und Canadin. Höchst wertvolles Mittel gegen Genitalblutungen. — Schwarze Nieswurz, Rhiz. Hellebori nigri, von *Helleborus niger*, im bergigen Mittel- und Südeuropa. Enthält äth. Öl, Helleborin, Helleboreïn. Herzmittel. Bezüglich der Bestandteile und Wirkung ist die grüne Nieswurz von *H. viridis* ganz ähnlich. — Schwarzkümmel, Semen Nigellae, von *Nigella sativa* im Mittelmeergebiete, bei uns kult. Duftet zerrieben nach römischem Kümmel (Cuminum). Enthält äth. und fettes Öl, Melanthin, Nigellin; Tierarzneimittel. Nicht zu verwechseln mit dem Damascener-Schwarzkümmel von *N. damascena*, welcher zerrieben erdbeerartig duftet. Enthält äth. und fettes Öl, sowie Damascenin. Gewürz. — Coptiswurzel, Radix Coptidis, von *Coptis Teeta* (Ostindien, China) und *C. trifolia* (Nordamerika). Enthält Berberin. Magenmittel. — Schwarze Schlangenwurzel, Rhiz. Actaeae, von *Actaea racemosa* in Nordamerika. Enthält Harz (Cimicifugin).

Verw. gegen Fieber und Asthma. Bei uns auch *A. spicata* benutzt. — Stephanskörner, Semen Staphisagriae, von *Delphinium Staphisagria*, Südeuropa. Enthalten Delphinin, Delphinoïdin, Delphisin, Staphisagrin. Gegen Ungeziefer. — Rittersporn blüten, Flores Calcitrappae, von *Delphinium Consolida*. Enthält Bitter- und Farbstoffe. Verw. arzneilich und zum Färben. — O Akonit-, Sturmhutknollen, Tub. Aconiti, von *Aconitum Napellus* (Fig. 288). Europa, Asien. Enthält Aconitin, Pikroaconitin, Napellin, Aconitsäure. Gegen Neuralgien und Rheuma. Auch das Kraut wird verwendet. Japanische Aconitknollen enthalten Japaconitin, die Knollen von *A. Lycoctonum* Lycaconitin und Myoctonin. Atisknollen, Tub. Atees, von *A. heterophyllum* im Himalajagebiete. Enthalten neben Aconitsäure Atesin. Verw. gegen Wechselfieber. — Küchenschellenkraut, Herba Pulsatillae, von *Pulsatilla vulgaris* (Fig. 281) und *P. pratensis*. Best.: äth. Öl, Anemonin, Anemonsäure. Verw. gegen Rheuma etc.

Berberidaceae: Fufsblattwurzel, Rhiz. Podophylli, von *Podophyllum peltatum* in Nordamerika. Best.: Podophyllotoxin, Podophylloquercetin, Pikropodophyllin, Podophyllinsäure. Abführmittel; Früchte efsbar. *P. Emodi* im Himalajagebiete ähnlich. — Berberitzenrinde, Cortex Berberidis, von *Berberis vulgaris* (Fig. 290). Best.: Berberin, Berbamin, Oxyacanthin. Fiebermittel, zum Gelbfärben. — Rusotextrakt besonders von *Berberis Lycium* in Ostindien. Berberinhaltig. Abführ- und Fiebermittel.

Menispermaceae: Pareirawurzel, Radix Pareirae bravae, von *Chondodendron tomentosum* in Brasilien und Peru. Enthält Buxin. Tonisches Mittel, auch gegen Blasenleiden. Die falsche Pareirawurzel stammt von *Cissampelos Pareira*. — O Colombowurzel, Radix Colombo, von *Jatrorrhiza Calumba* (*J. palmata*) in Ostafrika. Enthält Columbin, Berberin, Colombosäure. Tonicum. — Kokkelskörner, Fructus Cocculi, von *Anamirta Cocculus* in Südasien. Best.: Picrotoxin, Cocculin, Menispermin und Paramenispermin. Fischgift; gegen Ungeziefer.

Lauraceae: Ceylon-Zimmt, Cortex Cinnamomi acuti, von *Cinnamomum Zeylanicum* (Fig. 292). Südasien (Ceylon) kult. Enthält äth. Öl, Gerbstoffe. Gewürz. — O Chinesischer Zimmt von *C. Cassia*. Die Cassia des Handels enthält auch noch Rinden anderer Arten; ebenso Holzzimmt. — O Kampfer, Stearopten von *C. Camphora* in Japan bis Formosa. Reizmittel (Excitans); gegen Motten. — Avocato-Birnen von *Persea gratissima*, im trop. Amerika viel kult. Beliebtes Obst. Pichurimbohnen, Fabae Pichurim, von *Nectandra Pichury* im trop. Amerika. Man unterscheidet im Handel kleine und grofse. Enthalten äth. und fettes Öl. Gegen Diarrhöe, Gewürz. — O Sassafrasholz, Lignum Sassafras, Fenchelholz, von *Sassafras officinale* im östlichen Nordamerika. Best.: äth. Öl. Gilt, wie auch die Wurzelrinde, als diuretisches Blutreinigungsmittel. Das Öl billiges Parfüm. — Lorbeerblätter, Folia Lauri, von *Laurus nobilis* (Fig. 291), Mittelmeergebiet kult. Best.: äth. Öl. Gewürz, auch Magenmittel. Die Früchte O Fructus Lauri, Lorbeeren, enthalten äth. und fettes Öl und werden ebenso verwendet, jedoch mehr als Tierarzneimittel. Aus ihnen wird das Lorbeeröl geprefst.

Papaveraceae: Blutwurzel, Rhiz. Sanguinariae, von *Sanguinaria canadensis* in Nordamerika. Best.: Sanguinarin, Homochelidonin, Chelerythrin, Protopin und Sanguinariasäure. Diuretisches, lösendes Mittel. — Schellkraut, Herba Chelidonii, von *Chelidonium maius* (Fig. 294). Best.: Chelidonin, Chelerythrin, Chelidoxanthin, Chelidonsäure. Diuretisch-abführendes Mittel. — Unreife Mohnköpfe, Fructus Papaveris immaturi, von *Papaver somniferum* in Vorderasien, Indien, China und Europa kult. Best.: Spuren von Opiumbasen. Narkotisches Mittel, auch zu Umschlägen. Durch Einschnitte daraus gewonnen das O Opium. Arznei- und Berauschungsmittel. Best.: Opiumbasen, bes. Morphin, Codeïn, Narcotin, Narceïn, Papaverin, Laudanin, Thebaïn etc. Die letztentdeckten sind Tritopin u. Xanthalin. Die fettreichen O Mohnsamen, Semen Papaveris, gegen Katarrhe, zu Küchenzwecken und zur Ölgewinnung. — Klatschrosen, Flores Rhoeados, von *Papaver Rhoeas*, Färbemittel, auch arzneilich verwendet.

Fumariaceae: Erdrauchkraut, Herba Fumariae, von *Fumaria officinalis* (Fig. 296). Best.: Fumarin, Fumarsäure. Blutreinigungsmittel.

Cruciferae: Löffelkraut, Herba Cochleariae, von *Cochlearia officinalis*, auch kult. Enthält ein Senföl. Gegen Skorbut, Blutreinigungsmittel. — Meerrettig, Radix Armoraciae, von *C. Armoracia*, kult. Enthält Senföl. Verw. als Gewürz. — Knoblauchkraut, Herba Alliariae, von *Alliaria officinalis*. Enthält ein Senföl. Volksmittel. — Indigo, von *Isatis tinctoria* (Fig. 306), Waid, früher viel kult. (S. 309). — Weifser Senf, Sem. Erucae, von *Sinapis alba* (Fig. 302). In Deutschland kult. Enthält Sinapin, Sinalbin, Myrosin, Erucin, Fett. Gewürz. — ○ Schwarzer Senf, Semen Sinapis, von *Brassica nigra*, viel kult., namentlich in Holland. Enthält Sinapin, Myronsäure, Myrosin, fettes Öl. Gewürz, diätetisches u. Hautreizmittel. — Der Sarepta-Senf von *B. iuncea* wird besonders in Rufsland, auch in Ostindien etc. kult. — Andere *Brassica*-Arten, wie *B. oleracea* (Fig. 299) (Kohl), *B. campestris* (Fig. 300) (Rübsen) und *B. Napus* (Raps) mit ihren verschiedenen Varietäten und Formen werden als Gemüse-, Futter- und Ölpflanzen in ausgedehntestem Mafse gebaut. Von beiden letzteren das Rüböl, Oleum Rapae. Indischer Raps von *B. glauca*, *B. dichotoma*, und *B. ramosa*. — Rottig von *Rhaphanus sativus* und var. *radicula* Radieschen. Brunnenkresse, Herba Nasturtii, von *Nasturtium officinale* (Fig. 298). Enthält Nasturtiin und äth. Öl. Blutreinigungs- und Fiebermittel. — Hirtentäschelkraut, Herba Bursae pastoris, von *Capsella Bursa pastoris* (Fig. 305). Enthält Bursin, ein Bursasäureglukosid und Saponin. Blutstillendes, diuretisches und Fiebermittel. — Leindotter, *Camelina sativa* (Fig. 304), als Futterpflanze gebaut.

Capparidaceae: Kapern von *Capparis spinosa* im Mittelmeergebiete, auch kultiviert. Gewürz.

Moringaceae: Meerrettigbaumrinde, Cort. Moringae, von *Moringa pterygosperma*, Ostindien, auch anderweit kult. Best.: äth. Öl, Harz. Reizmittel (Stimulans), Gewürz. Die Früchte von *M. aptera* liefern das Benöl.

Sarraceniaceae: Sarracenienkraut, Herba Sarraceniae, von *S. flava* und *S. purpurea* in Nordamerika. Best.: Sarracenin. Gegen Verdauungsschwäche.

Saxifragaceae: Hydrangeawurzel, Rad. Hydrangeae, von *Hydrangea arborescens* in Nordamerika. Enthält Hydrangin. Diuretisch-abführendes Mittel. — Stachelbeeren von *Ribes Grossularia* (Fig. 313), Johannisbeeren von *R. rubrum* in vielen Sorten als Obst gebaut.

Hamamelidaceae: ○ Storax, Styrax liquidus, von *Liquidambar orientalis* in Kleinasien. Durch Auskochen gewonnen. Die Späne als Cortex Thymiamatis zum Räuchern. Der Storax enthält Storesin und Styrol; er wird besonders gegen Hautparasiten verwendet, aufserdem Räuchermittel. — Hamamelisrinde, Cortex Hamamelidis, von *Hamamelis virginica* in Nordamerika. Best.: Gerbstoffe. Verw. als adstringierendes Mittel, gegen Hämorrhoïden. Auch die Blätter werden arzneilich verwendet.

Rosaceae: ○ Seifenrinde, Cortex Quillajae, von *Quillaja Saponaria* in Chile und Peru. Enthält Quillajin, Sapotoxin und Quillajasäure. Als expektorierendes Mittel und namentlich zum Waschen verwendet. — Quittenkörner, Semen Cydoniae, von *Cydonia vulgaris*, bei uns kult. Enthalten Schleim und Amygdalin. Einhüllendes Mittel. Die Früchte werden gegessen. Ebenso die der zahlreichen Formen von *Pirus communis* (Fig. 316), Birne, und *P. Malus* (Fig. 315), Apfel. Die Holzäpfel von *P. silvestris* dienen zur Bereitung des apfelsauren Eisenextraktes. Auch die als Obst beliebten Himbeeren von *Rubus idaeus*, Brombeeren von anderen *Rubus*-Arten und Erdbeeren von *Fragaria vesca* (Fig. 319) in vielen Abarten und noch weitere gehören hierher. — Tormentillwurzel, Rhiz. Tormentillae, von *Potentilla Tormentilla*; gerbstoffreich; adstringierendes Mittel. — Nelkenwurzel, Rhiz. Caryophyllatae, von *Geum urbanum*. Best.: äth. Öl, Harz, Geïn. Volksmittel. — Frauenmantel, Herba Alchemillae, von *Alchemilla vulgaris*. Enthält einen Bitterstoff Blutreinigungsmittel. — Odermennig, Herba Agrimoniae, von *Agrimonia Eupatoria*. Best.: äth. Öl, Bitterstoff. Volksmittel. In Ostindien wird auch das Kraut von *A. lanata* verwendet. — ○ Koso-(Kusso-)blüten, Flores Koso, von *Hagenia abyssinica*. Von Abyssinien bis zum Kilima Ndjaro. Best.: äth. Öl, Kosin, Harz. Bandwurmmittel. — ○ Rosenblätter, Flores Rosae, von Formen der *Rosa gallica*. Zu Rosenwasser, Rosenhonig, Rosenkonserven. Die echte Kazanlikölrose zur Gewinnung des ○ Oleum Rosae ist *R. gallica* var. *damascena* forma *trigintipetala*, doch dienen noch zahlreiche andere zu *R. gallica* wie *R. moschata* gehörende Formen zur Öldarstellung. — Aprikosen von *Prunus Armeniaca*, Pflaumen von *P. domestica*, Kirschpflaumen von *P. cerasifera*, Mandeln von *P. Amygdalus*, Pfirsiche von *P. Persica* (Fig. 324), Süfskirschen von *P. avium* und Sauerkirschen von *P. Cerasus* werden in zahlreichen Gartenformen als Obst gezogen. ○ Die süfsen Mandeln, Amygdalae dulces, von *P. Amygdalus* var. *dulcis* enthalten fettes Öl und Emulsin, ○ die bitteren, Amygdalae amarae, von der bitteren Varietät daneben noch Amygdalin; sie werden als Hustenreiz linderndes Mittel, dann zum Küchengebrauch, die süfsen auch zu Diabetikerbrot verwendet. — Kirschlorbeerblätter, Folia Laurocerasi, von *P. Laurocerasus* (Fig. 326) aus dem Mittelmeergebiete, dienen zur Herstellung des Kirschlorbeerwassers; sie enthalten Laurocerasin und Phyllinsäure.

Leguminosae: Cortex Barbatimao von *Pithecolobium Avaremotemo* in Brasilien. Bittere Rinde arzneilich verwendet. — Zahlreiche *Albizzia*-Arten liefern wie Akazien Gerbrinden und Gummi, indessen steht das Albizziagummi dem Akaziengummi im allgemeinen sehr nach. Das beste arabische Gummi ○ Gummi arabicum stammt von *A. Senegal*, sowohl Kordofan- wie Senegal-Sorten, erstere werden vorgezogen. Im übrigen werden die Gummisorten nach ihrer Herkunft unterschieden, ohne dafs es immer möglich wäre, dieselben auf bestimmte Stammpflanzen zurückzuführen. Von afrikanischen Sorten sind besonders noch Mogador-, Zanzibar- und Capgummi zu erwähnen, die ostindischen Gummi stammen nur zum kleinen Teile von *Acacia*-Arten, während die australischen auf *A. pycnantha* und einige weitere Akazien zurückgeführt werden. Letztere sind völlig löslich, aber dunkel und weniger gut klebend. Verw. als Klebestoff, arzneilich als einhüllendes Mittel. — ○ Pegu-Catechu von *Acacia Catechu* und *A. Suma*. In Südasien durch Auskochen gewonnen. Enthält Catechin und Catechugerbsäure. Adstringierendes Mittel, zum Gerben und Färben. — Mimosenrinden vielfach als Gerbmaterial benutzt. — Cortex Sassy, Manconarinde von *Erythrophloeum guineense* im trop. Afrika. Enthält Erythrophloeïn, Erythrophloeïnsäure, Manconin. Verw. als Herzmittel, lokales Anästhetikum; in der Heimat zu Pfeilgift und Gifttränken. — ○ Copaivabalsam, Balsamum Copaivae, von *Copaiba* (*Copaifera*) *officinalis*, *C. Langsdorffii* und *C. coriacea* in Mittel- und Südamerika. Best.: äth. Öl, Harz (Copaivasäuren), Bitterstoff. Gegen Urethralkatarrhe. — Courbaril- (halbfossiler) Copal von *Hymenaea Courbaril* und anderen Arten in Südamerika. Ostafrikanischer Copal vermutlich von *Trachylobium*-Arten. Beide zu Lacken. — ○ Tamarindenmus, Pulpa Tamarindorum, Fruchtmus von *Tamarindus indica* (Fig. 328) im trop. Afrika; dort, in Ost- und Westindien kult. Enthält Pflanzensäuren und Zucker. Abführmittel. — ○ Alexandriner Sennesblätter, Folia Sennae Alexandrinae, von *Cassia acutifolia* im trop. Afrika; Tinnevelly-Sennesblätter von *C. angustifolia* in Ostafrika, Arabien, in Ostindien kult. In den Tripolis-Sennesblättern finden sich neben Blättern der erstgenannten Art solche von *C. obovata*. Best.: Cathartinsäure, Chrysophansäure, Sennacrol, Sennapikrin, Cathartomannit. Abführmittel. Auch kommen die Hülsen als gesonderte Droge in den Handel. — Röhrenkassienfrüchte, Fruct. Cassiae Fistulae von *C. fistula*, im trop. Afrika, in Ägypten, Ostindien, Amerika kult. Best.: Zucker, Gerbstoffe. Das Mark Abführmittel. — Johannisbrot, Siliqua dulcis, die Hülsen von *Ceratonia Siliqua* (Fig. 327) im Mittelmeergebiete, kult. Best.: Zucker, Buttersäure. Gegen Husten, Nahrungsmittel. — ○ Peru-Ratanhiawurzel, Radix Ratanhiae, von *Krameria triandra* in Peru, Bolivia. Best.: Ratanhiagerbsäure, Ratanhiarot. Adstringierendes Mittel. Die Para-Ratanhiawurzel stammt von *K. argentea* in Brasilien, die Sabanilla-Ratanhiawurzel von *K. Ixina* var. *granatensis*, die Texas-Ratanhiawurzel von *K. secundiflora*. — Fernambukholz von *Caesalpinia echinata* und *C. brasiliensis* im trop. Amerika. — Sappanholz von *C. Sappan* im trop. Asien. Enthält Brasilin. — Campeche-, Blauholz von *Haematoxylon campechianum* in Mittelamerika, auch kult. Enthält Haematoxylin und Haemateïn. Alle 3 Farbhölzer. — ○ Tolubalsam, Balsamum tolutanum, von *Myroxylon Toluifera* in Venezuela und Neu-Granada. Best.: Tolen, Vanillin, Zimmt- und Benzoësäure. Verw. gegen Katarrhe, auch Geschmackscorrigens, Parfüm. — ○ Perubalsam, Balsamum peruvianum, von *Myroxylon Pereirae* in Mittelamerika (S. Salvador). Durch Lockerung der Rinde und Anschwelen gewonnen. Best.: Cinnameïn, Styracin, Zimmt- und Benzoësäure. Verw. als antiparasitäres und Wundmittel. Der Balsam aus den Früchten ist als weifser Perubalsam, Balsamum indicum album im Handel. — Stinkstrauchsamen, Semen Anagyridis, von *Anagyris foetida* im Mittelmeergebiet und in Ostindien. Best.: fettes Öl, Anagyrin, Anagyrinsäure. Brechmittel. — Sunnfaser von *Crotalaria iuncea*, und *C. retusa*,

Südasien, viel kult. Zu Gespinsten. — Lupinen, *Lupinus*-Arten, als Futterpflanzen gebaut, die Samen entbittert und geröstet, namentlich von *L. angustifolius*, als Kaffeesurrogat verwendet. — Spartiumfaser von *Spartium iunceum* auch *S. monospermum* und *S. multiflorum* in Südeuropa. Zu Geweben. — ○ Hauhechelwurzel, Radix Ononidis, von *Ononis spinosa*. Best.: äth. Öl, Ononin, Ononid, Onocerin. Verw. als Diureticum. — ○ Bockshornsamen, Semen Faenugraeci, von *Trigonella Faenum graecum* im Mittelmeergebiete, auch in Deutschland kult. Best.: äth. und fettes Öl, Trigonellin, Schleim. Verw. als Tierheilmittel, zur Kräuterkäsebereitung, der Schleim auch technisch. — Luzerne, *Medicago*-Arten als Futterpflanzen gebaut, ebenso Kleearten, *Trifolium*, auch *Anthyllis* und *Lotus* sind Futterpflanzen. — ○ Steinklee, Herba Meliloti, von *Melilotus officinalis* (Fig. 337) und *M. macrorrhizus*. Best.: Cumarin, Cumarsäure, Melilotsäure. Verw. als Hustenmittel, zu Umschlägen. — Indigo von *Indigofera tinctoria* (Senegambien) und *I. Anil*, beide in den Tropen kult. Best.: Indigblau, Indigrot, Indigbraun, Indigleim. Färbemittel. — ○ Traganth, Tragacantha, von *Astragalus adscendens*, *A. leiocladus*, *A. brachycalyx*, *A. gummifer*, *A. microcephalus*, *A. pycnocladus*, *A. stromatodes*, *A. kurdicus* und noch weiteren Arten in Vorderasien. Geschichtet blättriges, in Wasser quellendes Gummi, Zellreste und Stärke enthaltend. Verw. als Schleimstoff und Klebemittel. Andere *Astragalus*-Arten Persiens liefern Sarcocolla, Abführmittel. Von *A. adscendens* und *A. florulentus* wird die Ges-engebin-Manna Persiens abgeleitet. — Spanisches Süfsholz, Radix Liquiritae hispanicae, von *Glycyrrhiza glabra*, namentlich in Spanien kult. 2 Sorten, die von Tortosa und Alicante. Best.: Glycyrrhizin, Zucker, Asparagin. Verw. als Hustenmittel, Süfsstoff, zur Succusgewinnung (Lakritzen). ○ Das rufsische (mundierte) Süfsholz von *G. glabra* var. *glandulifera* im östlicheren Europa, namentlich Wolgadelta. Best. und Verw. ebenso. Auch Deutschland (Bamberg), Frankreich, Kleinasien etc. liefern etwas Süfsholz. — Serradella, *Ornithopus sativus*, als Futterpflanze gebaut, ebenso Esparsette, *Onobrychis sativa*. — Alhagi-Manna von *Alhagi Maurorum* in Vorderasien. Abführend. — Erdnüsse von *Arachis hypogaea*, in den Tropen kult. Samen zur Ölgewinnung, Prefsrückstände zu Grütze, auch als Brotstoff, besonders aber Futtermittel. — Rotes Sandel- (Caliatur-) Holz, Lignum santalinum rubrum, von *Pterocarpus santalinus* in Ostindien. Best.: Santol, Santalin, Pterocarpin, Homopterocarpin. Zu Holzthee, Färbemittel. — Malabar-Kino von *Pterocarpus Marsupium* in Ostindien. Best.: Kinoïn (Kinogerbsäure), Kinorot. Adstringierendes Mittel, zum Gerben und Färben. — Goapulver, Araroba, von *Andira Araroba* in Brasilien. Sammelt sich in Höhlungen des Stammes. Best.: (gereinigt ○ Chrysarobin), Chrysophansäure, Bitterstoff. Gegen Hautkrankheiten. — Toncobohnen, Fabae Tonco (holländische) von *Dipteryx odorata*, (englische) kleine von *D. oppositifolia*; beide im trop. Amerika. Enthalten Cumarin. Verw. als Parfüm. — Kichererbsen von *Cicer arietinum* (Fig. 336), Wicken von *Vicia sativa* (Futterpflanze) und anderen, Pferdebohnen von *V. Faba*, Linsen von *Lens esculenta*, Platterbsen von *Lathyrus sativus* und *L. silvestris* (Futterpflanze), Erbsen von *Pisum sativum* (Fig. 334) und *P. arvense*, Sojabohnen von *Glycine Soja* in Ostasien, Bohnen von *Phaseolus vulgaris* (Fig. 335), *P. multiflorus*, *P. Mungo*, *P. Max*, *P. lunatus*, die letzteren 3 in den Tropen, ebenso *Vigna sinensis*, Erderbsen von *Voandzeia subterranea*, Dolichosbohnen von *D. Catjang* und *D. Lablab*, sowie Cajanuserbsen von *Cajanus indicus* werden in oft zahlreichen Varietäten und Formen weit verbreitet z. T. in Massen als Nahrungsmittel gebaut, auch die Canavaliasamen von *C. ensiformis* und *C. gladiata* werden gegessen und kult. — Die kopfgrofsen rübenförmigen Wurzeln von *Pachyrrhizus tuberosus* (Antillen) und *P. angulatus* (Philippinen) dienen als Nahrungsmittel. — Paternostererbsen, Jequiritysamen, von *Abrus precatorius* in den Tropen, meist scharlachrot mit schwarzem Auge, enthalten Jequirity-Albumose und Jequirity-Globulin. Verw. gegen Augenleiden. — Butea-Kino von *Butea frondosa*, Ostindien, auch von *B. superba* und *B. parviflora*. Die Blüten zum Gelbfärben. — Calabarbohnen von *Physostigma venenosum* im trop. Westafrika enthalten Physostigmin, Calabarin, Eseridin. Zur Alkaloïdgewinnung (Augenmittel).

Linaceae: ○ Leinsamen, Semen Lini, von *Linum usitatissimum* (Fig. 342). Überall kult. Best.: fettes Öl, Schleim. Verw. gegen Katarrhe, zu Umschlägen, zur Ölgewinnung; deren Rückstände Leinkuchen, Placenta seminis Lini, zu Kataplasmen, Futtermittel. Die Faser, Flachs, wichtig zu Gespinsten.

Erythroxylaceae: Cocablätter, Folia Coca, von *Erythroxylon Coca* in Südamerika. Die bolivianischen C. von *E. bolivianum*, die javanischen von *E. Coca* var. *Spruceanum*, die peruanischen von *E. Coca* var. *novogranatense*. Best.: äth. Öl, Cocain, Cinnamylcocaïn, Cocamin und Isococamin; in der Javasorte auch Benzoylpseudotropin. Anregungsmittel, zur Cocaïndarstellung.

Zygophyllaceae: ○ Guajakholz, Franzosen-, Pockholz, Lignum Guajaci, von *Guajacum officinale* und *G. sanctum* im trop. Amerika. Best.: Harz. Verw. als Blutreinigungsmittel, zu Holzthee, gegen Reifsen; technisch. Das Harz, Resina Guajaci in Körnern oder Massen ist tiefgrün, dient zu Guajaktinktur und als Blutreinigungsmittel. — Burra-Gokeroo-Früchte von *Tribulus terrestris* im Mittelmeergebiete und Ostindien. Best.: fettes Öl und ein Alkaloïd. Tonisch-diuretisches Mittel. — Hoormulsamen, Semen Harmalae, von *Peganum Harmala* im östlichen Mittelmeergebiete. Nerven- und Färbemittel (türkisch Rot).

Rutaceae: Rautenkraut, Herba Rutae, von *Ruta graveolens*, bei uns kult. Best: äth. Öl und Rutin (Quercitrin?). Hautreizmittel, Gewürz. *R. montana* im Mittelmeergebiete wird ebenso gebraucht. — Diptamwurzel, Radix Dictamni albi, von *Dictamnus albus*. Best.: äth. Öl, Bitterstoff. Galt als Specificum gegen Epilepsie. — ○ Jaborandiblätter, Folia Jaborandi, von *Pilocarpus Jaborandi*, auch *P. pennatifolius* und *P. Selloanus* in Brasilien. Best.: äth. Öl, Pilocarpin, Jaborin (Jaboridin?). Schweifstreibendes Mittel. — Angusturarinde, Cortex Angusturae. von *Cusparia trifoliata* im nördlichen Südamerika. Best.: äth. Öl, Angusturin, Galipin, Galipidin, Cusparin, Cusparidin. Verw. als Fieber- und Bittermittel. — Bukkoblätter, Folia Bucco, breite von *Barosma crenulata*, *B. crenata* und *B. betulina*, lange von *B. serratifolia* und *Empleurum serrulatum*, sämtlich in Südafrika. Best.: äth. Öl, Diosmin. Gegen Krankheiten der Blase und Harnröhre, Diureticum. — Cortex Zanthoxyli, von *Zanthoxylum fraxineum* und *Z. carolinianum* in Nordamerika. Best.: äth. Öl, Zanthoxylin, Berberin. Verw. gegen Rheuma, Hautkrankheiten. — Rosenholz von *Amyris balsamifera*, Antillen, Guiana. Andere Arten geben elemiartige Harze, insbesondere wird von *A. Plumieri* ein Elemi abgeleitet. — Lopezwurzel, Radix Toddaliae, von *Toddalia aculeata* im trop. Asien, auf Mauritius. Best.: äth. Öl, Harz. Verw. als tonisches und Fiebermittel. — Cortex Pteleae radicis von *Ptelea trifoliata* in Nordamerika. Best.: äth. Ol, Berberin. Verw. gegen Dyspepsie und Fieber. — *Aegle Marmelos* mit wohlschmeckenden Früchten. — Citronen (Limonen) von *Citrus medica*, Pompelmusen von *C. decumana*, Pomeranzen von *C. Aurantium* (Fig. 343) var. *Bigaradia*, var. *dulcis*, Apfelsinen (Orangen), Mandarinen von *C. nobilis* sämtlich als Obst kult. im Mittelmeergebiete etc. ○ Cortex Citri fructus, Citronenschale, enthält äth. Öl und Hesperidin, als Gewürz verwendet. Die ○ Cortex Aurantii fructus, Pomeranzenschale, enthält neben äth. Öl und Hesperidin noch Aurantiamarin, Aurantiamar- und Hesperidinsäure. Aromatisches Bittermittel. Ebenso werden die ○ unreifen Pomeranzen, Fructus Aurantii immaturi, verwendet. Die Apfelsinenschale dient als Gewürz und zur Apfelsinenessenz. Aus den Früchten von *C. Bergamia*, Bergamotten, wird das Oleum Bergamottae, Bergamottöl, gewonnen. Parfüm.

Simarubaceae: ○ Surinam-Quassiaholz, Lign. Quassiae surinamense, von *Quassia amara* im trop. Amerika. Enthält Quassiin. Bittermittel, Hopfensurrogat, Fliegengift. ○ Jamaika-Quassienholz, Lign. Quassiae iamaicense, von *Picraena excelsa* auf den Antillen (Jamaica) Enthält Picrasmin. Verw. wie die der vorigen Sorte. — Ruhrrinde, Cortex Simarubae, von *Simaruba officinalis* in Brasilien. Best.: Quassiin. Verw. gegen Ruhr. — Cedronsamen, Sem. Simabae, von *Simaba Cedron* im trop. Amerika. Enthalten fettes Öl, Cedrin, Cedronin. Tonisches Mittel (auch gegen Schlangenbifs).

Burseraceae: ○ Myrrhe, Myrrha, von *Commiphora abyssinica*, *C. Schimperi* und wohl noch einigen weiteren Arten in Arabien und dem Somallande. Enthält äth. Öl, Harz, Gummi, Bitterstoff. Verw. als tonisches Mittel, gegen Zahnleiden. — Mekkabalsam von *Commiphora Opobalsamum* in den Küstenländern des Roten Meeres. Kosmetikum, Räuchermittel. — Weihrauch, Olibanum, von *Boswellia Carteri* im Somallande, Socotra. — Amerikanisches

Elemi z. T. von *Bursera gummifera* in Westindien und anderen Arten. Best.: äth. Öl, Harz.

Meliaceae: Cortex Cedrelae von *Cedrela febrifuga*. Fiebermittel. Südasien. — Mahagoniholz von *Swietenia Mahagoni*, Westindien. — Mafurrasamen von *Trichilia emetica*, Ostafrika. Enthalten fettes Öl. Zur Ölgewinnung. — Cortex Azadirachtae von *Melia Azadirachta*. Enthält Margosin, Harz. Fieber-, Wurmmittel. — Crabsamen von *Carapa guianensis* in Guyana zur Fettgewinnung.

Polygalaceae: Kreuzkraut, Herba Polygalae, von *Polygala amara*. Best.: äth. Öl, Saponin, Polygalasäure. Gegen Lungenleiden — ○ Senegawurzel, Radix Senegae, von *Polygala Senega* in Nordamerika. Best.: Senegin, Polygalasäure, äth. und fettes Öl. Expektorans, gegen Influenza.

Euphorbiaceae: Graue Myrobalanen, Myrobalani Emblicae, von *Phyllanthus Emblica* in Ostindien. Best.: Gerbstoffe, Harz. Gerb- und Färbematerial. — ○ Cascarillrinde, Cortex Cascarillae, von *Croton Eluteria* in Westindien (Bahamainseln); eine andere Sorte von *C. Cascarilla*. Enthält äth. Öl, Cascarillin. Aromat. Bittermittel. Kopalchirinde, Cortex Copalchi, von *Croton niveus* im trop. Amerika. Best.: äth. Öl, Copalchin. Fiebermittel; Verwechselung der Cascarillrinde. — Purgierkörner, Semen Tiglii, von *Croton Tiglium* im trop. Asien. Best.: fettes Öl (Crotonol- und Tiglinsäure). Verw. als Drasticum, Hautreizmittel, zur Ölgewinnung. — Gummilack durch den Stich der Lackschildlaus, Coccus Lacca, an den Zweigen von *C. lacciferum* erzeugt. — ○ Kamala, Drüsen der Früchte von *Mallotus philippinensis* in Südasien. Best.: Rottlerin, Harz, Rottlerarot. Verw. als Bandwurmmittel u. zum Rotfärben. — Ricinusbohnen, Sem. Ricini, von *R. communis* (Fig. 348) aus Afrika, in wärmeren Gegenden viel kult. Best.: fettes Öl, Ricin, Ricinin. — Kerzennüsse, Sem. Aleuritis, von *Aleuritis triloba*. Enthält fettes Öl und ein Toxalbumin. — Curcasbohnen, Sem. Curcadis, von *Jatropha Curcas* im trop. Amerika, auch kult. Alle 3 letztgenannten Samen zur Gewinnung des abführenden, auch technisch benutzten Öles. — Para-Kautschuk, getrockneter Milchsaft von *Hevea brasiliensis* und *H. guianensis*. Geschätzteste Sorte des Handels. — Ceara-Kautschuk von *Manihot Glaziovii* in Brasilien, in Südasien und Afrika kult. — Maniok, Cassave, von *Manihot utilissima* in Brasilien, in den Tropen viel kult. Die stärkereichen Knollen wichtiges Nahrungsmittel, zur Stärkegewinnung. — Stillingiawurzel von *Stillingia silvatica* im südlichen Nordamerika als Mittel gegen Hautkrankheiten benutzt. — Columbisches Kautschuk stammt z. T. von *Sapium biglandulosum*. *S. sebiferum* liefert im Überzuge der Samen den chinesischen Talg zur Kerzenfabrikation. — Manschinell-Pfeilgift von *Hippomane Mancinella* in Mittelamerika. — ○ Euphorbium, der eingetrocknete Milchsaft von *Euphorbia resinifera* in Marokko. Best.: Euphorbin, Euphorbon (Harze), Gummi und Kautschuk. Hautreizmittel und Drasticum. — Buxbaumholz von *Buxus sempervirens* zu Schnitzarbeiten und Geräten sehr geschätzt.

Anacardiaceae: Mangopflaumen von *Mangifera indica*, Obstpflanze der Tropen. — Westindische Elephantenläuse, von *Anacardium occidentale* im trop. Amerika, auch kult. Die verdickten Fruchtstiele und die Samen eſsbar. Die Fruchtschale enthält Cardol und Anacardsäure. Verw. als Hautreiz- und Färbemittel, zu Tinte. Die Stämme liefern das Acajou-Gummi. — Ostindische Elephantenläuse von *Semecarpus Anacardium* in Ostindien. Best. und Verw. ebenso. — Pistazien, Samen von *Pistacia vera*, im Mittelmeergebiete kult., sind ölreich, dienen zu Confitüren und als Gewürz. Die Pistazien-Gallen stammen von *P. Terebinthus*. — Mastix, Harzthränen von *Pistacia Lentiscus* var. *Chia*, auf Chios kult. Enthält äth. Öl, Harz und Bitterstoff. Verw. zum Kauen, Räuchern, zu Zahnkitt, Lacken und Pflastern. Der amerikanische Mastix stammt von dem Pfefferstrauche Brasiliens *Schinus Molle*. — Sumachblätter von *Rhus coriaria* und anderen Arten. zum Gerben. — Japanischer Lack von *Rh. vernicifera* und *Rh. succedanea* in Japan, neuerdings auch versuchsweise in Deutschland kult. Die Früchte der letzteren Art geben das Japan-Wachs, Cera japonica. — Giftsumachblätter, Folia Toxicodendri, von *Rh. Toxicodendron*, gegen Hautkrankheiten und als Nervenmittel. Sie enthalten Toxicodendrin und Toxicodendronsäure. — Kat-Thee von *Catha edulis* in Abyssinien, Arabien, Ostafrika. Genuſsmittel.

Aquifoliaceae: Maté, Paraguay-Thee von *Ilex paraguayensis*, *I. gigan-*

tea, *I. Humboldtiana*, *I. ovalifolia* und anderen Arten in Südbrasilien und Paraguay. Best.: äth. Ol, Coffeïn, Gerbstoffe. Genufsmittel.

Aceraceae: Ahornzucker von *Acer saccharinum* in Nordamerika.

Hippocastanaceae: Rofskastanien von *Aesculus Hippocastanum*, bei uns kult., Futtermittel, zum Waschen; entbittert auch zu Brot empfohlen. Sie enthalten Aesculin, Aesculetin, Saponin, Aescin und Propaescinsäure. Die Blätter, Folia Hippocastani, dienten als Fiebermittel.

Sapindaceae: Guarana, aus den Samen von *Paullinia sorbilis* in Südamerika bereitete Paste, meist in Stangenform. Ist coffeïnreich. Verw. gegen Kopfschmerz, auch als Genufsmittel. — Seifennüsse von *Sapindus Saponaria* (trop. Amerika), *S. trifoliata* und anderen Arten. Sie sind saponinreich, dienen zum Waschen, auch zur Saponindarstellung. — Macassar-Ol von *Schleichera trijuga* in Ostindien mit adstringierender Rinde. — Zwillingspflaumen von *Litchi chinensis* in Südostasien. Geschätztes Obst.

Rhamnaceae: Jujuben, Früchte von *Zizyphus vulgaris* (Mittelmeergebiet), *Z. Lotus* (Nordafrika) und *Z. Jujuba* (Südostasien). Zu Hustenmitteln, efsbar. — ○ Kreuzdornbeeren, Fructus Rhamni catharticae (Baccae Spinae cervinae) von *Rhamnus cathartica* (Fig. 357). Best.: Rhamnin, Rhamnetin, Rhamnocathartin, Frangulin, Gerbstoffe. Verw. als abführendes Mittel; mit den Früchten noch anderer Arten wie *Rh. tinctoria, Rh. infectoria,* zu Saftgrün. — ○ Faulbaumrinde, Cortex Frangulae, von *Rhamnus Frangula* (Fig. 358). Enthält Emodin, Frangulin, Frangulasäure und Avornin. Erst nach längerer Lagerung arzneilich zu verwenden. Abführmittel, die Kohle zu Schiefspulver. — Cascara sagrada von *Rhamnus Purshiana* und *Rh. californica* in Nordamerika. Ersetzt arzneilich die Faulbaumrinde.

Vitaceae: Wein von *Vitis vinifera* (Fig. 359), *V. Labrusca* und anderen Arten mit zahllosen Kulturformen.

Elaeocarpaceae: Maquibeeren von *Aristotelia Maqui* in Chile zum Färben, besonders des Weines.

Tiliaceae: ○ Lindenblüten, Flores Tiliae, von *Tilia ulmifolia* (Fig. 360) (Winterlinde) und *T. platyphyllos* (Sommerlinde). Best.: äth. Öl und Schleim. Verw. gegen Katarrhe, auch als beruhigendes Mittel. Die Samen sind ölreich. Bast technisch verwertbar. — Jute von *Corchorus olitorius* und *C. capsularis*, in den Tropen kult. Vielbenutzte Faser.

Malvaceae: Stockrosen, Flores Malvae arboreae, von *Althaea rosea*, Südosteuropa, bei uns kult. Best.: Schleim, Farbstoff. Verw. als einhüllendes und Färbemittel. — ○ Eibischwurzel, Radix Althaeae, von *A. officinalis* (Fig. 362). In Mitteleuropa kult. Enthält Schleim, Zucker, Asparagin. Verw. als einhüllendes Mittel. Ebenso werden die ○ Eibischblätter, Folia Althaeae, und -Blüten benutzt. — ○ Malvenblätter, Folia Malvae, von *Malva silvestris* (Fig. 363) und *M. vulgaris*. Sie enthalten Schleim und dienen als einhüllendes Mittel sowie zu erweichenden Kräutern; ebenso die ○ Malven-Blüten von *M. silvestris*. — ○ Baumwolle, Gossypium, aus den Fruchtkapseln von *Gossypium herbaceum* (Fig. 361), *G. arboreum*, *G. barbadense* etc. Höchstwichtige Gespinstfaser. Auch zahlreiche *Hibiscus*- sowie *Abelmoschus*-Arten liefern brauchbare Fasern, so den Gambohanf (besonders von *H. cannabinus*). — Sidafaser von *Sida retusa* und weiteren Arten in Südostasien und Indien.

Bombaceae: Der Bast des Affenbrotbaumes *Adansonia digitata* (Afrika) wird technisch verwendet, ebenso die Wolle der Wollbäume: *Bombax*-Arten, *Ceiba pentandra* und *Ochroma lagopus* als Polstermaterial.

Sterculiaceae: Kakao, die Samen von *Theobroma Cacao* aus dem trop. Amerika, in allen Tropenländern kult. Best.: Fett, Theobromin, Coffeïn. Verw. geröstet zu Chocolade, beliebtes Genufs- und Nahrungsmittel, und zur Ölgewinnung. — Kola-, Gurunüsse, die Samen von *Cola acuminata* und anderen Arten des trop. Afrika. Best.: Coffeïn, Theobromin, Kolanin, Kolarot, Fett. Verw. gegen Kopfschmerz und Diarrhöe; auch anregendes Genufsmittel.

Theaceae: Thee, junge geröstete Blätter von *Thea chinensis*, besonders in Südostasien kult. Je nach der Bereitung als schwarzer und grüner Thee unterschieden. Enthält äth. Öl, Coffeïn, Theophyllin, Gerbstoffe. Genufsmittel.

Guttiferae: Ceylanisches Eisenholz von *Mesua ferrea*. — Takamahac, Marienbalsam, von *Calophyllum Inophyllum* und *C. Tacamahaca*. Zu Pflastern und Salben, Räuchermittel. — ○ Gummigutt, Gutti, von *Garcinia Morella* in Südostasien, aus Einschnitten gewonnen und in Bambusröhren gesammelt. Es enthält Cambogiasäure. Verw. als Drasticum und Färbemittel. — Pflanzenbutter aus den Früchten von *Pentadesma butyracea* in Sierra Leone.

Dipterocarpaceae: Borneokampfer, aus *Dryobalanops Camphora* auf Sumatra und Borneo gewonnenes Stearopten. — Dammarharz, Resina Dammar, kommt auch von *Hopea micrantha* und *H. splendida* in Südasien, vergl. S. 299. — Indischer Kopal stammt z. T. von *Vateria indica*. Zu Lacken. — Gurjunbalsam, Wood oil, liefern *Dipterocarpus alatus, D. angustifolius, D. gracilis, D. hispidus, D. incanus, D. litoralis, D. retusus, D. trinervis, D. turbinatus* und *D. zeylanicus*; vielfach als Firnifs sowie als Ersatz- (bez. Verfälschungs-) mittel des Copaivabalsams gebraucht.

Cistaceae: Ladanum, Harzsaft von *Cistus creticus, C. ladaniferus* und *C. cyprius* in Südeuropa, besonders auf Kreta gesammelt; früher viel benutzt.

Bixaceae: Orlean, Anatto, aus der fleischigen roten Samenschale von *Bixa Orellana* dargestellt, in den Tropen kult. Best.: Bixin. Zum Färben.

Canellaceae: Cortex Canellae albae, weifser Zimmt von *Canella alba* in Westindien. Enthält äth. Öl, Canellin, Bitterstoff. Aromatisches Mittel, Gewürz.

Violaceae: ○ Stiefmütterchen, Herba Violae tricoloris, von *V. tricolor* (Fig. 367). Best.: Violin, Violaquercitrin, Salicylsäure. Verw. als Abführmittel, gegen Hautkrankheiten. — Veilchen, Blüten von *Viola odorata*, zu Veilchensaft. — Weifse Brechwurzel, Rad. Ipecacuanhae albae, von *Jonidium Ipecacuanha* in Brasilien. Best.: Emetin, Inulin, Salicylsäure.

Turneraceae: Herba Damianae von *Turnera aphrodisiaca* und *T. diffusa* in Mejiko. Sie enthalten äth. Öl. Anregendes Mittel für Magen und Unterleib.

Passifloraceae: Grenadillas, Früchte von *Passiflora edulis* und anderen trop. Arten. Geschätztes Obst.

Caricaceae: Papaya-Milchsaft von *Carica Papaya*, enthält Papaïn, ein peptisches Ferment. Früchte efsbar.

Cactaceae: Indische Feigen, Früchte des Feigenkaktus, *Opuntia Ficus indica* u. *O. coccinellifera* (Fig. 368), efsbar. Auf ihnen wird Coccus cacti, die Cochenille-Schildlaus, gezogen, die als „Cochenillekörner", Coccionella, in den Handel kommt. Letztere zur Carmindarstellung.

Thymelaeaceae: Aloëholz von *Aquilaria Agallochum* (Adlerholz) in Südostasien. Zum Räuchern. — Seidelbast-, Kellerhalsrinde, Cortex Mezerei, von *Daphne Mezereum* (Fig. 369) und *D. laureola*. Best.: Daphnin, Mezereïnsäure. Verw. als Hautreizmittel, gegen Hautkrankheiten.

Lythraceae: Henna, das Kraut von *Lawsonia inermis* in Nordafrika bis Ostindien. Zum Färben, speciell auch der Nägel.

Punicaceae: ○ Granatrinde, Cortex Granati, von *Punica Granatum*, im Mittelmeergebiete kult. Die Wurzelrinde ist geschätzter. Best.: Pelletierin, Methyl-, Pseudo- und Isopelletierin sowie Granatgerbsäure. Bandwurmmittel. Die Granatapfelschalen wurden früher als adstringierendes Mittel gegen Diarrhöe verwendet, auch Gerbmaterial.

Lecythidaceae: Paranüsse, ölreiche, efsbare Samen von *Bertholletia excelsa* und *B. nobilis* in Südamerika.

Rhizophoraceae: Mangroverinde, von *Rhizophora Mangle, R. mucronata* und *R. conjugata*, in den Tropen. Zum Gerben.

Myrtaceae: Guajaven, Früchte von *Psidium Guajava* sowie anderen trop. Arten als Obst. — Piment, Nelkenpfeffer, englisch Gewürz, die unreifen Früchte von *Pimenta officinalis* (Fig. 371) in Westindien und Mejiko. Best.: äth. Ol. Gewürz. — Bayblätter von *Pimenta acris* in Westindien. Das daraus gewonnene äth. Öl zu kosmetischen Präparaten (Bayrum). — ○ Gewürznelken, Caryophylli, Blütenknospen von *Eugenia caryophyllata*, Molukken, in vielen Tropenländern kult. Best.: äth. Öl, Eugenin, Caryophyllin. Gewürz, aromatisches (auch antiseptisches) Mittel. — Kajeputöl von *Melaleuca Leucadendron* (var. *minor*) von den Molukken (Borneo). Gegen Zahnschmerz, Rheuma. — Eucalyptus-Kino von *Eucalyptus resinifera* in Australien. *E. globulus* und andere Arten liefern das Eucalyptusöl. *E. globulus* (Fieberbaum) ist in allen subtrop. Gebieten namentlich zur Entsumpfung angepflanzt.

Combretaceae: Myrobalanen von *Terminalia Bellerica* (runde M.), *T. Chebula* (braune M.) und *T. citrina* (gelbe M.) in Ostindien. Gerbmaterial, früher auch arzneilich verwendet, vergl. S. 311.

Oenotheraceae: Wassernüsse von *Trapa natans* und anderen Arten. Zu Rosenkränzen, Samen eſsbar.

Araliaceae: Ginsengwurzel von *Aralia Ginseng*, bei den Chinesen berühmtes Heilmittel. Im Handel dafür meist der amerikanische Ginseng von *A. quinquefolia*. — Reispapier in China aus dem Marke von *Fatsia papyrifera* (Formosa) hergestellt.

Umbelliferae: Wassernabelkraut von *Hydrocotyle asiatica*. Enthält Vellarin. Tonisches Mittel. — Sanikelkraut von *Sanicula europaea*. Enthält einen Bitterstoff. Volksmittel. — Schierling von *Conium maculatum* (Fig. 394) enthält Coniin, Methylconiin und Conydrin. Das Kraut, Herba Conii Nervenmittel, geg. Hustenreiz. — Sellerie, Knollen v. *Peucedanum graveolens* (Fig. 379). Küchengewächs. — ○ Kümmel, Fructus Carvi, von *Carum Carvi* (Fig. 388) viel kult. Best.: äth. Öl. Gewürz, Carminativum. Der römische Kümmel stammt von *Cuminum Cyminum* im Mittelmeergebiete. — Petersilie, das Kraut von *Carum Petroselinum* (Fig. 380). Gewürz. Früchte und Wurzeln früher auch arzneilich verwendet. — ○ Anis, Fructus Anisi, Früchte von *Pimpinella Anisum*. Best.: äth. Öl. Gewürz, aromatisches und expektorierendes Mittel. — ○ Bibernellwurzel, Radix Pimpinellae, von *Pimpinella Saxifraga* (Fig. 389) und *P. magna*. Best.: äth. Öl, Pimpinellin, Benzoësäure. Gegen Heiserkeit. — Kerbel, Herba Cerefolii, von *Anthriscus Cerefolium* (Fig. 391). Best.: äth. Ol. Küchengewürz. — ○ Fenchel, Fructus Foeniculi, von *Foeniculum vulgare*, in Ostindien auch von *F. Panmorium*. *F. dulce* liefert in Südfrankreich den römischen Fenchel. Alle drei enthalten äth. und fettes Öl, sie sind als Gewürz und Carminativa in Gebrauch. — Wasserfenchel, Fructus Phellandrii, von *Oenanthe Phellandrium*. Arzneilich verwendet. — ○ Liebstöckelwurzel, Radix Levistici, von *Levisticum officinale*, in Mitteleuropa kult. Best.: äth. Öl, Harz, Angelika- und Äpfelsäure. Verw. als aromatisches und diuretisches Mittel. — ○ Angelika- (Engel-) wurzel, Radix Angelicae, von *Archangelica officinalis*, in Thüringen kult. Best.: äth. Öl, Harz, Angelikasäure, Hydrocarotin. Aromatisches und Nervenmittel. In Nordamerika wird dafür *A. atropurpurea* angewendet. — Die Früchte von *Angelica silvestris* (Fig. 483) dienten ehedem gegen Ungeziefer. — ○ Stinkasant, Asa foetida, von *Ferula* (*Peucedanum*) *Scorodosma* und *F. Narthex*, angeblich auch *F. Asa foetida* in Vorderasien. Die Körner- oder Mandelsorten sind auch bei den Umbelliferen-Gummiharzen vorzuziehen. Best.: äth. Öl, Harz, Gummi, Ferulasäure. Nervenmittel, zu Pflastern. — ○ Galbanum von *F. galbaniflua* (*P. galbanifluum*) und *F. rubricaulis* in Persien. Best.: äth. Öl, Harz, Gummi Zu Pflastern, auch innerlich angewendet. — ○ Ammoniacum, von *Dorema* (*Peucedanum*) *Ammoniacum* in Persien. Best.: äth. Öl, Harz, Gummi. Zu Pflastern, gegen Katarrhe. Afrikanisches Ammoniacum von *P. commune* in Nordafrika (Marokko). Auch Räuchermittel. — Meisterwurzel, Rhiz. Imperatoriae, von *Peucedanum* (*Imperatoria*) *Ostruthium*. Best.: äth. Ol, Ostruthin, Imperatorin (?). Aromaticum. — Dill von *Peucedanum* (*Anethum*) *graveolens*. Enthält äth. Öl. Verw. als Carminativum und Gewürz, als letzteres besonders das Kraut. In Ostindien wird Dill auch von *P. Sowa* gesammelt. — Pastinakwurzel von *Peucedanum* (*Pastinaca*) *sativum*. — Koriander, die Früchte von *Coriandrum sativum* (Fig. 395), enthalten ein erst in der getrockneten Droge angenehmes äth. Öl. Carminativum und Gewürz. — Mohrrüben von *Daucus Carota* (Fig. 387) dienen als Nahrungsmittel und zum Färben, die Früchte wurden früher arzneilich verwendet.

Ericaceae: Sumpfporstblätter von *Ledum palustre*. Best.: äth. Öl, Ericolin, Leditannsäure. Gegen Motten, zu Bädern, auch innerlich. — Sibirische Alpenrosenblätter von *Rhododendron chrysanthum*. Best.: äth. Öl, Ericolin. Gegen Rheuma, Gicht. — Wintergrünblätter von *Gaultheria procumbens* in Nordamerika (canadischer Thee). Best.: äth. Öl, Ericolin Salicylsäure. Arznei- und Genufsmittel, zur Öldarstellung. — ○ Bärentraubenblätter, Folia Uvae Ursi, von *Arctostaphylos Uva ursi* (Fig. 402). Enthalten äth. Öl, Arbutin, Methylarbutin, Ericolin, Gerbstoffe. Gegen Blasenleiden. — Heidelbeeren, Baccae Myrtilli, von *Vaccinium Myrtillus* (Fig. 399). Gegen Diarrhöe, Nahrungsmittel, zum Färben. Die Blätter, Folia Myrtilli, gegen Zuckerkrankheit. Preifselbeeren von *V. Vitis idaea* (Fig. 400), Nahrungsmittel. — Haidekraut von *Calluna vulgaris* (Fig. 401). Best.: Ericolin, Ericin, Callutannsäure. Früher gegen Blasensteine.

Primulaceae: Gauchheilkraut von *Anagallis arvensis* (Fig. 406). Best.: Bitterstoff, Saponin. Volksmittel.

Sapotaceae: ○ Guttapercha von *Palaquium (Isonandra) Gutta* (Fig. 408), *P. borneense*, *P. oblongifolium*, *P. Treubii* und *Payena Leerii*; Hinterindien und Sundainseln. Best.: Neben der reinen „Gutta" sind Fluavil, Alban und Guttan darin nachzuweisen. Ist roh (G. cruda), gereinigt (G. depurata), rein (G. alba), ausgewalzt (G.-papier, Percha lamellata) und gehärtet im Handel. Verw. zu Kitt, Geräten, als Isoliermaterial etc. — Buttersamen von *Illippe butyracea*, Ostindien, zur Ölgewinnung. — Scheabutter aus den Samen von *Butyrospermum Parkii* im trop. Afrika. — Sternäpfel von *Chrysophyllum*-Arten, trop. Obst. — Balata-Gummi von *Mimusops Balata* in Guiana ist ein zwischen Kautschuk und Guttapercha stehendes Produkt.

Ebenaceae: Ebenholz von *Diospyros Ebenum* und anderen Arten in Ostindien. *D. Kaki* hat efsbare Früchte.

Styracaceae: ○ Benzoë von südasiatischen *Styrax*-Arten und zwar die Palembang- und Penang.-B. von *St. Benzoin*, die Sumatra-B. vermutlich von *St. subdenticulata*, die Abstammung der feinsten Sorte, der Siam-B. ist noch nicht ermittelt. Die Sumatra und Penang-B. enthalten neben äth. Öle und Benzoesäure Zimmtsäure, die anderen Sorten nur Benzoësäure und Vanillin. Kosmetikum, Räuchermittel. *St. officinalis* lieferte früher den Styrax des Handels.

Oleaceae: ○ Manna aus Einschnitten erhaltener Zuckersaft von *Fraxinus Ornus* (Fig. 409) im Mittelmeergebiete. Am besten ist die M. in Röhren, demnächst der sog. Thränenbruch. Best.: Mannit, Zucker, Schleim. Abführender Süfsstoff. Oliven von *Olea europaea* im Mittelmeergebiete. Aus ihnen wird das ○ Olivenöl, Oleum Olivarum, geprefst. — Jasminöl von *Jasminum officinale* und *J. Sambac*. — Indische Nachtblumen von *Nyctanthes arbor tristis* in Ostindien, enthalten äth. Öl und Farbstoffe. Zu Augenwässern, Färbemittel.

Loganiaceae: Gelbe Jasminwurzel von *Gelsemium sempervirens* in Nordamerika. Best.: Gelsemin (Gelseminin), Aesculin. Nerven- und Fiebermittel. — Spigelienkraut von *Spigelia marylandica*, *S. Anthelmia* im trop. Amerika. Best.: äth. Öl, Harz, Spigelin. Wurmmittel — ○ Brechnüsse, Semen Strychni, von *Strychnos nux vomica* (Fig. 412) in Ostindien. Best.: Strychnin, Brucin, Loganin, Igasursäure. Gegen Lähmungen, Verdauungsschwäche. Die Rinde kam früher als Verwechselung der Angusturarinde vor. — Hoang-nan-Rinde von *St. malaccensis* ist als Bittermittel gebräuchlich. — Curare von südamerikanischen, sehr giftigen *Strychnos*-Arten; dagegen sind die Samen von *St. potatorum* in Ostindien, zum Klären von Wasser verwendet, ganz unschädlich. — Schlangenholz von *St. Colubrina* in Ostindien. Gegen Schlangenbisse.

Gentianaceae: ○ Tausendgüldenkraut, Herba Centaurii minoris, von *Erythraea Centaurium* (Fig. 414). Enthält äth. Öl, Erythrocentaurin. Fieber- und Bittermittel. — ○ Enzianwurzel, Radix Gentianae, von *Gentiana lutea*, auch von *G. pannonica*, *G. purpurea* und *G. punctata* in Mittel- und Südeuropa. Best: Gentisin, Gentiopikrin, Zucker. Verw. als Bittermittel, zu Branntwein. Die Wurzel von *G. cruciata* diente gegen Fieber. — Amerikanische Colombowurzel von *Frasera carolinensis* in Nordamerika. Best.: Gentisin, Gentiopikrin. Tonisches Mittel. — ○ Bitterklee, Folia Trifolii fibrini von *Menyanthes trifoliata* (Fig. 415); enthält Menyanthin. Bittermittel.

Apocynaceae: Quebrachorinde von *Aspidosperma Quebracho* in Südamerika. Best.: Aspidospermin, Aspidospermatin, Aspidosamin, Quebrachin, Quebrachamin. Gegen Asthma. — Australische Fieberrinde von *Alstonia constricta*. Best.: äth. Öl, Alstonin, Alstonidin, Porphyrin. Verw. als Fiebermittel. — Ditarinde von *Alstonia scholaris* in Südasien. Best.: Ditaïn, Ditamin, Echitin, Echiteïn, Echitenin, Echicerin. Fiebermittel. — Alyxienrinde von

Alyxia aromatica auf den Sundainseln. Best.: Alyxiakampfer, Bitterstoff. Verw. als Krampf- und Magenmittel. — Thevetiasamen von *Thevetia neriifolia* im trop. Amerika. Best.: fettes Öl, Thevetin. Herzmittel. — Oleanderwurzel von *Nerium Oleander*. Herzmittel — ○ Strophanthussamen von *Strophanthus hispidus* und *St. Kombe* im trop. Afrika. Best.: fettes Öl, Strophanthin, Inein. Herzmittel, zu Iné-Pfeilgift. Auch die Strophanthussamen von der Insel Los und vom Sambesi enthalten Strophanthin. Die Haarschöpfe der Samen als vegetabilische Seide. — Conessirinde von *Holarrhena antidysenterica*. Enthält Conessin. Gegen Dysenterie, Fiebermittel. Auch die Samen gegen Dysenterie, als Fieber- und Wurmmittel. — Indianische Hanfwurzel von *Apocynum cannabinum* in Nordamerika. Best.: Apocynin, Apocynein. Diuretisches und Herzmittel. — Lianen-Kautschuk von *Landolphia florida, L. owariensis, L. Kirkii, L. petersiana* und anderen Arten im trop. Afrika. — Wabajo-Pfeilgift von *Acokanthera Schimperi, A Ouabaïo* und *A. Deflersii* in Ostafrika, Arabien. Enthält Ouabaïn. Herzmittel.

Asclepiadaceae: Schwalbenwurzel von *Vincetoxicum officinale*. Best.: äth. Öl, Asclepiadin. Brechmittel. — ○ Condurangorinde von *Marsdenia (Gonolobus) Condurango* in Ecuador, Peru. Enthält Condurangin und weitere Glukoside. Verw. gegen Magenkrebs. Andere *Marsdenia*- sowie *Asclepias*- und *Calotropis*-Arten liefern vegetabilische Seide. — Nannary-Wurzel, Radix Sarsaparillae orientalis, von *Hemidesmus indicus* in Ostindien. Blutreinigungsmittel.

Convolvulaceae: ○ Jalapenknollen, Tub. Jalapae, von *Exogonium (Ipomaea) Purga* in Mejiko, auch kult. Best.: Convolvulin, Jalapin. Verw. als Abführmittel, zur Bereitung von Resina Jalapae. Tampicojalape stammt von *E. simulans*, Orizabajalape (Jalapenstengel) von *E. orizabense* — Bataten (süſse Kartoffeln) von *Ipomaea Batatas* (Fig. 419) im trop. Amerika, viel kult. Nahrungsmittel. — Kaladanasamen von *Pharbitis Nil*. Abführmittel. — Scammoniawurzel von *Convolvulus Scammonia* im östlichen Mittelmeergebiete. Best.: Jalapin. Abführmittel, zur Darstellung von Scammonium-Harz.

Boraginaceae: Schwarze Brustbeeren von *Cordia Myxa* in Ostindien, Ägypten. Enthalten Schleim. Gegen Husten und Heiserkeit. Liefert auch Rosenholz. — Hundszungenwurzel von *Cynoglossum officinale*. Enthält Schleim, Gerbstoffe. Gegen Husten, Diarrhöe. — Schwarzwurzel, Radix Consolidae, von *Symphytum officinale* (Fig. 423). Best.: Schleim, Gerbstoffe. Adstringierendes Mittel. — Boretsch von *Borago officinalis* aus Kleinasien, bei uns kult. Küchengewürz. — Lungenkraut von *Pulmonaria officinalis*. Best.: Schleim, Gerbstoffe. Gegen Lungenleiden. — Alkannawurzel von *Alkanna tinctoria* im Mittelmeergebiete, Ungarn. Enthält Alkannin. Verw. als adstringierendes Mittel und zum Färben. — Steinsamen von *Lithospermum officinale* und *L. arvense*. Best.: fettes Öl, Schleim, Gerbstoffe. Adstringierendes, diuretisches Mittel, gegen Steinleiden.

Verbenaceae: Teakholz von *Tectona grandis* in Ostindien, als Schiffsbauholz geschätzt. — Lippienkraut von *Lippia dulcis* var. *mexicana* in Mejiko, Centralamerika. Best.: äth. Öl, Lippiol. Hustenmittel. — Eisenkraut von *Verbena officinalis* (Fig. 425). Volksmittel.

Labiatae: Knoblauch-Gamander von *Teucrium Scordium*. Best.: äth. Öl, Scordiin. Gegen Motten, auch arzneilich. — Rosmarinblätter von *Rosmarinus officinalis*. Enthalten äth. Öl. Hautreizmittel, gegen Ungeziefer. — Schwarzes Andornkraut von *Ballota nigra*. Enthält äth. Öl und einen Bitterstoff. Krampf- und Wurmmittel. — Weiſse Nesselblüten von *Lamium album*. Best.: Lamiin, Schleim. Blutreinigungsmittel. — Japan-, Ziestknollen von *Stachys affinis*, bei uns kult. Enthalten Stachyose. Nahrungsmittel. — Weiſses Andornkraut von *Marrubium vulgare*. Best.: äth. Öl, Marrubiin. Gegen Lungenleiden. — Berufkraut von *Sideritis hirsuta* in Südeuropa. Best.: äth. Öl, Bitterstoff. Zu Bädern. — Katzenminze von *Nepeta citriodora*. Enthält äth. Öl. Volksmittel. — Gundermann, Herba Hederae terrestris, von *Glechoma hederacea* (Fig. 433). Expektorierendes und Fiebermittel. — ○ Salbeiblätter von *Salvia officinalis* (Fig. 430), Mittelmeergebiet, bei uns kult. Best.: äth. Öl, Bitterstoff. Gegen Katarrhe, zu Gurgel- und Mundwässern. — ○ Melissenblätter, Folia Melissae, von *Melissa officinalis* im Mittelmeergebiet, bei uns kult. Enthält äth. Öl. Verw. als anregendes Mittel, als Parfüm. — Amerikanisches Poleykraut von *Hedeoma pulegioides* in

Nordamerika. Enthält äth. Öl. Verw. als anregendes, carminatives Mittel. — Yerba buena von *Micromeria Douglasii* in Südamerika. Tonisches, Fieber- und Wurmmittel. — Ysopkraut von *Hyssopus officinalis*. Enthält äth. Öl. Expektorans, zu Umschlägen. — Pfeffer-, Bohnenkraut von *Satureja hortensis*. Enthält äth. Öl. Gewürz, früher auch arzneilich verwendet. — Mairankraut von *Origanum Majorana* und var. *Majoranoïdes* im Mittelmeergebiet, bei uns kult. Gewürz, gegen Schnupfen. — O Thymian, Herba Thymi, von *Thymus vulgaris*. O Quendel, Herba Serpylli, von *Th. Serpyllum*. Beide enthalten äth. Öl und dienen zu aromatischen Kräuterspecies und Bädern. — Wolfsfufskraut von *Lycopus europaeus*. Best.: äth. Öl, Lycopin. Fiebermittel. In Nordamerika wird das Kraut von *L. virginicus* verwendet. — O Pfefferminzblätter, Folia Menthae piperitae, von *Mentha piperita* (Fig. 429), in Deutschland, England, Nordamerika und Japan viel kult. Enthalten äth. Öl. Verw. als aromatisches, carminatives Mittel, gegen Kolik; zur Öldarstellung. Die ähnlich verwendete Krauseminze stammt von *M. silvestris* var. *crispa* (*M. viridis*), nur in Kultur. — Patchoulíblätter von *Pogostemon Patchouly* in den Tropenländern kult. Verw. gegen Motten und namentlich als Parfüm, zur Ölgewinnung. — O Lavendelblüten, Flores Lavandulae, von *Lavandula vera* (Fig. 428) im Mittelmeergebiete. Enthält äth. Öl. Verw. gegen Motten, zu Bädern, Parfüm. Das gleichfalls kultivierte Kraut von *L. Spica* dient zu Umschlägen und Bädern.

Solanaceae: O Belladonna-, Tollkirschenblätter, Folia Belladonnae (Fig. 437) von *Atropa Belladonna*. Best.: Atropin, Belladonnin, Hyoscyamin. Nerven- und Augenmittel. Auch die Wurzel dient als Narcoticum, sie enthält Atropin, Belladonnin, Chrys- und Leucatropasäure. — O Bilsenkraut, Herba Hyoscyami, von *Hyoscyamus niger* (Fig. 440). Best.: Hyoscyamin, Hyoscin. Narcoticum, gegen Neuralgien, Hustenreiz. Die ähnlich verwendeten Samen enthalten Hyoscyamin, Hyoscin, Atropin, Hyoscerin, Hyoscyresin und Hyoscypikrin. — Kaknajbeeren von *Withania coagulans* in Ostindien und Vorderasien verursachen durch ein Ferment das Gerinnen der Milch. Zur Käsebereitung. — Judenkirschen von *Physalis Alkekengi* enthalten Physalin. Sie wurden als diuretisches und Fiebermittel angewendet. — O Spanischer Pfeffer, Paprika, Fructus Capsici, von *Capsicum annuum* und *C. longum*; in wärmeren Ländern, auch dem südlicheren Europa viel kult. Best.: Capsaïcin, Capsicumrot. Reizmittel, Gewürz. Die kleinen Chillies stammen von *C. frutescens*. — Tomaten, Früchte von *Solanum Lycopersicum* aus Peru, in zahlreichen Formen bei uns kult., efsbar. — Eierfrüchte von *S. Melongena*, in den Tropen kult. als Obst. — Kartoffeln von *S. tuberosum*, Nahrungsmittel. — Bittersüfsstengel von *S. Dulcamara*, enthalten Solanin und Dulcamarin. Gegen Hautkrankheiten, Wassersucht, Rheuma. — Alraunwurzel von *Mandragora officinarum* im Mittelmeergebiete, enthält Mandragorin. Zaubermittel. — O Stechapfelblätter, Folia Stramonii, von *Datura Stramonium* (Fig. 438). Best.: Hyoscyamin, Atropin. Gegen Asthma, Nervenmittel. Ähnlich werden die Samen verwendet. — O Tabakblätter, Folia Nicotianae, von *Nicotiana Tabacum* (Fig. 439). In allen Erdteilen kult. Best.: Nicotin, Nicotinsäure, Nicotianin. Verw. gegen Asthma, Kehlkopfkrämpfe, präpariert als Genufsmittel, zu letzterem Zwecke auch *N. rustica*. — Duboisiablätter von *Duboisia myoporoides* in Australien und Neu-Guinea enthalten Hyoscyamin. Nervenmittel, Narcoticum. — Pituryblätter von *Duboisia Hopwoodii* in Australien enthalten Piturin. Anregungsmittel.

Scrophulariaceae. O Wollblumen, Flores Verbasci, von *Verbascum thapsiforme* und *V. phlomoïdes*. Best.: äth. Öl, Schleim, Farbstoff. Zu Brustthee, gegen Asthma. Auch die Blätter dienen als Schleimmittel. — Leinkraut von *Linaria vulgaris*. Best.: Linarin, Linaracrin, Linaresin, Linarosmin und Anthokirrin. Diuretisches und Abführmittel, gegen Hämorrhoïden. — Gnadenkraut von *Gratiola officinalis*. Best.: Gratiolin, Gratiosolin, Gratiolacrin, Gratioloin, Gratioloinsäure. Abführmittel, gegen Gicht, Geschwülste. — O Fingerhutblätter, Folia Digitalis, von *Digitalis purpurea* (Fig. 444). Best.: Digitalin, Digitaleïn, Digitin, Digitoxin, Digitonin, Digitalsäure etc. Herzmittel. — Augentrostkraut von *Euphrasia officinalis*, enthält äth. Öl. Zu Augenwässern, auch gegen Gelbsucht.

Bignoniaceae: Palisanderholz von *Jacaranda obtusifolia* in Südamerika. — Chica, roter Farbstoff der Blätter von *Bignonia Chica* in Südamerika.

Pedaliaceae: Sesam, weifser von *Sesamum indicum*, schwarzer von *S. orientale*. In wärmeren Ländern zur Ölgewinnung viel kult.

Plantaginaceae: Wegerichblätter von *Plantago maior*, *P. media* und *P. lanceolata*. Hustenmittel. — Flohsamen von *Plantago Psyllium*. Enthält viel Schleim. Verw. technisch, auch Volksmittel.

Rubiaceae: ○ Chinarinde, Cortex Chinae, die offizinelle besonders von *Cinchona succirubra*, Königs-Ch. von *C. Calisaya*, gelbe Ch. von *C. cordifolia*, *C. lancifolia* und anderen, braune Ch. von *C. micrantha*, *C. umbellulifera*, *C. subcordata*, *C. Pahudiana*, *C. macrocalyx*, *C. Uritusinga* etc., rote Ch. von *C. coccinea* und *C. lucumaefolia*. Zu den gelben Ch. gehören, abgesehen von der Königs-Ch., die Carthagena- (Bogota-, Neu-Granada-), Peru-, Maracaibo-, Pitayo- und Cuscorinden, zu den braunen die Huanoco-, Loja-, Pseudoloja-, Huamalies- und Tenrinden; die off. *succirubra* wird zu den roten Ch. gerechnet (Fig. 452). Die chininreiche Cuprea-China stammt von *Ladenbergia pedunculata*, die sog. Cinchonamin-Cuprea von *Remija Purdieana* enthält kein Chinin. Falsche Ch. kommen insbesondere von anderen *Ladenbergia-* sowie *Exostema-*Arten. Best. der echten Ch.: Chinin, Chinidin, Cinchonin, Cinchonidin und andere Alkaloïde, Gerbstoffe etc. Verw. als Fieber- und Bittermittel. — ○ Gambir, aus den Blättern von *Ourouparia* (*Uncaria*) *Gambir* hergestelltes Extrakt; in Südindien kult. Best.: Catechin. Verw. zum Gerben und Färben. — Gelaphalfrüchte von *Randia dumetorum* in Ostindien. Best.: Saponin, Baldriansäure. Verw. gegen Dysenterie, Brechmittel. — Gelbschoten von *Gardenia florida* in Südostasien (China). Best.: Gardenin, Rubichlorsäure. Zum Färben. — Kaffee, Samen von *Coffea arabica* (Fig. 451), Liberia-K. von *C. liberica*. Heimat Afrika. In allen Tropenländern kult. Verw. geröstet als coffeïnhaltiges Genufsmittel, arzneilich als anregendes Mittel gegen Erbrechen und Opiumvergiftung, auch als Desodorans. — ○ Brechwurzel, Radix Ipecacuanhae, von *Uragoga* (*Psychotria, Cephaëlis*) *Ipecacuanha* in Brasilien. Best.: äth. Öl, Emetin, Ipecacuanhasäure. Verw. als expectorierendes und Brechmittel. Aufserdem kommen noch vor die schwarze I. von *Psychotria emetica*, welche nur Spuren von Emetin enthält, eine zweite schwarze I. von *Richardsonia Ipecacuanha*, die mehlige I. von *R. scabra* und die weifse I. von *Jonidium Ipecacuanha*, einer brasilianischen Violacee (S. 313). — Waldmeisterkraut, Herba Matrisylvae, von *Asperula odorata*. Enthält äth. Öl und Cumarin. Verw. als aromatisierendes und lösendes Mittel. Frisch zu Maitrank. — Labkraut von *Galium verum*. Nervenmittel. — Krappwurzel von *Rubia tinctorum* in Südeuropa und dem Orient kult. Best.: Ruberythrinsäure, Rubichlorsäure, Erythrozym. Zum Färben, früher auch arzneilich verwendet.

Caprifoliaceae: ○ Holunderblüten, Flores Sambuci, von *Sambucus nigra*. Best.: äth. Öl, Schleim. Schweifstreibendes Mittel, zu Gurgelwässern, Kräuterkissen Die Früchte, Holunderbeeren, als Gewürz und Färbemittel. — Cortex Viburni prunifolii von *V. prunifolium* in Nordamerika enthält Viburnin und dient als Nervenmittel, auch gegen Unterleibsleiden.

Valerianaceae: Indischer Baldrian von *Nardostachys Jatamansi* in Bengalen, Nepal. Enthält äth. Öl. Nervenmittel. — Rapunzel von *Valerianella olitoria*. Als Salat. — ○ Baldrianwurzel, Radix Valerianae, von *Valeriana officinalis* (Fig. 455). Best.: äth. Öl, Chatinin, Valerin, Isobaldriansäure. Nerven- und Krampfmittel. Die japanische Baldrianwurzel stammt von der Var. *angustifolia*.

Dipsacaceae: Teufelsabbifswurzel, Radix Morsi diaboli von *Succisa pratensis*. Wurmmittel. — Skabiosenkraut, Herba Scabiosae, von *Knautia arvensis*. Volksmittel. — Weberkarde, *Dipsacus fullonum* in Südwesteuropa. Technisch benutzt.

Cucurbitaceae: Telfairiasamen von *Telfairia pedata* in Ostafrika. Zur Ölgewinnung kult. — Narasamen von *Acanthosicyos horrida* in Südwestafrika. Nahrungsmittel der Hottentotten. — Luffaschwämme, Fasernetz der Früchte von *Luffa cylindrica*. In den Tropen kult. — Zaunrübe von *Bryonia alba* und *B. dioïca* (Fig. 460). Best.: Bryonin, Bryonicin. Abführmittel. — ○ Koloquinthen, Fructus Colocynthidis, die geschälten Früchte von *Citrullus Colocynthis* (Fig. 457), im Mittelmeergebiete und Ostindien kult. Best.: Colocynthin, Colocynthidin. Verw. als Abführmittel, gegen Ungeziefer. — Melonen von *Cucumis Melo*, Gurken von *C. sativus* (Fig. 459) und Kürbisse von *Cucurbita Pepo* (Fig. 458) in zahlreichen Kulturformen als Gemüse. *Cucumis sikkimensis*, japanische Klettergurke, in neuester Zeit besonders geschätzt. Flaschenkürbisse von *Lagenaria vulgaris* als Behälter.

Campanulaceae: ○ Lobelienkraut, Herba Lobeliae, von *Lobelia inflata* in Nordamerika, kult. Best.: Lobeliin, Lobelianin, Lobeliasäure. Verw. als expektorierendes und Nervenmittel, gegen Asthma.

Compositae: Wasserdostkraut von *Eupatorium cannabinum* (Fig. 466). Enthält Eupatorin. Fiebermittel. In Nordamerika dient das dort heimische aromatische *E. perfoliatum*. Andere *Eupatorium*-Arten dienen als Färbemittel. — Guakostengel von *Mikania Guako* und anderen Arten in Brasilien und Columbien. Best.: Guacin. Gegen Hautkrankheiten, Schlangenbifs. — Goldrutenkraut, Herba Virgaureae, von *Solidago Virgaurea*. Enthält äth. Öl, Bitterstoff. Diureticum — Berufkraut von *Erigeron canadensis*. Adstringierendes Mittel. — Blumea-, Ngai-Kampfer von *Blumea balsamifera* im östlichen Mittelmeergebiete und in Südasien. Besonders in China arzneilich und zu Tusche verwendet. — Katzenpfötchen, Flores Stoechados, von *Helichrysum arenarium*. Enthält äth. Öl. Gegen Husten. Ähnlich werden die Blüten von *Antennaria* (*Gnaphalium*) *dioica* verwendet. — Alantwurzel, Radix Helenii, von *Inula Helenium* im Mittelmeergebiete, bei uns kult. Best.: äth. Öl, Alantkampfer, Alantol, Alantsäure, Helenin. Verw. als expektorierendes, diuretisches Mittel. — Spitzklettenkraut von *Xanthium spinosum*. Enthält äth. Öl. Volksmittel. — Sonnenblumenkerne von *Helianthus annuus* aus Mejiko, bei uns kult. Futtermittel und zur Ölgewinnung. Auch Topinambur, *H. tuberosus*, als Futterpfl. geb. Die Knollen Kartoffelersatz. — Parakressenkraut von *Spilanthes oleracea* in Südamerika, Westindien, bei uns kult. Gegen Zahnschmerz, Skorbut. — Nigersaat, Ramtillasamen, von *Guizotia abyssinica* in Abyssinien, Ostindien, kult. Zur Ölgewinnung. — Zweizahnkraut von *Bidens cernua* und *B. tripartita*. Gegen Steinleiden. — Madiasamen von *Madia sativa*. Zur Ölgewinnung kult. — Römische Kamillen von *Anthemis nobilis* in Südeuropa, bei uns kult. Best.: äth. Öl, Bitterstoff, Quercitrin. Nervenmittel, gegen Kolik. — Bertramswurzel von *Anacyclus officinarum*, bei Magdeburg kult. Enthält äth. Öl, Pyrethrin. Gegen Zahnschmerz. Analog dient die römische Bertramswurzel von *A. Pyrethrum* in Nordafrika. — Schafgarbe, Herba (Summitates) Millefolii, v. *Achillea Millefolium* (Fig. 470) enthält äth. Öl, Achilleïn. Blutreinigungsmittel. — Ivakraut, Herba Genippi veri, von *Achillea moschata* in den Alpen Mitteleuropas. Best.: äth. Öl, Achilleïn, Ivaïn, Moschatin. Verw. als aromatisches Bittermittel (zu Ivabitter). — ○ Kamillen, Flores Chamomillae, Blüten von *Matricaria Chamomilla* (Fig. 476). Sie enthalten äth. Öl und dienen als Wund- und Beruhigungsmittel, gegen Kolik, zu Kräuterkissen, Bädern. — Insektenblüten, persische von *Chrysanthemum roseum* und *C. carneum*, dalmatinische von *C. cinerariaefolium*, in Persien, Kaukasien, bez. Dalmatien und Herzegowina, viel kult. Die geschlossenen Blüten sind am besten. Best.: äth. Öl, Pyrethrosin, Pyrethrosinsäure, Chrysanthemin. Gemahlen als Insektenpulver. Insekticid wirkt auch das Pulver von *C. caucasicum*, *C. corymbosum* und *C. macrophyllum*, in geringem Mafse endlich selbst das von *C. Parthenium* und *C. inodorum*. — Estragonkraut von *Artemisia Dracunculus*. Enthält äth. Öl. Gewürz, auch gegen Skorbut. — Beifufskraut von *A. vulgaris*. Enthält äth. Öl. Aromaticum, Gewürz. — ○ Wermut, Herba Absinthii, von *A. Absinthium*. Enthält äth. Öl, Absinthiin. Fieber- und Bittermittel. — ○ Wurm„samen“, Flores Cinae, Zittwer, von *Artemisia maritima* var *Stechmanniana* in Persien, Turkestan. Best.: äth. Öl, Santonin. Wurmmittel. — ○ Huflattigblätter, Folia Farfarae, von *Tussilago Farfara* enthalten ein bitteres Glukosid und Schleim. Gegen catarrhalische Halsaffektionen. Früher wurden auch die Blüten verwendet. — ○ Arnikablüten, Flores Arnicae, von *Arnica montana* (Fig. 465) im bergigen Europa. Best.: äth. Öl, Arnicin. Nerven-, Fieber- und Wundmittel. — Ringelblumen von *Calendula officinalis* in Südeuropa und dem Orient, bei uns kult. Best.: äth. Öl, Calendulin, Farbstoff. Nervenmittel. — Eberwurzel von *Carlina acaulis*. Enthält äth. Öl. Diuretisches und Fiebermittel. Das Harz der Blütenköpfe von *C. gummifera* dient auf Tenos und Syros als Mastixsurrogat. — Klettenwurzel, Radix Bardanae, von *Arctium Lappa*. Enthält äth. Öl und Bitterstoff. Diuretisches, eröffnendes Mittel, sie gilt auch für haarwuchsbefördernd. — ○ Cardobenediktenkraut, Herba Cardui benedicti, von *Cnicus benedictus* in Südeuropa, Vorderasien, bei uns kult. Enthält Cnicin. Bittermittel. — Artischocken, Blütenköpfe von *Cynara Scolymus* (Fig. 474) als Gemüse. — Mariendistelsamen, Fructus Cardui Mariae, von *Silybum Marianum*. Gegen Gelbsucht etc. — Kornblumen, Flores Cyani, von *Centaurea Cyanus* (Fig. 473). Früher als diuretisches und Fiebermittel vewendet, zu Räucherpulver. — Saflor, die Blüten von *Carthamus tinctorius* aus dem Orient, bei uns kult. Best.: Carthamin, Saflorgelb. Färbemittel. — Cichorienwurzel von *Cichorium Intybus* (Fig. 481), viel kult. Blutreinigungsmittel, geröstet als Kaffeesurrogat. *C. Endivia* giebt den Endiviensalat. — ○ Löwenzahn, Radix Taraxaci cum herba, von *Taraxacum officinale* (Fig. 484). Best.: Taraxacin, Taraxacerin, Inulin, Zucker. Tonisch abführendes Mittel, gegen Leberleiden. Die frischen, am besten dunkel getriebenen Blätter zu Salat. — Lactucarium, Milchsaft von *Lactuca virosa* (Fig. 485). Bei Zell (Mosel, deutsches L.), Edinburg (englisches L.) und Waidhofen (Thaya, österreichisches L.) kult. Best.: Lactucin, Lactucon, Lactucopikrin, Lactucasäure, Hyoscyamin. Verw. als Narcoticum, gegen Asthma. *L. sativa* var. *capitata* giebt den Kopfsalat. — Schwarzwurzel von *Scorzonera hispanica*. Wird als Wurzelgemüse und Futterpflanze kult. — Vanilleblätter von *Liatris odoratissima* enthalten reichlich Cumarin und dienen zum Parfümieren.

Geschichte der Botanik.*)

Wie sich die astronomische Wissenschaft aus den Bedürfnissen namentlich der See-, aber auch der Landleute entwickelt hat, so verdankt auch die Botanik der Praxis ihren Ursprung. Schon der Name unserer Wissenschaft (vergl. S. 295) weist darauf hin. Viele Pflanzen dienten seit jeher als Nahrung, aber auch schon in den allerältesten Epochen der menschlichen Kultur als Heilmittel.

Eine wissenschaftliche Behandlung erfuhren die Pflanzen zuerst von Aristoteles (384—322 v. Chr.), dessen botanische Schriften leider verloren gegangen sind. Jedoch besitzen wir von seinem Schüler Theophrast, dem „Vater der Pflanzenkunde", botanische Werke. Bedeutend ist die Heilmittellehre des Dioscorides (im ersten Jahrhundert n. Chr.), der gegen 600 Pflanzen-Arten aufführt, jedoch allerdings zum Teil nur sehr mangelhaft beschreibt. Plinius (23—79 n. Chr.) hat in seiner Naturgeschichte die damaligen Kenntnisse namentlich aus dem Gebiete der praktischen Pflanzenkunde zusammengetragen.

Wichtiger wird dann erst wieder eine Schrift des Arabers Avicenna (979—1037), welche über medicinische Botanik handelt und in der neue, meist orientalische Pflanzen beschrieben werden.

In Deutschland hat Albert von Bollstädt (Albertus Magnus 1193—1280) ein Buch über Pflanzen geschrieben. Im 16. Jahrhundert tauchen eine ganze Anzahl Bücher mit Holzschnitten auf; wir nennen unter den Verfassern nur Brunfels, Bock (Tragus), Fuchs, Th. v. Bergzabern (Tabernämontanus), die Brüder Bauhin, alle in Deutschland, ferner in der Schweiz Gefsner, in den Niederlanden Dodoëns, Lobel und l'Écluse (Clusius), in Frankreich Ruelle (Ruellius) und Delechamps, in England Turner. Sie beschäftigten sich mit den einheimischen Gewächsen und brachten, in der Meinung, die aus den älteren griechischen Schriften bekannten Pflanzen in ihrer eigenen Heimat wiederfinden zu müssen, viele Verwirrung in die Bezeichnung der Arten.

*) Zu empfehlen: J. v. Sachs: Geschichte der Botanik (München 1875). Das Buch behandelt die Geschichte mit dem Beginn des 16. Jahrh. bis 1865.

Bauhin führt 6000 Arten auf, und die Kenntnis neuer wuchs schnell. Es ward daher das Bedürfnis nach einem System immer fühlbarer; die Versuche, solche zu schaffen, fallen in das 16. und namentlich 17. Jahrhundert. Der erste, von dem wir ein System besitzen, ist der Italiener Cäsalpin (1519—1603). Erwähnenswert sind die Systeme der Engländer Morison und Ray, der Deutschen Amman, Hermann und Rivinus, des Holländers Boerhave, der Franzosen Magnol und namentlich J. P. de Tournefort (1656—1718), der den Gattungs-Begriff einführte.

Alles bisher Geschehene gehört der systematischen Botanik, also der Kenntnis der Arten an. Durch die Entdeckung des Mikroskopes im 17. Jahrhundert wurde nun aber auch durch den Engländer Grew die Anatomie begründet, die eine wesentliche Förderung durch den Italiener Malpighi und den Holländer Leeuwenhoek erfuhr. Die Kunde von den Phallophyten, die vom Mikroskop abhängig ist, beginnt ebenfalls und zwar durch den Italiener Micheli und den Deutschen Dillenius in dieser Zeit. Auch die Pflanzenphysiologie erhält einen Anstofs durch den Engländer Hales.

Als der Schwede Carl von Linné (1707—1778) auftrat, waren durch Reisende (Rheede, Kämpfer, Rumpf, Plumier u. a.) so viele neue Arten bekannt geworden und die Verwirrung in der Bezeichnung war eine so grofse, dafs eine Reform durchaus nötig war. Linné gründete ein neues System (Seite 107—109), welches zwar rein künstlich, jedoch die bekannten Pflanzen leicht bestimmen lehrte und gestattete, neu zu entdeckende Pflanzen bequem einzuordnen; sehr wesentlich ist hierbei der Gebrauch einer zweckmäfsigen und geregelten Bezeichnung (Nomenclatur) der Arten, die wir noch heute anwenden.

Zu Linné's Zeiten und nach ihm stand die Systematik durchaus im Vordergrunde, und es ist daher nur von Fortschritten in dieser Disciplin zu berichten. So haben die beiden Jussieu, nämlich Bernhard de Jussieu (1689—1777) und Antoine Laurent de Jussieu, durch Gründung eines natürlichen Systems, welches die Grundlage der späteren natürlichen Systeme geworden ist, ganz Hervorragendes geleistet. Geschichtlich bemerkenswerte natürliche Systeme sind ferner diejenigen von A. P. de Candolle (1813), S. Endlicher (1836—1840), A. Brongniart (1843) und A. Braun (1864).

Die Lehre von der Geschlechtlichkeit der Pflanzen wurde besonders begründet und gepflegt von Camerarius (Kämmerer 1691) und Kölreuter (seine Werke 1761—1766); Christ. Konrad Sprengel wies (1793) die Bedeutung der Eigentümlichkeiten der Blüten und Blumen, letztere namentlich als Insektenblüten nach. Aber erst 1862(!) wurde Sprengel's Lehre durch Vermittelung Charles Darwin's in die Wissenschaft aufgenommen.

Schon gegen Ende des vorigen Jahrhunderts durch Bonnet, Duhamel du Monceau, Priestley, Ingenhous und de Saussure hatten Physiologie und Anatomie eine Förderung erfahren; wesentliche Fortschritte machten diese Disciplinen mit dem Beginn des neunzehnten Jahrhunderts. Als bedeutenden Physiologen müssen wir hier Boussingault nennen und als Anatomen namentlich

Bernhardi, Treviranus, Link und Moldenhawer jun., deren Arbeiten den Beginn einer neuen Periode anzeigen, die zu Anfang der vierziger Jahre durch die Untersuchungen Meyen's und Mohl's ihren Abschlufs fand.

Auf die rein descriptiv-anatomische Periode folgte die entwickelungsgeschichtliche, die durch Schleiden, aber namentlich durch Nägeli erfolgreich begonnen wurde. Von manchen Forschern wurde — wie so oft das Neue — mit Zurückdrängung gleichberechtigter Disciplinen der Wert der Entwickelungsgeschichte überschätzt.

Die Pflanzen-Palaeontologie hat erst durch A. Brongniart ein Fundament erhalten, das den Weiterbau der Disciplin gestattete; hervorragende Pflanzenpalaeontologen sind u. a. in Deutschland H. Graf zu Solms-Laubach, in Frankreich Renault und Zeiller, in England Williamson.

Bedeutendere Systematiker der letzten Zeit sind Ascherson, Baillon, Bentham, A. Braun, Rob. Brown, De Candolle (Sohn), Eichler, Engler, Asa Gray, Grisebach (Pflanzengeograph) und die beiden Hooker (Vater und Sohn). Systematik mit ihren Schwesterdisciplinen (z. B. Pflanzengeographie) entwickeln sich gleichmäfsiger; Anatomie und Physiologie haben aber in den letzten Jahrzehnten ganz bedeutende Fortschritte gemacht, wodurch grofse Arbeitsgebiete eröffnet worden sind. Diese Disciplinen sind von vielen Gelehrten, unter anderen durch Charles Darwin, De Bary, Hofmeister, Nägeli, Pringsheim und Sachs mächtig gefördert worden und besonders durch Schwendener, der für die Erkenntnis der Lebens-Verrichtungen der anatomischen Apparate und für die physiologische Botanik grofsartige Beiträge geliefert hat.

Alphabetisches Register.

(Die nicht unter C vermerkten Worte sind unter K resp. unter Z zu suchen.)

Pierer'sche Hofbuchdruckerei. Stephan Geibel & Co. in Altenburg.